PUTONG GAODENG YUANXIAO
JIXIELEI SHIERWU GUIHUA XILIE JIAOCAI

普通高等院校机械类"十二五"规划系列教材

工程材料及成形技术基础

GONGCHENG CAILIAO JI CHENGXING JISHU JICHU

主　编　史雪婷　周富涛　孟　倩
主　审　王顺花

西南交通大学出版社
Http://press.swjtu.edu.cn

内容简介

本书共分为 10 章，主要内容包括金属材料的力学性能、金属与合金的晶体结构、金属与合金的结晶、金属的塑性变形及再结晶、钢的热处理、常用工程金属材料、金属的铸造成形工艺、金属的塑性成形工艺、金属的焊接成形工艺、机械零件用材及成形工艺选择，每章后附有适量的思考与练习题。

本书注重学生分析问题及解决工程技术问题能力的培养以及学生工程素质与创新思维能力的提高。因此，本书着重阐述了机械制造技术中金属材料的基本理论和加工方法的常规工艺，也介绍了有关机械制造的新工艺、新技术及其发展趋势。

本书可作为高等工科院校机械类、近机类专业的技术基础教材和参考书，也可作为高职类工科院校及相关工程技术人员的学习参考书。

图书在版编目（ＣＩＰ）数据

工程材料及成形技术基础 / 史雪婷，周富涛，孟倩主编. 一成都：西南交通大学出版社，2014.5（2025.1 重印）
普通高等院校机械类"十二五"规划系列教材
ISBN 978-7-5643-3024-8

Ⅰ. ①工… Ⅱ. ①史… ②周… ③孟… Ⅲ. ①工程材料－成型－高等学校－教材 Ⅳ. ①TB3

中国版本图书馆 CIP 数据核字（2014）第 077459 号

普通高等院校机械类"十二五"规划系列教材

工程材料及成形技术基础

史雪婷　周富涛　孟　倩　主编

责 任 编 辑	孟苏成
助 理 编 辑	罗在伟
特 邀 编 辑	李 伟
封 面 设 计	何东琳设计工作室
出 版 发 行	西南交通大学出版社 （四川省成都市二环路北一段 111 号 西南交通大学创新大厦 21 楼）
发 行 部 电 话	028-87600564　028-87600533
邮 政 编 码	610031
网 址	http://www.xnjdcbs.com
印 刷	四川森林印务有限责任公司
成 品 尺 寸	185 mm × 260 mm
印 张	22.25
字 数	549 千字
版 次	2014 年 5 月第 1 版
印 次	2025 年 1 月第 6 次
书 号	ISBN 978-7-5643-3024-8
定 价	48.00 元

普通高等院校机械类"十二五"规划系列教材
编审委员会名单

（按姓氏音序排列）

总　序

　　装备制造业是国民经济重要的支柱产业，随着国民经济的迅速发展，我国正由制造大国向制造强国转变。为了适应现代先进制造技术和现代设计理论和方法的发展，需要培养高素质复合型人才。近年来，各高校对机械类专业进行了卓有成效的教育教学改革，和过去相比，在教学理念、专业建设、课程设置、教学内容、教学手段和教学方法上，都发生了重大变化。

　　为了反映目前的教育教学改革成果，切实为高校的教育教学服务，西南交通大学出版社联合众多西部高校，共同编写系列适用教材，推出了这套"普通高等院校机械类'十二五'规划系列教材"。

　　本系列教材体现"夯实基础，拓宽前沿"的主导思想。要求重视基础知识，保持知识体系的必要完整性，同时，适度拓宽前沿，将反映行业进步的新理论、新技术融入其中。在编写上，体现三个鲜明特色：首先，要回归工程，从工程实际出发，培养学生的工程能力和创新能力；其次，具有实用性，所选取的内容在实际工作中学有所用；再次，教材要贴近学生，面向学生，在形式上有利于进行自主探究式学习。本系列教材，重视实践和实验在教学中的积极作用。

　　本系列教材特色鲜明，主要针对应用型本科教学编写，同时也适用于其他类型的高校选用。希望本套教材所体现的思想和具有的特色能够得到广大教师和学生的认同。同时，也希望广大读者在使用中提出宝贵意见，对不足之处，不吝赐教，以便让本套教材不断完善。

　　最后，衷心感谢西南地区机械设计教学研究会、四川省机械工程学会机械设计（传动）分会对本套教材编写提供的大力支持与帮助！感谢本套教材所有的编写者、主编、主审所付出的辛勤劳动！

首届国家级教学名师

西南交通大学教授　吴鹿鸣

2010 年 5 月

前　言

　　"工程材料及成形技术基础"课程是按教育部面向 21 世纪工科本科机械类专业人才培养模式改革要求而设置的机械基础系列课程之一，是一门研究工程材料及零件毛坯成形工艺的重要技术基础课程。本书按照高等院校机械类本科专业规范、培养方案和课程教学大纲的要求，合理定位，立足于教学改革的需要，整合了工程材料、金属热加工工艺等有关材料基础、选材、毛坯成形工艺及选择等专业知识，参考了不同版本的优秀教材后编写的。本书着重阐述了常用金属材料及热成形方法的基本原理和工艺特点，全面讲述了机械零件常用材料的选用、热处理工艺方案的确定、机械零件的失效分析、毛坯成形工艺的选择、工艺路线的拟订以及机械制造中的新工艺、新技术等内容。

　　本书注重学生获取知识能力、分析问题及解决工程技术问题能力、工程素质与创新思维能力的培养。为此本书在内容的选择和编写中，体现了如下特点：

　　（1）力求适应机械类专业的应用实际，精简了材料理论知识的叙述，强化了实际应用的介绍；着重阐述了常规工艺，简单描述了新工艺、新技术。

　　（2）考虑到各专业的不同需要，在内容的选择和安排上具有一定的通用性。

　　（3）内容的选择和安排既系统、丰富，又重点突出。每个章节既相互联系，又相对独立，以便适应不同专业、不同学习背景、不同学时、不同层次的学生选用。

　　（4）为加深学生对课程内容的理解，掌握和巩固所学的基本知识，在分析问题和解决问题的能力方面得到应有的训练，每章后附有思考与练习题，供学生进行练习，以便对所学内容及时系统地巩固、消化和吸收。

　　本书共分为 10 章。其中，第 1~4 章由周富涛编写；第 5 章由孟倩、周富涛合编；第 6章、第 7 章第 2 节由孟倩编写；前言，绪论，第 7 章第 1、3、4、5 节，第 8~9 章由史雪婷编写；第 10 章由孟倩、史雪婷合编。全书由史雪婷统稿。本书由兰州交通大学王顺花教授担任主审，她在审稿中提出了一些宝贵的意见并订正了个别错误。在本书的调研、编写过程中得到了兰州交通大学机电工程学院材料科学与工程系全体同仁和很多院校、科研单位领导及同仁们的大力支持和热情帮助，在此表示衷心的感谢。

　　非常感谢西南交通大学出版社的领导和编辑同志，是他们的亲切关怀和大力支持才使这本书的出版成为可能。

　　由于编者水平有限，不妥之处在所难免，恳切希望各位读者朋友批评指正。

编　者

2013 年 11 月

目　　录

0 绪 论

0.1 工程材料及其成形技术的发展史

材料是人类用来制作各种产品的物质，人类生活与生产都离不开材料。人类社会的发展史表明，材料及成形工艺是社会文明进步的标志之一。所以，历史学家根据人类制造生产工具的材料及成形工艺，将人类的生活时代划分为石器时代、陶器时代、青铜器时代、铁器时代。当今，人类正跨入人工合成材料和复合材料的新时代。

材料的发展经历了从低级到高级、从简单到复杂、从天然到合成的过程，材料的发展与应用状况是人类文明发展水平的标志。纵观人类利用材料的历史，可以清楚地看到，人类利用材料的历史，就是一部人类进化和进步的历史。每一种重要新材料的发现和应用，都会促使生产力向前发展，并给人类生活带来巨大的变革，把人类社会和物质文明推向一个新的阶段。

我们的祖先对材料的发展作出了杰出的贡献。在二三百万年前，人类最初使用的材料是天然石块，并逐步学会了用石块相互撞击，制造简单的工具；后来发展到使用磨制石器，如石刀、石矛、石斧等，这个时期称为石器时代。公元前 6000 年—公元前 5000 年，人们用黏土（主要成分为 $SiO_2 \cdot Al_2O_3$）烧制出了形状更加复杂的各种陶器制品，这个时期称为陶器时代。到了东汉时期又出现了瓷器，我国成为最早生产瓷器的国家。中国的瓷器流传到世界的各个角落，成为中国文化的象征，对世界文明产生了极大的影响。直到今天，中国瓷器仍畅销四海，享誉全球。公元前 2140 年—公元前 1711 年，人们用孔雀石（铜矿石）和木炭炼出铜；到了殷、西周时期，铜的应用已发展到很高的水平，普遍用于制造各种工具、食器、兵器等，这个时期称为青铜器时代。我国春秋战国时期的《周礼·考工记》中记载了青铜的成分和性能之间的关系，创造了灿烂的青铜文化。公元前 770 年—公元前 221 年，人们已开始大量使用铁器。到了西汉时期，炼铁技术又有了很大的提高，采用煤作为炼铁的燃料，这比欧洲早了 1 700 多年，这个时期称为铁器时代。后来，钢铁工业迅速发展，钢铁成为 18 世纪产业革命的重要内容和物质基础。

进入 20 世纪，随着现代科学技术和生产的飞速发展，材料、能源与信息已成为发展现代化社会生产的三大支柱，而材料又是能源与信息发展的物质基础。在材料中，非金属材料发展迅速，尤以人工合成高分子材料的发展最快。从 20 世纪 60 年代到 70 年代，有机合成材料每年以 14%的速度增长，而金属材料的年增长率仅为 4%。近 20 多年来，金属与非金属相互渗透、相互结合，新型复合材料异军突起，组成了一个完整的材料体系。20 世纪 90 年代，人类不断发展和研制新材料，这些新材料具有一般传统材料不可比拟的优异性能和特定性能，是发展信息、航天、能源、生物、海洋开发等新技术的重要基础，也是整个科学技术进步的突破口。如砷化镓等新的化合物半导体材料、用于信息探测传感器的硫化铅等敏感类材料、石英型光导纤维材料、铬钴合金光存储记录材料、非晶体太阳能电池材料、超导材料、高温陶瓷材料、高性能复合结构材料、高分子功能材料，特别是纳米材料等。新材料的广泛使用给社会带来了巨大的进步。

进入 21 世纪，随着科学技术的进步、人类生活水平的提高，对材料科学技术提出了更高的要求，特别是由于世界人口迅速增加，资源迅速枯竭，生态环境不断恶化，对材料的生产技术与有效利用提出了许多新要求。面向 21 世纪，新材料有如下发展趋势：继续重视对新型金属材料的研究开发；发展在分子水平设计高分子材料的技术；继续发掘复合材料和半导体材料的潜在价值；大力发展纳米材料、光电子信息材料、先进陶瓷材料、高性能塑料、超导材料等。总之，新材料技术是社会现代化的先导，是一切工业发展的关键共性基础。材料的研究和应用促进了人类社会的进步，而人类社会的不断发展又刺激了材料的不断创新。

在材料的生产和成形工艺方面，中华民族曾创造了辉煌的成就，为人类文明和世界进步作出了巨大的贡献。我国在原始社会后期开始使用陶器，在仰韶文化和龙山文化时期，制陶技术已经相当成熟。约 3 000 年前，我国便已采用铸造、锻造、淬火等技术生产各种工具和兵器。青铜冶炼始于夏代，至商周时期（公元前 16 世纪—公元前 8 世纪）冶铸技术已经达到很高的水平。从河南安阳出土的殷商祭器司母戊鼎，重达 875 kg，外形尺寸为 1.33 m×0.78 m×1.10 m，不仅体积庞大，而且上面花纹精巧、造型精美，是迄今世界上最古老的大型青铜器。湖北江陵楚墓中发现的越王勾践青铜剑，虽在地下埋藏了 2 000 多年，但刃口依然锋利，寒光闪闪，可以一次割透叠在一起的十多层纸张。春秋战国时期，我国就大量使用铁器，白口铸铁、麻口铸铁、可锻铸铁相继出现，比欧洲诸国早了 1 900 年。从兴隆战国铁器遗址中发掘出的浇铸农具用的铁模，说明冶铸技术已由泥砂造型水平进入铁模铸造的高级阶段。现存北京大钟寺内的明朝永乐年间铸造的大铜钟，重 46.5 t，钟身内外遍铸经文 20 余万字，是世界上铸字最多的大钟，其钟声浑厚悦耳，远传百里，至今仍伴随着华夏子孙辞旧迎新。我国河北沧州的五代铁狮、湖北当阳的北宋铁塔等，都是世界著名的巨型铸件。西安出土的秦始皇兵马俑宝剑，距今已 2 300 多年，仍光彩夺目、锋利如新。经化验，它渗入了 14 种合金元素，表面是一层含铬的氧化物。它不仅显示出我国古代铸、锻、焊工艺技术精湛，而且热处理、合金化的水平令现代人赞叹叫绝。还有秦始皇陵出土的大型彩绘铜马车，由 3 000 多个零件组成，综合采用了铸造、焊接、凿削、研磨、抛光及各种连接工艺，结构之复杂、制作之精美，令人叹服。明朝宋应星所著的《天工开物》一书，记载了冶铁、炼钢、铸造、锻铁和淬火等各种金属加工方法，其中记述的关于锉刀的制造、翻修和热处理工艺与现在相差无几，是世界上最早较全面阐述金属成形的科学技术著作之一。

历史充分说明，我们勤劳智慧的祖先，在材料的创造和使用上取得了卓越成就。中华人民共和国成立以后，特别是改革开放 30 多年来，我国工业生产迅速发展。20 世纪 60 年代我国自行设计并生产的 12 000 t 水压机，是制造重大装备的必备生产设备。我国压铸机数量超过 3 000 台，大小铸造厂遍布全国。近几年来，我国铸件年产量已超过 1 000 万 t，居世界前三位；拥有重点锻造企业近 400 家，锻件年产量 260 余万 t，居世界第一位；焊接已进入到各行业，如年产各种焊接钢管近 1 000 万 t，各地已建有各类焊管厂 600 多家，焊管机组多达 2 000 余家。铸件、锻件、焊接件出口也逐年增加。我国人造卫星、洲际弹道导弹、长征系列运载火箭、"天宫一号"目标飞行器、神舟系列载人航天飞船的研制成功，均与我国机械制造工艺水平的发展密切相关。我国是世界上少数几个拥有运载火箭和人造卫星发射实力的国家。这些飞行器的壳体均是选用铝合金、钛合金或特殊合金薄壳结构，采用胶接及钨极氩弧焊、等离子弧焊、真空电子束焊、真空钎焊和电阻焊等方法焊接而成。我国成功生产了世界上最大的轧钢机机架铸钢件（重 410 t）和长江三峡巨型水轮发电机组等特大型零部件。近年来，精密成形技术的不断发展，使毛坯的形状、尺寸和表面质量更接近零件要求。国际机械加工技术学会预测，21 世纪初精密成形与磨削加工相结合，将逐步取代大部分中、小零件的切削加工，所成形的公差可相当于磨削精度。

当今世界，科学技术迅猛发展，微电子、计算机、自动化技术与制造工艺和设备相结合，形成了从单机到系统、从刚性到柔性、从简单到复杂等不同档次的多种自动控制加工技术；成形加工过程中的计算机模拟和仿真与并行工程、敏捷化工程及虚拟制造相结合，已成为网络化异地设计和制造的重要内容；应用新型传感器、无损检测等自动监控技术及可编程控制器、新型控制装置可以实现系统的自适应控制和自动化控制。

0.2 工程材料的概念及分类

工程材料是指具有一定性能，在特定条件下能够承担某种功能、被用来制造零件和工具的材料。工程材料学是材料学科的实用部分，重点阐述材料的结构、性能、工艺、应用之间的关系。工程材料主要应用于机械、车辆、船舶、建筑、化工、能源、仪器仪表、航空航天等工程领域，用来制造工程构件、机械零件、工具等。

工程材料有各种不同的分类方法。工程上通常按化学成分、结合键的特点将工程材料分为金属材料、高分子材料、陶瓷材料和复合材料四大类，如图 0.1 所示。

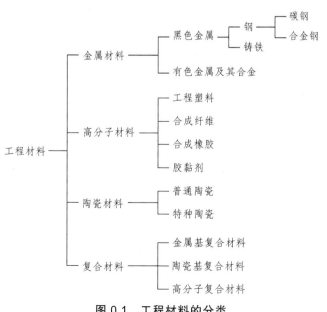

图 0.1 工程材料的分类

金属材料是以金属键结合为主的材料，具有良好的导电性、导热性、延展性和金属光泽，是目前用量最大、应用最广泛的工程材料。金属材料分为黑色金属和有色金属两类，铁及铁合金称为黑色金属。钢铁材料的世界年产量已超过 10 亿 t，在机械产品中的用量已占整个用量的 60%以上。黑色金属之外的所有金属及其合金称为有色金属。

高分子材料是以分子键和共价键为主的材料。高分子材料作为结构材料，具有塑性、耐蚀性、电绝缘性、减振性好及密度小等特点。工程上使用的高分子材料主要包括塑料、橡胶及合成纤维等。这些高分子材料在机械、电气、纺织、汽车、飞机、轮船等制造工业和化学、交通运输、航空航天等工业中被广泛应用。

陶瓷材料是以共价键和离子键结合为主的材料，其性能特点是熔点高、硬度高、耐腐蚀、脆性大。陶瓷材料分为传统陶瓷和特种陶瓷两大类。传统陶瓷又称普通陶瓷，是以天然硅酸盐矿物为原料的陶瓷，主要用作建筑材料。特种陶瓷又称精细陶瓷，是以人工合成材料为原料的陶瓷，常用作工程上的耐热、耐蚀、耐磨零件。

复合材料是把两种或两种以上不同性质或不同结构的材料以微观或宏观的形式组合在一起而形成的材料，通过这种组合来达到进一步提高材料性能的目的。复合材料包括金属基复合材料、陶瓷基复合材料和高分子复合材料。如现代航空发动机燃烧室中耐热最高的材料就是通过粉末冶金法制备的氧化物粒子弥散强化的镍基合金复合材料。很多高级游艇、赛艇及体育器械等是由碳纤维复合材料制成的，它们具有质量轻、弹性好、强度高等优点。

0.3　材料成形技术的概念及分类

工业中所用的材料，特别是金属材料绝大多数是原材料（如铸锭、型材、板材、管材等）。而构成机械装备的零件的形状和大小则各式各样，千变万化。因此，必须通过改变原材料的形态，使其接近或达到零件的形状、尺寸和技术要求等，工业上把这些通过改变原材料的形态从而获得毛坯或零件的制造加工方法统称为材料成形技术。

材料成形技术这门学科主要研究各种成形工艺方法本身的规律性及其在机械制造中的应用和相互联系；零件的成形工艺过程和结构工艺性；常用工程材料性能对成形工艺的影响；工艺方法的综合比较等。它几乎涉及机器制造中所有工程材料的成形工艺，属于机械制造学科。

材料的种类众多，性能各有不同，形态互有差异，从而使材料成形技术多种多样。材料成形技术主要包括金属铸造成形技术、金属塑性成形技术、金属焊接成形技术和其他材料成形技术等（如粉末冶金成形、塑料成形、复合材料成形等）。

铸造属于液态成形技术，是将液态合金注入铸造模型中使之冷却、凝固而获得铸件产品。采用铸造方法可以生产铸铁件、铸钢件、铝、铜、镁、钛、锌及其合金等有色合金铸件。我国已铸造出重约 315 t 的大型厚板轧机的铸钢构架、大型水轮机转子等复杂铸件，还可以铸造壁厚为 0.3 mm、长度为 12 mm、质量为 12 g 的小型铸件。铸造在工业生产中获得了广泛应用，在一般机械设备中，铸件占整个机械设备质量的 40%~90%，如在机床和内燃机中铸件质量占 70%~90%，在风机、压缩机中铸件质量占 60%~80%，汽车的铸件质量占 40%~60%，拖拉机的铸件质量占 50%~70%。

锻造与冲压属于塑性成形技术，是在锻压机器的外力作用下将加热后或室温下的固态金属通过模具成形为所需锻件或冲压件的产品。采用塑性成形方法，既可以生产钢锻件、钢板冲压件、各种有色金属及其合金的锻件和板料冲压件，还可以生产塑料件和橡胶制品。塑性成形加工的零件和制品，其比例在汽车和摩托车中占 70%~80%，在拖拉机及农业机械中约占 50%，在航空航天中占 50%~60%，在仪表中约占 90%，在家用电器中占 90%~95%，在工程与动力机械中占 20%~40%。

焊接属于连接成形技术，是将数个坯件或零件通过焊接方法连接为一个整体构件而获得焊接产品。采用连接技术，既可以对同种材料进行连接，也可以对异种材料进行连接。焊接技术在钢铁、桥梁、建筑、汽车、机车车辆、舰船、航空航天飞行器、电站、石油化工设备、机床、工程机械、电器与电子产品、城市高架及地铁、油和气远距离传输管道、高能粒子加速器等许多重大工程中，起着极为重要的作用。

材料成形技术是机械制造的重要组成部分，是现代化工业生产技术的基础，其生产能力及其工艺水平，对国家的工业、农业、国防和科学技术的发展影响很大。材料成形技术是实现汽车、铁路、航空航天、石油化工等行业中的铸件、锻件、焊件、钣金件、塑料件和复合材料件等的主要生产方式和方法。

0.4　学习本课程的目的和要求

"工程材料及成形技术基础"课程是高等工科院校机械类和近机类各专业必修的技术基础课。该课程主要阐述工程材料及零件毛坯成形工艺的基本理论、基本知识及工程应用。通过本课程的学习，使学生在掌握工程材料的基本理论及材料成形基本知识的基础上，具备根据零件的服役条件合理选择和使用材料，正确制订热处理、成形工艺方法和妥善安排工艺路线的能力。

学习本课程的基本要求如下：

（1）基本理论方面。掌握材料的成分、结构、组织与性能间的关系；掌握热处理、材料成形工艺与材料组织及性能间的关系。这些关系的规律性是制造、开发材料、确定热处理及成形工艺的理论基础。

（2）基本知识方面。掌握各类金属材料的特点及选用；掌握各类热处理工艺过程及特点；掌握金属材料各类成形工艺的过程及特点。

（3）工程应用方面。熟悉各类工程材料的应用，具有选用工程材料的初步能力；熟悉各类成形工艺的应用，初步具有选择毛坯、零件成形方法及制订简单零件加工工艺的能力；在工艺流程中合理安排材料热处理与成形工艺的位置；熟悉材料及其加工中图样和技术条件的标注方法；了解各种成形零件的结构工艺性，具有分析零件结构工艺性的初步能力。

本课程具有较强的理论性和应用性，学习中应注重分析、理解与运用，并注意知识的衔接与综合运用；为了提高分析问题、解决问题的能力，在理论学习外，还要注意密切联系生产实际，重视实验环节，认真完成作业；学习本课程之前，学生应具有必要的生产实践感性认识和专业基础知识，并应在后继课程和生产实习、课程设计、毕业设计等教学环节中反复练习，巩固提高。

1 金属材料的力学性能

由于金属材料的品种很多，并具有各种不同的性能，能满足各种机械的使用和加工要求，因此在生产上得到了广泛应用。

在机械设计时，满足使用性能是选材的首要依据。例如，汽车半轴在工作时主要承受扭转力矩和反复弯曲以及一定的冲击载荷，因此，要求半轴材料具有高的抗弯强度、疲劳强度和较好的韧性；起重机钢丝绳及吊钩承受拉伸应力，选材时应考虑拉伸强度；齿轮心部及齿根部承受剪切应力，而齿轮表面承受磨损，这就要求齿轮内韧外硬；等等。所有这些选材时考虑的因素都涉及材料的使用性能。使用性能是指为保证零件能正常工作和有一定的工作寿命，材料应具备的性能，包括力学性能、物理性能和化学性能。其中结构材料的使用性能主要由它们的力学性能指标衡量；功能材料的使用性能主要由相关的物理学参量衡量。力学性能是指材料抵抗外力作用所显示的性能，包括强度、刚度、硬度、塑性、韧性和疲劳强度等，它们可通过标准试验测定。

如果选材时满足了使用性能，那么还要考虑材料是否容易加工。如果制造困难或制造成本太高，则这种选材方案未必可行。因此，选材时还应考虑材料的工艺性能。工艺性能是指为保证材料加工顺利进行，材料应具备的性能，包括铸造性能、锻造性能、焊接性能、切削加工性能和热处理性能等。

本章主要介绍材料的力学性能，对材料的物理和化学性能及工艺性能作简单介绍。

1.1 强度、刚度、弹性和塑性

金属的强度、刚度、弹性和塑性一般可以通过金属拉伸试验来测定。它是按 GB 6397—1986 规定，把一定尺寸和形状的金属试样（见图 1.1）装夹在试验机上，然后对试样逐渐施加拉伸载荷，直至试样拉断为止。根据试样在拉伸过程中承受的载荷和产生的变形量之间的关系，可测出该金属的拉伸曲线，并由此测定金属的强度、刚度、弹性及塑性。

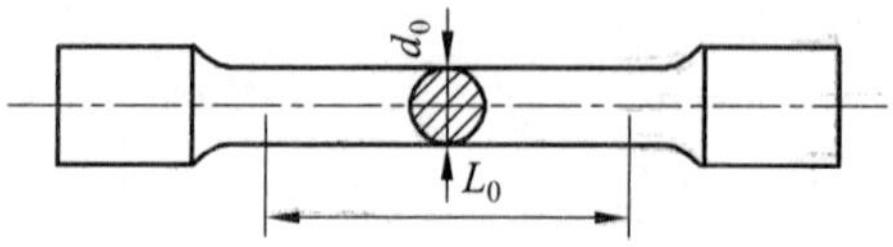

图 1.1 圆形标准拉伸试样

1.1.1 拉伸曲线与应力-应变曲线

1.1.1.1 拉伸曲线

试样进行拉伸试验时，随着载荷的逐渐增加，试样的伸长量也逐渐增加，通过自动记录仪随时记录载荷（P）与伸长量（ΔL）的数值，直至试样被拉断为止，然后将记录的数值绘在载荷为纵坐标、伸长量为横坐标的图上。连接各点所得的曲线即为拉伸曲线。

图1.2为低碳钢的拉伸曲线。由图可见，低碳钢试样在拉伸过程中，其载荷与变形关系有以下几个阶段：

（1）当载荷不超过P_p时，拉伸曲线Oa为一直线，即试样的伸长量与载荷成正比增加，如果卸除载荷，试样立即恢复到原来的尺寸，试样属于弹性变形阶段，完全符合胡克定律。P_p是能符合胡克定律的最大载荷。

（2）当载荷超过P_p后，拉伸曲线开始偏离直线，即试样的伸长量与载荷已不再成正比关系，但若卸除载荷，试样仍能恢复到原来的尺寸，故仍属于弹性变形阶段。P_e是试样发生完全弹性变形的最大载荷。

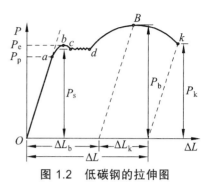

图1.2　低碳钢的拉伸图

（3）当载荷超过P_e后，试样将进一步伸长，但此时若卸除载荷，弹性变形消失，而另一部分变形被保留，即试样不能恢复到原来的尺寸，这种不能恢复的变形称为塑性变形或永久变形。

由图1.2可见，当载荷达到P_s时，拉伸曲线出现了水平的或锯齿形的线段，这表明在载荷基本不变的情况下，试样却继续变形，这种现象称为"屈服"。引起试样屈服的载荷称为屈服载荷。

（4）当载荷超过P_s后，试样的伸长量与载荷又将呈曲线关系上升，但曲线的斜率比Oa段的斜率小，即载荷的增加量不大，而试样的伸长量却很大。这表明在载荷超过P_s后，试样已开始产生大量的塑性变形。当载荷继续增加到某一最大值P_b时，试样的局部截面面积缩小，产生所谓的"颈缩"现象。由于试样局部截面的逐渐减小，承载能力也逐渐降低，当达到拉伸曲线上k点时，试样断裂。P_k为试样断裂时的载荷。

应该指出，低碳钢这类塑性材料在断裂前有明显的塑性变形，这种断裂称为韧性断裂，某些脆性材料（如铸铁等）在尚未产生明显的塑性变形时已断裂，故不仅没有屈服现象，而且也不产生颈缩现象，这种断裂称为脆性断裂。

1.1.1.2　应力-应变曲线

由于拉伸曲线上的载荷P和伸长量ΔL不仅与试验的材料性能有关，而且还与试样的尺寸有关。为了消除试样尺寸因素的影响，需采用应力-应变曲线。

将载荷P除以试样的原始截面面积A_0，即得到试样所受的拉应力σ，其单位为MPa；将试样的伸长量ΔL除以试样的原始标距长度L_0，得到试样的相对伸长，即应变ε。以σ为纵坐标，ε为横坐标，则绘出σ-ε关系曲线，图1.3为低碳钢的应力-应变曲线示意图。应力-应变曲线的形状与拉伸曲线完全相似，只是坐标与数值不同。但它不受试样尺寸的影响，可以直接看出金属材料的一些力学性能。

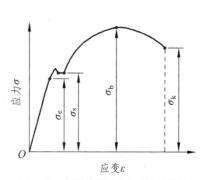

图1.3　低碳钢的应力-应变曲线

1.1.2 刚度和弹性

由应力-应变曲线中的弹性变形阶段可以测出材料的弹性模量（E）和弹性极限 σ_e。

1.1.2.1 弹性模量

弹性模量 E 是指材料在弹性状态下的应力与应变的比值，即

$$E = \frac{\sigma}{\varepsilon}$$

式中　σ——材料在弹性变形范围内的应力，MPa；

　　　ε——材料在应力作用下产生的应变，即相对变形量，无量纲。

在应力-应变曲线上，弹性模量就是试样在弹性变形阶段应力-应变线段的斜率，即引起单位弹性变形时所需的应力。因此，它表示材料抵抗弹性变形的能力。工程上将材料抵抗弹性变形的能力称为刚度。

绝大多数机械零件都是在弹性状态下进行工作的，在工作过程中，一般不允许有过量的弹性变形，更不允许有明显的塑性变形。因此，对其刚度都有一定的要求。零件的刚度除了与零件横截面大小、形状有关外，还主要取决于材料的性能，即材料的弹性模量 E。弹性模量 E 值越大，则材料的刚度越大，材料抵抗弹性变形的能力就越强。弹性模量 E 值主要取决于各种材料本身的性质，热处理、微合金化及塑性变形等对它的影响很小。一般钢在室温下的 E 值为 190～220 GPa，而铸铁的 E 值较低，一般为 75～145 GPa。

1.1.2.2 比例极限与弹性极限

比例极限 σ_p 是应力与应变之间能保持正比例关系的最大应力值，即

$$\sigma_p = \frac{P_p}{A_0}$$

式中　P_p——载荷与变形能保持正比例关系的最大载荷，N；

　　　A_0——试样的原始横截面面积，mm^2。

弹性极限 σ_e 是材料产生完全弹性变形时所能承受的最大应力值，即

$$\sigma_e = \frac{P_e}{A_0}$$

式中　P_e——试样发生完全弹性变形的最大载荷，N；

　　　A_0——试样的原始横截面面积，mm^2。

由于弹性极限与比例极限在数值上非常接近，故一般不必严格区分。它们表示材料在不产生塑性变形时所能承受的最大应力值。有些零件如枪管、炮筒及精密弹性件等在工作时不允许产生微量塑性变形，设计时应根据比例极限和弹性极限来选用材料。

1.1.3 强　度

强度是指材料在静载荷作用下，抵抗变形或断裂的能力。由于载荷的作用方式有拉伸、压缩、弯曲、剪切等形式，所以强度也分为抗拉强度、抗压强度、抗弯强度、抗剪强度等。

1.1.3.1 屈服强度

屈服强度 σ_s 是材料开始产生明显塑性变形时的最低应力值，即

$$\sigma_s = \frac{P_s}{A_0}$$

式中　P_s——试样发生屈服时的载荷，即屈服载荷，N；
　　　　A_0——试样的原始横截面面积，mm^2。

工业上使用的某些材料（如高碳钢和某些经热处理后的钢等）在拉伸试验中没有明显的屈服现象发生，故无法确定屈服强度 σ_s。按 GB 228—87 规定，可用试样在拉伸过程中标距部分产生 0.2%塑性变形量的应力值来表征材料对微量塑性变形的抗力，称为屈服强度，即所谓的"条件屈服强度"，记为 $\sigma_{0.2}$。

$$\sigma_{0.2} = \frac{P_{0.2}}{A_0}$$

式中　$P_{0.2}$——试样标距部分产生 0.2%塑性变形量时的载荷，N；
　　　　A_0——试样的原始横截面面积，mm^2。

一般机械零件在发生少量塑性变形后，零件精度降低或与其他零件的相对配合受到影响而造成失效，所以，屈服强度就成为零件设计时的主要依据，同时也是评定材料强度的重要力学性能指标之一。

1.1.3.2 抗拉强度

抗拉强度 σ_b 是材料在破断前所能承受的最大应力值，即

$$\sigma_b = \frac{P_b}{A_0}$$

式中　P_b——试样在破断前所能承受的最大载荷，N；
　　　　A_0——试样的原始横截面面积，mm^2。

抗拉强度 σ_b 是表示材料抵抗大量均匀塑性变形的能力。脆性材料在拉伸过程中，一般不产生颈缩现象，因此抗拉强度 σ_b 就是材料的断裂强度，它表示材料抵抗断裂的能力。抗拉强度是零件设计时的重要依据，同时也是评定材料强度的重要力学性能指标之一。

1.1.4 塑　性

塑性是指材料在载荷作用下，产生永久变形而不破坏的能力。延伸率 δ 和断面收缩率 ψ 是表示材料塑性好坏的指标。

1.1.4.1 延伸率

延伸率 δ 是指试样拉断后标距增长量与原始标距长度之比，即

$$\delta = \frac{L_k - L_0}{L_0} \times 100\%$$

式中　L_k——试样断裂后的标距长度，mm；

　　　L_0——试样原始的标距长度，mm。

材料的延伸率是随标距长度的增加而减小的，所以同一材料的短试样（$L_0/d_0 = 5$ 的试样）要比长试样（$L_0/d_0 = 10$ 的试样）所测得的延伸率大 20% 左右，对局部集中变形特别明显的材料，甚至可以达到 50%。因此，用两种试样求得的延伸率应分别以 δ_{10}（或 δ）和 δ_5 表明。

1.1.4.2 断面收缩率

断面收缩率 ψ 是指试样拉断处横截面面积的缩减量与原始横截面面积之比，即

$$\psi = \frac{A_0 - A_k}{A_0} \times 100\%$$

式中　A_k——试样拉断处的最小横截面面积，mm^2；

　　　A_0——试样的原始横截面面积，mm^2。

材料的塑性对要求进行冷塑性变形加工的工件有着重要的作用。此外，在工件使用中偶然过载时，由于能发生一定的塑性变形，而不至于突然破坏。同时，在工件的应力集中处，塑性能起到削减应力峰（即局部的最大应力）的作用，从而保证工件不致突然断裂，这就是大多数工件除要求高强度外，还要求具有一定塑性的原因。

1.2　硬　度

硬度是衡量材料软硬程度的指标。它反映了材料抵抗局部塑性变形的能力，是检验毛坯、成品件、热处理件的重要性能指标。由于硬度试验设备简单，操作迅速方便，又可直接在零件或工具上进行试验而不破坏工件，并且还可能根据测得的硬度值估计出材料的近似强度极限和耐磨性。此外，硬度与材料的冷成形性、切削加工性、可焊性等工艺性能间也存在着一定联系，可作为选择加工工艺时的参考。所以硬度试验是实际生产中作为产品质量检查、制订合理加工工艺的最常用试验方法。在产品设计图纸的技术条件中，硬度是一项主要技术指标。为了能获得正确的试验结果，被测材料表面不应有氧化皮、脱碳层、划痕、裂纹等缺陷。

生产中测定硬度最常用的方法是压入法，应用较多的有布氏硬度、洛氏硬度和维氏硬度等试验方法。用各种方法所测得的硬度值不能直接比较，可通过硬度对照表换算。

1.2.1　布氏硬度

布氏硬度试验法是用一直径为 D 的淬火钢球（或硬质合金球），在规定载荷 P 的作用下

压入被测试材料的表面（见图1.4），停留一定时间后卸除载荷，测量钢球（或硬质合金球）在被测试材料表面上所形成的压痕直径 d，由此计算出压痕面积，进而得到所承受的平均应力值，以此作为被测试材料的硬度，称为布氏硬度值，记为 HB。

$$HB = \frac{P}{F} = \frac{2P}{\pi D(D - \sqrt{D^2 - d^2})}$$

图 1.4　布氏硬度试验原理示意图

在布氏硬度试验中，载荷 P 的单位为公斤力（kgf）（1 kgf = 9.8 N），压头直径 D 与压痕直径 d 的单位为毫米（mm），所以布氏硬度的单位为 kgf/mm^2，但习惯上只写明硬度的数值而不标出单位。

根据压头材料不同，布氏硬度用不同符号来表示，以示区别。当压头为淬火钢球时用 HBS 表示，适用于布氏硬度低于 450 的材料，如 270 HBS；当压头为硬质合金球时用 HBW 表示，适用于布氏硬度大于 450 且小于 650 的材料，如 500 HBW。

一般硬度符号 HBS 或 HBW 后面的数值依次表示球体直径、载荷大小及载荷保持时间（保持时间为 10～15 s 时不标注）。如 120 HBS 10/1 000/30 表示用直径 10 mm 的钢球，在 1 000 kgf 载荷作用下保持 30 s，测得的布氏硬度值为 120。500 HBW 5/750 表示用直径 5 mm 的硬质合金球，在 750 kgf 载荷作用下保持 10～15 s，测得的布氏硬度值为 500。

布氏硬度试验法因压痕面积较大，能反映出较大范围内被测试材料的平均硬度，故试验结果较精确，特别适用于测定灰铸铁、轴承合金等具有粗大晶粒或组成相的金属材料的硬度。但因压痕较大，不宜测试成品或薄片金属的硬度。

1.2.2　洛氏硬度

洛氏硬度试验是目前工厂中广泛应用的试验方法。它是用一个锥顶角 120° 的金刚石圆锥体或一定直径的钢球为压头，在规定载荷作用下压入被测试材料表面，由压头在材料表面所形成的压痕深度来确定其硬度值。

图 1.5 表示金刚石圆锥压头的洛氏硬度试验原理。图中 0—0 为圆锥体压头的初始位置；1—1 为初载荷作用下压头压入深度为 h_1 时的位置；2—2 为总载荷（初载荷 + 主载荷）作用下压头压入深度为 h_2 时的位

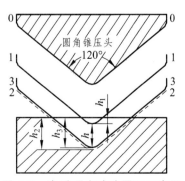

图 1.5　洛氏硬度试验原理示意图

置；h_3 为卸除主载荷后，由于弹性变形恢复，压头提高时的位置。这时，压头实际压入试样的深度为 h_3。故由于主载荷所引起的塑性变形而使压头压入的深度为 $h = h_3 - h_1$，并以此来衡量被测试材料的硬度。若直接以深度 h 作为硬度值，则出现硬的材料 h 值小，软的材料 h 值反而大的现象。为了适应人们习惯上数值越大硬度越高的概念，人为规定用一常数 k 减去 h 来表示硬度大小，并规定每 0.002 mm 的压痕深度为一个硬度单位，由此获得的硬度值称为洛氏硬度值，用符号 HR 来表示。

$$HR = \frac{k - h}{0.002}$$

式中　k——常数，用金刚石圆锥体作压头时 $k = 0.2$ mm，用钢球作压头时 $k = 0.26$ mm。

为了能用同一硬度计测定从极软到极硬材料的硬度，可采用不同的压头和载荷，组合成几种不同的洛氏硬度标尺，其中常用的为 HRA、HRB 和 HRC 3 种标尺，其试验规范及应用如表 1.1 所示。

表 1.1　常用的 3 种洛氏硬度试验规范

符号	压头	总载荷/kgf	硬度值有效范围	应用举例
HRA	120°金刚石圆锥	60	>70（相当于 350 HBS 以上）	硬质合金、表面淬火钢
HRB	$\phi 1.588$ 淬火钢球	100	25～100（相当于 60～230 HBS）	软钢、退火钢、铜合金
HRC	120°金刚石圆锥	150	20～67（相当于 225 HBS 以上）	淬火钢件

洛氏硬度值为一无量纲值，它置于符号 HR 的前面，HR 后面为使用的标尺。例如，50 HRC 表示用 C 标尺测定的洛氏硬度值为 50。在试验时，硬度值一般均由硬度计的刻度盘上直接读出。洛氏硬度试验法操作迅速、简便，压痕较小，可在工件上进行试验；采用不同标尺可测定各种软硬不同的金属和厚薄不一的试样的硬度，因而广泛用于热处理质量检验。但因压痕较小，对组织比较粗大且不均匀的材料，测得的结果不够准确；此外，用不同标尺测得的硬度值彼此没有联系，不能直接进行比较。

1.2.3　维氏硬度

洛氏硬度试验虽可采用不同标尺来测定各种软硬不同的金属和厚薄不一的试样的硬度，但不同标尺的硬度值间没有简单的换算关系，使用上很不方便。为了能在同一硬度标尺上，测定软硬不同的金属和厚薄不一的试样的硬度值，特制定了维氏硬度试验法。

维氏硬度的试验原理基本上与布氏硬度试验法相同。它是用一个相对面间夹角为 136° 的金刚石正四棱锥体压头，在规定载荷 P 作用下压入被测试材料表面，保持一定时间后卸除载荷。然后再测量压痕投影的两对角线的平均长度 d，进而计算出压痕的表面积 F，以压痕表面积上平均压力（P/F）作为被测材料的硬度值，称为维氏硬度，记为 HV。

$$HV = \frac{P}{F} = \frac{2P\sin\frac{136°}{2}}{d^2} = 1.854\ 4\frac{P}{d^2}$$

维氏硬度常用的试验力为 5 ~ 100 kgf，使用时应视零件厚度及材料的预期硬度，尽可能选取较大的试验力，以减小压痕尺寸的测量误差。与布氏硬度值一样，维氏硬度习惯上也只写出其硬度数值而不标注单位。在硬度符号 HV 之前的数值为硬度值，HV 后面的数值依次表示试验力和试验力的保持时间（保持时间为 10 ~ 15 s 时不标注）。例如，640 HV 30/20 表示在试验力为 30 kgf 下保持 20 s 测定的维氏硬度值为 640。

维氏硬度试验法的优点是不存在布氏硬度试验时要求试验力与压头直径之间所规定条件的约束，也不存在洛氏硬度试验时不同标尺的硬度值无法统一的弊端；维氏硬度试验时不仅试验力可以任意选取，而且压痕测量的精度较高，硬度值较为精确。缺点是硬度值需要通过测量压痕对角线长度后才能进行计算或查表，因此，工作效率比洛氏硬度低得多。

1.3 疲 劳

1.3.1 疲劳的基本概念

轴、齿轮、轴承、叶片、弹簧等零件，在工作过程中各点的应力随时间做周期性的变化，这种随时间作周期性变化的应力称为交变应力（也称循环应力）。在交变应力作用下，虽然零件所承受的应力低于材料的屈服点，但经过较长时间的工作而产生裂纹或突然发生完全断裂的过程称为金属的疲劳。疲劳断裂与静载荷作用下的断裂不同，无论是脆性材料还是塑性材料，疲劳断裂都是突然发生的脆性断裂，而且往往工作应力低于其屈服强度，故具有很大的危险性。

产生疲劳断裂的原因一般认为是在零件应力集中的部位或材料本身强度较低的部位，如原有裂纹、软点、脱碳、夹杂、刀痕等缺陷，在交变应力的作用下产生了疲劳裂纹，随着应力循环周次的增加，疲劳裂纹不断扩展，使零件承受载荷的有效面积不断减小，当减小到不能承受外加载荷的作用时，零件即发生突然断裂。因此，零件的疲劳失效过程可分为疲劳裂纹产生、疲劳裂纹扩展和瞬时断裂 3 个阶段。疲劳宏观断口一般也具有 3 个区域，即疲劳源及以疲劳裂纹策源地（疲劳源）为中心逐渐向内扩展呈海滩状条纹（贝纹线）的裂纹扩展区（光亮区）和呈纤维状（韧性材料）或结晶状（脆性材料）的瞬时断裂区（粗糙区），如图 1.6 所示。

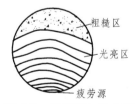

图 1.6 疲劳断口示意图

1.3.2 疲劳强度

大量试验证明，材料所受的交变或重复应力与断裂前循环周次 N 之间有如图 1.7 所示的曲线关系，该曲线称为 σ-N 曲线。由 σ-N 曲线可以测定材料的疲劳抗力指标。

1.3.2.1 疲劳极限

一般钢铁材料的 σ-N 曲线属于图 1.7 中曲线 1 的形式，其特征是当循环应力小于某一数值时循环周次可以达到很大甚至无限大而试样仍不发生疲劳断裂。我们把材料经无数次应力循环后仍不发生断裂的最大应力称为疲劳极限，记为 σ_r（ $r = \dfrac{\sigma_{min}}{\sigma_{max}}$ 称为应力比），用 σ_{-1} 表示光滑试样的对称弯曲疲劳极限。试验中，一般规定经 10^7 循环周次而不断裂的最大应力为疲劳极限，故可以用 $N = 10^7$ 为基数来确定一般钢铁材料的疲劳极限。

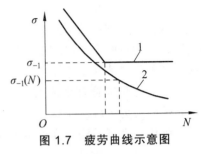

图 1.7 疲劳曲线示意图

1.3.2.2 条件疲劳强度

一般有色金属、高强度钢及腐蚀介质作用下的钢铁材料的 σ-N 曲线属于图 1.7 中曲线 2 的形式，其特征是所受应力 σ 随着循环周次 N 的增加而不断降低，不存在曲线 1 所示的水平线段。这类材料只能以断裂前所规定的循环周次为 N 时所能承受的最大应力值为疲劳极限，称为"条件疲劳强度"，用 σ_N 表示。一般规定，有色金属的 N 取 10^6 次，腐蚀介质作用下钢铁材料的 N 取 10^8 次。

1.3.3 提高疲劳抗力的途径

零件的疲劳抗力除与所选材料的本性有关外，还可以通过以下途径来提高其疲劳抗力：改善零件的结构形状以避免应力集中；降低零件表面的粗糙度；尽可能减少各种热处理缺陷（如脱碳、氧化、淬火裂纹等）；采用表面强化处理，如化学热处理、表面淬火、表面喷丸和表面滚压等强化处理，使零件表面产生残余压应力，从而能显著提高零件的疲劳抗力。

1.4 冲击韧性

以很大速度作用于机件上的载荷称为冲击载荷。许多机器零件和工具在工作过程中，往往受到冲击载荷的作用，如汽车发动机的活塞销与连杆、变速箱中的轴及齿轮、锻锤的锤杆等。由于冲击载荷的加荷速度高、作用时间短，使材料在受冲击时应力分布与变形很不均匀，脆化倾向性增大。所以对承受冲击载荷的零件的性能要求，除要求具有足够的静载荷强度外，还必须要求材料具有足够抵抗冲击载荷的能力。

金属材料在冲击力作用下，抵抗破坏的能力称为冲击韧性，为了评定金属材料的冲击韧性，需进行一次冲击试验。一次冲击试验是一种动载荷试验，包括冲击弯曲、冲击拉伸、冲击扭转等几种试验方法。下面将介绍其中应用最普遍的一次冲击弯曲试验。

1.4.1　冲击试验原理

一次冲击弯曲试验通常是在夏比摆锤冲击试验机上进行的，如图 1.8（b）所示。试验时将带有缺口的试样放在试验机两支座上[见图 1.8（a）]，将质量为 G 的摆锤抬到 H 高度，使摆锤具有位能 GHg（g 为重力加速度）。然后让摆锤由此高度落下将试样冲断，并向另一方向升高到 h 高度，这时摆锤具有的位能为 Ghg。因而冲击试样消耗的能量，即冲击功 A_K 为

$$A_K = G(H - h)g$$

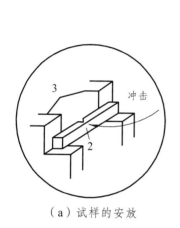
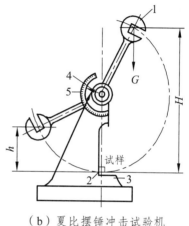

（a）试样的安放　　　　　　　　（b）夏比摆锤冲击试验机

图 1.8　冲击试验

1—摆锤；2—试样；3—试样支座；4—指针；5—刻度盘

在试验时，冲击功 A_K 值可以从试验机的刻度盘上直接读取。冲击韧性就是将冲击功 A_K 除以试样断口处的横截面面积，即

$$a_K = \frac{A_K}{F}$$

式中　a_K——冲击韧性值，J/cm^2；

　　　A_K——冲击功，J；

　　　F——试样断口处的横截面面积，cm^2。

冲击功 A_K 或冲击韧性 a_K 代表了在指定温度下，材料在缺口和冲击载荷共同作用下脆化的趋势及其程度，是一个对成分、组织、结构极敏感的参数。一般把冲击韧性值 a_K 低的材料称为脆性材料，a_K 值高的材料称为韧性材料。脆性材料在断裂前无明显的塑性变形，断口较平整，呈结晶状或瓷状，有金属光泽；韧性材料在断裂前有明显的塑性变形，断口呈纤维状，无光泽。

为了使试验结果能相互比较，必须使试样标准化。在特殊情况下，也可采用某些非标准试样。但需要注意，不同类型的试样所得的冲击韧性值不能相互比较和换算。

1.4.2　冲击试验的应用

冲击弯曲试验主要用于揭示材料的变脆倾向，其具体用途有：

15

1. 评定材料的低温脆性倾向

实践证明，有些材料在室温时并不显示脆性，而在低温下则可能发生脆断，这一现象称为冷脆现象。表现为冲击韧性值随温度的降低而减小，当试验温度降低到某一温度范围时，其冲击韧性值急剧降低，试样的断口由韧性断口过渡为脆性断口。因此，这个温度范围称为冷脆转变温度范围。在这个温度范围内，通常以试样断口表面上出现50%脆性断口特征时的温度作为冷脆转变温度。

冷脆转变温度的高低是材料质量考核指标之一，冷脆转变温度越低，材料的低温冲击性能就越好。这对于在寒冷地区和低温下工作的机械和工程结构（如运输机械、地面建筑、输送管道等）尤为重要。

2. 控制原材料的冶金质量和热加工后的产品质量

通过测量冲击吸收功和对冲击试样进行断口分析，可揭示原材料中的夹渣、气泡、严重分层、偏析以及夹杂物超级等冶金缺陷；检查过热、过烧、回火脆性等锻造或热处理缺陷。

应当指出，在生产实际中，机件很少因一次大能量冲击而损坏，大多数机件是在小能量多次冲击载荷下工作的，对于这类零件，应采用小能量多次冲击的抗力指标作为评定材料质量及选材的依据。

1.5　断裂韧性

传统的强度设计理论认为，构件的工作应力低于其许用应力时，既不会发生塑性变形，更不会发生断裂。但实际情况并非总是如此，有些高强度钢制造的零件和中、低强度钢制造的大型零件，往往在工作应力远低于屈服强度时就发生脆性断裂。这种在屈服强度以下发生的脆性断裂称为低应力脆断。高压容器的爆炸，桥梁、船舶、大型轧辊及发电机转子的突然折断等事故，往往都是属于低应力脆断。

大量断裂事例分析表明，低应力脆断是由材料中宏观裂纹扩展引起的。这种宏观裂纹在实际材料中往往是不可避免的，它可能是材料在冶炼和加工过程中产生的，也可能是零件在使用过程中产生的。因此，裂纹是否易于扩展，就成为材料是否易于断裂的一种重要指标。在断裂力学基础上建立起来的材料抵抗裂纹扩展的性能，称为断裂韧性。断裂韧性可以对零件允许的工作应力和裂纹尺寸进行定量计算，故在安全设计中具有重大意义。

图1.9是一个带有中心穿透裂纹的试样，在外力作用下裂纹会发生扩展。根据应力与裂纹扩展面的取向不同，裂纹扩展可分为张开型（Ⅰ型）、滑开型（Ⅱ型）和撕开型（Ⅲ型）3种基本类型，如图1.10所示。在这些裂纹扩展形式中，以Ⅰ型裂纹扩展最为危险，容易引起脆性断裂。因此，在研究裂纹体的脆性断裂问题时，总是以这种裂纹作为研究对象。

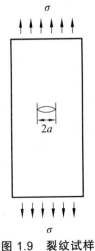

图1.9　裂纹试样

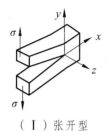 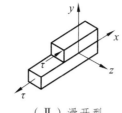 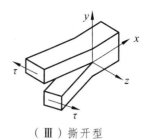

（Ⅰ）张开型　　　　　　（Ⅱ）滑开型　　　　　　（Ⅲ）撕开型

图 1.10　裂纹扩展的 3 种类型

通过力学分析和推导，提出了一个描述裂纹附近应力场的力学参数——应力场强度因子 K_1（单位为 MPa·m$^{1/2}$）。其表达式为

$$K_1 = Y\sigma\sqrt{a}$$

式中　Y——与裂纹形状、试件类型及加载方式有关的系数，一般 $Y = 1 \sim 2$；

σ——外加应力，MPa；

a——裂纹长度的一半，m。

应力场强度因子 K_1 是决定于 σ 和 a 的复合力学参量。K_1 随着 σ 和 a 的增大而增大，当 K_1 值增大到某一临界值时，裂纹便失去稳定而迅速扩展，这个临界的 K_1 值记为 K_{IC}，这就是材料的断裂韧性。它反映材料抵抗裂纹失稳扩展的能力，是材料的一个新的力学性能指标。

必须指出，K_1 和 K_{IC} 是两个不同的概念，两者的区别和 σ 与 $\sigma_{0.2}$ 的区别相似。K_1 和 σ 是力学参量，它们和力及试样尺寸有关，而和材料无关；而 K_{IC} 和 $\sigma_{0.2}$ 都是材料的力学性能指标，它们和材料成分、组织结构有关，而和力及试样尺寸无关。

根据应力场强度因子 K_1 和断裂韧性 K_{IC} 的相对大小，可判断含裂纹的构件在受力时，裂纹是否会失稳扩展而导致断裂。当 $K_1 < K_{IC}$ 时，裂纹不扩展或扩展很慢，不发生脆断；当 $K_1 > K_{IC}$ 时，裂纹失稳扩展，发生脆性断裂；当 $K_1 = K_{IC}$ 时，处于临界状态。

实际设计中要求：$K_1 = Y\sigma\sqrt{a} \leqslant K_{IC}$，利用这个关系式可以解决以下 3 个方面的问题：

（1）只要测出材料的 K_{IC}，用无损探伤法确定零件中实际存在的裂纹尺寸 a 后，可确定构件（或零件）的最大承载能力 σ_c，为载荷设计提供依据；

（2）已知材料断裂韧性 K_{IC} 及构件（或零件）的工作应力，可确定其允许的最大裂纹尺寸 a_c，为制定裂纹探伤标准提供依据；

（3）已知构件（或零件）中的工作应力及裂纹尺寸 a，可以进行断裂韧性校核。

1.6　材料的工艺性能

工业中用的机械设备，大多数由金属零件装配而成，金属零件的加工是机器制造中的重要步骤。工艺性能一般指材料在成形过程中实施冷、热加工的难易程度，也即材料的可加工性，主要包括以下几个方面：

（1）铸造性能。铸造性能是指浇注铸件时，材料能充满比较复杂的铸型并获得优质铸件的能力。对于金属材料而言，铸造性能主要包括流动性、收缩率、偏析倾向等指标。流动性好、收缩率小、偏析倾向小的材料其铸造性能好。对于某些工程塑料而言，在其成形工艺方法中，也要求有较好的流动性和小的收缩率。

（2）锻造性能。锻造性能是指材料是否易于进行压力加工的性能。锻造性能好坏主要以材料的塑性和变形抗力来衡量。一般来说，钢的锻造性能较好，而铸铁不能进行任何压力加工。热塑性塑料可经过挤压和压塑成形。

（3）焊接性能。焊接性能是指材料是否易于焊接在一起并能保证焊缝质量的性能，一般用焊接处出现各种缺陷的倾向来衡量。低碳钢具有优良的焊接性能，而铸铁和铝合金的焊接性能就很差。某些工程塑料也有良好的焊接性能，但与金属的焊接机制及工艺方法并不相同。

（4）切削加工性。切削加工性是指材料是否易于切削加工的性能。它与材料种类、成分、硬度、韧性、导热性及内部组织状态等许多因素有关。利于切削的硬度为 160～230 HBS，切削加工性好的材料，切削容易，刀具磨损小，加工表面光洁。金属和塑料相比，切削工艺有不同的要求。

（5）热处理性能。热处理工艺性能包括淬透性、热应力倾向、加热和冷却过程中的裂纹形成倾向等。热处理工艺性能对于钢是非常重要的。

思考与练习

1. 什么是金属材料的力学性能？金属材料的力学性能包含哪些方面？

2. 什么是强度？在拉伸试验中衡量金属强度的主要指标有哪些？它们在工程应用上有什么意义？

3. 什么是塑性？在拉伸试验中衡量塑性的指标有哪些？

4. 什么是硬度？指出测定金属硬度的常用方法和各自的优缺点。

5. 在某工件的图样上，出现了以下几种硬度技术条件下的标注方法，这些标注是否正确？为什么？

① HBS 250～300；② 600～650 HBS；③ 5～10 HRC；④ HRC 70～75；⑤ HV 800～850。

6. 什么是冲击韧性？a_K 指标有什么实用意义？

7. 为什么疲劳断裂对机械零件有很大的潜在危险？交变应力与重复应力有什么区别？试举出一些零件在工作中分别存在这两种应力的例子。

2 金属与合金的晶体结构

材料具有各种性能以及不同材料性能表现的差异，都是由其内部结构的不同而造成的。人们研究材料，主要是为了更好地使用材料。要达到这个目的，就必须了解影响材料的结构。

2.1 晶体学基础

2.1.1 晶体与非晶体

固态物质按其原子（或分子）的聚集状态可分为晶体和非晶体两大类。在晶体中，原子（或分子）按一定的几何规律作周期性地排列，如图 2.1（a）所示。非晶体中这些质点是无规则地堆积在一起的。这就是晶体与非晶体的根本区别。

金刚石、石墨和一切固态金属及其合金都是晶体，晶体一般具有规则的外形，有固定的熔点，且各向异性。玻璃、松香、石蜡等都是非晶体，它们没有固定的熔点，热导率和热膨胀系数小，组成的变化范围大，在各个方向上原子的聚集密度大致相同，具有各向同性。

应当指出，晶体和非晶体在一定条件下可以互相转化。例如，玻璃经高温长时间加热能变为晶态玻璃；而通常是晶态的金属，如从液态急冷（冷却速度$>10^7$℃/s），也可获得非晶体金属。非晶态金属与晶态金属相比，具有更高的强度和韧性等一系列突出性能，故近年来已引起人们的重视。

2.1.2 晶格与晶胞

为了便于分析各种晶体中的原子排列规律，可以近似地把组成晶体的原子（离子、分子或原子团）抽象成质点，这些质点在三维空间内呈有规则的、重复排列的阵式就形成了空间点阵。常以通过各原子中心的一些假想连线把它们在三维空间里的几何排列形式描绘出来，如图 2.1（b）所示，各连线的交点称为"结点"，在结点上的小黑点表示各原子中心的位置，我们把这种表示晶体中原子排列形式的空间格子叫作"晶格"（或点阵）。由于晶体中原子重复排列的规律性，我们可以从其晶格中确定一个最基本的几何单元来表达其排列形式的特征，如图 2.1（c）所示。组成晶格的这种最基本的几何单元，我们把它叫作"晶胞"。

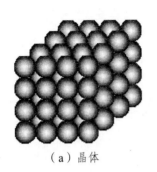
（a）晶体

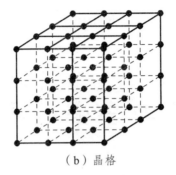
（b）晶格

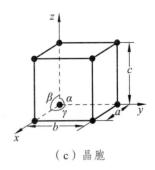
（c）晶胞

图 2.1　简单立方晶格与示意图

表征晶胞特征的参数有 6 个：棱边长度 a、b、c，棱边夹角 α、β、γ。通常又把晶格棱边长度 a、b、c 称为晶格常数。当晶格常数 $a = b = c$，且 $\alpha = \beta = \gamma = 90°$时，这种晶胞叫作简单立方晶胞。各种晶体物质，或其晶格形式不同，或其晶格常数不同，主要与其原子构造、原子间的结合力（或称结合键）的性质有关。因晶格形式与晶格常数不同，于是不同晶体便表现出不同的物理、化学和力学性能。

2.1.3　晶面与晶向

晶体中原子排列的规律性，可以从晶面和晶向上反映出来。晶体中通过一系列原子所构成的平面，称为晶面。通过两个以上原子的直线，表示某一原子列在空间的位向，称为晶向。金属的许多性能都和晶体中的特定晶面和晶向有密切联系。为了便于研究和表述不同晶面和晶向上原子排列的情况与特征，有必要给各种晶面和晶向规定一定的符号，这种符号分别叫作"晶面指数"和"晶向指数"。

2.1.3.1　晶向指数

确定晶向指数的步骤如下：

（1）建立坐标系。以晶胞的某一阵点为原点，3 个棱边为坐标轴 x，y，z，以晶格常数 a，b，c 分别作为 x，y，z 轴的量度单位。

（2）找出待定晶向上除原点以外的任一阵点的坐标值。

（3）将 3 个坐标值化为互质的整数 u，v，w，并加以方括号，$[uvw]$即为待定晶向的晶向指数。若坐标中某一数值为负，则在相应的指数上方加一负号。

在图 2.2 所示的立方晶格中，$[100]$、$[110]$、$[111]$ 3 种晶向最重要。应该指出，晶向指数所表示的不仅仅是一条直线的位向，而是一族平行线的位向。即所有相互平行的晶向，都具有相同的晶向指数。另外，原子排列相同但空间位向不同的所有晶向称为晶向族，以〈uvw〉表示。如〈100〉晶向族包括$[100]$、$[010]$、$[001]$ 3 个晶向。

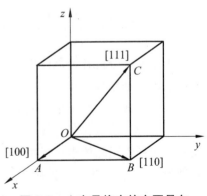

图 2.2　立方晶格中的主要晶向

若两组晶向的全部指数数值相同而符号相反，如[110]与[$\bar{1}\bar{1}$0]，则它们相互平行或为同一原子列，但方向相反。若只研究该原子列的原子排列情况，则晶向[110]与[$\bar{1}\bar{1}$0]可用一指数[110]表示。

值得指出的是，在立方晶系中，指数相同的晶面与该晶向互相垂直，如(111)⊥[111]。

2.1.3.2 晶面指数

确定晶面指数的步骤如下：

（1）建立坐标系。建立方法与确定晶向指数时相同，但不能将原点选在待定晶面上。

（2）求出待定晶面在各坐标轴上的截距。

（3）将3个截距取倒数，并化为最小简单整数，加上一圆括号，即为晶面指数，一般表示为(hkl)。晶面的截距若为负数，则在指数上方加一负号。

在图2.3所示的立方晶格中，(100)、(110)、(111) 3种晶面最重要。应该指出，某一晶面指数并不只代表某一具体晶面，而是代表一组相互平行的晶面，即所有相互平行的晶面都具有相同的晶面指数。在立方晶系中，由于原子的排列具有高度的对称性，往往存在许多原子排列完全相同但在空间位向不同（即不平行）的晶面，这些晶面总称为晶面族，用{hkl}表示。如在立方晶胞中(111)、($\bar{1}$11)、(1$\bar{1}$1)、(11$\bar{1}$)同属{111}晶面族。

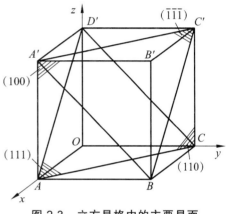

图2.3 立方晶格中的主要晶面

2.2 金属的晶体结构

在金属元素中，除少数具有复杂的晶体结构外，大多数具有简单的晶体结构，常见的晶格类型有以下3种。

2.2.1 体心立方晶格

体心立方晶格的晶胞如图2.4所示。具有体心立方晶格的金属有α-Fe、W、Mo、V、Cr、β-Ti等。其晶胞是一个立方体，所以通常只用一个晶格常数 a 表示即可。在晶胞的中心和8个角上各有一个原子[见图2.4（b）]。晶胞角上的原子为相邻的8个晶胞所共有[见图2.4（c）]，每个晶胞实际上只占有1/8个原子，而中心的原子为该晶胞所独有。所以，体心立方晶胞中原子数为 $8 \times 1/8 + 1 = 2$。晶胞体对角线上的3个原子紧密排列，彼此相切，晶胞晶格常数为 a，晶胞对角线长度为 $\sqrt{3}a$，等于4个原子半径 r，所以体心立方晶格中原子半径 $r = \sqrt{3}a/4$。

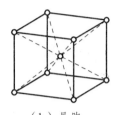

（a）模型   （b）晶胞   （c）晶胞原子数

图 2.4　体心立方晶胞

晶格中原子排列的紧密程度常用晶格的致密度和配位数来表示。致密度是指晶胞中原子所占体积与该晶胞体积之比。故体心立方晶格的致密度为

$$K = \frac{2 \times \frac{4}{3}\pi r^3}{a^3} = \frac{2 \times \frac{4}{3}\pi \left(\frac{\sqrt{3}}{4}a\right)^3}{a^3} = 0.68$$

这表明在体心立方晶格中有 68%的体积被原子占据，其余为空隙。配位数是指晶体中与任一原子最近邻且等距离的原子数，配位数越大，晶体中原子的排列就越紧密。体心立方晶格中的配位数为 8。

2.2.2　面心立方晶格

面心立方晶格的晶胞如图 2.5 所示。属于这类晶格的金属有γ-Fe、Al、Cu、Ni、Au、Ag、Pb 等。它的形状也是一个立方体。在面心立方晶胞中，原子位于立方体的 8 个顶角和 6 个面的中心。从图中可算出面心立方晶体的每个晶胞所包含的原子数为 4 个，原子半径为 $r = \sqrt{2}a/4$，致密度为 0.74 或 74%，配位数为 12。

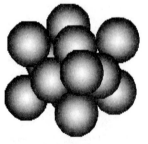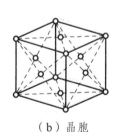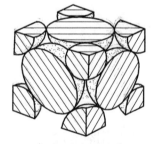

（a）模型   （b）晶胞   （c）晶胞原子数

图 2.5　面心立方晶胞

2.2.3　密排六方晶格

密排六方晶格的晶胞如图 2.6 所示。属于这类晶格的金属有 Mg、Zn、Be、Cd 等。它是

一个正六面柱体，在晶胞的 12 个角上各有一个原子，上底面和下底面的中心各有一个原子，上下底面的中间有 3 个原子，每个晶胞所包含的原子数为 6 个。其晶格常数用正六边形底面的边长 a 和晶胞高度 c 来表示。两者的比值 $c/a \approx 1.633$，其原子半径 $r = a/2$，致密度为 0.74 或 74%，配位数为 12。

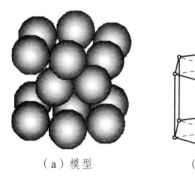 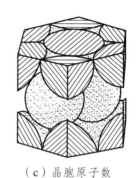

（a）模型　　　　　　　（b）晶胞　　　　　　（c）晶胞原子数

图 2.6　密排六方晶胞

2.3　实际金属的晶体结构

实际应用的金属材料中，总是不可避免地存在一些原子偏离规则排列的不完整性区域，这就是晶体缺陷。一般来说，金属中这些偏离其规定位置的原子数很少，即使在最严重的情况下，金属晶体中位置偏离很大的原子数目最多占原子总数的 0.1%。因此，从总体来看，其结构还是接近完整的。尽管如此，这些晶体缺陷不仅对金属及合金的性能有重大影响，而且还在扩散、相变、塑性变形和再结晶等过程中扮演重要角色。

2.3.1　多晶体

通常使用的金属都是由很多小晶体组成的，这些小晶体内部的晶格位向是均匀一致的，而它们之间，晶格位向却彼此不同，这些外形不规则的颗粒状小晶体称为晶粒。每一个晶粒相当于一个单晶体。晶粒与晶粒之间的界面称为晶界。这种由许多晶粒组成的晶体称为多晶体，如图 2.7 所示。

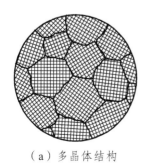 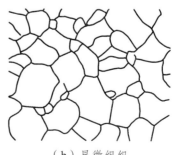

（a）多晶体结构　　　　　　　　　（b）显微组织

图 2.7　多晶体结构示意图及显微组织

多晶体的性能在各个方向上基本是一致的，这是由于多晶体中，虽然每个晶粒都是各向异性的，但它们的晶格位向彼此不同，晶体的性能在各个方向相互补充和抵消，再加上晶界的作用，因而表现出各向同性。

晶粒的尺寸很小，如钢铁材料一般为 $10^{-1} \sim 10^{-3}$ mm，必须在显微镜下才能看见。在显微镜下观察到的金属中晶粒的种类、大小、形态和分布称为显微组织，简称组织。金属的组织对金属的力学性能有很大的影响。

2.3.2 晶体缺陷

实际金属晶体内部，由于铸造、变形等一系列原因，其局部区域原子的规则排列往往受到干扰和破坏，不像理想晶体那样规则和完整，从而影响到金属的许多性能。实际金属晶体中原子排列的这种不完整性，通常称为晶体缺陷。根据晶体缺陷的几何形态特征，一般将它们分为以下 3 类。

2.3.2.1 点缺陷

点缺陷是指在三维尺度上都很小的、不超过几个原子直径的缺陷。主要有空位、间隙原子和置换原子等，如图 2.8 所示。

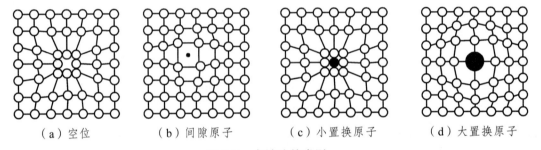

（a）空位　　　（b）间隙原子　　　（c）小置换原子　　　（d）大置换原子

图 2.8　点缺陷的类型

空位是指晶格中某些缺排原子的空结点，空位的产生是由于某些能量高的原子通过热振动离开引起的。某些挤进晶格间隙中的原子称为间隙原子，间隙原子可以是基体金属原子，也可以是外来原子。如果外来原子取代了原来结点上原子的位置，这种原子称为置换原子。

点缺陷造成局部晶格畸变，使金属的电阻率、屈服强度增加，密度发生变化。

应当指出，晶体中的空位和间隙原子等点缺陷都处在不断运动和变化之中。空位和间隙原子的运动，是金属中原子扩散的主要方式之一，这对热处理和化学热处理过程都是极为重要的。

2.3.2.2 线缺陷

线缺陷是指两维尺度很小而第三维尺度很大的缺陷。金属晶体中的线缺陷就是位错，主要分为刃型位错和螺型位错两种。

在金属晶体中，由于某种原因，晶体的一部分相对于另一部分出现一个多余的半原子面。这个多余的半原子面犹如切入晶体的刀片，刀片的刃口线即为位错线。这种线缺陷称为刃型

24

位错，如图2.9（a）所示。半原子面在上面的称为正刃型位错，半原子面在下面的称为负刃型位错。

晶体右边的上部原子相对于下部的原子向后错动一个原子间距，即右边上部相对于下部晶面发生错动。若将错动区的原子用线连接起来，则具有螺旋形特征。这种线缺陷称为螺型位错，如图2.9（b）所示。

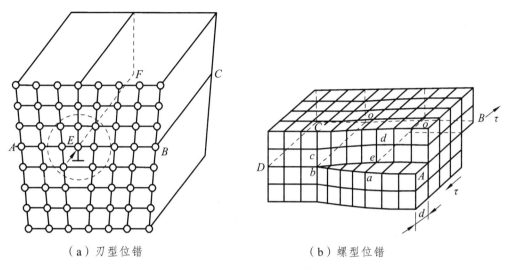

（a）刃型位错　　　　　　　　　　　（b）螺型位错

图2.9　刃型位错和螺型位错示意图

金属中的位错线数量很多，呈空间曲线分布，有时会连接成网，甚至缠结成团。位错能够在金属的结晶、塑性变形和相变等过程中形成。晶体中位错的量可用位错线长度来表示。位错密度是指单位体积中位错线的总长度，即

$$\rho = \frac{\sum L}{V}$$

式中　ρ——位错密度，cm^{-2}；

$\sum L$——位错线总长度，cm；

V——体积，cm^3。

退火金属中位错密度一般为$10^6 \sim 10^8$ cm^{-2}。位错的存在极大地影响金属的力学性能，如图2.10所示。从图中可见，增加或降低位错密度，都能有效地提高金属的屈服强度σ_s。理想晶体的强度很高，

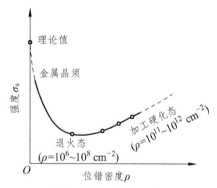

图2.10　金属屈服强度与位错密度的关系

位错的存在可降低强度，当位错大量产生后，强度又提高。由于没有缺陷的晶体在实际生产中很难得到，所以生产中一般依靠增加位错密度来提高金属强度，但塑性随之降低。

2.3.2.3　面缺陷

面缺陷是指二维尺度很大而第三维尺度很小的缺陷。金属晶体中的面缺陷主要有晶界和亚晶界两种。

实际金属为多晶体，是由大量外形不规则的小晶体即晶粒组成的。每个晶粒基本上可视为单晶体，所有晶粒的结构完全相同，但彼此之间的位向不同，位向差为几十分、几度或几十度。晶粒与晶粒之间的接触界面叫作晶界，如图 2.11（a）所示。晶界在空间中呈网状，晶界上原子的排列规则性较差。

晶粒也不是完全理想的晶体，而是由许多位向相差很小的所谓亚晶粒组成的。晶粒内的亚晶粒又叫晶块（或嵌镶块）。亚晶粒之间的位向差只有几秒、几分，最多达 1°～2°。亚晶粒之间的边界叫作亚晶界，如图 2.11（b）所示。亚晶界是位错规则排列的结构。例如，亚晶界可由位错垂直排列成位错墙而构成。亚晶界是晶粒内的一种面缺陷。

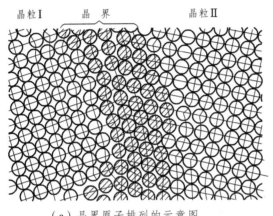
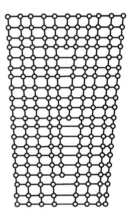

（a）晶界原子排列的示意图　　　　　　　　　　　（b）亚晶界原子排列的示意图

图 2.11　晶界及亚晶界示意图

晶界和亚晶界均可提高金属的强度和塑性。晶界越多，晶粒越细，金属的强度越高，金属的塑性变形能力越大，塑性也越好。

2.4　合金的晶体结构

2.4.1　合金概述

纯金属一般具有良好的导电性、导热性和美丽的金属光泽，在人类的生活及生产中有较广泛的应用。但由于纯金属的种类有限，提炼困难，力学性能又较低，无法满足人们对金属材料提出的多品种和多性能的要求。工业生产中，通过配制各种不同成分的合金，可以显著改变金属材料的结构、组织和性能，从而满足人们对金属材料的多品种要求。合金具有比纯金属高得多的强度、硬度、耐磨性等力学性能，某些合金还具有特殊的电、磁、耐热、耐蚀等物理、化学性能。因此，合金的应用比纯金属广泛得多。下面就有关合金的几个术语进行说明。

合金是指两种或两种以上的金属元素，或金属元素与非金属元素组成的具有金属特性的物质。如机器中常用的黄铜是铜和锌的合金；钢是铁和碳的合金；焊锡是锡和铅的合金。组成合金最基本的、独立的物质称为组元。通常，合金的组元就是组成合金的各种元素，但某些稳定的化合物也可以看成是组元。根据合金组元个数的不同，把由两个组元组成的合金称为二元合金，由 3 个或 3 个以上组元组成的合金称为多元合金。给定组元以不同的比例配制出一系列成分不同的合金，这一系列合金就构成了一个合金系，合金系也可以分为二元系、三元系和多元系等。金属或合金中，凡成分相同、结构相同，并与其他部分有界面分开的均匀组成部分称为相。金属材料可以是单相的，也可以由多相组成。组织是指用肉眼或显微镜所观察到的材料的微观形貌。合金的组织由数量、形态、大小和分布方式不同的各种相组成。合金的力学性能不仅取决于它的化学成分，更取决于它的显微组织。通过对合金的热处理可以在不改变化学成分的前提下改变其显微组织，从而达到调整金属材料力学性能的目的。

由于组元间相互作用不同，固态合金的相结构可分为固溶体和金属化合物两大类。

2.4.2 固溶体

合金在固态下，组元间仍能互相溶解而形成的均匀相，称为固溶体。固溶体的晶格类型与其中某一组元的晶格类型相同，能保留晶格形式的组元称为溶剂。因此，固溶体的晶格与溶剂的晶格相同，而溶质以原子状态分布在溶剂的晶格中。在固溶体中一般溶剂含量较多，溶质含量较少。固溶体用 α、β、γ 等符号表示。A、B 组元组成的固溶体也可表示为 A(B)，其中 A 为溶剂，B 为溶质。例如，铜锌合金中锌溶入铜中形成的固溶体一般用 α 表示，也可表示为 Cu(Zn)。

1. 固溶体的分类

按溶质原子在溶剂晶格中的位置，固溶体可分为置换固溶体与间隙固溶体两种。

（1）置换固溶体。当溶质原子代替一部分溶剂原子而占据溶剂晶格中的某些结点位置时，所形成的固溶体称为置换固溶体，如图 2.12（a）、（b）所示。

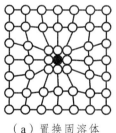
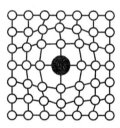
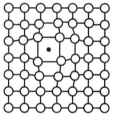

（a）置换固溶体　　　　　（b）置换固溶体　　　　　（c）间隙固溶体

图 2.12　固溶体示意图

在置换固溶体中，溶质在溶剂中的溶解度主要取决于两者原子直径的差别和它们在元素周期表中的相互位置及晶格类型。一般来说，溶质原子和溶剂原子直径差别越小，则溶解度越大；两者在周期表中位置越靠近，则溶解度也越大。如果上述条件能很好地满足，而且溶质与溶剂的晶格类型也相同，则这些组元往往能无限互相溶解，即可以任何比例形成置换固溶体，这种固溶体称为无限固溶体，如铁和铬、铜和镍便能形成无限固溶体。反之，若不能很好满足上述条件，则溶质在溶剂中的溶解度是有限的，这种固溶体称为有限固溶体，如铜和锌、铜和锡都能形成有限固溶体。有限固溶体的溶解度还与温度有密切关系，一般温度越高，溶解度越大。

置换固溶体中原子的分布通常是任意的，称之为无序固溶体。在某些条件下，原子成为有规则的排列，称为有序固溶体。两者之间的转变称为固溶体的有序化。这时，合金的某些物理性能将发生很大的变化。

（2）间隙固溶体。若溶质原子在溶剂晶格中并不占据结点的位置，而是处于各结点间的空隙中，则这种形式的固溶体称为间隙固溶体，如图 2.12（c）所示。

由于溶剂晶格的空隙是有限的，故能够形成间隙固溶体的溶质原子，其尺寸都比较小。一般情况下，当溶质原子与溶剂原子直径的比值 $d_{溶质}/d_{溶剂}<0.59$ 时，才能形成间隙固溶体。因此，形成间隙固溶体的溶质元素，都是一些原子半径小于 0.1 nm 的非金属元素，如 C、N、O、H、B 等，而溶剂元素多是过渡族元素。在金属材料的相结构中，形成间隙固溶体的例子很多，如碳钢中碳原子溶入α-Fe 晶格空隙中形成的间隙固溶体，称为铁素体；碳原子溶入γ-Fe 晶格空隙中形成的间隙固溶体，称为奥氏体。

由于溶剂晶格的空隙有一定的限度，随着溶质原子的溶入，溶剂晶格将发生畸变。当晶格畸变量超过一定数值时，溶剂的晶格就会变得不稳定，于是溶质原子就不能继续溶解，所以间隙固溶体一般是有限固溶体。

2. 固溶体的性能

无论是置换固溶体还是间隙固溶体，随着溶质原子的溶入，溶剂晶格将发生畸变，溶入的溶质原子越多，所引起的畸变就越大，固溶体晶格结构的稳定性就越小。

晶格畸变增大位错运动的阻力，使金属的滑移变形变得更加困难，从而提高合金的强度和硬度。这种通过形成固溶体使金属强度和硬度提高的现象称为固溶强化。固溶强化是金属强化的一种重要形式。在溶质含量适当时，可显著提高材料的强度和硬度，而塑性和韧性没有明显降低。例如，纯铜的 σ_b 为 220 MPa，硬度为 40 HB，断面收缩率 ψ 为 70%，当加入 1% 的镍形成单相固溶体后，强度升高到 390 MPa，硬度升高到 70 HB，而断面收缩率仍有 50%。所以固溶体综合力学性能很好，常作为结构合金的基体相。固溶体与纯金属相比，物理性能有较大的变化，如电阻率上升，导电率下降，磁矫顽力增大。

2.4.3 金属化合物

合金组元相互作用形成的晶格类型和特性完全不同于任一组元的新相即为金属化合物。金属化合物的晶格类型与组成化合物各组元的晶格类型完全不同，一般可用化学式表示。如钢中的渗碳体（Fe₃C）是由铁原子和碳原子所组成的金属化合物，它具有图 2.13 所示的复杂晶格形式。

1. 金属化合物的分类

金属化合物的种类很多，常见的有以下 3 种。

（1）正常价化合物。元素周期表上相距较远，电

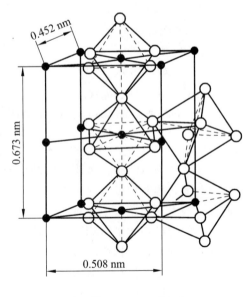

0.452 nm

0.673 nm

0.508 nm

○ Fe　● C

图 2.13　Fe₃C 的结构

化学性质相差较大的两元素容易形成正常价化合物。其特点是符合一般化合物的原子价规律，成分固定，并可用化学式表示，如 Mg_2Pb、Mg_2Sn、Mg_2Si 等。

（2）电子化合物。电子化合物是由第ⅠB族或过渡族金属与ⅡB族、ⅢA族、ⅣA族、ⅤA族元素组成。它们不遵循原子价规律，而服从电子浓度规律。电子浓度是指合金中化合物的价电子数目与原子数目的比值。

电子化合物的结构取决于电子浓度，如当电子浓度为3/2时，晶体结构为体心立方晶格，称为β相；电子浓度为21/13时，晶体结构为复杂立方晶格，称为γ相；电子浓度为7/4时，晶体结构为密排六方晶格，称为ε相。合金中常见的电子化合物如表2.1所示。

表 2.1　合金中常见的电子化合物及其结构类型

合　金	电子浓度		
	$\frac{3}{2}\left(\frac{21}{14}\right)$ β相	$\frac{21}{13}$ γ相	$\frac{7}{4}\left(\frac{21}{12}\right)$ ε相
	晶体结构		
	体心立方结构	复杂立方结构	密排六方结构
Cu-Zn	CuZn	Cu_5Zn_8	$CuZn_3$
Cu-Sn	Cu_5Sn	$Cu_{31}Sn_8$	Cu_3Sn
Cu-Al	Cu_3Al	Cu_9Al_4	Cu_5Al_3
Cu-Si	Cu_5Si	$Cu_{31}Si_8$	Cu_3Si
Fe-Al	FeAl		
Ni-Al	NiAl		

（3）间隙化合物。间隙化合物是由过渡族金属元素与碳、氮、氢、硼等原子半径较小的非金属元素形成的金属化合物。其晶体结构特点是：直径较大的过渡族元素的原子占据新晶格的正常位置，而直径较小的非金属元素的原子则有规律地嵌入晶格的空隙中，因而称为间隙化合物。

间隙化合物又可分为两类，一类是具有简单晶格形式的间隙化合物，也称为间隙相，如 TiC、TiN、ZrC、VC、NbC、Mo_2N、Fe_2N 等。图 2.14 是 VC 的晶格示意图。另一类是具有复杂晶格形式的间隙化合物，如 Fe_3C、$Cr_{23}C_6$、Fe_4W_2C、Cr_7C_3、Mn_3C 等。图 2.13 所示的 Fe_3C 结构是这一类间隙化合物结构的典型例子。

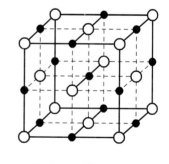

● C　○ V

图 2.14　VC 的晶格示意图

2. 金属化合物的性能

由于金属化合物的晶格与其组元晶格完全不同，因此其性能也不同于组元。金属化合物的熔点一般较高，性能硬而脆。当它呈细小颗粒均匀分布在固溶体基体上时，将使合金的强度、硬度和耐磨性明显提高，这一现象称为弥散强化。因此，金属化合物在合金中常作为强化相存在。它是各类合金钢、硬质合金及许多有色金属的重要组成相。

工业用合金的组织仅由金属化合物一相组成的情况是极少见的，绝大多数合金的组织都是固溶体与少量金属化合物组成的混合物。通过调整固溶体中溶质含量和金属化合物的数量、大小、形态及分布情况，可以使合金的力学性能在较大范围内变动，以满足工程上不同的使用要求。

思考与练习

1. 在立方晶格中，画出下列晶向和晶面指数：(111)，(110)，(211)，$(\bar{1}11)$，[111]，[110]，[112]，$[\bar{1}11]$。

2. 求面心立方晶体中[112]晶向上的原子间距。

3. 试计算面心立方晶格的致密度。

4. 单晶体和多晶体有何差别？为什么单晶体具有各向异性，而多晶体具有各向同性？

5. 简述实际金属晶体和理想晶体在结构与性能上的主要差异。

6. 间隙固溶体和间隙化合物在晶体结构与性能上有什么异同点？

3 金属与合金的结晶

3.1 纯金属的结晶

金属材料冶炼后，浇注到锭模或铸模中，通过冷却，液态金属转变为固态金属，获得一定形状的铸锭或铸件。固态金属一般处于晶体状态，因此金属从液态转变为固体晶态的过程称为结晶过程。从广义上讲，金属从一种原子排列状态转变为另一种原子规则排列状态（晶态）的过程均属于结晶过程。通常把金属从液态转变为固体晶态的过程称为一次结晶，而把金属从一种固体晶态转变为另一种固体晶态的过程称为二次结晶或重结晶。

金属材料结晶时形成的组织（铸态组织）不仅影响其铸态性能，而且也影响随后经过一系列加工后材料的性能。因此，研究并控制金属材料的结晶过程，对改善金属材料的组织和性能，都有重要的意义。

绝大多数工业用的金属材料都是合金。合金的结晶过程比纯金属复杂得多，但两者都遵循着相同的结晶基本规律。因此，本章先阐述纯金属的结晶。

3.1.1 纯金属结晶的条件

纯金属都有一个固定的熔点（或结晶温度），因此纯金属的结晶过程总是在一个恒定的温度下进行的。通过实验，可测得液体金属在结晶时的温度-时间曲线，称为冷却曲线。绝大多数纯金属（如铜、铝、银等）的冷却曲线如图 3.1 所示。

从图中可以看出，金属在结晶之前，温度连续下降，当液态金属冷却到熔点 T_0 时，并未开始结晶，而是需要继续冷却到 T_0 之下某一温度 T_1，液态金属才开始结晶，这种现象称为过冷，T_1 叫作实际结晶温度，而熔点 T_0 是金属的平衡结晶温度，称为理论结晶温度。理论结晶温度 T_0 与实际结晶温度 T_1 的差值称为过冷度，即 $\Delta T = T_0 - T_1$。实践证明，金属总是在一定的过冷度下结晶的，过冷是结晶的必要条件。同一金属，结晶时冷却速度越大，过冷度越大，金属的实际结晶温度越低。

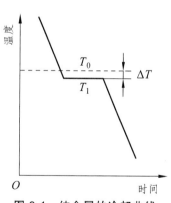

图 3.1　纯金属的冷却曲线

从图中还可以看出，纯金属的结晶为恒温过程。这是由于由液态原子无序状态转变为有序状态时放出结晶潜热，抵消了体系向外界散发的热量，从而保持结晶过程温度不变。在非常缓慢冷却的条件下，平台温度与理论结晶温度相差很小。

3.1.2 纯金属的结晶过程

3.1.2.1 结晶的基本过程

任何一种液体的结晶过程都是由晶核形成和晶核长大两个基本过程组成的，纯金属的结晶过程也不例外。

液态金属的结构介于气体（短程无序）和晶体（长程有序）之间，即长程无序、短程有序。因此，在液态金属中存在许多有序排列的小原子团，这些小原子团或大或小，时聚时散，称为晶胚。温度在 T_0 以上，由于液相自由能高，这些晶胚不可能长大。而当液态金属冷却到 T_0 温度以下后，便处于热力学不稳定状态，经过一段时间（称为孕育期），那些达到一定尺寸的晶胚开始长大，我们将这些能够继续长大的晶胚称为晶核。晶核形成后，便向各个方向不断地长大。在这些晶核长大的同时，又有新的晶核产生。就这样不断形核，不断长大，直到液体完全消失为止。每一个晶核最终长成为一个晶粒，两晶粒接触后便形成晶界。纯金属的结晶过程如图 3.2 所示。

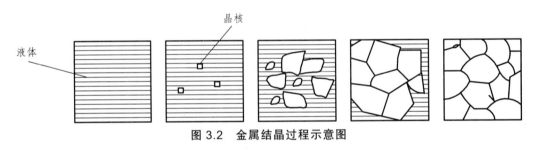

图 3.2　金属结晶过程示意图

3.1.2.2 晶核的形成方式

晶核的形成方式有两种，即自发形核和非自发形核。在结晶过程中，如果晶核完全是由液体中瞬时短程有序的原子团形成的，称为自发形核，又称均匀形核。如果是依靠液体中存在的固体杂质或容器壁形核，则称为非自发形核，又称非均匀形核。在实际结晶过程中，自发形核和非自发形核是同时存在的，但以非自发形核方式发生结晶更为普遍。

3.1.2.3 晶核的长大方式

晶核的长大方式也有两种，即平面长大和树枝状长大。当过冷度很小时，结晶以平面长大方式进行，由于自由晶体表面总是能量最低的密排面，因而晶粒在结晶过程中保持着规则的外形，只是在晶粒互相接触时，规则的外形才被破坏。实际金属结晶时冷却速度较大，因而主要以树枝形式长大，如图 3.3 所示。由于晶核棱角处的散热条件好、生长快，先形成枝干，而枝干间最后被填充。

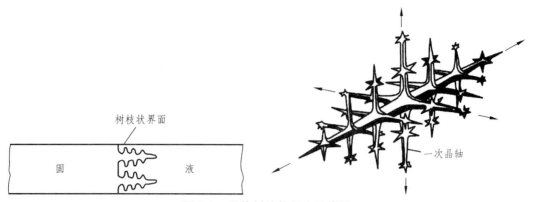

图 3.3　晶体树枝状长大示意图

3.2　合金的结晶

　　合金的结晶过程也是在过冷的条件下形成晶核和晶核长大的过程，它和纯金属遵循着相同的结晶基本规律。但由于合金成分中包含有两个以上的组元，使其结晶过程比纯金属要复杂得多。首先，纯金属的结晶过程是在恒温下进行的，而合金的结晶却不一定在恒温下进行；纯金属在结晶过程中只有一个液相和一个固相，而合金结晶过程中，在不同温度范围内存在有不同数量的相，且各相的成分有时也可变化。为了研究合金结晶过程的特点以及合金组织的变化规律，必须应用合金相图这一重要工具。

　　合金相图又称合金状态图或合金平衡图。它表示在平衡条件下合金状态、成分和温度之间关系的图解。根据相图可以了解合金系中不同成分合金在不同温度时的组成相，以及相的成分和相的相对量，而且还可了解合金在缓慢加热和冷却过程中的相变规律等。在生产实践中，相图可作为正确制订铸造、锻压、焊接及热处理工艺的重要依据。根据组元的多少，相图可分为二元相图、三元相图和多元相图，下面只介绍应用最广的二元相图。

3.2.1　二元合金相图的建立

　　二元合金相图的建立和绘制，一般可采用热分析法、热膨胀法、电阻法、X 射线结构分析法等各种实验方法进行，其中最常用的方法是热分析法，测定的关键是准确地找到合金的熔点和固态转变温度——临界点（或称特征点）。

　　下面以 Cu-Ni 合金为例，简单介绍热分析法建立相图的过程，如图 3.4 所示。

　　（1）配制不同成分的 Cu-Ni 合金，供热分析实验之用。配制的合金数目越多，试验数据之间间隔越小，测绘出来的合金相图就越精确。

　　（2）在热分析仪上分别测出每个合金的冷却曲线，并找出各冷却曲线上的临界点（即结晶的开始温度和终了温度）。

　　（3）画出温度-成分坐标系，在各合金成分垂线上标出临界点温度。

　　（4）将各成分线上具有相同意义的点连接成线，标明各区域内所存在的相，即得到一个完整的二元 Cu-Ni 合金相图。

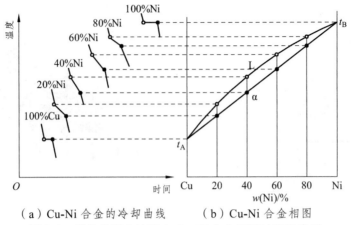

（a）Cu-Ni 合金的冷却曲线　　（b）Cu-Ni 合金相图

图 3.4　用热分析方法建立 Cu-Ni 合金相图过程示意图

3.2.2　二元相图的基本类型与分析

二元相图的类型较多，下面只介绍最基本的几种。

3.2.2.1　二元匀晶相图

二元合金中，两组元在液态时无限互溶，在固态时也无限互溶形成单相固溶体的一类相图，称为匀晶相图。具有这类相图的合金系有 Cu-Ni、Cu-Au、Au-Ag、Fe-Cr、Fe-Ni 和 W-Mo 等。这类合金在结晶时都是从液相结晶出固溶体，固态下呈单相固溶体，所以这种结晶过程称为匀晶转变。尽管液、固态完全互溶的系统不多，但是包含匀晶转变部分的相图却不少，几乎所有的二元系统都含有匀晶转变部分，因此掌握这一类相图是学习二元相图的基础。现以 Cu-Ni 相图为例进行分析。

1. 相图分析

图 3.5 是 Cu-Ni 二元匀晶相图，L 为液态，α 为固态。这类相图形状比较简单，只有两条曲线，上面一条是液相线，下面一条是固相线，液相线和固相线把整个相图分为 3 个区域：液相区 L，固相区 α 和液、固两相共存区 L + α。

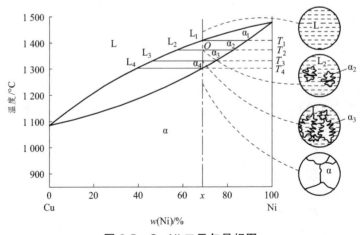

图 3.5　Cu-Ni 二元匀晶相图

2. 平衡凝固过程

平衡凝固是指合金在极其缓慢的冷却条件下进行结晶的过程。在此条件下得到的组织称为平衡组织。现以 x 合金为例讨论其平衡凝固的过程。

当合金温度高于 T_1 时，合金为液相 L。当合金冷至略低于 T_1 温度时，开始从液相中结晶出固溶体。随着温度的继续下降，从液相不断析出固溶体，合金在整个结晶过程中所析出的 α 固溶体的成分将沿着固相线变化（即由 $\alpha_1 \rightarrow \alpha_4$），而液相成分将沿着液相线变化（即由 $L_1 \rightarrow L_4$）。当温度下降至 T_4 时，液相消失，结晶完毕，最后得到与合金成分相同的固溶体。凝固过程的组织变化如图 3.5 所示。

3. 杠杆定律

当合金在某一温度下处于两相区时，由相图不仅可以知道两平衡相的成分，而且还可以用杠杆定律求出两平衡相的相对质量分数。

以形成固溶体的匀晶相图为例（见图 3.6），在某一温度下，成分为 o 的合金处于 $L + \alpha$ 两相共存状态，设液相量为 Q_L，固相量为 Q_α，合金总量为

$$Q = Q_L + Q_\alpha \tag{3.1}$$

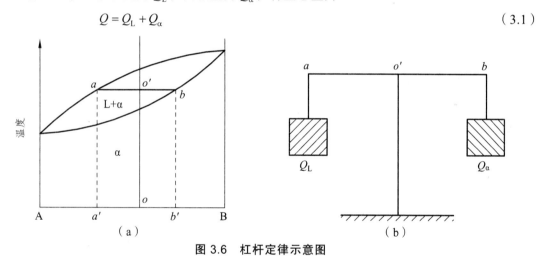

图 3.6　杠杆定律示意图

又 B 组元在合金中的总量应等于在 L 和 α 两相中的量之和，则

$$Q \times Ao = Q_L Aa' + Q_\alpha \times Ab' \tag{3.2}$$

将式（3.1）代入可以得出：

$$\frac{Q_L}{Q_\alpha} = \frac{o'b}{ao'} \tag{3.3}$$

若将 o' 点视为支点，把 Q_L 和 Q_α 看成作用于 a、b 两点的力，那么由力学上的杠杆原理就可以得到式（3.3），故将式（3.3）称为杠杆定律。

以上推导杠杆定律的过程，仅仅是基于相平衡的基本原理，并不涉及 Cu-Ni 相图的性质，所以无论什么样的二元系统，只要满足相平衡的条件，那么在两相共存时，相的含量均可由杠杆定律确定。

4. 固溶体的非平衡凝固

固溶体合金的结晶只有在充分缓慢冷却的条件下才能得到成分均匀的固溶体组织。在实

际生产中，由于冷速较快，合金在结晶过程中固相和液相中的原子来不及扩散，使得先结晶出的枝晶轴含有较多的高熔点元素（如 Cu-Ni 合金中的 Ni），而后结晶的枝晶间含有较多的低熔点元素（如 Cu-Ni 合金中的 Cu）。这种在一个枝晶范围内或一个晶粒范围内成分不均匀的现象叫作枝晶偏析。图 3.7 为铸造 Cu-Ni 合金的枝晶偏析组织，图中白亮色部分是先结晶出的耐蚀且富镍的枝干，暗黑色部分是最后结晶的易腐蚀并富铜的枝晶间。

冷速越快，液、固相线间距越大，枝晶偏析越严重。

图 3.7 Cu-Ni 合金的铸态组织

枝晶偏析会影响合金的性能，如力学性能、耐蚀性能及加工性能等。生产上常将铸件加热到固相线以下 100～200 ℃ 长时间保温来消除，这种热处理工艺称为扩散退火。通过扩散退火可使原子充分扩散，使成分均匀。

3.2.2.2　二元共晶相图

当两个组元在液态下无限互溶，而在固态下互不相溶或有限互溶，并发生共晶转变，形成共晶组织的相图，称为二元共晶相图。图 3.8 所示的 Pb-Sn 相图是一个典型的二元共晶相图。具有该类相图的合金还有 Al-Si、Pb-Sb、Ag-Cu 等。

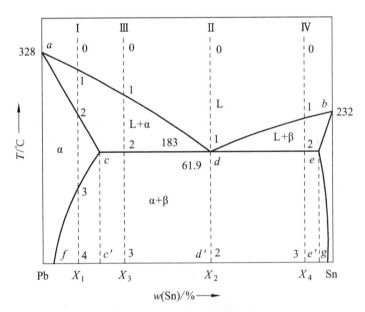

图 3.8　Pb-Sn 二元共晶相图

1. 相图分析

Pb-Sn 合金相图中，adb 为液相线，$acdeb$ 为固相线。合金系有 3 种相：Pb 与 Sn 形成的液溶体 L 相、Sn 溶于 Pb 中的有限固溶体 α 相、Pb 溶于 Sn 中的有限固溶体 β 相。相图中有 3 个单相区：L、α、β；3 个双相区：$L+\alpha$、$L+\beta$、$\alpha+\beta$。cde 为共晶线，在此温度则发生 $L_d \xrightarrow{\text{恒温}} \alpha_c + \beta_e$ 共晶转变，此时三相共存，d 点为共晶点。

cf线为 Sn 在 Pb 中的固溶度线（或α相的固溶线）。温度降低，固溶体的固溶度下降。Sn 含量大于f点的合金，从高温冷却到室温时，从α相中析出β相以降低α相中的 Sn 含量。从固态α相中析出的β相称为二次β，记为β_{II}。这种二次结晶可表示为：$\alpha \rightarrow \beta_{II}$。

eg线为 Pb 在 Sn 中的固溶度线（或β相的固溶线）。Sn 含量小于g点的合金，冷却过程中同样发生二次结晶，析出二次α，记为α_{II}，可表示为：$\beta \rightarrow \alpha_{II}$。

2. 共晶系合金的平衡凝固及其组织

（1）合金 I 的结晶过程。

合金 I 的平衡结晶过程如图 3.9 所示。液态合金冷却到 1 点温度以后，从液相中开始析出α固溶体，温度降至 2 点时，全部变为α相。从 3 点温度开始，由于 Sn 在α中的溶解度沿cf线降低，从α中析出β_{II}，到室温时α中 Sn 含量逐渐变为f点。最后合金得到的组织为$\alpha + \beta_{II}$。

合金 I 的组成相是f点成分的α相和g点成分的β相，α和β即为相组成物。合金室温组织由α和β_{II}组成，α和β_{II}即为组织组成物。组织组成物是指合金组织中那些具有确定本质、一定形成机制的特殊形态的组成部分，组织组成物可以是单相或是两相混合物。

成分在eg之间的合金的结晶过程与合金 I 相似，其室温组织为$\beta + \alpha_{II}$。

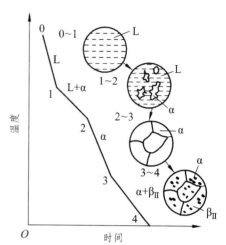

图 3.9　合金 I 的结晶过程示意图

（2）合金 II 的结晶过程。

合金 II 为共晶合金，其结晶过程如图 3.10 所示。合金从液态冷却到 1 点温度后，发生共晶反应：$L \rightarrow (\alpha + \beta)$，经一定时间到 1′时反应结束，全部转变为共晶体$(\alpha + \beta)$。从共晶温度冷却至室温时，共晶体中的α和β均发生二次结晶，从α中析出β_{II}，从β中析出α_{II}。α的成分由c点变为f点，β的成分由e点变为g点，两种相的相对质量依杠杆定律变化。由于析出的β_{II}和α_{II}都相应地同β和α相连在一起，故共晶体的形态和成分不发生变化。合金的室温组织全部为共晶体（见图 3.11），即只含一种组织组成物（共晶体），其组成相仍为α和β相。

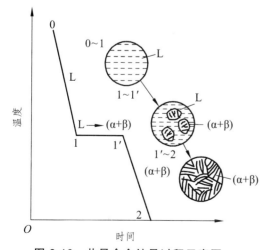

图 3.10　共晶合金结晶过程示意图

图 3.11　Pb-Sn 共晶合金的显微组织

（3）合金Ⅲ的结晶过程。

合金Ⅲ是亚共晶合金，其平衡结晶过程如图3.12所示。合金冷却到1点温度后，由匀晶反应生成α固溶体，叫作初生α固溶体。从1点到2点温度的冷却过程中，按照杠杆定律，初生α相的成分沿ac线变化，液相成分沿ad线变化；初生α相逐渐增多，液相逐渐减少。当刚冷却到2点温度时，合金由c点成分的初生α相和d点成分的液相组成。利用杠杆定律可以计算出它们的相对量为：$w(\alpha_c)\% = \dfrac{2d}{cd} \times 100\%$，$w(L_d)\% = \dfrac{c2}{cd} \times 100\%$。然后液相进行共晶反应，但初生α相不变化。经一定时间到2'点共晶反应结束时，合金转变为$\alpha_c + (\alpha_c + \beta_e)$。从共晶温度继续往下冷却，c点成分的初生α相中不断析出$\beta_{Ⅱ}$相，成分由c点降至f点。此时共晶体形态、成分和总量保持不变。合金的室温组织为初生$\alpha + \beta_{Ⅱ} + (\alpha + \beta)$，如图3.13所示。合金的组成相还是α和β。

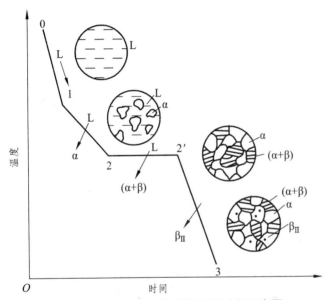

图3.12 亚共晶合金平衡结晶过程示意图

图3.13 Pb-Sn亚共晶合金的显微组织

成分在cd之间的所有亚共晶合金的结晶过程与合金Ⅲ相同，仅组织组成物和组成相的质量分数不同，成分越靠近共晶点，合金中共晶体的含量越高。

过共晶合金Ⅳ的结晶过程与亚共晶合金相似，只是合金由液相中析出的初生相不是α相而是β相，二次结晶过程为：$\beta \rightarrow \alpha_{Ⅱ}$，室温组织为初生$\beta + \alpha_{Ⅱ} + (\alpha + \beta)$。

3.2.2.3 二元包晶相图

组成合金的两组元在液态可无限互溶，而固态只能部分互溶，冷却时发生包晶反应的合金系，具有包晶相图。具有包晶转变的二元合金有Fe-C、Cu-Zn、Ag-Sn、Ag-Pt等。

图3.14是Fe-Fe₃C相图左上角的包晶部分。当合金Ⅰ冷却到1点温度以下时，开始从液相中析出δ固溶体，随着温度继续下降，δ相的数量不断增加，液相量则不断减少。δ相成分沿ah线变化，L相成分沿ab线变化。合金冷至包晶反应温度时（1 495 ℃），此两相发生包晶反应，形成奥氏体（γ）相，新相是在原有的δ相表面生核并成长一层γ相的外层而形成的。

此时三相共存，结晶过程在恒温下进行。由于三相的浓度各不相同，通过铁原子和碳原子的不断扩散，γ固溶体一方面不断消耗液相向液体中生长，同时也不断吞并δ相向内生长，直到把L相与δ相全部消耗完毕，最后形成单一的γ固溶体，包晶转变即告完成。

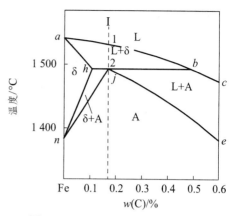

图 3.14　Fe-Fe$_3$C 相图包晶部分

3.2.2.4　形成稳定化合物的二元合金相图

稳定化合物是指在熔化前不发生分解的化合物。稳定化合物成分固定，在相图中是一条垂线，这条垂线是代表这个稳定化合物的单相区，垂足是其成分，顶点代表其熔点，其结晶过程与纯金属一样。分析这类相图时，可把稳定化合物当作纯组元看待，将相图分成几个部分独立进行分析，使问题简化。图 3.15 所示的 Mg-Si 合金相图就是这类相图，其中 Mg$_2$Si 是稳定化合物，如果把它视为一个组元，就可以把整个相图看作是由 Mg-Mg$_2$Si 及 Mg$_2$Si-Si 两个简单的共晶相图组成的，分析起来就方便了。形成稳定化合物的二元系很多，如合金系 Fe-B、Mn-Si、Fe-P 等。

3.2.2.5　具有共析反应的二元合金相图

自某种均匀一致的固相中同时析出两种化学成分和晶体结构完全不同的新固相的转变过程称为共析反应。同共晶反应相似，共析反应也是一个恒温转变过程，也有与共晶线及共晶点相似的共析线和共析点，共析反应的产物称为共析体。与共晶反应不同的是，共析反应的母相是固相，而不是液相，因而共析转变也是固态相变。由于固态转变过冷度大，因而其组织比共晶组织细。最常见的共析反应是铁碳合金中的珠光体转变。最简单的具有共析反应的二元合金相图如图 3.16 所示。

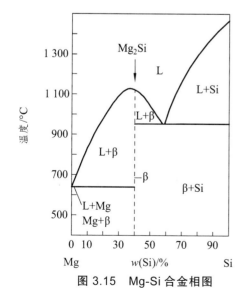

图 3.15　Mg-Si 合金相图

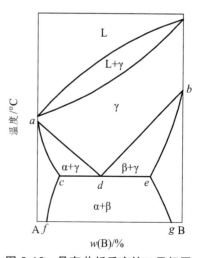

图 3.16　具有共析反应的二元相图

39

3.2.2.6　合金的性能与相图的关系

合金的性能很大程度上取决于组元的特性及其所形成的合金相的性质和相对量，借助于相图所反映出的这些特性和参量来判定合金的使用性能（如力学和物理性能等）和工艺性能（如铸造性能、压力加工性能、热处理性能等），对于实际生产有一定的借鉴作用。

1. 根据相图判断材料的力学性能和物理性能

二元合金在室温下的平衡组织可分为两大类：一类是由单相固溶体构成的组织，这种合金称为（单相）固溶体合金；另一类是由两固相构成的组织，这种合金称为两相混合物合金。共晶转变和共析转变都会形成两相混合物合金。图 3.17 示意地表示了固溶体合金和共晶转变的两相混合物合金的力学性能和物理性能随成分而变化的一般规律。由图 3.17 可知，固溶体的性能与溶质元素的溶入量有关，溶质的溶入量越多，晶格畸变越大，则合金的强度、硬度越高，电阻越大。当溶质原子含量大约为 50% 时，晶格畸变最大，上述性能达到极大值。两相组织合金的力学性能和物理性能与成分呈直线关系变化，两相单独的性能已知后，合金的某些性能可按组成相性能依百分含量的关系叠加的办法求出。如硬度：

$$HB = HB_\alpha \cdot w(\alpha) + HB_\beta \cdot w(\beta)$$

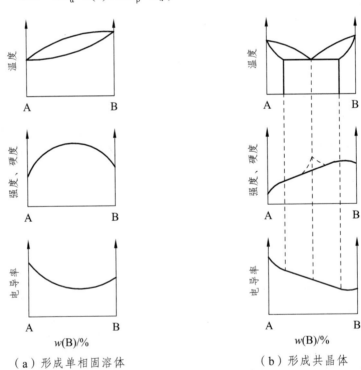

（a）形成单相固溶体　　　　　（b）形成共晶体

图 3.17　相图与合金使用性能的关系

对于组织较敏感的某些性能，如强度等，与组成相或组织组成物的形态有很大关系。组成相或组织组成物越细密，强度越高（见图中虚线）。当形成化合物时，则在性能-成分曲线上于化合物成分处出现极大值或极小值。

2. 根据相图判别合金的工艺性能

合金的铸造性能与相图有一定关系。如图 3.18 所示，纯组元和共晶成分的合金的流动性最好，缩孔集中，铸造性能好。相图中液相线和固相线之间距离越小，液体合金结晶的温度范围越窄，对浇注和铸造质量越有利。合金的液、固相线温度间隔大时，形成枝晶偏析的倾向性大；同时先结晶出的树枝晶阻碍未结晶液体的流动，而降低其流动性，增多分散缩孔。所以，铸造合金常选共晶或接近共晶的成分。

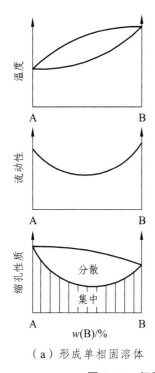 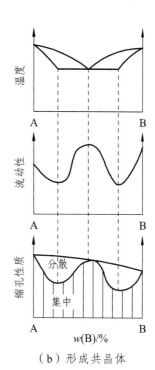

（a）形成单相固溶体　　　　（b）形成共晶体

图 3.18　相图与合金铸造性能之间的关系

合金为单相组织时变形抗力小，变形均匀，不易开裂，具有良好的锻造性能，但加工时不易切削，加工表面比较粗糙。双相组织的合金变形能力差些，特别是组织中存在有较多的化合物相时，不利于锻造加工，而切削加工性能好于固溶体合金。

3.3　铁碳合金相图

铁碳相图是研究钢和铸铁的基础，对于钢铁材料的应用以及热加工、热处理工艺的制订具有重要的指导意义。铁和碳可以形成一系列化合物，如 Fe_3C、Fe_2C、FeC 等。因此，整个 Fe-C 相图包括 $Fe-Fe_3C$、Fe_3C-Fe_2C、Fe_2C-FeC、$FeC-C$ 等几个部分（见图 3.19）。

Fe_3C 的碳含量为 6.69%。碳含量超过 6.69% 的

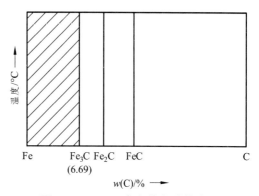

图 3.19　Fe-C 合金的各种化合物

41

铁碳合金脆性很大，没有实用价值，所以有实用意义并被深入研究的只是 Fe-Fe₃C 部分（图 3.19 中的阴影线部分），通常称其为 Fe-Fe₃C 相图（见图 3.20）。Fe-Fe₃C 相图看上去较复杂，但实际上是由 3 个基本相图（包晶相图、共晶相图和共析相图）组成的。

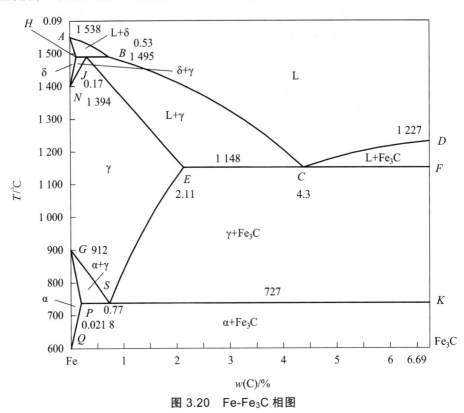

图 3.20　Fe-Fe₃C 相图

3.3.1　铁碳合金的基本相

1. 铁的同素异构转变

有一些金属如铁、钴、钛等，在固态下存在两种或两种以上的晶格形式。这类金属在冷却或加热过程中，其晶格形式会发生变化。金属在固态下随温度的改变，由一种晶格转变为另一种晶格的现象，称为同素异构转变。由同素异构转变所得到的不同晶格的晶体，称为同素异构体。

铁的一个重要特性是具有同素异构转变。液态纯铁在 1 538 ℃ 进行结晶，得到具有体心立方晶格的δ-Fe；继续冷却到 1 394 ℃ 时发生同素异构转变，成为面心立方晶格的γ-Fe；再冷却到 912 ℃ 时又发生一次同素异构转变，成为体心立方晶格的α-Fe。当温度再降低时，铁的晶体结构不再发生变化。铁的同素异构转变可表示为

$$\delta\text{-Fe} \xleftarrow{\quad 1\,394\ ℃\quad} \gamma\text{-Fe} \xleftarrow{\quad 912\ ℃\quad} \alpha\text{-Fe}$$

金属的同素异构转变与液态金属的结晶过程相似，也包括形核和长大两个过程。但同素异构转变是在固态下进行的，因此转变需要较大的过冷度。另外，由于转变时晶格致密度改

变，将导致晶体体积的变化，转变时会产生较大的内应力。例如，γ-Fe 转变为α-Fe 时，铁的体积会膨胀约 1%，并产生较大的内应力，严重时会导致工件变形和开裂。

纯铁的同素异构转变是钢铁能够进行热处理的内因和依据，也是钢铁材料性能多种多样、用途广泛的主要原因之一。

2. 铁碳合金的基本相

（1）铁素体。铁素体用符号 F 或α表示，是碳在α-Fe 中的间隙固溶体，呈体心立方晶格。铁素体中碳的固溶度极小，室温时约为 0.000 8%，600 ℃ 时为 0.005 7%，在 727 ℃ 时溶碳量最大，为 0.021 8%。铁素体的性能特点是强度低、硬度低、塑性好。其力学性能与工业纯铁大致相同。具体为：抗拉强度 $\sigma_b = 180 \sim 230$ MPa，屈服强度 $\sigma_{0.2} = 100 \sim 170$ MPa，延伸率 $\delta = 30\% \sim 50\%$，断面收缩率 $\psi = 70\% \sim 80\%$，冲击韧度 $a_K = 1.6 \times 10^6 \sim 2 \times 10^6$ J/m^2，硬度 HB $= 50 \sim 80$。

（2）奥氏体。奥氏体用符号 A 或γ表示，是碳在γ-Fe 中的间隙固溶体，呈面心立方晶格。奥氏体中碳的固溶度较大，在 1 148 ℃ 时溶碳量最大达 2.11%，随着温度的降低，溶碳量逐渐减少，在 727 ℃ 时的溶碳量为 0.77%。

奥氏体的力学性能与其溶碳量及晶粒大小有关，一般奥氏体的硬度为 170 ~ 220 HBS，延伸率δ为 40% ~ 50%，因此奥氏体的硬度较低而塑性较高，易于锻压成形。

（3）高温铁素体。高温铁素体用符号δ表示，是碳在δ-Fe 中的间隙固溶体，呈体心立方晶格，在 1 394 ℃ 以上存在，在 1 495 ℃ 时溶碳量最大，为 0.09%。

（4）渗碳体。渗碳体的分子式为 Fe$_3$C，用 Cm 表示，它是一种具有复杂结构的间隙化合物，通常称为渗碳体。渗碳体的含碳量为 6.69%，熔点为 1 227 ℃；不发生同素异构转变；但有磁性转变，它在 230 ℃ 以下具有弱铁磁性，而在 230 ℃ 以上则失去铁磁性；硬度很高（950 ~ 1 050 HV），而塑性和韧性几乎为零，脆性极大。

渗碳体根据生成条件的不同有条状、网状、片状、粒状等形态，它的形态、尺寸与分布对钢的性能有很大影响，是铁碳合金的主要强化相。渗碳体是亚稳定的化合物，在一定条件下，渗碳体按下列反应分解形成石墨状的具有六方结构的自由碳，其强度、硬度极低。灰口铸铁中 C 主要以石墨的形式存在。

$$\text{Fe}_3\text{C} \longrightarrow 3\text{Fe} + \text{C （石墨）}$$

3.3.2 Fe-Fe$_3$C 相图分析

1. 特性点

图 3.20 是 Fe-Fe$_3$C 相图，图中各特性点的温度、碳浓度及含义列于表 3.1 中。

2. 相 区

Fe-Fe$_3$C 相图中有 5 个单相区，即液相（L）、高温铁素体相（δ）、奥氏体相（γ）、铁素体相（α）、渗碳体相（Fe$_3$C）；7 个两相区，即 L + δ、L + γ、L + Fe$_3$C、δ + γ、γ + α、α + Fe$_3$C 和γ + Fe$_3$C，它们分别位于相邻的两单相区之间；3 个三相区，即 3 条恒温转变线。

表 3.1　Fe-Fe₃C 相图中各点的温度、碳质量分数及含义

符号	温度/°C	碳质量分数 w(C)/%	含　义
A	1 538	0	纯铁的熔点
B	1 495	0.53	包晶转变时液态合金的成分
C	1 148	4.30	共晶点，$L_C \rightarrow Ld(\gamma_E + Fe_3C)$
D	1 227	6.69	Fe_3C 的熔点
E	1 148	2.11	碳在 γ-Fe 中的最大溶解度
F	1 148	6.69	Fe_3C 的成分
G	912	0	α-Fe $\rightarrow \gamma$-Fe 同素异构转变点
H	1 495	0.09	碳在 δ-Fe 中的最大溶解度
J	1 495	0.17	包晶点，$L_B + \delta_H \rightarrow \gamma_J$
K	727	6.69	Fe_3C 的成分
N	1 394	0	γ-Fe $\rightarrow \delta$-Fe 同素异构转变点
P	727	0.021 8	碳在 α-Fe 中的最大溶解度
S	727	0.77	共析点，$\gamma_S \rightarrow P(\alpha_P + Fe_3C)$
Q	600	0.005 7	600 °C 时碳在 α-Fe 中的溶解度
	（室温）	（0.000 8）	室温时碳在 α-Fe 中的溶解度

3. 三种恒温转变

（1）包晶转变。在 *HJB* 水平线（1 495 °C），发生包晶反应：

$$L_B + \delta_H \xleftarrow{\text{1 495 °C}} \gamma_J$$

即在 1 495 °C 的恒温下，w(C) = 0.53%的液相与 w(C) = 0.09%的 δ 相发生反应，生成 w(C) = 0.17%的 γ 相，即奥氏体。凡含碳量介于 0.09% ~ 0.53%的所有铁碳合金在结晶时都要发生包晶转变。

（2）共晶转变。在 *ECF* 水平线（1 148 °C），发生共晶反应：

$$L_C \xleftarrow{\text{1 148 °C}} (\gamma_E + Fe_3C)$$

即在 1 148 °C 的恒温下，w(C) = 4.3%的液相将发生反应，生成由 w(C) = 2.11%的奥氏体和渗碳体组成的共晶体，称为莱氏体，用符号 Ld 表示。

在莱氏体中，渗碳体是一个连续分布的基体相，奥氏体则呈颗粒状分布在渗碳体的基体上，因为渗碳体很脆，所以莱氏体是一种塑性很差的组织。凡是含碳量大于 2.11% 的铁碳合金冷却至 1 148 ℃ 时，都要发生共晶转变，形成莱氏体组织。

（3）共析转变。在 PSK 水平线（727 ℃），发生共析反应：

$$\gamma_S \xleftarrow{\qquad 727\ ℃ \qquad} (\alpha_P + Fe_3C)$$

即在 727 ℃ 的恒温下，$w(C) = 0.77\%$ 的奥氏体将发生反应，形成由 $w(C) = 0.021\,8\%$ 的铁素体和渗碳体组成的混合物，称为珠光体，用符号 P 表示。

经共析转变形成的珠光体是片层状的，组织中的渗碳体称为共析渗碳体。凡是含碳量大于 0.021\,8% 的铁碳合金由高温缓冷到 727 ℃ 时都将发生共析转变。

4. 特性线

（1）$ABCD$ 线，即液相线，在此线以上是液相区，合金冷却到此线开始结晶。

（2）$AHJECF$ 线，即固相线，所有合金在此线以下均是固体状态。

（3）GS 线（称 A_3 线），表示 C 的质量分数低于 0.77% 的钢在冷却过程中，由奥氏体析出铁素体的开始线，或者说是在加热时铁素体溶入奥氏体的终了线。

（4）ES 线（称 A_{cm} 线），表示碳在奥氏体中的溶解度曲线。当温度低于此线时，从奥氏体中就要析出次生的渗碳体，通常称为二次渗碳体，记为 Fe_3C_{II}。因此，ES 线也称为二次渗碳体的开始析出线，以区别从液相中经 CD 线析出的一次渗碳体 Fe_3C_I。

（5）PQ 线，表示碳在铁素体中的溶解度曲线，在 727 ℃ 时铁素体中的溶碳量达到最大值 $\omega(C) = 0.021\,8\%$，随着温度的降低，铁素体的溶碳量逐渐减少，因此铁素体从 727 ℃ 冷却下来时要从铁素体中析出渗碳体，这种由铁素体析出的渗碳体称为三次渗碳体，记为 Fe_3C_{III}。

3.3.3 典型铁碳合金的平衡结晶过程

根据 Fe-Fe$_3$C 相图，铁碳合金可分为三大类：

（1）工业纯铁[$w(C) \leqslant 0.021\,8\%$]。

（2）钢[0.021\,8% < $w(C) \leqslant 2.11\%$] $\begin{cases} \text{亚共析钢 } 0.021\,8\% < w(C) < 0.77\% \\ \text{共析钢 } w(C) = 0.77\% \\ \text{过共析钢 } 0.77\% < w(C) \leqslant 2.11\% \end{cases}$

（3）白口铸铁[2.11% < $w(C) < 6.69\%$] $\begin{cases} \text{亚共晶白口铸铁 } 2.11\% < w(C) < 4.3\% \\ \text{共晶白口铸铁 } w(C) = 4.3\% \\ \text{过共晶白口铸铁 } 4.3\% < w(C) < 6.69\% \end{cases}$

下面分别对图 3.21 中 7 种典型铁碳合金的结晶过程进行分析。

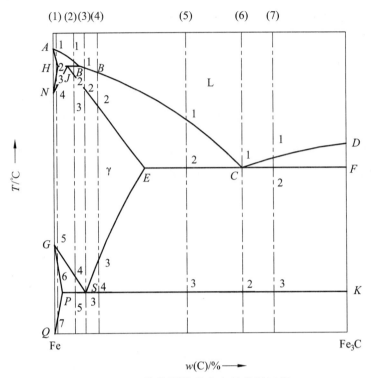

图 3.21　7种典型铁碳合金的结晶过程

1. 工业纯铁的平衡结晶过程

合金（1）是碳质量分数为 0.01% 的工业纯铁，其平衡结晶过程如图 3.22 所示。合金在 1 点以上为液相 L；冷却至稍低于 1 点时，开始从 L 中结晶出 δ，至 2 点合金全部结晶为 δ；从 3 点起，δ 逐渐转变为 γ，至 4 点全部转变完。在 4~5 点间，γ 冷却不变，自 5 点开始，从 γ 中析出 α；α 在 γ 晶界处生核并长大，至 6 点 γ 全部转变为 α；在 6~7 点间，α 冷却不变；在 7~8 点间，从 α 晶界析出 Fe_3C_{III}。

因此，合金的室温平衡组织为 α + Fe_3C_{III}。α 呈白色块状；Fe_3C_{III} 量极少，呈小白片状分布于 α 晶界处（见图 3.23）。若忽略 Fe_3C_{III}，则组织全为 α。

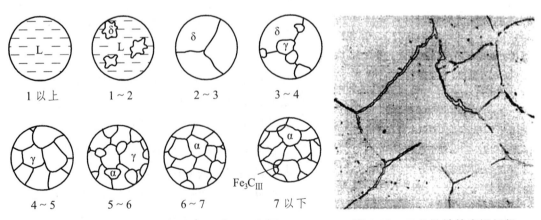

图 3.22　工业纯铁的平衡结晶过程示意图　　　　图 3.23　工业纯铁的室温组织

2. 共析钢的平衡结晶过程

合金（3）是碳质量分数为 0.77% 的共析钢，其平衡结晶过程如图 3.24 所示。合金冷却时，于 1 点起从 L 中结晶出 γ，至 2 点全部结晶完；在 2～3 点间，γ 冷却不变，至 3 点时，γ 发生共析反应生成 P；从 3 继续冷却至 4 点，P 不发生转变。因此，共析钢的室温平衡组织全部为 P，P 呈层片状（见图 3.25）。

共析钢的室温组织组成物全部是 P，而组成相为 α 和 Fe₃C，它们的质量分数为

$$w(\alpha) = \frac{6.69 - 0.77}{6.69 - 0.000\ 8} \times 100\% = 88.5\%$$

$$w(\text{Fe}_3\text{C}) = 1 - 88.5\% = 11.5\%$$

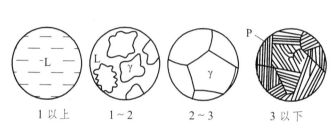

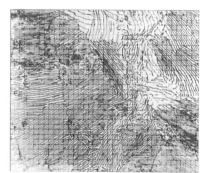

图 3.24　共析钢的平衡结晶过程示意图　　　图 3.25　共析钢的室温组织

3. 亚共析钢的平衡结晶过程

合金（2）是碳质量分数为 0.4% 的亚共析钢，其平衡结晶过程如图 3.26 所示。合金冷却时，从 1 点起自 L 中结晶出 δ，至 2 点时，L 的碳质量分数变为 0.53%，δ 的碳质量分数变为 0.09%，发生包晶反应生成碳质量分数为 0.17% 的 γ，反应结束后尚有多余的 L；2 点以下，自 L 中不断结晶出 γ，至 3 点合金全部转变为 γ；在 3～4 点间，γ 冷却不变，从 4 点起，冷却时由 γ 中析出 α，α 在 γ 晶界处优先生核并长大，而 γ 和 α 的成分分别沿 GS 和 GP 线变化；至 5 点时，γ 的碳质量分数变为 0.77%，α 的碳质量分数变为 0.021 8%，此时 γ 发生共析反应，转变为 P，α 不变化；从 5 点以后继续冷却，合金组织不发生变化，因此室温平衡组织为 α + P。α 呈白色块状，P 呈层片状，放大倍数不高时呈黑色块状（见图 3.27）。

含 0.4% C 的亚共析钢的组织组成物为 α 和 P，它们的质量分数为

$$w(\text{P}) = \frac{0.4 - 0.021\ 8}{0.77 - 0.021\ 8} \times 100\% = 50.5\%$$

$$w(\alpha) = 1 - 50.5\% = 49.5\%$$

钢的组成相为 α 和 Fe₃C，它们的质量分数为

$$w(\alpha) = \frac{6.69 - 0.40}{6.69 - 0.000\ 8} \times 100\% = 94\%$$

$$w(\text{Fe}_3\text{C}) = 1 - w(\alpha) = 6\%$$

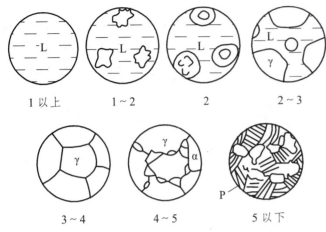

图 3.26 亚共析钢的平衡结晶过程示意图

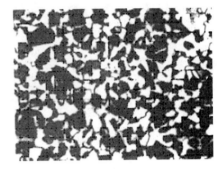

图 3.27 亚共析钢的室温组织

因为亚共析钢中的碳基本上都集中在珠光体之中，所以根据亚共析钢平衡组织中珠光体的含量可大致估算其含碳量，即 $w(C) = w(P) \times 0.77\%$，如 40 碳钢，$w(P) = 50.5\%$，估算时，$w(C) = 50.5 \times 0.77\% = 0.39\%$。

4. 过共析钢的平衡结晶过程

合金（4）是碳质量分数为 1.2% 的过共析钢，其平衡结晶过程如图 3.28 所示。该合金在 1~2 点按匀晶转变由液态结晶出奥氏体，在 2 点全部变为单相奥氏体；冷至 ES 线上的 3 点时，奥氏体中的含碳量处于饱和状态；3~4 点从奥氏体中不断析出二次渗碳体，又称先共析渗碳体。二次渗碳体沿奥氏体晶界形核并长大，最终呈网状分布。由于二次渗碳体的析出，奥氏体的含碳量沿 ES 线变化，当温度降至 PSK 线上的 4 点时，奥氏体的含碳量正好达到 0.77%，在恒温（727 ℃）下奥氏体发生共析转变，形成珠光体。因此，过共析钢的室温组织就是 $P + Fe_3C_{II}$，如图 3.29 所示，在显微镜下，Fe_3C_{II} 呈网状分布在层片状 P 周围。

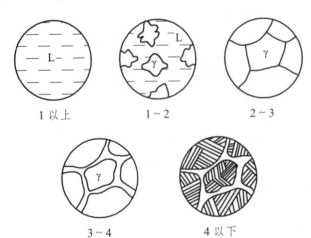

图 3.28 过共析钢的平衡结晶过程示意图

图 3.29 T12 钢的室温组织（400×）

含 1.2% C 的过共析钢的组成相为 α 和 Fe_3C，它们的质量分数为

$$w(\alpha) = \frac{6.69 - 1.2}{6.69 - 0.021\,8} \times 100\% = 82.3\%$$

$$w(Fe_3C) = 1 - w(\alpha) = 17.7\%$$

组织组成物为 P 和 Fe_3C_{II}，它们的质量分数为

$$w(P) = \frac{6.69 - 1.2}{6.69 - 0.77} \times 100\% = 93\%$$

$$w(Fe_3C_{II}) = 1 - 93\% = 7\%$$

在过共析钢中，二次渗碳体的数量随钢的含碳量增加而增加，当 $w(C) = 2.11\%$ 时，二次渗碳体的数量达到最大值，其含量可由杠杆定律求出，即

$$w(Fe_3C_{II}) = \frac{2.11 - 0.77}{6.69 - 0.77} \times 100\% = 22.6\%$$

5. 共晶白口铸铁的平衡结晶过程

合金（6）是碳质量分数为 4.3% 的共晶白口铸铁，其平衡结晶过程如图 3.30 所示。合金冷至 *ECF* 线上的 1 点时，在 1 148 ℃ 的恒温下，发生共晶转变形成莱氏体 Ld，莱氏体中的奥氏体称为共晶奥氏体，渗碳体称为共晶渗碳体；冷至 1 点以下，奥氏体的溶解度将沿 *ES* 线逐渐降低，因此从共晶奥氏体中将不断析出二次渗碳体，它与共晶渗碳体连成一体难以分辨；当温度降至 *PSK* 线上的 2 点时，共晶奥氏体的含碳量已降至 0.77%，故发生共析转变，形成珠光体。最后的室温组织是珠光体 + 二次渗碳体 + 共晶渗碳体，其显微组织如图 3.31 所示，图中基体是共晶渗碳体，黑色颗粒为珠光体。这种组织保持了高温莱氏体的形态特征，只是组成物发生了变化。因此，将共析温度以下的莱氏体称为低温莱氏体或变态莱氏体，用符号 Ld′ 表示。

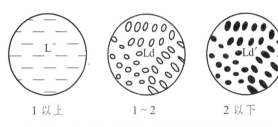

| 1 以上 | 1～2 | 2 以下 |

图 3.30　共晶白口铸铁的平衡结晶过程示意图

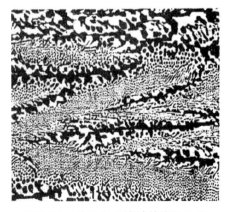

图 3.31　共晶白口铸铁的室温组织

49

6. 亚共晶白口铸铁的平衡结晶过程

合金（5）是碳质量分数为 3.0% 的亚共晶白口铸铁，其平衡结晶过程如图 3.32 所示。该合金在 1~2 点按匀晶转变从液态合金中结晶出初晶奥氏体或称先共晶奥氏体，初晶奥氏体的成分沿 *JE* 线变化，而液相沿 *BC* 线变化；当温度降至 *ECF* 线上的 2 点时，液相成分将达到共晶点 *C*，于是在 1 148 ℃ 的恒温下发生共晶转变，形成莱氏体；温度降至 2~3 点时，由于溶解度的改变，从初晶奥氏体和共晶奥氏体中都将析出二次渗碳体，随着二次渗碳体的析出，奥氏体的含碳量不断降低。当温度降至 *PSK* 线上的 3 点时，奥氏体的成分沿 *ES* 线变到了 *S* 点，在 727 ℃ 恒温下，所有的奥氏体均发生共析转变而变成珠光体。图 3.33 为亚共晶白口铸铁的室温组织，它是由 P + Fe$_3$C$_{II}$ + Ld′ 组成的，图中大块的黑色部分是由初晶奥氏体共析转变而形成的珠光体，其基体是变态莱氏体，初晶奥氏体析出的二次渗碳体也与共晶渗碳体连成一体，难以分辨。

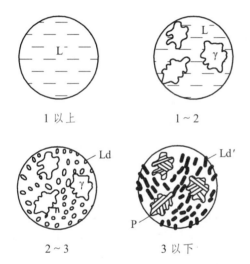

图 3.32　亚共晶白口铸铁的平衡结晶过程示意图

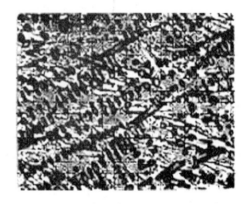

图 3.33　亚共晶白口铸铁的室温组织

7. 过共晶白口铸铁的平衡结晶过程

合金（7）是碳质量分数为 5.0% 的过共晶白口铸铁，其平衡结晶过程如图 3.34 所示。该合金在 1~2 点从液相首先结晶出粗大的一次渗碳体，又称先共晶渗碳体。随着一次渗碳体数量的增多，液相成分沿 *DC* 线变化，当温度降至 *ECF* 线上的 2 点时，液相成分将达到 *C* 点，于是，在 1 148 ℃ 发生共晶转变成为莱氏体；在 2~3 点共晶奥氏体要析出二次渗碳体；冷到 *PSK* 线上的 3 点时，奥氏体的含碳量为 0.77%，于是在 727 ℃ 恒温下发生共析反应，转变成珠光体。因此，过共晶白口铸铁的室温平衡组织是 Fe$_3$C$_I$ + Ld′，其显微组织如图 3.35 所示，Fe$_3$C$_I$ 呈长条状，变态莱氏体由黑色条状或粒状 P 和白色 Fe$_3$C 基体组成。

50

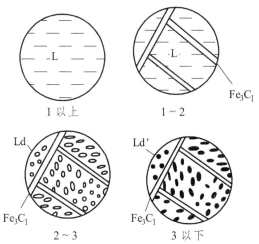

图 3.34　过共晶白口铸铁的平衡结晶过程示意图

图 3.35　过共晶白口铸铁的室温组织

3.3.4　铁碳合金的成分-组织-性能关系

1. 碳对铁碳合金平衡组织的影响

从上面分析的结构可看出，不同种类的铁碳合金其室温下的平衡组织是不同的，但都是由铁素体和渗碳体两个相组成的。只是随着含碳量的增加，铁素体量相对减少，渗碳体量相对增多，并且渗碳体的形状和分布也发生变化，因而形成不同的组织。随着含碳量的增加，铁碳合金的组织变化顺序为：$\alpha \rightarrow \alpha + Fe_3C_{\text{III}} \rightarrow \alpha + P \rightarrow P \rightarrow P + Fe_3C_{\text{II}} \rightarrow P + Fe_3C_{\text{II}} + Ld' \rightarrow Ld' \rightarrow Ld' + Fe_3C_{\text{I}}$。图 3.36 为标注了组织的 Fe-Fe₃C 相图，可以更直观地认识铁碳合金的组织。

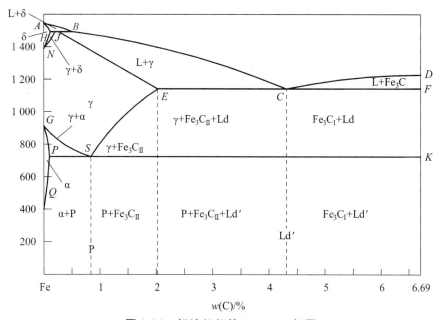

图 3.36　标注组织的 Fe-Fe₃C 相图

运用杠杆定律可以求得不同含碳量的铁碳合金缓冷后的组织组成物和相组成物的相对量，如图 3.37 所示。应该指出，铁碳合金中含碳量增高时，不仅组织中渗碳体的相对量增加，而且渗碳体的大小、形态和分布也随之发生变化。渗碳体由层片状分布在铁素体基体内（如珠光体），改变为网状分布在晶界上（如二次渗碳体），最后形成莱氏体时，渗碳体又作为基体出现。由此可见，同一种组成相，尽管本质不变，但是由于形成条件不同，其形态和分布可以发生很大的变化，从而形成不同的组织。它们对铁碳合金的性能产生十分重要的影响。

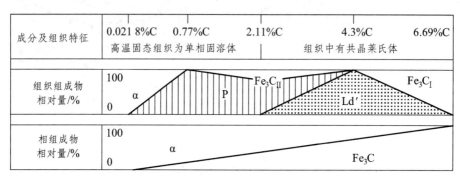

图 3.37　铁碳合金成分与组织的关系

2. 含碳量对碳钢性能的影响

铁素体软而韧，而渗碳体硬而脆，由铁素体和渗碳体两相组成的铁碳合金的性能（见图 3.38）取决于二者的配比情况。

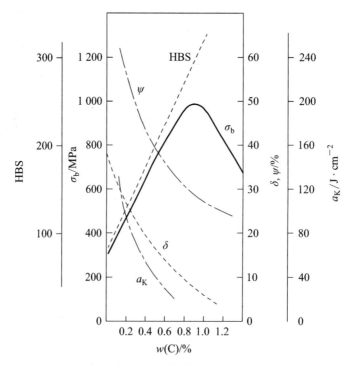

图 3.38　含碳量对平衡状态下碳钢性能的影响

强度是一个对组织形态很敏感的性能。随着碳含量的增加，亚共析钢中 P 增多而 α 减少。P 的强度比较高，其大小与细密程度有关。组织越细密，则强度值越高，α 的强度较低。所以亚共析钢的强度随着碳含量的增大而增大。但当碳质量分数超过共析成分之后，由于强度很低的 Fe_3C_{II} 沿晶界出现，合金强度的增高变慢，到 w (C)约 0.9%时，Fe_3C_{II} 沿晶界形成完整的网，强度迅速降低，随着碳质量分数的进一步增加，强度不断下降，到 w (C)达到 2.11%后，合金中出现 Ld′时，强度已降到很低的值。再增加碳含量时，由于合金基体都为脆性很高的 Fe_3C，强度变化不大且值很低，趋于 Fe_3C 的强度（20～30 MPa）。

硬度对组织组成物或相组成物的形态并不十分敏感，它的高低主要决定于组成相的硬度和数量。随着含碳量的增加，高硬度的渗碳体增多，低硬度的铁素体减少，铁碳合金的硬度将逐渐升高。

合金的塑性主要是由铁素体提供的，因此当含碳量增加而使铁素体减少时，铁碳合金的塑性将会不断降低。当组织中出现以渗碳体为基体的莱氏体时，塑性将降低到零。所以，白口铸铁脆性很大，强度也很低，使用价值不大。

冲击韧性对组织十分敏感，当含碳量增加而出现网状二次渗碳体时，韧性将急剧下降，其下降的幅度比塑性降低得还要大一些，因此，在钢的组织中不允许网状渗碳体存在。

工业上使用的铁碳合金常常要求具有足够的强度和适当的塑性和韧性，因此，合金中的渗碳体数量不宜过多。对碳钢和普通低、中合金钢而言，含碳量一般不超过 1.3%。

3.3.5 Fe-Fe₃C 相图的应用

Fe-Fe₃C 相图在生产中具有巨大的实际意义，主要应用在钢铁材料的选用和加工工艺的制订两个方面。

（1）在钢铁材料选用方面的应用。

Fe-Fe₃C 相图所表明的成分-组织-性能的规律，为钢铁材料的选用提供了根据。建筑结构和各种型钢需用塑性、韧性好的材料，因此选用碳含量较低的钢材。各种机械零件需要强度、塑性及韧性都较好的材料，应选用碳含量适中的中碳钢。各种工具要用硬度高和耐磨性好的材料，则选含碳量高的钢种。纯铁的强度低，不宜用作结构材料，但由于其导磁率高，矫顽力低，可作软磁材料使用，如作电磁铁的铁芯等。白口铸铁硬度高、脆性大，不能切削加工，也不能锻造，但其耐磨性好，铸造性能优良，适用于作要求耐磨、不受冲击、形状复杂的铸件，如拔丝模、冷轧辊、犁铧、球磨机的磨球等。

（2）在铸造工艺方面的应用。

根据 Fe-Fe₃C 相图可以确定合金的浇注温度。浇注温度一般在液相线以上 50～100 ℃。从相图上可看出，纯铁和共晶白口铸铁的铸造性能最好，它们的凝固温度区间最小，因而流动性好，分散缩孔少，可以获得致密的铸件，所以铸铁在生产上总是选在共晶成分附近。在铸钢生产中，碳质量分数规定为 0.15%～0.6%，因为这个范围内钢的结晶温度区间较小，铸造性能较好。

（3）在热锻、热轧工艺方面的应用。

钢处于奥氏体状态时强度较低，塑性较好，因此锻造或轧制选在单相奥氏体区进行。一般始锻、始轧温度控制在固相线以下 100~200 ℃。温度高时钢的变形抗力小，节约能源，设备要求的吨位低；但温度不能过高，以免钢材严重氧化或发生晶界熔化（过烧）。终锻、终轧温度不能过低，以免钢材因塑性差而导致锻裂或轧裂。亚共析钢热加工终止温度控制在 *GS* 线以上一点，避免热加工时出现大量铁素体，形成带状组织而使韧性降低。过共析钢热加工终止温度应控制在 *PSK* 线以上一点，以便把呈网状析出的二次渗碳体打碎。终止温度不能太高，否则再结晶后奥氏体晶粒粗大，使热加工后的组织也粗大。一般始锻温度为 1 150~1 250 ℃，终锻温度为 750~850 ℃。

（4）在热处理工艺方面的应用。

Fe-Fe₃C 相图对于制订热处理工艺有着特别重要的意义。一些热处理工艺如退火、正火、淬火的加热温度都是依据 Fe-Fe₃C 相图确定的。这将在热处理一章中详细阐述。

3.4　凝固组织及其控制

3.4.1　金属及合金结晶后的晶粒大小及其控制

前面介绍了金属与合金的结晶，重点考察相变过程，即考察纯金属或不同成分的合金凝固过程中的相转变过程，不考虑组织的尺度。实际上，对于单相合金而言，晶粒大小对合金的力学性能影响非常大，对于多相合金，第二相的尺寸和分布状态往往是影响合金性能的决定性因素。下面介绍金属及合金在实际凝固条件下的组织形成规律及组织控制方法。

1. 晶粒度

晶粒度是表示晶粒大小的尺度，可用晶粒的平均面积或平均直径来表示。由于测量晶粒尺寸很不方便，工业生产上常采用晶粒度等级来表示晶粒大小。标准晶粒度共分 8 级，1 级最粗，8 级最细，如表 3.2 所示。

表 3.2　晶 粒 度 表

晶粒度	1	2	3	4	5	6	7	8
单位面积晶粒数/（个/mm²）	16	32	64	128	256	512	1 024	2 048
晶粒平均直径/mm	0.250	0.177	0.125	0.088	0.062	0.044	0.031	0.022

2. 晶粒大小的控制

在一般情况下，晶粒越小，则金属的强度、塑性和韧性越好。工程上使晶粒细化，是提高金属力学性能的重要途径之一，这种方法称为细晶强化。结晶时，每个晶核长大后便形成一个晶粒，因而晶粒的大小取决于晶核的形成速率和长大速度。单位时间、单位体积内形成晶核的数目称为成核速率（N），而单位时间内晶核生长的长度称为长大速度（G）。一定体积的液态金属中，若成核速率 N 越大，则结晶后的晶粒越多，晶粒就越细小；晶体长大速度 G 越快，则晶粒越粗。工业上细化铸态金属晶粒有以下措施。

（1）增大金属的过冷度。

随着过冷度的增加，成核速率和长大速度均会增大。但当过冷度超过一定值后，成核速率和长大速度都会下降。这是由于液体金属结晶时，成核和长大均需原子扩散才能进行。当温度太低时，原子扩散能力减弱，因而成核速率和长大速度都降低。对于液体金属，一般不会得到如此大的过冷度，通常处于曲线左边上升部分。所以，随着过冷度的增大，成核速率和长大速度都增大，但前者的增大更快，因而比值 N/G 也增大，结果使晶粒细化，如图 3.39 所示。

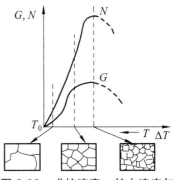

图 3.39 成核速率、长大速度与过冷度的关系

增大过冷度的主要办法是采用冷却能力较强的模子，提高液态金属的冷却速度。例如，采用金属型铸模，比采用砂型铸模获得的铸件晶粒要细小。

超高速急冷技术可获得超细化晶粒的金属、亚稳态结构的金属和非晶态结构的金属。非晶态金属具有特别高的强度和韧性、优异的软磁性能、高的电阻率、良好的抗蚀性等。

（2）变质处理。

对于形状复杂的铸件，为防止快速冷却使内应力过大产生开裂，常常不容许过多地提高冷却速度。生产上为了获得细晶粒铸件或铸锭，多采用变质处理。

变质处理就是在液体金属中加入孕育剂或变质剂，增加非自发形核的形核率或者阻碍晶核的长大，以细化晶粒和改善组织。例如，在铝合金液体中加入钛、锆；钢水中加入钛、钒、铝等，都可使晶粒细化；铁水中加入硅铁、硅钙合金时，能使铸铁组织中的石墨变细。又如在铝硅合金中加入钠盐，钠能富集在硅的表面，降低硅的长大速度，阻碍粗大的硅晶体的形成，使合金的组织细化。

（3）振动和搅拌。

在金属结晶的过程中采用机械振动、超声波振动、电磁振动等方法，可以破碎正在生长中的树枝状晶体，从而形成更多的结晶核心，获得细小的晶粒。

3.4.2 铸锭组织及其控制

金属冶炼炉中冶炼出的合格金属液，往往先倒入锭模中浇铸成铸锭，在后续加工环节再把铸锭通过压力加工制成各种型材或零件。金属铸锭凝固时，由于表面和中心的结晶条件不同，其结构是不均匀的，整个体积中明显地分为 3 种晶粒状态区域，如图 3.40 所示。

1. 细等轴晶区

液体金属注入锭模时，由于锭模温度不

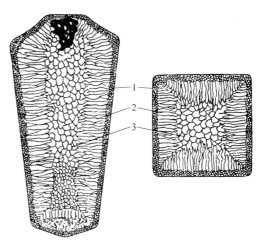

图 3.40 铸锭结构示意图

1—细等轴晶区；2—柱状晶区；3—粗等轴晶区

55

高，传热快，外层金属受到激冷，过冷度大，生成大量的晶核。同时，模壁也能起非自发晶核的作用。结果在金属的表层形成一层厚度不大、晶粒很细的细晶区。

2. 柱状晶区

细晶区形成的同时，锭模温度升高，液体金属的冷却速度降低，过冷度减小，生核速率降低，但此时长大速度受到的影响较小，结晶过程进行的方式主要是：优先长大方向（即一次晶轴方向）与散热最快方向（一般为往外垂直模壁的方向）的反方向一致的晶核向液体内部平行长大，结果形成柱状晶区。

柱状晶是由外往里顺序结晶的，晶质较致密。柱状晶的性能具有明显的方向性，沿柱状晶晶轴方向的强度较高。对于那些主要受单向载荷的机器零件，如汽轮机叶片等，柱状晶结构是非常理想的。但柱状晶的接触面由于常有非金属夹杂或低熔点杂质而成为弱面，在热轧、锻造时容易开裂，所以对于熔点高和杂质多的金属，如 Fe、Ni 及其合金，不希望生成柱状晶；但对于熔点低、不含易熔杂质、塑性较好的金属，即使全部为柱状晶，也能顺利地进行热轧、热锻，所以 Al、Cu 等有色金属及合金，考虑其性能提高的需要，反而希望铸锭能得到柱状晶结构。

3. 粗等轴晶区

随着柱状晶区的发展，液体金属的冷却速度很快降低，过冷度大大减小，温度差不断降低，趋于均匀化，散热逐渐失去方向性，所以在某个时候，剩余液体中被推来的杂质及从柱状晶上被冲下来的晶枝碎块，可能成为晶核，向各个方向均匀长大，最后形成粗大的等轴晶区。

等轴晶没有弱面，其晶枝彼此嵌入，结合较牢，性能均匀，无方向性。对钢铁铸锭一般希望获得细小的等轴晶粒组织。铸造温度低，冷却速度小等，有利于截面温度的均匀性，促进等轴晶的形成。采用机械振动、电磁搅拌等方法，可破坏柱状晶的形成，有利于等轴晶的形成。

思考与练习

1. 为什么金属结晶时必须过冷？

2. 试分析比较纯金属、固溶体、共晶体三者在结晶过程和显微组织上的异同点。

3. 请根据图 3.41 分析解答下列问题：

① 分析合金 Ⅰ、Ⅱ 的平衡结晶过程，并绘出冷却曲线。

② 说明室温下 Ⅰ、Ⅱ 的相和组织是什么，并计算出相和组织的相对含量。

③ 如果希望得到的组织为共晶组织和 5% 的 $\beta_{初}$，求该合金的成分。

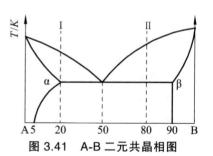

图 3.41 A-B 二元共晶相图

4. 画出 Fe-Fe$_3$C 相图，标出相区及各主要点的成分和温度，并回答下列问题：

① 画出纯铁、45 钢、T12 钢的室温平衡组织，并标注其中的组织。

② 分析 $w(C) = 0.4\%$ 的亚共析钢的结晶过程及其在室温下组织组成物与相组成物的相对量。

③ 计算铁碳合金中二次渗碳体和三次渗碳体最大的相对量。

5. 现有两种铁碳合金，其中一种合金的显微组织中珠光体量占 75%，铁素体量占 25%；另一种合金的显微组织中珠光体量占 92%，二次渗碳体量占 8%。这两种合金各属于哪一类合金？其含碳量各为多少？

6. 现有形状、尺寸完全相同的 4 块平衡状态的铁碳合金，它们的含碳量分别为 $w(C) = 0.2\%$、$w(C) = 0.4\%$、$w(C) = 1.2\%$、$w(C) = 3.5\%$。根据所学的知识，可用哪些办法来区别它们？

7. 简述晶粒大小对金属力学性能的影响，并列举几种实际生产中细化铸造晶粒的方法。

8. 简述金属实际凝固时，铸锭的 3 种宏观组织的形成机制。

4 金属的塑性变形及再结晶

塑性是金属的重要特性，利用金属的塑性可把金属加工成各种制品。不仅轧制、锻造、挤压、冲压、拉拔等成形加工工艺都是金属发生大量塑性变形的过程，而且在车、铣、刨、钻等各种切削加工工艺中，也都发生金属的塑性变形。

塑性变形不仅可以使金属获得一定的形状和尺寸，而且还会引起金属内部组织与结构的变化，使铸态金属的组织与性能得到一定的改善。因此，塑性变形也是改善金属材料性能的一个重要手段。但塑性加工同时也会给金属的组织和性能带来某些不利的影响，在塑性加工之后或在其加工的过程中，还经常对金属进行加热，使其发生回复与再结晶，以消除不利的影响。

4.1 金属的塑性变形

在一般情况下，实际金属都是多晶体，多晶体的变形是与其中各个晶粒的变形行为有关的。为了便于研究，应先通过单晶体的塑性变形来掌握金属塑性变形的基本规律。

4.1.1 单晶体金属的塑性变形

4.1.1.1 滑 移

滑移是晶体在切应力的作用下，晶体的一部分沿一定的晶面（滑移面）上的一定方向（滑移方向）相对于另一部分发生滑动。

滑移变形的特点是：

（1）滑移只在切应力作用下才会发生，不同金属产生滑移的最小切应力（称滑移临界切应力）大小不同。如钨、钼、铁的滑移临界切应力比铜、铝的要大。

（2）滑移总是沿着晶体中原子密度最大的晶面（密排面）和其上密度最大的晶向（密排方向）进行。这是由于密排面的面间距较大，面与面之间的结合力最弱，晶体沿密排方向滑移时阻力最小。一个滑移面与其上的一个滑移方向组成一个滑移系，3 种典型金属晶格的主要滑移系如表 4.1 所示。滑移系越多，金属发生滑移的可能性越大，塑性就越好。滑移方向对滑移所起的作用比滑移面大，所以面心立方晶格金属比体心立方晶格金属的塑性更好。

表 4.1　3 种典型金属晶格的主要滑移系

晶格	体心立方晶格	面心立方晶格	密排六方晶格
滑移面	{110}（6 个）	{111}（4 个）	{0001}（1 个）
滑移方向	〈111〉（2 个）	〈110〉（3 个）	〈11$\bar{2}$0〉（3 个）
示意图			
滑移系	6×2 = 12	4×3 = 12	1×3 = 3

（3）滑移时，晶体两部分的相对位移量是原子间距的整数倍。滑移的结果是在晶体表面形成台阶，称之为滑移线，若干条滑移线组成一个滑移带，如图 4.1 所示。

（4）滑移是晶体内部位错在切应力作用下运动的结果。滑移并非是晶体两部分沿滑移面做整体的相对滑动，而是通过位错的运动来实现的。计算表明，把滑移设想为刚性整体滑动所需的理论临界切应力值比实际测量临界切应力值大 3~4 个数量级，而按照位错运动模型算得的临界切应力值则与实测值相符，可见

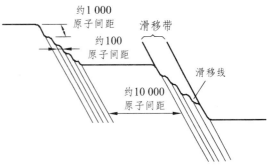

图 4.1　滑移线和滑移带示意图

滑移不是刚性滑动，而是位错运动的结果。图 4.2 所示的是一刃型位错在切应力的作用下在滑移面上运动的过程，即通过一根位错线从滑移面的一侧到另一侧的运动造成一个原子间距滑移量的过程。

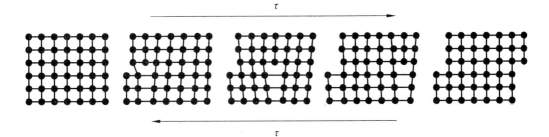

图 4.2　晶体中通过位错运动而造成滑移的示意图

位错运动过程中滑移面上下原子位移的情况如图 4.3 所示，即具有位错的晶体，在切应力作用下，位错线上面的两列原子向右做微量位移，进到虚线位置；位错线下面的一列原子向左做微量位移，进到虚线位置，这样就可使位错向右移动一个原子间距。在切应力作用下，如位错继续向右移动到晶体表面，就形成了一个原子间距的滑移量（见图 4.2）。可以看出，

59

当晶体通过位错运动产生滑移时，只在位错中心的少数原子发生移动，而且它们移动的距离远小于一个原子间距，因而所需临界切应力小，且与实验值基本相符。一个位错产生的滑移量很小，很多位错同时滑移积累起来就产生了一定量的塑性变形。

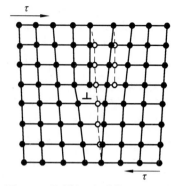

图4.3　位错运动时的原子位移

（5）滑移时晶体发生转动。如图4.4所示，当晶体受拉伸产生滑移时，如果不受夹头的限制，则拉伸轴线将要逐渐发生偏转[见图4.4（b）]。但事实上由于夹头的限制作用，拉伸轴线的方向不能改变，这样就必然使晶体表面做相应的转动。

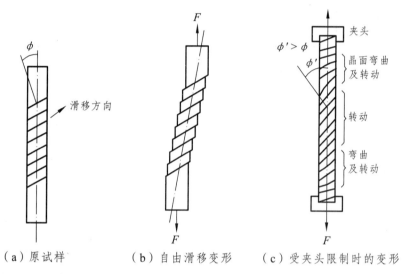

（a）原试样　　　（b）自由滑移变形　　（c）受夹头限制时的变形

图4.4　单晶体拉伸变形过程

4.1.1.2　孪　生

孪生是指晶体的一部分沿一定晶面和晶向相对于另一部分所发生的切变。发生切变的部分称为孪生带或孪晶，沿其发生孪生的晶面称为孪生面，孪生的结果使孪生面两侧的晶体呈镜面对称，如图4.5所示。

和滑移相比，孪生变形具有下列特点：

（1）滑移不改变位向，即晶体中已滑移部分和未滑移部分的位向相同；孪生则改变位向，孪生面两侧晶体的位向不同，呈镜面对称关系。

（2）滑移时原子的位移是沿滑移方向原子间距的整数倍，而孪生切变时原子移动的距离是孪生方向原子间距的分数倍。

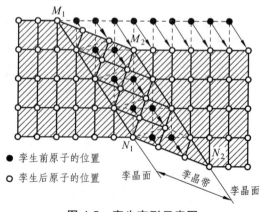

● 孪生前原子的位置
○ 孪生后原子的位置

图4.5　孪生变形示意图

（3）孪生所需切应力比滑移大得多，变形速度极快，接近于声速。

（4）晶体的对称度越低，越容易发生孪生。在常见的晶格类型中，密排六方晶格金属滑移系少，常以孪生方式变形。体心立方晶格金属只有在低温或冲击作用下才发生孪生变形。面心立方晶格金属一般不发生孪生变形，但在这类金属中常发现有孪晶存在，这是由于相变过程中原子重新排列时发生错排而产生的，称之为退火孪晶。

（5）孪生时的切变一般比较小，本身对金属塑性变形的贡献不大，但形成的孪晶改变了晶体的位向，可以诱发新的滑移系开动，间接对塑性变形有贡献。

4.1.2 多晶体金属的塑性变形

工程上使用的金属绝大多数是多晶体。多晶体中每个晶粒内部的变形情况与单晶体的变形情况大致相似。但由于晶界的存在及各晶粒的取向不同，使多晶体的塑性变形比单晶体复杂得多。

4.1.2.1 晶界及晶粒位向差的影响

在多晶体中，晶界原子排列不规则，当位错运动到晶界附近时，受到晶界的阻碍而堆积起来，称为位错的塞积，如图 4.6 所示。若要使变形继续进行，则必须增加外力，可见晶界使金属的塑性变形抗力提高。双晶粒试样的拉伸实验表明，试样往往如图 4.7 所示呈竹节状，晶界处较粗，这说明晶界的变形抗力大，变形较小。

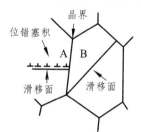

图 4.6　位错在晶界处塞积示意图

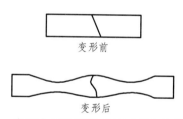

图 4.7　由两个晶粒所做成的试样在拉伸时的变形

由于各相邻晶粒位向不同，当一个晶粒发生塑性变形时，为了保持金属的连续性，周围的晶粒若不发生塑性变形，则必以弹性变形来与之协调。这种弹性变形便成为塑性变形晶粒的变形阻力。由于晶粒间的这种相互约束，使得多晶体金属的塑性变形抗力提高，如图 4.8 所示。

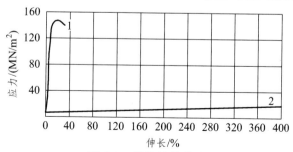

图 4.8　锌的拉伸曲线

1—多晶体试样；2—单晶体试样

4.1.2.2　多晶体金属的塑性变形过程

多晶体中首先发生滑移的是那些滑移系与外力夹角等于或接近于 45°的晶粒。使位错在晶界附近塞积，当塞积位错前端的应力达到一定程度，加上相邻晶粒的转动，使相邻晶粒中原来处于不利位向滑移系上的位错开动，从而使滑移由一批晶粒传递到另一批晶粒。当有大量晶粒发生滑移后，金属便显示出明显的塑性变形。

4.1.2.3　晶粒大小对金属力学性能的影响

金属的晶粒越细，其强度和硬度越高。原因是金属的晶粒越细，晶界总面积越大，位错障碍越多，需要协调的具有不同位向的晶粒越多，使得金属塑性变形的抗力越高。

金属的晶粒越细，其塑性和韧性也越高。这是由于晶粒越细，单位体积内晶粒数目越多，同时参与变形的晶粒数目也越多，变形越均匀，推迟了裂纹的形成和扩展，使在断裂前发生较大的塑性变形。在强度和塑性同时增加的情况下，金属在断裂前消耗的功较大，因而其韧性也比较好。

通过细化晶粒来同时提高金属的强度、硬度、塑性和韧性的方法称为细晶强化。细晶强化是金属的重要强韧化手段之一。

4.1.3　合金的塑性变形与强化

就合金的组织而言，基本上可分为单相固溶体和多相混合物两种。由于合金元素的存在，使得合金的塑性变形行为与纯金属有着显著的不同。

4.1.3.1　单相固溶体合金的塑性变形与固溶强化

单相固溶体合金的组织与纯金属相同，因而其塑性变形过程也与多晶体纯金属相似。但由于溶质原子的存在，使晶格发生畸变，从而使固溶体的强度、硬度提高，塑性、韧性下降，这种现象称为固溶强化。

产生固溶强化的原因，是由于溶质原子与位错相互作用的结果，溶质原子不仅使晶格发生畸变，而且易被吸附在位错附近形成柯氏气团，使位错被钉扎住，位错要脱钉，则必须增加外力，从而使变形抗力提高。

4.1.3.2　多相合金的塑性变形与弥散强化

当合金的组织由多相混合物组成时，合金的塑性变形除与合金基体的性质有关外，还与第二相的性质、形态、大小、数量和分布有关。第二相可以是纯金属，也可以是固溶体或化合物，工业合金中的第二相多数是化合物。

当第二相在晶界上呈网状分布时，对合金的强度和塑性都不利；当在晶内呈片状分布时，可提高强度、硬度，但会降低塑性和韧性；当在晶内呈颗粒状弥散分布时，虽塑性、韧性略有下降，但强度、硬度可显著提高。而且第二相颗粒越细，分布越均匀，合金的强度、硬度越高，这种强化方法称为弥散强化或沉淀强化。

弥散强化的原因是由于硬的颗粒不易被切变，因而阻碍了位错的运动，提高了变形抗力。

4.2 塑性变形对金属组织和性能的影响

4.2.1 塑性变形对金属组织结构的影响

4.2.1.1 纤维组织

金属发生塑性变形时，不仅外形发生变化，而且其内部的晶粒也相应地被拉长或压扁。当变形量很大时，晶粒将被拉长为纤维状，晶界变得模糊不清，如图 4.9 所示。

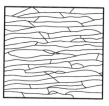

（a）变形前　　　　　　　　　　　　（b）变形后

图 4.9　塑性变形前后晶粒形状变化示意图

4.2.1.2 亚结构

金属经大的塑性变形时，由于位错的密度增大和发生交互作用，大量位错堆积在局部地区，并相互缠结，形成不均匀的分布，使晶粒分化成许多位向略有不同的小晶块，而在晶粒内产生亚晶粒，如图 4.10 所示。

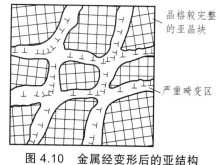

晶格较完整的亚晶块

严重畸变区

图 4.10　金属经变形后的亚结构

4.2.1.3 形变织构

在塑性变形中，随着形变程度的增加，各个晶粒的滑移面和滑移方向都要向主形变方向转动，逐渐使多晶体中原来取向互不相同的各个晶粒在空间的位向趋于大体一致，这一现象称为择优取向，这种组织状态则称为形变织构。

形变织构随加工变形方式的不同主要有两种类型：拔丝时形成的织构称为丝织构，其主要特征为各晶粒的某一晶向大致与拔丝方向相平行，如图 4.11（a）所示；轧板时形成的织构称为板织构，其主要特征为各晶粒的某一晶面和晶向分别趋于同轧面与轧向相平行，如图 4.11（b）所示。

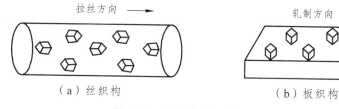

拉丝方向

轧制方向

（a）丝织构　　　　　　　　　　　　（b）板织构

图 4.11　形变织构形成示意图

织构的形成使多晶体金属出现各向异性，对材料的性能和加工工艺有很大影响，即使在退火后也仍然存在织构。一般来说，不希望金属板材存在织构，当用有织构的板材来深冲成形零件时，将会因板材各方向变形能力不同，使深冲出来的工件边缘不齐，壁厚不均，这种现象称为"制耳"，如图 4.12 所示。但在某些情况下，织构也有好处，例如，可以利用织构现象来提高硅钢板某一方向的磁导率，使其在用于制造变压器铁芯时大大提高变压器的效率。

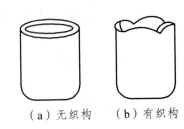

（a）无织构　　（b）有织构

图 4.12　因变形织构所造成的"制耳"

4.2.2　塑性变形对金属性能的影响

4.2.2.1　加工硬化

金属发生塑性变形时，随着变形度的增大，金属的强度和硬度显著提高，塑性和韧性明显下降，这种现象称为加工硬化，也叫形变强化。产生加工硬化的原因是：金属发生塑性变形时，位错密度增加，位错间的交互作用增强，相互缠结，造成位错运动阻力的增大，引起塑性变形抗力提高；另一方面，由于晶粒破碎细化，使强度得以提高。在生产中可通过冷轧、冷拔提高钢板或钢丝的强度。

加工硬化具有很重要的工程意义：第一，它是一种非常重要的强化材料的手段，特别是对于那些不能通过热处理强化的材料，如纯金属以及某些合金，又如奥氏体不锈钢等，主要是借冷加工实现强化的；第二，加工硬化有利于金属进行均匀变形，因为金属的已变形部分得到强化时，继续的变形将主要在未变形部分中发展；第三，它可保证金属零件和构件的工作安全性，因为金属具有应变硬化特性，可以防止短时超载引起的突然断裂等。

但是，加工硬化也会给金属的进一步加工带来困难。例如，钢板在冷轧过程中会越轧越硬，乃至完全不能产生变形。为此，需安排中间退火来消除加工硬化，恢复塑性变形能力，使轧制得以顺利进行。

4.2.2.2　物理、化学性能的变化

经塑性变形后的金属材料，由于点阵畸变，空位和位错等结构缺陷的增加，使其物理性能和化学性能也发生一定的变化。如电阻增大，磁导率下降，耐腐蚀性降低等。

4.2.2.3　残余应力

冷变形是外界对金属做功，其所做的功大部分在变形过程中以热的方式散发掉，还有一小部分（<10%）则转化成内应力而残留于金属中，称为残余应力。残余应力是一种弹性应力，它在金属材料中处于自相平衡状态。按照残余应力作用的范围，可将它分为宏观残余应力、微观残余应力和晶格畸变应力 3 类。

（1）宏观残余应力（第一类内应力）。它是由工件不同部分的宏观变形不均匀性引起的，故其应力平衡范围包括整个工件。例如，将金属棒施以弯曲载荷，则上边受拉而伸长，下边受到压缩，如图 4.13 所示；变形超过弹性极限产生了塑性变形时，则外力去除后被伸长的一边就存在压应力，短边存在拉应力。金属拉丝后，因外缘部分变形较中心部分少，结构使外缘受拉应力，中心部受压应力，如图 4.14 所示。这类残余应力对工件的主要影响是使工件产生变形。

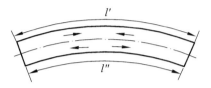

图 4.13　金属棒弯曲变形后的残余应力

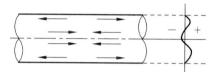

图 4.14　金属拉丝后的残余应力

（2）微观残余应力（第二类内应力）。它是由晶粒或亚晶粒之间的变形不均匀性产生的。其作用范围与晶粒尺寸相当，即在晶粒或亚晶粒之间保持平衡。这种内应力有时可达到很大的数值，甚至会使工件内部产生微裂纹。

（3）晶格畸变应力（第三类内应力）。它是由于工件在塑性变形中形成的大量点阵缺陷（如空位、间隙原子、位错等）引起的。其作用范围是几十至几百纳米，即在部分原子范围内保持平衡。它是存在于变形金属中最主要的残余应力。晶格畸变使金属的强度和硬度升高，塑性和耐蚀性降低，是金属产生强化的主要原因。同时，晶格畸变又提高了变形金属内部的能量，使之处于热力学不稳定状态，故变形金属有着自发地向变形前的稳定状态变化的趋势。

残余内应力的存在可能引起工件的变形与开裂，一般情况下不希望工件中存在内应力，往往通过去应力退火加以消除。但有时可以利用残余内应力来提高工件的某些性能，如采用表面滚压或喷丸处理使工件表面产生一压应力层，可有效提高承受交变载荷零件（如弹簧、齿轮、车轴等）的疲劳寿命。

4.3　回复和再结晶

金属经冷塑性变形后，组织处于不稳定状态，有自发恢复到变形前组织状态的倾向。但在常温下，原子扩散能力小，不稳定状态可以维持相当长时间，而加热则使原子扩散能力增加，金属将依次发生回复、再结晶和晶粒长大。冷变形金属加热时组织与性能的变化如图 4.15 所示。

4.3.1　回　复

当加热温度较低时，冷变形金属的显微

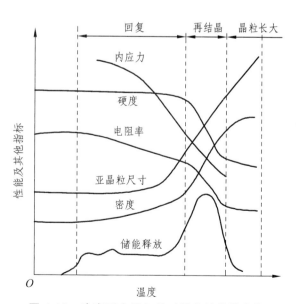

图 4.15　冷变形金属加热时某些性能的变化

组织无明显变化,力学性能也变化不大,但内应力、电阻等显著下降,这一阶段称为回复。

在工业上,常利用回复现象将冷变形金属低温加热,既稳定组织又保留了加工硬化,这种热处理方法称为去应力退火。例如,用冷拉钢丝卷制的弹簧要通过 250~300 ℃ 的低温处理以消除应力使其定型;经深冲工艺制成的黄铜弹壳要进行 260 ℃ 的去应力退火,以防止晶间应力腐蚀开裂等。

4.3.2 再结晶

4.3.2.1 再结晶过程

如图 4.16 所示,当冷塑性变形金属被加热到较高温度时,由于原子活动能力增大,晶粒的形状开始发生变化,由破碎拉长的晶粒变为完整的等轴晶粒。这种冷变形组织在加热时重新彻底改组的过程称为再结晶。

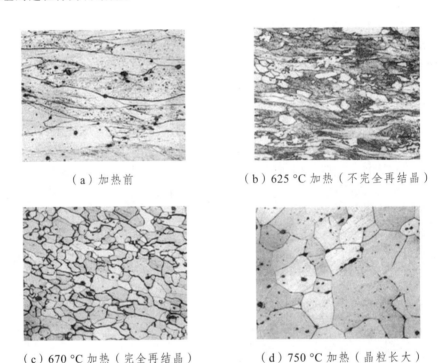

（a）加热前　　　　　　　　　　（b）625 ℃ 加热（不完全再结晶）

（c）670 ℃ 加热（完全再结晶）　　　　（d）750 ℃ 加热（晶粒长大）

图 4.16　经 70%塑性变形工业纯铁加热时的组织变化（400×）

应该指出,再结晶与冷变形密切相关,如果没有变形,再结晶就无从谈起。虽然再结晶也是一个晶核形成和长大的过程,新旧晶粒的晶格类型和成分完全相同,只是晶粒外形发生变化,故再结晶不是相变过程。

变形金属进行再结晶后,金属的强度和硬度明显降低,而塑性和韧性大大提高,加工硬化现象被消除,此时内应力全部消失,物理、化学性能基本上恢复到变形以前的水平。生产中可利用再结晶处理来消除冷变形加工的影响,这称为再结晶退火。

4.3.2.2 再结晶温度

再结晶不是一个恒温过程，它是自某一温度开始，在一个温度范围内连续进行的过程，发生再结晶的最低温度称为再结晶温度。影响再结晶温度的因素有以下几种。

1. 金属的预先变形度

金属预先变形度越大，则再结晶温度越低。这是由于预先变形度越大，组织越不稳定，再结晶的倾向就越大，因此再结晶开始温度越低。当预变形度达到一定值后，再结晶温度趋于某一最低值（见图4.17）。这一最低的再结晶温度，就是通常指的再结晶温度。

2. 金属的熔点

实验表明，纯金属的最低再结晶温度与其熔点之间存在如下近似关系：$T_{再} \approx 0.4 T_{熔}$，其中$T_{再}$、$T_{熔}$为绝对温度（K）。例如，Fe的熔点为1 538 °C，则其再结晶温度为$T_{再} = (1\ 538 + 273) \times 0.4 = 724$（K），即451 °C。可见，纯金属的熔点越高，其再结晶温度也越高。

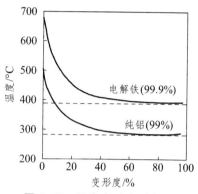

图4.17 预先变形度对金属再结晶温度的影响

3. 金属的纯度

金属中的微量杂质或合金元素，特别是高熔点元素起阻碍扩散和晶界迁移的作用，使金属再结晶温度显著提高。如纯Fe的$T_{再} = 724$ K（451 °C），而加入少量碳变成低碳钢后，$T_{再}$提高到813 K（540 °C）。

4. 加热速度和保温时间

提高加热速度会使再结晶推迟到较高温度发生；而延长保温时间，则使原子扩散充分，再结晶温度降低。

4.3.2.3 再结晶退火后的晶粒度

由于晶粒大小对金属的力学性能具有重大的影响，因而生产上非常重视再结晶退火后的晶粒度。影响再结晶退火后晶粒大小的主要因素有加热温度和预先变形度。

（1）加热温度和保温时间。加热温度越高，保温时间越长，金属的晶粒越大。加热温度的影响尤为显著（见图4.18）。

（2）预先变形度。预先变形度的影响，实质上是变形均匀程度的影响，如图4.19所示。当变形度很小时，晶格畸变小，不足以引起再结晶，所以晶粒大小保持原样。当变形度达到2%～10%时，金属中只有部分晶粒变形，变形极不均匀，再结晶时晶粒大小相差悬殊，容易互相吞并并长大，再结晶后晶粒特别粗大，这个变形度称为临界变形度。生产中应尽量避开临界变形度下的加工。

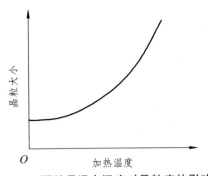
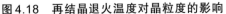

图 4.18　再结晶退火温度对晶粒度的影响

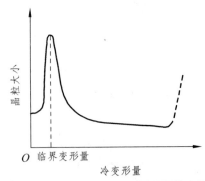

图 4.19　预先变形度与再结晶退火后晶粒度的关系

　　超过临界变形度后，随着变形程度的增加，变形越来越均匀，再结晶时形核量大而均匀，使再结晶后晶粒细而均匀，达到一定变形量之后，晶粒度基本不变。对于某些金属，当变形量相当大时（>90%），再结晶后晶粒又重新出现粗化现象，一般认为这与形成织构有关。

4.3.3　晶粒长大

　　再结晶完成后的晶粒是细小的，但如果继续加热，加热温度过高或保温时间过长时，晶粒会明显长大，最后得到粗大晶粒的组织，如图 4.16（d）所示，使金属的强度、硬度、塑性、韧性等机械性能都显著降低。

　　当金属变形较大，产生织构，含有较多的杂质时，晶界的迁移将受到阻碍，因而只会有少数处于优越条件的晶粒（如尺寸较大，取向有利等）优先长大，迅速吞食周围的大量小晶粒，最后获得晶粒异常粗大的组织。这种不均匀的长大过程称为二次再结晶，它大大降低了金属的力学性能。

　　一般情况下晶粒长大是应当避免发生的现象。

4.4　金属材料的热加工与冷加工

　　由于金属在高温下强度下降，塑性提高，易进行变形加工，故目前生产中有冷、热变形加工之分。例如，锻造、热轧等加工过程属于热变形加工，而冷轧、冷拔等加工过程属于冷变形加工。

　　热变形加工与冷变形加工的区别是以金属再结晶温度为界限的。凡是金属的塑性变形在再结晶温度以下进行的，称为冷变形加工，冷变形加工时，必然产生加工硬化；反之，在再结晶温度以上进行的塑性变形则称为热变形加工，热变形加工时，产生的加工硬化可以随时被再结晶消除。由此可见，冷变形加工与热变形加工不是以具体的加工温度高低来区分的。例如，铁的最低再结晶温度为 450 ℃，故即使它在 400 ℃下加工变形仍应属于冷加工；又如铅的再结晶温度在 0 ℃以下，故它在室温的加工变形便可称为热加工。

在一般情况下，热变形加工可用于截面尺寸较大、变形量较大、材料在室温下硬脆性较高的金属制品；冷变形加工则一般适于制造截面尺寸较小、材料塑性较好、加工精度较高与表面粗糙度值要求较低的金属制品。

冷变形和热变形对金属组织和性能的影响将在第 8 章进一步深入学习。

思考与练习

1. 为什么室温下金属的晶粒越细，强度、硬度越高，塑性及韧性也越好？

2. 用手来回弯折一根铁丝时，开始感觉省劲，后来逐渐感到有些费劲，最后铁丝被折断，试解释该过程演变的原因。

3. 什么是加工硬化？其产生原因是什么？加工硬化在工程上会带来哪些利弊？

4. 将未经塑性变形的金属加热到再结晶温度，会发生再结晶吗？为什么？

5. 金属在冷塑性变形过程中产生哪几种残余应力？残余应力对金属材料会产生哪些影响？

6. 金属再结晶温度受哪些因素的影响？能否通过再结晶退火来消除粗大铸造组织，为什么？

7. 用一冷拉钢丝绳吊装一大型工件入炉，并随工件一起加热到 1 000 ℃，加热完毕，再次吊装该工件时，钢丝绳发生断裂。试分析其原因。

5　钢的热处理

5.1　概　述

随着科学技术和生产技术的发展，人们对钢铁材料的性能也提出了越来越高的要求。改善钢铁材料的性能主要有两条途径：一是加入合金元素，调整钢的化学成分，即合金化的方法；另一种则是通过钢的热处理。

热处理是指将钢在固态下加热、保温和冷却，以改变钢的组织结构，从而获得所需性能的一种工艺。热处理是一种重要的加工工艺，在机械制造业已被广泛应用。据初步统计，在机床制造中 60%～70%的零件要经过热处理，在汽车、拖拉机制造业中需进行热处理的零件达 70%～80%，至于模具、滚动轴承则要 100%经过热处理。总之，重要的零件都要经过适当的热处理才能使用。为简明表示热处理的基本工艺过程，通常用温度-时间坐标绘出热处理工艺曲线，如图 5.1 所示。

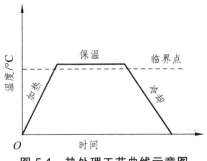

图 5.1　热处理工艺曲线示意图

在工业生产中，热处理的主要目的有两个：① 消除上一道工序带来的缺陷，改善金属的加工工艺性能，确保后续加工顺利进行，如降低钢材硬度的球化退火处理；② 提高零件或工具的使用性能，如提高各类切削工具硬度的淬火处理和提高零件综合力学性能的调质处理等。

热处理区别于其他加工工艺，如铸造、压力加工等的特点是只通过改变工件的组织来改变性能，而不改变其形状。热处理只适用于固态下发生相变的材料，不发生固态相变的材料不能用热处理来强化。由 $Fe-Fe_3C$ 相图可知，钢铁材料具备这个条件，可以通过热处理来改变钢铁材料的性能。

根据热处理工艺特点，热处理工艺分为如下 3 类，即普通热处理（包括退火、正火、淬火和回火）、表面热处理（包括表面淬火、化学热处理）和其他热处理（包括真空热处理、形变热处理、控制气氛热处理、激光热处理等）。

根据在零件生产过程中所处的位置和作用不同，又可将热处理分为预备热处理与最终热处理。预备热处理是指为随后的加工（冷拔、冲压、切削）或进一步热处理做准备的热处理。而最终热处理是指赋予工件所要求的使用性能的热处理。

根据热力学原理，要想使钢在加热和冷却时发生相变，必须具备一定的过热度和过冷度。因此，将钢在加热时的实际转变温度分别用 A_{c1}、A_{c3}、A_{ccm} 表示，冷却时的实际转变温度分

别用 A_{r1}、A_{r3}、A_{rcm} 表示（在铁碳合金相图中，PSK 线、GS 线、ES 线分别用 A_1、A_3、A_{cm} 表示），如图 5.2 所示。由于加热冷却速度直接影响转变温度，因此一般手册中的数据是以 $30 \sim 50 \, ℃/h$ 的速度加热或冷却时测得的。

钢的热处理方法虽然多，但都需要经过加热与冷却过程，为了掌握各种热处理方法的特点和作用，必须研究钢在加热和冷却过程中组织和性能的变化规律。

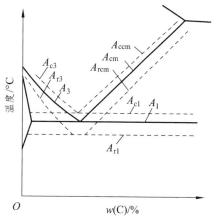

图 5.2　加热和冷却时碳钢的相变点在 Fe-Fe₃C 相图上的位置

5.2　钢在加热时的转变

加热是热处理的第一道工序。加热分两种，一种是在临界点 A_1 以下加热，不发生相变；另一种是在 A_1 以上加热，目的是为了获得均匀的奥氏体组织，这一过程称为奥氏体化。

5.2.1　奥氏体的形成过程

5.2.1.1　共析钢的加热转变

室温组织为珠光体的共析钢加热至 A_1（A_{c1}）以上时，将形成奥氏体，即发生 $P(\alpha + Fe_3C) \rightarrow \gamma$ 的转变。可见这是由成分相差悬殊、晶体结构完全不同的两个相向另一种成分和晶格相同的单相固溶体转变的过程，是一个晶格改组和铁、碳原子的扩散过程，也是通过形核和长大的过程来实现的。其基本过程由以下 4 个阶段组成，如图 5.3 所示。

图 5.3　珠光体向奥氏体转变示意图

（1）奥氏体晶核形成。奥氏体晶核首先在铁素体与渗碳体相界形成，因为相界处的成分和结构对形核有利。

（2）奥氏体晶核长大。奥氏体晶核形成后，通过碳原子的扩散向铁素体和渗碳体方向长大，直至铁素体消失。

（3）残余渗碳体溶解。铁素体在成分和结构上比渗碳体更接近于奥氏体，因而先于渗碳体消失，而残余渗碳体则随着保温时间的延长不断溶解直至消失。

（4）奥氏体成分均匀化。渗碳体溶解后，其所在部位碳含量仍比其他部位高，需通过较长时间的保温使奥氏体成分逐渐趋于均匀。

上述分析表明，珠光体转变为奥氏体并使奥氏体成分均匀必须有两个必要而充分的条件：一是温度条件，要求在 A_{c1} 以上加热；二是时间条件，要求在 A_{c1} 以上温度保持足够时间。在生产实际中，钢的奥氏体化常是以一定的加热速度将钢件连续加热到 A_{c1} 点以上的温度来实现的。在连续加热时，珠光体向奥氏体转变是在一个温度区间内完成的。加热速度越快，则转变区间的温度越高，转变所需的时间越短，即奥氏体化速度越快。

5.2.1.2　非共析钢的加热转变

亚共析钢在室温下的平衡组织为珠光体和铁素体，当缓慢加热到 A_{c1} 时，珠光体转变为奥氏体；若进一步提高加热温度，则剩余铁素体将逐渐转变为奥氏体；在温度超过 A_{c3} 时，剩余铁素体完全消失，全部组织为较细的奥氏体晶粒；若再继续提高加热温度，奥氏体晶粒将长大。

过共析钢在室温下的平衡组织为珠光体和二次渗碳体。当缓慢加热到 A_{c1} 时，珠光体转变为奥氏体；若进一步提高加热温度，则剩余渗碳体将逐渐溶入奥氏体中；在温度超过 A_{ccm} 时，剩余渗碳体完全溶解，组织全部为奥氏体，此时奥氏体晶粒已经粗化。

5.2.2　奥氏体的晶粒大小及其影响因素

钢的奥氏体晶粒大小直接影响冷却所得的组织和性能。当奥氏体晶粒细小时，冷却后转变产物的组织也细小，其强度和韧性都较高，韧脆转变温度较低。所以，为了获得细晶粒奥氏体，有必要了解奥氏体晶粒形成后的长大过程及控制办法。

5.2.2.1　奥氏体的晶粒度

奥氏体化刚结束时的晶粒度称起始晶粒度，此时晶粒细小均匀。随着加热温度的升高或保温时间的延长，会出现晶粒长大的现象。在给定温度下奥氏体的晶粒度称为实际晶粒度，它直接影响钢热处理后的组织和性能。钢在加热时奥氏体晶粒长大的倾向用本质晶粒度来表示。钢加热到 (930 ± 10) °C 保温 8 h，冷却后得到的晶粒度叫作本质晶粒度。如果测得的晶粒细小，则该钢称为本质细晶粒钢，反之叫作本质粗晶粒钢，如图 5.4 所示。所以，"本质晶粒度"不是晶粒大小的实际度量，而是表示某种钢的奥氏体晶粒长大的倾向性。

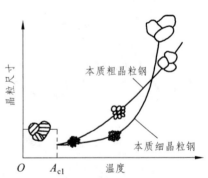

图 5.4　钢的本质晶粒度示意图

晶粒度为 1~4 级的是本质粗晶粒钢，5~8 级的是本质细晶粒钢，前者晶粒长大倾向大，后者晶粒长大倾向小。在工业生产中，经锰硅脱氧的钢一般都是本质粗晶粒钢，而经铝脱氧的钢、镇静钢则多为本质细晶粒钢。需进行热处理的工件，一般应采用本质细晶粒钢制造。

5.2.2.2 影响奥氏体晶粒大小的因素

（1）加热温度和保温时间。加热温度越高、保温时间越长，奥氏体晶粒长得越大。因此，热处理时必须规定合适的加热温度范围和保温时间。

（2）加热速度。加热速度越快，过热度越大，形核率越高，晶粒越细。但保温时间不能太长，否则晶粒反而更粗大。所以，生产中常采用快速加热和短时保温的方法来细化晶粒，如高频感应加热就是利用这一原理来获得细晶粒的。

（3）合金元素。随着奥氏体中碳含量的增加，奥氏体晶粒长大倾向变大，但如果碳以残余渗碳体的形式存在，则由于其阻碍晶界移动，反而使长大倾向减小。同样，在钢中加入碳化物形成元素（如钛、钒、铌、钽、锆、钨、钼、铬等）和氮化物、氧化物形成元素（如铝等），都能阻碍奥氏体晶粒长大。而锰、磷溶于奥氏体后，使铁原子扩散加快，所以会促进奥氏体晶粒长大。

5.3　钢在冷却时的转变

同一种钢加热到奥氏体状态后，由于此后的冷却速度不一样，奥氏体转变成的组织不一样，因而所得的性能也不一样。在热处理中，通常有两种冷却方式，即等温冷却和连续冷却，如图5.5所示。

研究奥氏体在冷却时的组织转变，也按两种冷却方式来进行，即分别用等温转变C曲线（TTT图）和连续转变C曲线（CCT图）来进行分析。TTT图和CCT图分别描述了在这两种冷却方式下过冷奥氏体的转变量与转变时间之间的关系，它们都是选择和制订热处理工艺的重要依据。

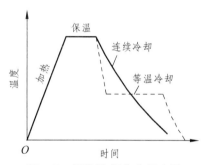

图 5.5　两种冷却方式示意图

5.3.1　过冷奥氏体转变图

5.3.1.1　过冷奥氏体等温转变图的建立

过冷奥氏体等温转变曲线是表示过冷奥氏体在不同过冷度下的等温过程中，转变温度、转变时间与转变产物量之间的关系曲线。因其形状与字母"C"相似，所以又称为"C曲线"，也称为"TTT曲线"。

过冷奥氏体等温转变曲线是用实验方法建立的。以共析钢为例，等温转变曲线的建立过程如下：将共析钢制成一定尺寸的试样若干，在相同条件下加热至 A_1 温度以上使其奥氏体化，然后分别迅速投入到 A_1 温度以下不同温度的等温槽中进行等温冷却。测出各试样过冷奥氏体转变开始和转变终了的时间，并把它们描绘在温度-时间坐标图上，再用光滑曲线分别连接各转变开始点和转变终了点，如图5.6所示。

共析钢的过冷奥氏体等温转变曲线如图5.7所示。

73

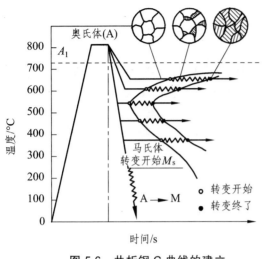

图 5.6 共析钢 C 曲线的建立　　　　　　　图 5.7 共析钢的 C 曲线

在图 5.7 中，A_1 为奥氏体向珠光体转变的相变点，A_1 以上区域为稳定奥氏体区。两条 C 形曲线中，左边的曲线为转变开始线，该线以左区域为过冷奥氏体区；右边的曲线为转变终了线，该线以右区域为转变产物区；两条 C 形曲线之间的区域为过冷奥氏体与转变产物共存区。水平线 M_s 和 M_f 分别为马氏体型转变的开始线和终了线。

转变开始线与纵坐标之间的距离为孕育期，孕育期越小，过冷奥氏体稳定性越小。孕育期最短处称为 C 曲线的"鼻尖"。对于碳钢，"鼻尖"处的温度约为 550 ℃。过冷奥氏体的稳定性取决于相变驱动力和扩散这两个因素。在"鼻尖"以上，转变温度越高，过冷度越小，相变驱动力也越小，因此孕育期越长；在"鼻尖"以下，温度越低，原子扩散越困难，因此孕育期增长。

此外，C 曲线还明确表示了奥氏体在不同温度下的转变产物。

5.3.1.2 影响 C 曲线的因素

影响 C 曲线的主要因素是奥氏体的成分和奥氏体化条件。

（1）含碳量的影响。共析钢的过冷奥氏体最稳定，C 曲线最靠右。由共析钢成分开始，含碳量增加或减少都使 C 曲线左移。而 M_s 与 M_f 点则随着含碳量的增加而下降。

与共析钢相比，亚共析钢和过共析钢 C 曲线的上部还各多一条先共析相的析出线，如图 5.8 所示。因为在过冷奥氏体转变为珠光体之前，亚共析钢中要先析出铁素体，过共析钢中要先析出渗碳体。

（2）合金元素的影响。除 Co 外，凡溶入奥氏体的合金元素都使 C 曲线右移。除 Co 和 Al 外，所有合金元素都使 M_s 与 M_f 点下降。碳化物形成元素含量较多时，还会使 C 曲线的形状发生变化，甚至曲线从鼻尖处分开，形成上下两个 C 曲线，上部曲线为珠光体转变区，下部曲线为贝氏体转变区，如图 5.9 所示。

74

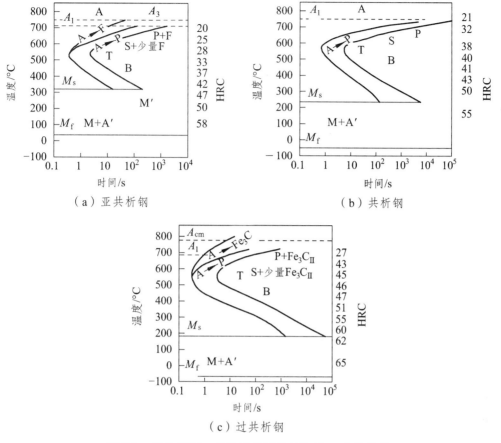

（a）亚共析钢　　　　　　　　　　（b）共析钢

（c）过共析钢

图 5.8　亚共析钢、共析钢及过共析钢的 C 曲线比较

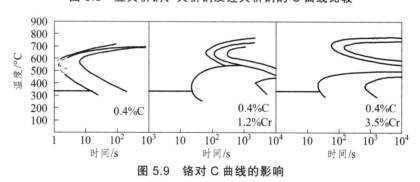

图 5.9　铬对 C 曲线的影响

（3）奥氏体化条件的影响。奥氏体化温度提高和保温时间延长，使奥氏体成分均匀、晶粒粗大、未溶碳化物减少，增加了过冷奥氏体的稳定性，使 C 曲线右移。因此，在使用 C 曲线时，必须注意奥氏体化条件及晶粒度的影响。

5.3.1.3　过冷奥氏体连续冷却转变图

在实际生产中，热处理的冷却多采用连续冷却。因此，过冷奥氏体连续冷却转变图对于确定热处理工艺及选材更具实际意义。过冷奥氏体连续冷却转变图又称 CCT 曲线，它是通过测定不同冷却速度下过冷奥氏体的转变量与转变时间的关系获得的。

在碳钢中，共析钢的 CCT 曲线最简单，它没有贝氏体转变区，在珠光体转变区之下多了一条转变中止线 KK'，如图 5.10 所示。当连续冷却曲线碰到转变中止线时，过冷奥氏体中止向珠光体转变，余下的奥氏体一直保持到 M_s 以下转变为马氏体。与 TTT 曲线相比，CCT 曲线位于其右下方。

由图 5.10 可知，共析钢以大于 v_k 的速度冷却时，由于遇不到珠光体转变线，得到的组织为马氏体，这个冷却速度称为上临界冷却速度。v_k 越小，钢越易得到马氏体。冷却速度小于 v'_k 时，钢将全部转变为珠光体，v'_k 称为下临界冷却速度。因此，根据连续冷却曲线与 CCT 曲线交点的位置，可以判断连续冷却转变的产物。即冷却速度大于 v_k 时，连续冷却转变得到马氏体组织；当冷却速度小于 v'_k 时，连续冷却转变得到珠光体组织；而冷却速度大于 v'_k 而小于 v_k 时，连续冷却转变将得到珠光体 + 马氏体组织。影响冷却速度的主要因素是钢的化学成分。碳钢的 v_k 大，合金钢的 v_k 小，这一特性对钢的热处理具有非常重要的意义。

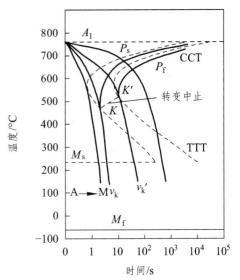

图 5.10 共析钢过冷奥氏体连续冷却和等温转变 C 曲线

由于 CCT 曲线较难测定，因此，一般用过冷奥氏体的等温转变曲线来分析连续转变的过程和产物。在分析时要注意 TTT 曲线和 CCT 曲线的一些差异。

5.3.2 过冷奥氏体等温转变组织

处于临界点 A_1 以下的奥氏体称为过冷奥氏体。过冷奥氏体是非稳定组织，迟早要发生转变。随着过冷度的不同，共析钢过冷奥氏体将发生 3 种类型的转变（见图 5.7），即 A_1 点至 C 曲线鼻尖区间的珠光体转变（包括一般珠光体、索氏体和屈氏体）、C 曲线鼻尖至 M_s 线之间的贝氏体转变（包括上贝氏体和下贝氏体）和 M_s 线至 M_f 线之间的马氏体转变。

5.3.2.1 珠光体转变

从 A_1 至鼻尖（共析钢约为 550 ℃）区域为珠光体相变区。珠光体转变是由奥氏体分解为成分相差悬殊、晶格截然不同的铁素体和渗碳体两相混合组织的过程。转变时必须进行 C 的重新分配与 Fe 的晶格改组，这两个过程只有通过 C 原子和 Fe 原子的扩散才能完成，所以，珠光体转变是一种扩散型相变。

珠光体转变是以形核和晶核长大方式进行的。当奥氏体过冷到 A_1 以下时，首先在奥氏体晶界上产生渗碳体晶核，通过原子扩散，渗碳体依靠其周围奥氏体不断地供应碳原子而长大。同时，由于渗碳体周围奥氏体含碳量不断降低，从而为铁素体形核创造了条件，使这部分奥氏体转变为铁素体。由于铁素体溶碳能力低（<0.021 8%），所以又将过剩的碳排挤到相邻的奥氏体中，使相邻奥氏体含碳量增高，这又为产生新的渗碳体创造了条件。如

此反复进行，奥氏体最终全部转变为铁素体和渗碳体片层相间的珠光体组织。其转变过程如图 5.11 所示。

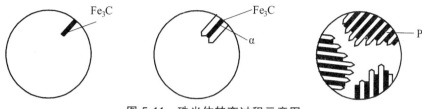

图 5.11 珠光体转变过程示意图

在珠光体转变中，转变温度越低，过冷度越大，片层间距越小。根据片层的厚薄不同，这类组织又可细分为 3 种，如图 5.12 所示。

第一种是珠光体，其形成温度为 $A_1 \sim 650\ ^\circ\text{C}$，片层较厚，一般在 400 倍的光学显微镜下即可分辨，用符号"P"表示。

第二种是索氏体，其形成温度为 $650 \sim 600\ ^\circ\text{C}$，片层较薄，一般在 $800 \sim 1\,000$ 倍光学显微镜下才可分辨，用符号"S"表示。

第三种是屈氏体，其形成温度为 $600 \sim 550\ ^\circ\text{C}$，片层极薄，只有在电子显微镜下才能分辨，用符号"T"表示。

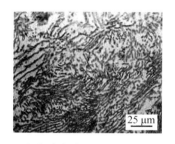 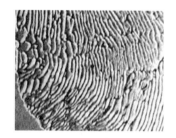 

（a）珠光体组织（400×）　（b）索氏体组织（电子显微镜下形貌）　（c）屈氏体组织（电子显微镜下形貌）

图 5.12 珠光体转变产物

实际上，这 3 种组织都是珠光体，其差别只是珠光体组织的"片间距"大小，形成温度越低，片间距越小，则珠光体的强度和硬度越高，同时塑性和韧性也有所改善。

需要说明的是，在一般情况下，过冷奥氏体分解成珠光体类组织，其渗碳体呈片状。但钢热处理时，如果奥氏体化不充分，就可能形成粒状珠光体，如图 5.13 所示。对于相同成分的钢，粒状珠光体比片状珠光体具有较少的界面，因而强度、硬度较低，但塑性、韧性较高。粒状珠光体常常是高碳钢切削加工前所要求的组织状态。

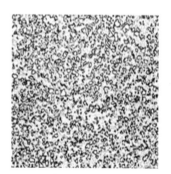

图 5.13 粒状珠光体（400×）

5.3.2.2 贝氏体转变

过冷奥氏体在 $550\ ^\circ\text{C} \sim M_\text{s}$（马氏体转变开始温度）的转变称为中温转变，其转变产物为贝氏体，所以也叫贝氏体转变。贝氏体用符号 B 表示，一般来说，它是由过饱和铁素体和碳化物组成的非层片状组织。

贝氏体的形成与珠光体的一样，也是形核与长大的过程，但二者有本质区别。由于转变温度较低，原子活动能力差，贝氏体转变时，只有 C 原子扩散，Fe 原子不发生扩散，只能以共格切变的方式来完成原子的迁移，由面心立方晶格转变为体心立方晶格。所以，贝氏体转变属于半扩散型相变。转变温度不同，形成的贝氏体形态也明显不同。

过冷奥氏体在 550 ~ 350 ℃ 形成的产物称为上贝氏体。上贝氏体呈羽毛状，小片状的渗碳体分布在成排的铁素体片之间。它的形成过程如图 5.14（a）所示。

过冷奥氏体在 350 ℃ ~ M_s 形成的产物称为下贝氏体。在电子显微镜下可看到在铁素体针内沿一定方向分布着细小的碳化物（$Fe_{2.4}C$）颗粒。它的形成过程如图 5.14（b）所示。

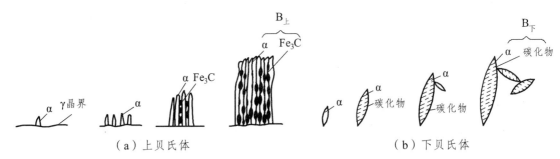

（a）上贝氏体　　　　　　　　　　（b）下贝氏体

图 5.14　贝氏体形成过程示意图

上贝氏体的硬度比同样成分的下贝氏体低，韧性也比下贝氏体差，所以上贝氏体的力学性能很差，脆性很大，强度很低，基本上没有实用价值。下贝氏体有较高的强度和硬度，还有良好的塑性和韧性，具有较优良的综合力学性能，是生产上常用的强化组织之一。所以工业生产中，常采用等温淬火来获得下贝氏体，以防止产生上贝氏体。下贝氏体的组织特征如图 5.15 所示。

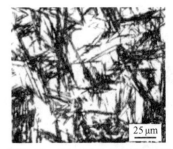

图 5.15　下贝氏体的显微组织

5.3.2.3 马氏体转变

当奥氏体过冷到 M_s 以下时将转变为马氏体组织。马氏体转变是强化钢的重要途径之一。

1. 马氏体的晶体结构

马氏体是碳在 α-Fe 中的过饱和固溶体，用符号 M 表示，是单一的相，同高温、中温转变产物有本质区别。马氏体转变时，由于转变温度低，Fe 原子和 C 原子都不能扩散，奥氏体向马氏体转变时只发生 γ-Fe → α-Fe 的晶格改组，所以这种转变称为非扩散形转变。马氏体中 C 的质量分数就是转变前奥氏体中 C 的质量分数。由相图可知，α-Fe 的最大溶碳能力只有 0.021 8%（在 727 ℃ 时），因此马氏体实质上是 C 在 α-Fe 中的过饱和固溶体。马氏体转变时，体积会发生膨胀，钢中 C 的质量分数越高，马氏体中过饱和的 C 也越多，奥氏体转变为马氏体时的体积膨胀也越大，这就是高碳钢淬火时容易变形和开裂的原因之一。

马氏体具有体心正方晶格（$a = b \neq c$），轴比 c/a 称为马氏体的正方度，如图 5.16 所示。马氏体含碳量越高，其正方度越大，正方畸变也越严重。当含碳量小于 0.25% 时，$c/a = 1$，此时马氏体为体心立方晶格。

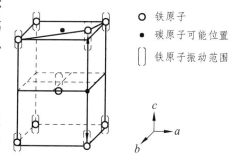

○ 铁原子
● 碳原子可能位置
▯ 铁原子振动范围

图 5.16　马氏体晶格示意图

2. 马氏体的形态

钢中马氏体的组织形态可分为板条状和片状两大类，如图 5.17 所示。马氏体的形态主要取决于其含碳量。试验表明，奥氏体中碳的质量分数大于 1%，淬火后得到的全部是片状马氏体，故片状马氏体又称高碳马氏体。奥氏体中碳的质量分数小于 0.2%，淬火后得到的是板条马氏体，故板条马氏体又称低碳马氏体。奥氏体中含碳量在 0.2% ~ 1.0% 时，则得到两种马氏体的混合组织。

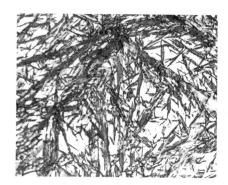

（a）板条马氏体（400×）　　　　　　（b）片状马氏体（400×）

图 5.17　马氏体的形态

（1）板条马氏体。其立体形态为细长的扁棒状，在光学显微镜下为一束束的细条状组织，每束内条与条之间尺寸大致相同并呈平行排列，一个奥氏体晶粒内可形成几个取向不同的马氏体束。在透射电镜下观察，板条内的亚结构主要是高密度的位错，因而又称位错马氏体。

（2）片状马氏体。其立体形态为双凸透镜形的片状，显微组织为针状。在透射电镜下观察，其亚结构主要是孪晶，因而又称孪晶马氏体。

3. 马氏体的性能

马氏体的强度与硬度主要取决于马氏体的含碳量，如图 5.18 所示。随着马氏体含碳量的增加，其强度、硬度也随之提高，尤其在含碳量较低时，强度、硬度增加比较明显，但当含碳量大于 0.6% 时，其强度、硬度逐渐趋于平缓。合金元素对马氏体的硬度影响不大。马氏体强化的主要原因是过饱和碳引起的固溶强化。此外，相变后在马氏体晶体中存在着大量的微细孪晶和位错结构，它们提

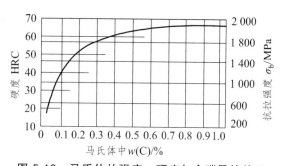

图 5.18　马氏体的强度、硬度与含碳量的关系

高了塑性变形抗力，从而产生了相变强化。马氏体强化是钢的主要强化手段之一，已广泛应用于工业生产中。

马氏体的塑性和韧性主要取决于其亚结构的形式。片状马氏体脆性大，而板条马氏体具有较好的塑性和韧性。

4. 马氏体转变的特点

马氏体转变同样是一个形核和长大的过程。但有许多不同于珠光体转变的特点，了解这些特点和转变规律对指导生产实践具有重要的意义。其主要特点如下：

（1）非扩散性。即铁和碳原子都不发生扩散，因而马氏体的含碳量与奥氏体的含碳量相同。

（2）降温形成。马氏体转变是在 $M_s \sim M_f$ 不断降温的过程中形成的，冷却中断，转变随即停止，只有继续降温，马氏体转变才能继续进行。

（3）高速形核和长大。马氏体形成速度极快，瞬间形核，瞬间长大。因此，在不断降温过程中，马氏体数量的增加是靠一批批新的马氏体片不断产生，而不是靠已形成马氏体片的长大。

（4）转变不完全性。常温条件下马氏体转变不能进行彻底，或多或少总有一部分未转变的奥氏体残留下来，这部分奥氏体称为残余奥氏体，用 A′ 或 γ′ 表示。

残余奥氏体的数量主要取决于钢的 M_s 点和 M_f 点的位置，而 M_s 点和 M_f 点主要由奥氏体的成分决定，基本上不受冷却速度及其他因素的影响。凡是使 M_s 点和 M_f 点位置降低的合金元素都会使残余奥氏体数量增多。图 5.19 和图 5.20 分别是奥氏体的 C 质量分数对马氏体转变温度的影响及奥氏体的 C 质量分数对残余奥氏体量的影响曲线。

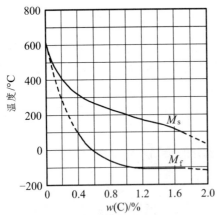

图 5.19　含碳量对马氏体转变温度的影响

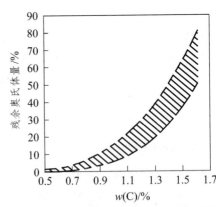

图 5.20　含碳量对残余奥氏体量的影响

如图 5.19 和图 5.20 所示，钢中 C 质量分数越高，M_s 点和 M_f 点就越低，C 质量分数超过 0.6% 的钢，其 M_f 点就低于 0 ℃。因此，一般高碳钢淬火后，组织中都有一些残余奥氏体。钢中 C 的质量分数越高，残余奥氏体也越多。残余奥氏体不仅降低淬火钢的硬度和耐磨性，而且在工件的长期使用过程中由于残余奥氏体会继续转变为马氏体，使工件发生微量胀大，从而降低了工件的尺寸精度。生产中对于一些高精度的工件（如精密丝杠、精密量具、精密轴承），为了保证它们在使用期间的精度，可将淬火工件冷却到室温后，随即放到 0 ℃ 以下的冷却介质（如干冰）中冷却，以最大限度地消除残余奥氏体，达到增加硬度、耐磨性与尺寸稳定性的目的，这种处理方法称为冷处理。

5.4 钢的普通热处理

普通热处理是将工件整体进行加热、保温和冷却，以使其获得均匀的组织和性能的一种操作。它包括退火、正火、淬火和回火。

5.4.1 钢的退火

退火是将组织偏离平衡状态的钢加热到适当温度，保温一定时间，然后缓慢冷却（一般为随炉冷却），以获得接近平衡状态组织的热处理工艺。生产中经常作为预备热处理工序，安排在铸造、锻造和焊接生产之后、切削加工之前。这样既可以消除毛坯加工中带来的晶粒粗大和残余应力等内部缺陷；还可以调整钢材硬度，使工件易于切削加工；同时为最终热处理（淬火、回火）做好组织准备。根据钢的成分、组织状态和退火目的不同，退火工艺可分为：完全退火、等温退火、球化退火、去应力退火、扩散退火和再结晶退火等，各种退火工艺加热温度如图5.21 所示。

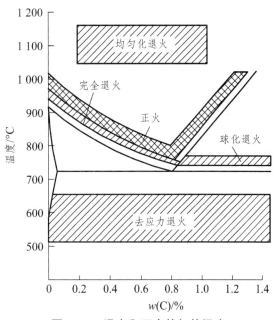

图 5.21 退火和正火的加热温度

5.4.1.1 完全退火和等温退火

完全退火又称重结晶退火，主要用于亚共析钢成分的碳钢和合金钢的铸件、锻件及热轧型材，有时也用于焊接结构。完全退火的目的在于，通过完全重结晶，使热加工造成的粗大、不均匀的组织均匀化和细化，以提高性能；或使中碳以上的碳钢和合金钢得到接近平衡状态的组织，以降低硬度，改善切削加工性能。由于冷却速度缓慢，还可消除内应力。

完全退火操作是把亚共析钢加热至 A_{c3} 以上 30 ~ 50 ℃，保温一定时间后缓慢冷却（随炉冷却或埋入石灰和砂中冷却）到 500 ℃以下，取出在空气中冷却。

完全退火所需时间很长，特别是那些过冷奥氏体较稳定的合金钢，完全退火时可能需要几十小时。如果将过冷奥氏体先以较快的冷却速度冷到珠光体的形成温度等温，使之进行等温转变，这就称为等温退火。这样不仅可以缩短退火周期，还可获得更加均匀的组织和性能。

5.4.1.2 球化退火

球化退火主要用于共析或过共析成分的碳钢及合金钢。目的是使二次渗碳体及珠光体中的渗碳体球状化，以降低硬度，改善切削加工性能；并为以后的淬火做组织准备。

球化退火是将钢件加热到 A_{c1} 以上 30～50 ℃，保温一定时间后随炉缓慢冷却至 500 ℃以下出炉空冷，得到由铁素体和球状渗碳体组成的球状珠光体组织。

注意： 当钢中存在严重网状渗碳体时，应进行正火处理后再进行球化退火。

5.4.1.3 去应力退火

去应力退火主要用于消除铸件、锻件、焊接件、冷冲压件（或冷拔件）及机加工件的残余内应力，稳定工件的尺寸，防止工件的变形。

去应力退火是将钢件加热至低于 A_{c1} 的某一温度（一般为 500～650 ℃），保温后随炉冷却，这种处理可以消除 50%～80%的内应力，不引起组织变化。

5.4.1.4 扩散退火

为减少钢锭、铸件或锻坯的化学成分和组织不均匀性，将其加热到略低于固相线（固相线以下 100～200 ℃）的温度，长时间保温（10～15 h），并进行缓慢冷却的热处理工艺称为扩散退火或均匀化退火。

钢件进行扩散退火时，因为长时间的高温加热，势必引起奥氏体晶粒显著长大。因此，高温扩散退火后的铸件，还要进行一次完全退火或正火，以改善其粗晶组织。

5.4.1.5 再结晶退火

冷塑性变形金属产生的加工硬化有时给其进一步加工带来了困难，这时就应该采用再结晶退火消除加工硬化，降低强度和硬度，提高塑性、韧性，为进一步加工创造条件。

再结晶退火是把冷变形后的金属加热到再结晶温度以上保温适当的时间，使变形晶粒重新转变为均匀等轴晶粒而消除加工硬化的退火工艺。

5.4.2 钢的正火

将工件加热到 A_{c3} 或 A_{ccm} 以上 30～50 ℃（见图 5.21），保温后从炉中取出在空气中冷却的热处理工艺称为正火。正火后的组织：亚共析钢为 $\alpha + S$，共析钢为 S，过共析钢为 $S + Fe_3C_{II}$。

正火与退火的主要区别在于冷却速度不同，正火冷却速度较快，得到片层很细的索氏体组织，因而强度和硬度也较高。

对于低、中碳的亚共析钢而言，正火的目的与退火的目的相同，即调整硬度，便于切削加工；细化晶粒，为淬火做组织准备；消除残余内应力。对于过共析钢，正火是为了消除网状二次渗碳体，为球化退火做组织准备。对于普通结构件，正火可增加珠光体量并细化晶粒，提高强度、硬度和韧性，作为最终热处理。

从改善切削加工性能的角度出发，低碳钢宜采用正火；中碳钢既可采用退火，也可采用正火；过共析钢在消除网状渗碳体后采用球化退火。

5.4.3　钢的淬火

5.4.3.1　淬火的目的

淬火就是将钢件加热到 A_{c3} 或 A_{c1} 以上 $30 \sim 50 \, ℃$，保温一定时间，然后快速冷却（一般为油冷或水冷），从而得到马氏体的一种热处理工艺。淬火的目的主要是为了获得马氏体组织，它是强化钢材最重要的热处理方法。大量重要的机器零件及各类刀具、模具、量具等都离不开淬火处理，就是日常用品如菜刀、剪刀也要淬火后才能使用。

需要指出，淬火马氏体只有配以适当的回火后才能使用，因此，可以说淬火是为回火做组织准备的。

5.4.3.2　钢的淬火工艺

淬火是一种复杂的热处理工艺，又是决定产品质量的关键工序之一，必须根据钢的成分、零件的大小、形状等，结合 C 曲线合理地确定淬火加热和冷却方法。

1. 淬火加热温度的选择

淬火温度选择的原则是获得均匀细小的奥氏体组织。图 5.22 是碳钢的淬火温度范围。亚共析钢的淬火温度一般为 A_{c3} 以上 $30 \sim 50 \, ℃$，淬火后获得均匀细小的马氏体组织。如果温度过高，会因为奥氏体晶粒粗大而得到粗大的马氏体组织，使钢的力学性能恶化，特别是使塑性和韧性降低；如果淬火温度低于 A_{c3}，淬火组织中会保留未熔铁素体，使钢的强度、硬度下降。对于过共析钢，淬火温度一般为 $A_{c1} + (30 \sim 50 \, ℃)$，淬火后的组织为均匀而细小的马氏体和颗粒状渗碳体及残余奥氏体的混合组织。如果将过共析钢加热到 A_{ccm} 以上，则由于奥氏体晶粒粗大、含碳量提高，使淬火后马氏体晶粒也粗大且残余奥氏体量增多，这将使钢的硬度、耐磨性下降，脆性和变形开裂倾向增加。

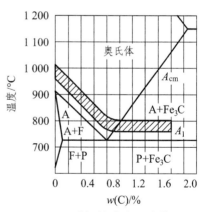

图 5.22　碳钢的淬火温度范围

2. 淬火冷却介质

淬火冷却是决定淬火质量的关键，为了使工件获得马氏体组织，淬火冷却速度必须大于临界冷却速度 v_k，而快冷会产生很大的内应力，容易引起工件的变形和开裂。

淬火的目的是得到马氏体组织，同时又要避免产生变形和开裂。理想的淬火冷却曲线如图 5.23 所示。即在"鼻尖"温度以上，在保证不出现珠光体类组织的前提下，可以尽量缓冷；在"鼻尖"温度附近则必须快冷，使冷却速度大于临界冷却速度，保证不产生非马氏体相变；而在 M_s 点附近又可以缓冷，以减轻马氏体转变时的热应力和组织应力。但是到目前为止，还找不到完全理想的淬火冷却介质。常用的淬火冷却介质是水、盐或碱的水溶液和各种矿物油、植物油。

3. 淬火方法

为了使工件淬火成马氏体并防止变形和开裂，单纯依靠选择淬火介质是不行的，还必须采取正确的淬火方法。最常用的淬火方法有以下 4 种。

（1）单液淬火法（单介质淬火）。将加热的工件放入一种淬火介质中一直冷到室温（见图 5.24 曲线 1）。这种方法操作简单，容易实现机械化、自动化，如碳钢在水中淬火，合金钢在油中淬火。但其缺点是不符合理想淬火冷却速度的要求，水淬容易产生变形和裂纹，油淬容易产生硬度不足或硬度不均匀等现象。

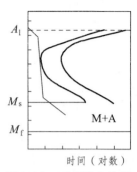

图 5.23 理想淬火冷却
曲线示意图

（2）双液淬火法（双介质淬火）。将加热的工件先在快速冷却的介质中冷却到接近马氏体转变温度 M_s 时，立即转入另一种缓慢冷却的介质中冷却至室温（见图 5.24 曲线 2），以降低马氏体转变时的应力，防止变形开裂。例如，形状复杂的碳钢工件常采用水淬油冷的方法，即先在水中冷却到 300 ℃后再在油中冷却；而合金钢则采用油淬空冷，即先在油中冷却后再在空气中冷却。

（3）分级淬火法。将加热的工件先放入温度稍高于 M_s 的盐浴或碱浴中，保温 2 ~ 5 min，使零件内外的温度均匀后，立即取出在空气中冷却（见图 5.24 曲线 3）。这种方法可以减少工件内外的温差和减慢马氏体转变时的冷却速度，从而有效地减少内应力，防止产生变形和开裂。但由于盐浴或碱浴的冷却能力低，只适用于零件尺寸较小、要求变形小、尺寸精度高的工件，如模具、刀具等。

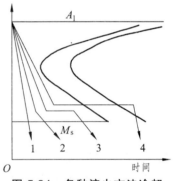

图 5.24 各种淬火方法冷却
曲线示意图

（4）等温淬火法。将加热的工件放入温度稍高于 M_s 的盐浴或碱浴中，保温足够长的时间使其完成 B 转变。等温淬火后获得 $B_下$ 组织（见图 5.24 曲线 4）。下贝氏体与回火马氏体相比，在含碳量相近、硬度相当的情况下，前者比后者具有较高的塑性与韧性，而且等温淬火后一般不需进行回火，适用于尺寸较小、形状复杂、要求变形小、具有高硬度和强韧性的工具、模具等。

5.4.3.3 钢的淬透性和淬硬性

1. 淬透性和淬硬性的概念

淬透性是指钢在淬火时能够获得马氏体的能力。它是钢材本身固有的一个属性。淬火时，工件截面上各处的冷却速度是不同的。表面的冷却速度最快，越靠近心部冷却速度越慢。如果工件表面和心部冷却速度都大于钢的临界冷却速度，则工件的整个截面都能获得马氏体组织，整个工件就被淬透了。如果心部冷却速度低于临界冷却速度，则钢的表层获得马氏体组织，心部是马氏体与珠光体的混合组织，这时钢未被淬透。所以，也可以这样说，钢在一定条件下淬火后获得一定深度淬透层的能力，称为钢的淬透性。淬硬层深度一般规定为工件表面至半马氏体（马氏体量占 50%）之间的深度。不同的钢在同样条件下淬硬层深度不同，说明不同的钢淬透性不同，淬硬层较深的钢淬透性较好。

需要指出，钢的淬透性和淬硬性是两个完全不同的概念。淬硬性是指钢以大于临界冷却速度冷却时，获得的马氏体组织所能达到的最高硬度。钢的淬硬性主要决定于马氏体的含碳量，即取决于淬火前奥氏体的含碳量。淬透性好，淬硬性不一定好；同样淬硬性好，淬透性也不一定好。

2. 影响淬透性的因素

（1）化学成分。C 曲线距纵坐标越远，淬火的临界冷却速度越小，则钢的淬透性越好。对于碳钢，钢中含碳量越接近共析成分，其 C 曲线越靠右，临界冷却速度越小，则淬透性越好，即亚共析钢的淬透性随着含碳量的增加而增大，过共析钢的淬透性随着含碳量的增加而减小。除 Co 以外的大多数合金元素都使 C 曲线右移，使钢的淬透性增加，因此合金钢的淬透性比碳钢好。

（2）奥氏体化的条件。奥氏体化温度越高，保温时间越长，所形成的奥氏体晶粒也就越粗大，使晶界面积减少，这样就会降低过冷奥氏体转变的形核率，不利于奥氏体的分解，使其稳定性增大，淬透性增加。

（3）钢中未溶第二相。钢中未溶入奥氏体中的碳化物、氮化物及其他非金属夹杂物，可成为奥氏体分解的非自发核心，降低过冷奥氏体稳定性，使临界冷却速度增大，降低淬透性。

3. 淬透性的测定及其表示方法

用 $\phi25\,mm \times 100\,mm$ 的标准试样，经加热奥氏体化后对末端喷水冷却，图 5.25（a）是末端淬火试验法示意图。冷却后，将试样沿轴线方向在相对 180° 的两边各磨去 0.2～0.5 mm 的深度，再从试样末端起每隔 1.5 mm 测量一次硬度值 HRC，即可得到沿试样轴向的硬度分布曲线，如图 5.25（b）所示，该曲线称为钢的淬透性曲线。试样上距末端越远，冷却速度越小，其硬度也随之下降。淬透性高的，硬度下降趋势较缓慢；淬透性低的，硬度急剧下降。由图 5.25（b）可见，40Cr 钢比 45 钢的淬透性好。图 5.25（c）是钢的半马氏体区（50%M）硬度与钢含碳量的关系。由于钢的化学成分允许在一个范围内波动，所以在手册中给出的各种钢的淬透性曲线不是一条线，而是一个范围。

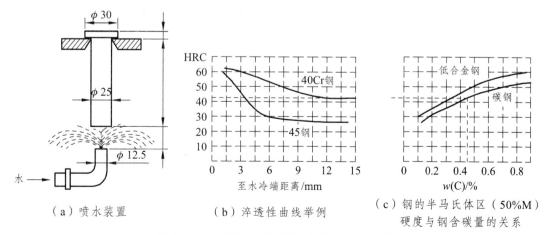

（a）喷水装置　　　（b）淬透性曲线举例　　　（c）钢的半马氏体区（50%M）
　　　　　　　　　　　　　　　　　　　　　　　　　硬度与钢含碳量的关系

图 5.25　末端淬火试验测定钢的淬透性曲线

85

钢的淬透性可用 $J \cdot \mathrm{HRC}/d$ 表示，其中 J 表示端淬试样法，d 为至水冷端距离，HRC 为该处测得的硬度值。利用淬透性曲线衡量淬透性的方法如下：以 45 钢为例，由图 5.25（c）查出 45 钢半马氏体区的硬度为 43 HRC，再由图 5.25（b）便可查出 43 HRC 的位置距水冷端的距离为 3 mm，此距离及其硬度便可用来衡量 45 钢淬透性的大小，表示为 J 43/3。

4. 淬透性的应用

淬透性是机械零件设计时选择材料和制订热处理工艺的重要依据。

淬透性不同的钢材，淬火后得到的淬硬层深度不同，所以沿截面的组织和力学性能差别很大。如图 5.26 所示，表示淬透性不同的钢制成直径相同的轴，经调质后力学性能的对比。图 5.26（a）表示全部淬透，整个截面为回火索氏体组织，力学性能沿截面是均匀分布的；图 5.26（b）表示仅表面淬透，由于心部为层片状组织（索氏体），冲击韧性较低。由此可见，淬透性低的钢材力学性能较差。因此，机械制造中截面较大或形状较复杂的重要零件，以及应力状态较复杂的螺栓、连杆等零件，要求截面力学性能均匀，应选用淬透性较好的钢材。

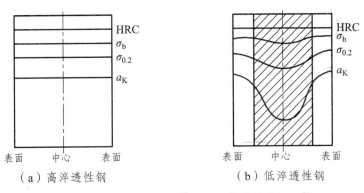

图 5.26 淬透性不同的钢调质后力学性能的比较

受弯曲和扭转力的轴类零件，应力在截面上的分布是不均匀的，其外层受力较大，心部受力较小，可考虑选用淬透性较低、淬硬层较浅（如为直径的 1/3～1/2）的钢材。有些工件（如焊接件）不能选用淬透性高的钢件，否则容易在焊缝热影响区内出现淬火组织，造成焊缝变形和开裂。

5.4.4 淬火钢的回火

5.4.4.1 钢的回火及回火目的

回火是将淬火钢重新加热到 A_1 点以下的某一温度，保温一定时间后，冷却到室温的一种热处理工艺。

由于淬火钢硬度高、脆性大，存在着淬火内应力，且淬火后的组织马氏体和残余奥氏体都处于非平衡状态，是一种不稳定的组织，在一定条件下，经过一定时间后，组织会向平衡组织转变，这将影响零件的尺寸精度及性能的稳定性。因此，为了提高钢的韧度，消除或减少钢的残余内应力，以及稳定组织，进而稳定零件尺寸，必须进行回火。

5.4.4.2 回火种类

根据回火温度的高低，一般将回火分为 3 类。

（1）低温回火。回火温度为 150～250 ℃。在低温回火时，从淬火马氏体内部会析出碳化物薄片（Fe$_{2.4}$C），马氏体的过饱和度减小。通常把这种马氏体和 ε 碳化物的组织称为回火马氏体，如图 5.27（a）所示，用 M$_回$ 表示。所以，低温回火后的组织为回火马氏体 + 残余奥氏体。

低温回火的目的是降低淬火应力，提高工件韧性，保证淬火后的高硬度（一般为 58～64 HRC）和高耐磨性。其主要用于处理各种高碳钢工具、模具、滚动轴承以及渗碳和表面淬火的零件。

（2）中温回火。回火温度为 350～500 ℃。在中温回火时，得到保留马氏体形态的铁素体基体与大量弥散分布的细粒状渗碳体的混合组织称为回火屈氏体，如图 5.27（b）所示，用 T$_回$ 表示。

回火屈氏体具有高的弹性极限和屈服强度，同时也具有一定的韧性，硬度一般为 35～45 HRC，主要用于处理各类弹簧和模具等。

（3）高温回火。回火温度为 500～650 ℃。此时，Fe$_3$C 发生聚集长大，铁素体发生多边形化，由针片状转变为多边形，这种在多边形铁素体基体上分布着颗粒状 Fe$_3$C 的组织称为回火索氏体，如图 5.27（c）所示，用 S$_回$ 表示。

 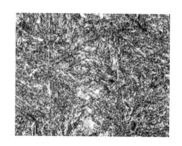 

（a）回火马氏体　　　　　　（b）回火屈氏体　　　　　　（c）回火索氏体

图 5.27　回火组织（400×）

回火索氏体具有强度、硬度、塑性和韧性都较好的综合力学性能。通常在生产上将淬火与高温回火相结合的热处理称为"调质处理"。调质处理广泛应用于汽车、拖拉机、机床等机械中的重要结构零件，如轴、连杆、螺栓等。同时，也可作为某些要求较高的精密工件，如模具、量具等的预先热处理。

调质处理后所得的回火索氏体与正火后得到的索氏体相比，不仅强度高，而且塑性、韧性也比较好，这与它们的组织形态有关。调质得到的回火索氏体，其渗碳体为粒状；正火得到的索氏体，其渗碳体为片状，粒状渗碳体对阻止断裂过程的发展比片状渗碳体有利。

必须指出，某些高合金钢淬火后高温回火（如高速钢在 560 ℃），是为了促使残余奥氏体转变为马氏体，获得的是以回火马氏体和碳化物为主的组织。这与结构钢的调质在本质上是根本不同的。

5.4.4.3 回火脆性

钢在某一温度范围内回火时,其冲击韧度比较低温度回火时反而显著下降,这种脆化现象称为回火脆性。图 5.28 是随着回火温度的升高,钢的冲击韧性的变化规律。

在 250~350 ℃ 出现的回火脆性称为第一类回火脆性。这类回火脆性无论是在碳钢还是在合金钢中均会出现,它与钢的成分和冷却速度无关,即使加入合金元素及回火后快冷或重新加热到此温度范围内回火,都无法避免,故又称"不可逆回火脆性"。防止的办法常常是避免在此温度范围内回火。

在 500~600 ℃ 出现的回火脆性称为第二类回火脆性,含 Cr、Ni、Si、Mn 等合金元素的合金钢易产生这类回火脆性。这类回火脆性如果在回火时快冷就不会出现,另外,如果脆性已经发生,只要再加热到原来的回火温度重新回火并快冷,则可完全消除,因此这类回火脆性又称为"可逆回火脆性"。一般认为第二类回火脆性产生的原因与 Sb、Sn、P 等杂质元素在原奥氏体晶界偏聚有关。除了回火后快冷可以防止第二类回火脆性外,在钢中加入 W(约 1%)、Mo(约 0.5%)等合金元素也可有效抑制这类回火脆性的产生。

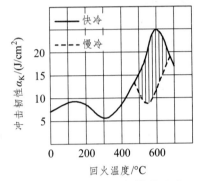

图 5.28 钢的冲击韧性随回火温度的变化

5.5 钢的表面热处理

一些在弯曲、扭转、冲击载荷、摩擦条件下工作的齿轮等机器零件,要求具有表面硬、耐磨,而心部韧、能抗冲击的特性,仅从选材方面考虑是很难达到此要求的。例如,用高碳钢,虽然硬度高,但心部韧性不足;若用低碳钢,虽然心部韧性好,但表面硬度低,不耐磨,所以工业上广泛采用表面热处理来满足上述要求。

5.5.1 钢的表面淬火

仅对钢的表面加热、冷却而不改变成分的热处理淬火工艺称为表面淬火。它是利用快速加热使钢件表面奥氏体化,而中心尚处于较低温度即迅速予以冷却,表层被淬硬为马氏体,而中心仍保持原来的退火、正火或调质状态的组织。

用于表面淬火最适宜的钢种是中碳钢和中碳低合金钢,如 40、45、40Cr、40MnB 等。因为含碳量过高,会增加淬硬层脆性,降低心部塑性和韧性,并增加淬火开裂倾向;若含碳量过低,会降低零件表面淬硬层的硬度和耐磨性。在某些条件下,感应淬火也应用于高碳工具钢、低合金工具钢及铸铁等工件。工件在感应加热前需要进行预先热处理,一般为调质或正火,以保证工件表面在淬火后得到均匀细小的马氏体和改善工件心部强度、硬度和韧性以及切削加工性,并减少淬火变形。工件在感应表面淬火后需要进行低温回火(180~200 ℃)以降低内应力和脆性,获得回火马氏体组织。

根据加热方法的不同,有感应加热、火焰加热、电解质加热和电解加热等表面淬火,目前应用最多的是感应加热和火焰加热表面淬火。

5.5.1.1 感应加热表面淬火

感应加热表面淬火是工件中引入一定频率的感应电流（涡流），使工件表面层快速加热到淬火温度后立即喷水冷却的方法。

（1）感应加热的工作原理。如图 5.29 所示，在一个线圈中通过一定频率的交流电时，在它周围便产生交变磁场。若把工件放入线圈中，工件中就会产生与线圈频率相同而方向相反的感应电流。这种感应电流在工件中的分布是不均匀的，主要集中在表面层，越靠近表面，电流密度越大；频率越高，电流集中的表面层越薄。这种现象称为"集肤效应"，它是感应电流能使工件表面层加热的基本依据。

（2）感应加热的分类。根据电流频率的不同，感应加热可分为高频感应加热（50~300 kHz），适用于中、小型零件，如小模数齿轮；中频感应加热（2.5~10 kHz），适用于大、中型零件，如直径较大的轴和大、中型模数的齿轮；工频感应加热（50 Hz），适用于大型零件，如直径大于 300 mm 的轧辊及轴类零件等。

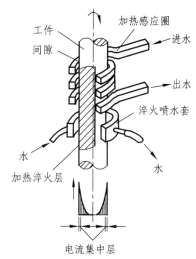

图 5.29　感应加热表面淬火示意图

（3）感应加热的特点。加热速度快、生产率高；淬火后表面组织细、硬度高（比普通淬火高 2~3 HRC）；加热时间短，氧化脱碳少；淬硬层深、易控制，变形小、产品质量好；生产过程易实现自动化。其缺点是设备昂贵，维修、调整困难，形状复杂的感应圈不易制造，不适于单件生产。

5.5.1.2 火焰加热表面淬火

火焰加热表面淬火是用乙炔-氧或煤气-氧等火焰加热工件表面，进行淬火，火焰加热常用的装置如图 5.30 所示。火焰加热表面淬火与高频感应加热表面淬火相比，具有设备简单，成本低等优点。但生产率低，零件表面存在不同程度的过热，质量控制也比较困难。因此，其主要适用于单件、小批量生产及大型零件（如大型齿轮、轴、轧辊等）的表面淬火。

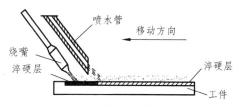

图 5.30　火焰加热表面淬火示意图

5.5.2　钢的化学热处理

化学热处理是将工件置于活性介质中加热和保温，使介质中活性原子渗入工件表层，以改变其表面层的化学成分、组织结构和性能的热处理工艺。根据渗入元素的类别，化学热处理可分为渗碳、氮化、碳氮共渗等。

5.5.2.1　化学热处理的主要目的

化学热处理除提高钢件表面硬度、耐磨性以及疲劳极限外，也用于提高零件的抗腐蚀性、抗氧化性，以代替昂贵的合金钢。

5.5.2.2　化学热处理的一般过程

任何化学热处理方法的物理、化学过程基本相同，都要经过分解、吸收和扩散 3 个过程：① 介质（渗剂）的分解，即加热时介质中的化合物分子发生分解并释放出活性原子；② 工件表面的吸收，即活性原子向固溶体中溶解或与钢中某些元素形成化合物；③ 原子向内部扩散，即溶入的元素原子在浓度梯度的作用下由表层向钢内部扩散。

5.5.2.3　常用的化学热处理方法

1. 渗　碳

将工件放在渗碳性介质中，使其表面层渗入碳原子的一种化学热处理工艺称为渗碳。

在机械制造工业中，有许多重要零件（如汽车和拖拉机变速箱齿轮、活塞销、摩擦片及轴类等），它们都是在变动载荷、冲击载荷、很大接触应力和严重磨损条件下工作的，因此要求零件表面具有高的硬度、耐磨性及疲劳极限，而心部具有较高的强度和韧性。为了满足上述零件使用性能的要求，可使 $w(C) = 0.15\% \sim 0.25\%$ 的低碳钢和低碳合金钢，经渗碳及随后的淬火和低温回火，使零件的表层和心部分别获得高碳和低碳组织，使高碳钢与低碳钢的不同性能结合在一个零件上，从而满足了零件的使用性能要求。

渗碳方法有气体渗碳、液体渗碳、固体渗碳，目前常用的方法是气体渗碳。它是将工件放入密封的渗碳炉内，加热到 900～950 ℃，向炉内滴入有机液体（如煤油、苯、甲醇等）或直接通入富碳气体（如煤气、液化石油气等），通过 $CH_4 \longrightarrow 2H_2 + [C]$ 等反应，使工件表面渗碳，如图 5.31 所示。气体渗碳的优点是生产效率高，渗层质量好，劳动条件好，便于直接淬火；缺点是渗层含碳量不易控制，耗电量大。

钢渗碳后表面层的含碳量可达到 0.85%～1.05%。渗碳件渗碳后缓冷到室温的组织接近于铁碳相图所反映的平衡组织，从表层到心部依次是过共析组织、共析组织、亚共析过渡层，心部为原始组织，如图 5.32 所示。

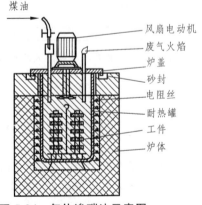

图 5.31　气体渗碳法示意图

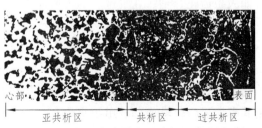

图 5.32　低碳钢渗碳缓冷后的组织（200×）

工件渗碳后必须进行淬火加低温回火处理才能使用。回火温度一般为 160～180 °C。而淬火方法有 3 种，如图 5.33 所示。

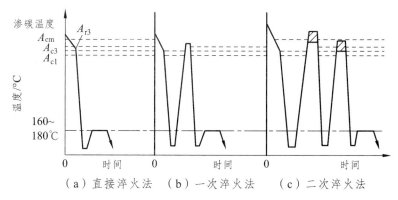

（a）直接淬火法　（b）一次淬火法　（c）二次淬火法

图 5.33　渗碳后的热处理示意图

（1）直接淬火法。工件渗碳完毕，出炉预冷后，直接淬火和低温回火的热处理工艺称为直接淬火法。这种方法工艺简单，效率高，成本低，工件脱碳和变形倾向小。但由于渗碳温度高，奥氏体晶粒粗大，淬火后残余奥氏体量较多，使工件性能下降。直接淬火法只适用于本质细晶粒钢或性能要求较低的零件。

（2）一次淬火法。渗碳件出炉空冷后，再加热到淬火温度进行淬火和低温回火的热处理工艺称为一次淬火法。对于心部性能要求较高的零件，淬火温度应略高于心部的 A_{c3}，以使其晶粒细化，并获得低碳马氏体组织。对于表层性能要求较高的零件，淬火温度应选用 A_{c1} + (30～50) °C，以使表层晶粒细化。

（3）二次淬火法。对于力学性能要求很高或本质粗晶粒钢工件，应采用二次淬火法。第一次淬火的目的是改善心部组织并消除表层网状渗碳体，淬火温度为 A_{c3} + (30～50) °C。第二次淬火是为了细化表层组织，获得细马氏体和均匀分布的粒状二次渗碳体，淬火温度为 A_{c1} + (30～50) °C。这种方法的缺点是工艺复杂，成本高，效率低，工件变形和脱碳倾向大。

上述 3 种淬火方法中，最常用的方法是将工件渗碳缓冷后，重新加热到 A_{c1} + (30～50) °C 淬火 + 低温回火。此时的组织，表层为高碳回火马氏体 + 颗粒状碳化物 + 少量残余奥氏体，心部为低碳回火马氏体 + 铁素体（淬透时）。

2. 渗氮（氮化）

向钢件表面渗入氮，形成含氮硬化层的化学热处理过程称为氮化。氮化实质就是利用含氮的物质分解产生活性[N]原子，渗入工件表层。其目的是提高工件的表面硬度、耐磨性、疲劳强度及热硬性。

渗氮处理有气体渗氮、离子渗氮等。目前应用较广泛的是气体氮化法。

渗氮用钢通常是含 Al、Cr、Mo 等合金元素的钢，如 38CrMoAl。渗氮层由碳、氮溶于 α-Fe 的固溶体和碳、氮与铁的化合物组成，还含有高硬度、高弥散的稳定的合金氮化物，如 AlN、CrN、MoN 等，这些氮化物的存在对氮化钢的性能起着主要的作用。为了提高渗氮零件心部的综合力学性能，在渗氮前要进行调质处理，故零件原来的心部组织为回火索氏体。

渗氮的特点是：

（1）钢经渗氮后表面形成一层极硬的合金氮化物，渗氮层的硬度一般可达 950～1 200 HV（相当于 68～72 HRC），故不需再经过淬火便具有很高的表面硬度和耐磨性，而且还可保持到 600～650 ℃ 而不明显下降。

（2）氮化后钢的疲劳极限可提高 15%～35%。这是由于渗氮层的体积增大，使工件表层产生了残余压应力。

（3）渗氮后钢具有很高的耐蚀能力。这是由于渗氮层表面是由致密的、耐腐蚀的氮化物所组成的。因此，可代替镀镍、镀锌、发蓝等处理。

（4）氮化处理后，工件变形很小。这是由于渗氮温度低（一般为 500～570 ℃），而且渗氮后不需再进行任何其他热处理，所以渗氮后一般只需精磨或研磨、抛光即可。

氮化的缺点是工艺复杂，成本高，氮化层薄。因而主要用于耐磨性及精度均要求很高的零件，或要求耐热、耐磨及耐蚀的零件，如精密机床丝杠、镗床主轴、汽轮机阀门和阀杆、精密传动齿轮和轴、发动机气缸和排气阀以及热作模具等。

3. 碳氮共渗

碳氮共渗是指使工件表面同时渗入碳和氮的化学热处理工艺，也称氰化。氰化主要有液体和气体氰化两种。液体氰化有毒，很少应用。气体氰化又分高温和低温两种。

低温气体氰化又称气体软氮化，其实质就是氮化，但比一般气体氮化处理时间短，氮化层有一定韧性，软氮化层较薄，仅为 0.01～0.02 mm。其主要目的是提高钢的耐磨性和抗咬合性。

高温气体氰化以渗碳为主，工艺与气体渗碳相似，渗剂为煤油和氨气。氮的渗入使碳的渗入加快，从而使共渗温度降低，处理时间缩短。氰化温度一般为 830～850 ℃，当保温 3～4 h 时，氰化层可达 0.5～0.6 mm。与渗碳一样，高温氰化后须进行淬火和低温回火。由于氰化温度不高，不发生晶粒长大，一般都采用直接淬火。氰化件淬火后得到含氮马氏体，硬度较高，其耐磨性比渗碳件好。氰化层比渗碳层有更高的压应力，因而氰化件的耐疲劳性能和耐蚀性更为优越。

氰化用钢主要是低碳钢，也可用中碳钢。与渗碳相比，氰化具有处理温度低、时间短、生产效率高、工件变形小等优点，但其渗层较薄，主要用于形状复杂、要求变形小的小型耐磨件。

5.6 常见热处理缺陷及预防

常见热处理缺陷有氧化、脱碳、过热、过烧、变形、开裂以及硬度不足等。

5.6.1 氧化与脱碳

工件在淬火加热时，若加热炉中介质控制不好，就会产生氧化与脱碳缺陷。钢在氧化性介质中加热时，会发生氧化而在其表面形成一层氧化铁（Fe_2O_3、Fe_3O_4、FeO），这层氧化铁就是氧化皮。加热温度越高，保温时间越长，氧化作用就越激烈。

钢在某些介质中加热时，这些介质会使钢表层的含碳量下降，这种现象称为脱碳。使钢发生脱碳的主要原因是气氛中 O_2、CO_2、H_2、H_2O 的存在。表层脱碳后，内层的碳便向表面扩散，这样使脱碳层逐渐加深。加热时间越长，脱碳层越深。

氧化与脱碳不但造成钢材大量损耗，而且使工件的质量与使用寿命大为降低。例如，在氧化严重时，可使工件淬不硬；脱碳使工件表层含碳量降低，马氏体临界冷却速度增大，故在同一淬火介质中淬火，就可能使奥氏体发生分解。即使奥氏体不分解，淬火后获得的马氏体，也因其含碳量过低而影响表层硬度与耐磨性。另外，氧化与脱碳使工件表面质量降低，从而降低了疲劳极限。

减少或防止钢在淬火中氧化与脱碳的办法如下：

（1）采用脱氧良好的盐浴炉加热，若在以空气为介质的电炉中加热，可在工件表面涂上一层涂料，或往炉中加入适量木炭、滴入煤油等起保护作用的物质。

（2）在保护气氛中加热，根据钢的含碳量和加热温度高低不同，往炉内送入成分可以控制的保护气氛，使工件表面在加热过程中既不氧化、不脱碳也不渗碳。

（3）在真空炉中加热，此法不仅能防止零件氧化与脱碳，还能使零件去气净化，提高性能。但因设备复杂，国内应用还不普遍。

（4）正确控制加热温度与保温时间，在保证奥氏体化条件下，加热温度应尽可能低，保温时间要尽可能短。

5.6.2　过热与过烧

过热是指钢在加热时，由于加热温度过高或加热时间过长，引起奥氏体晶粒粗大的现象。过热使钢的力学性能降低，严重影响钢的冲击韧性，而且还易引起淬火变形和开裂。过热的工件可以通过重新退火或正火来补救。

过烧是指钢在加热时，由于加热温度过高，造成晶界氧化或局部熔化的现象。过烧后的工件很脆，如果锻造一锻即裂，过烧的工件只能报废，无法挽救，因而是致命性的。

5.6.3　变形与开裂

淬火工艺过程中零件变形是必然的、正常的，但零件出现表面裂纹导致表面或整体开裂是不允许的，一般作为废品处理（高碳钢淬火零件内部出现微裂纹，经回火后能消除的除外）。

5.6.3.1　引起变形和开裂的原因

在淬火加热时零件由于热应力以及高温时材料强度降低、延性增加会导致变形。对于合金钢而言，由于其导热性较差，若加热速度太快，不仅零件变形大，甚至有开裂的危险。

在冷却过程中由于热应力与组织应力的共同作用，零件常出现变形，有的甚至出现表面裂纹。热应力是加热或冷却过程中，零件由表面至心部各层的加热或冷却速度不一样造成的。淬火冷却过程中零件表面存在的组织应力常为拉应力，其危害最大，它是在冷却过程中零件由表层至心部各层奥氏体转变为马氏体先后不一样造成的。

零件淬火后出现变形、开裂，热处理工艺不当是重要因素。如加热温度过高造成奥氏体晶粒粗大，合金钢加热速度快造成热应力加大，加热时工件氧化、脱碳严重，以及冷却介质选择不当，工件入冷却介质的方式不对等诸因素都会导致工件变形甚至开裂。但是在正常的淬火工艺下要从材质本身及前序冷热加工中寻找原因，诸如钢材内夹杂物含量、化学成分、异常组织等超过标准要求，淬火之前工件表面存在裂纹、有深的加工刀痕，以及零件形状分布不合理等因素都会导致淬火过程中零件变形甚至开裂。

5.6.3.2　防止变形和开裂的措施

（1）正确选材和合理设计。对于形状复杂、截面变化大的零件，应选用淬透性好的钢材，以便采用较缓和的淬火冷却方式。在零件结构设计中，应注意热处理结构工艺性。

（2）淬火前进行相应的退火或正火，以细化晶粒并使组织均匀化，减少淬火内应力。

（3）严格控制淬火加热温度，防止过热缺陷，同时也可减少淬火时的热应力。

（4）采用适当的冷却方法，如双液淬火、马氏体分级淬火或贝氏体等温淬火等。淬火时尽可能使零件均匀冷却，对厚薄不均匀的零件，应先将厚大部分淬入介质中。薄件、细长杆和复杂件，可采用夹具或专用淬火压床控制淬火时的变形。

（5）淬火后应立即回火，以消除应力，降低工件的脆性。

5.6.4　硬度不足或出现软点

经淬火后零件硬度偏低和出现软点的主要原因是：亚共析钢加热温度低或保温时间不充分，淬火组织中有残留铁素体；加热过程中钢件表面发生氧化、脱碳，淬火后局部生成非马氏体组织；淬火时，冷却速度不足或冷却不均匀，未全部得到马氏体组织；淬火介质不清洁，工作表面不干净，影响了工件的冷却速度，致使未能全部淬硬。

如果材质及零件截面尺寸正常，为防止淬火后零件硬度偏低，最重要的是防止加热时零件表面脱碳。其中最有效的办法是采用盐浴或可控气氛或真空加热。若在一般空气电阻炉中加热，在确保零件烧透及组织转变的前提下力求尽量缩短加热时间。

思考与练习

1. 说明亚共析钢、共析钢、过共析钢奥氏体化的过程。

2. 以共析钢为例，说明将其奥氏体化后立即随炉冷却、空气中冷却、油中冷却和水中冷却，各得到什么组织？力学性能有何差异？

3. 画出 T8 钢的过冷奥氏体等温转变曲线。为了获得以下组织，应采用什么冷却方式？请在等温转变曲线上画出冷却曲线示意图。

① 索氏体；② 屈氏体＋马氏体＋残余奥氏体；③ 下贝氏体；④ 马氏体＋残余奥氏体；⑤ 屈氏体＋马氏体＋下贝氏体＋残余奥氏体。

4. 什么是 v_k？其主要影响因素有哪些？

5. 什么是马氏体？其组织形态和性能取决于什么因素？马氏体转变有何特点？

6. 将两个 T12 钢小试样分别加热到 780 ℃ 和 860 ℃, 保温后以大于 v_k 的速度冷却至室温, 试问:

① 哪个温度淬火后马氏体晶粒粗大?

② 哪个温度淬火后残余奥氏体量多?

③ 哪个温度淬火后未溶碳化物量多?

④ 哪个温度淬火合适? 为什么?

7. 什么是钢的淬透性和淬硬性? 它们对于钢材的使用各有何意义?

8. 回火的目的是什么? 为什么淬火工件务必要及时回火?

9. 为什么生产中对刃具、冷作模具、量具、滚动轴承等热处理常采用淬火＋低温回火, 对弹性零件则采用淬火＋中温回火, 而对轴、连杆等零件却采用淬火＋高温回火?

10. 用 20 钢进行表面淬火和用 45 钢进行渗碳处理是否合适? 为什么?

11. 现有 20 钢和 45 钢制造的齿轮各一个, 为了提高轮齿齿面的硬度和耐磨性, 宜采用何种热处理工艺? 热处理后的组织和性能有何不同?

6 常用工程金属材料

铁是自然界中储藏量较多、冶炼较易、价格较低的金属元素，以铁为基的各种钢铁材料因其优良的力学性能、工艺性能和低成本的综合优势，仍将是 21 世纪乃至更长时间内的主要工程材料。

钢铁材料是工业上钢和铸铁的总称，两者均是 Fe-C 合金，按其化学成分分为碳素钢（简称碳钢）和合金钢两大类。碳钢以铁、碳为其主要成分，另外，还含有少量锰、硅、硫、磷等常存元素。由于碳钢容易冶炼，价格低廉，性能可以满足一般工程机械、普通机械零件、工具及日常轻工业产品的使用要求，因此在工业上得到广泛应用。我国碳钢产量约占钢总产量的 90%。合金钢是在碳钢基础上，有目的地加入某些元素（称为合金元素）而得到的多元合金。与碳钢相比，合金钢的性能有显著的提高，故应用也日益广泛。

6.1 钢的分类与编号

钢的种类很多，为了便于管理、选用及研究，根据某些特性，从不同角度将其分成若干类别。

6.1.1 钢的分类

6.1.1.1 按化学成分分类

按钢的化学成分可分为碳素钢和合金钢两大类。

碳素钢按含碳量多少可分为低碳钢[w (C)≤0.25%]、中碳钢[w (C) = 0.25% ~ 0.60%]和高碳钢[w (C)>0.6%]3 类。

合金钢按合金元素的含量又可分为低合金钢（<5%）、中合金钢（5% ~ 10%）和高合金钢（>10%）3 类。

6.1.1.2 按冶金质量分类

根据钢中所含杂质硫、磷的多少，可将其分为：

普通钢[w (S)≤0.055%，w (P)≤0.045%]；

优质钢[w (S)、w (P)≤0.040%]；

高级优质钢[w (S)≤0.030%，w (P)≤0.035%]。

根据冶炼时脱氧程度，可将钢分为沸腾钢（脱氧不彻底）、镇静钢（脱氧彻底）和半镇静钢（脱氧程度介于沸腾钢和镇静钢之间）。

6.1.1.3 按用途分类

按钢的用途可分为结构钢、工具钢、特殊性能钢三大类。

（1）结构钢指用于制造各种工程构件和机器零件的钢种，可分为工程构件用钢和机器零件用钢，其中机器零件用钢又分为渗碳钢、调质钢、弹簧钢和轴承钢。

（2）工具钢指用于制造各种加工工具的钢，可分为刃具钢、量具钢、模具钢。

（3）特殊性能钢指具备某种特殊物理、化学性能的钢，分为不锈钢、耐热钢、耐磨钢等。

6.1.2 钢的编号

世界各国钢的编号方法不一样。我国的国标规定，钢材编号是采用阿拉伯数字、国际化学元素符号和汉语拼音字母并用的原则。

6.1.2.1 碳素钢

普通碳素结构钢的牌号是由代表屈服点的字母（Q）、屈服点数值、质量等级符号（A、B、C、D）及脱氧方法符号（F、b、Z、TZ）4 部分按顺序组成的。其中，A 级质量最差，D 级质量最好，F、b、Z 分别代表沸腾钢、半镇静钢及镇静钢。例如，Q235AF 即表示屈服强度值为 235 MPa 的 A 级沸腾钢。

优质碳素结构钢的牌号是用两位数字表示，它代表钢平均含碳量的万分之几。例如，45、15F 分别表示平均含碳量为 0.45% 的优质碳素结构钢和 0.15% 的沸腾钢。

碳素工具钢的牌号以"T"加数字表示。"T"表示碳素工具钢，其后的数字表示含碳量的千分之几。如平均含碳量为 0.8% 的碳素工具钢，其钢号为 T8。高级优质碳素工具钢则在其钢号后加"A"，如 T10A。

6.1.2.2 合金钢

合金结构钢编号的方法是以两位数字加元素加数字的方法表示，钢号的前两位数字表示平均含碳量的万分之几，合金元素以化学元素符号表示，合金元素后面的数字则表示该元素的含量，一般以百分之几表示。凡合金元素的平均含量小于 1.5% 时，钢号中一般只标明元素符号而不标明其含量，如果平均含量 ≥1.5%、≥2.5%、≥3.5% 时，则相应地在元素符号后面标以 2、3、4。例如，20CrMnTi 表示平均含碳量为 0.2%，主要合金元素 Cr、Mn 含量均低于 1.5%，并含有微量 Ti 的合金结构钢；60Si2Mn 表示平均含碳量为 0.6%，主要合金元素 Si 含量为 1.5% ~ 2.5%，Mn 含量低于 1.5% 的合金结构钢。

合金工具钢的牌号以一位数字（或没有数字）加元素加数字的方法表示。其编号方法与合金结构钢大体相同，区别在于含碳量的表示方法，当碳含量 ≥1% 时，不予标出。若平均含碳量 <1% 时，则在钢号前以千分之几表示它的平均含碳量，如 9CrSi 钢，平均含碳量为 0.9%，主要合金元素为铬、硅，含量都小于 1.5%。

对于某些用于专门用途的钢种是以其用途名称的汉语拼音第一个字母表明该钢的类型，以数字表明其含碳量；化学元素符号表明钢中含有的合金元素，其后的数字标明合金元素的大致含量。例如，GCr15 表示滚珠轴承钢，数字 15 表示含铬量为 1.5%；Y40Mn 表示含碳量约 0.4%，含锰量小于 1.5% 的易切钢；20 g 表示含碳量为 0.20% 的锅炉用钢。

6.2　合金元素在钢中的作用

碳素钢品种齐全，冶炼、加工成形比较简单，价格低廉。经过一定的热处理后，其力学性能得到不同程度的改善和提高，可满足工农业生产中许多场合的需求。但是碳素钢的淬透性比较差，强度、屈强比、高温强度、耐磨性、耐腐蚀性、导电性和磁性等也都比较低，它的应用受到了限制。因此，为了提高钢的某些性能，满足现代工业和科学技术迅猛发展的需要，人们在碳素钢的基础上，有目的地加入了锰、硅、镍、钒、钨、钼、铬、钛、硼、铝、铜、氮和稀土等合金元素，形成了合金钢。

合金元素的加入，不但会对钢中的基本相、Fe-Fe₃C 相图和钢的热处理相变过程产生较大的影响，同时还改变了钢的组织和性能，合金元素在钢中的作用是一个非常复杂的物理、化学过程。

6.2.1　合金元素在钢中的存在形式

合金元素在钢中可能存在的形式有 5 种：溶解于固溶体（铁素体或奥氏体）中；存在于碳化物中；与钢中的氧、氮、硫可形成简单的或复合的非金属夹杂物；与铁或其他元素形成金属间化合物；以纯金属相存在，如 Cu、Pb 等。常温下，合金元素常以前两种形式存在。

6.2.1.1　形成合金铁素体

非碳化物形成元素 Ni、Si、Al、Cu、Co 与碳的亲和力很弱，基本都溶于铁素体内，形成合金铁素体。而碳化物形成元素 Cr、W、Mo、V、Nb 与碳的亲和力较强，除少量溶于铁素体内，大部分形成合金渗碳体或独立碳化物。

合金元素在溶入铁素体后，由于它与铁的晶格类型和原子半径有差异，必然引起铁素体的晶格畸变，产生固溶强化，使铁素体的强度、硬度提高，而塑性、韧性下降。图 6.1、图 6.2 为几种合金元素对铁素体硬度和韧性的影响。

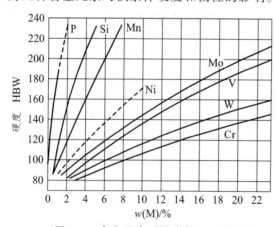

图 6.1　合金元素对铁素体硬度的影响

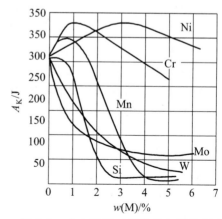

图 6.2　合金元素对铁素体韧性的影响

6.2.1.2 形成合金碳化物

在钢中能形成碳化物的元素有铁、锰、铬、钼、钨、钒、铌、锆、钛等（按其与碳形成碳化物的稳定性排序，由左到右依次增强）。

碳化物形成元素 Mn、Cr、Mo、W 少量溶于铁素体，主要溶于渗碳体，形成(Fe，Mn)$_3$C、(Fe，Cr)$_3$C、(Fe，W)$_3$C 型合金渗碳体，其较渗碳体略为稳定，加热时较难溶于奥氏体，但易于聚集长大。同时，它们也可形成稳定性较高的特殊碳化物，如 Cr$_{23}$C$_6$、Cr$_7$C$_3$、Fe$_3$W$_3$C 等。强碳化物形成元素 V、Nb、Zr、Ti 与碳形成稳定性高的 VC、TiC 等。稳定性越高的碳化物越难溶于奥氏体，且不易聚集长大，其熔点、硬度越高。当这些碳化物数量增多且弥散分布时，能显著提高钢的强度、硬度和耐磨性。

6.2.2 合金元素对 Fe-Fe$_3$C 相图的影响

铁碳合金相图是碳钢热处理的重要依据，但迄今为止，合金钢相图并不健全，生产中更多是参考合金元素对铁碳相图的影响来制订合金钢热处理工艺。合金元素对铁碳相图的影响主要表现在对奥氏体相区及 S 点、E 点和临界点的影响。

6.2.2.1 扩大奥氏体相区的元素

凡是扩大奥氏体相区的元素 Ni、Mn、C、N、Co、Cu 等，都使 S 点、E 点向左下方移动，A_1 和 A_3 温度降低。其中与 γ-Fe 无限互溶的元素 Ni 或 Mn 含量达到临界值时，会使 γ-Fe 的存在温度降到室温，即钢在室温下以奥氏体单相存在。图 6.3 是锰对奥氏体相区的影响。C、N、Cu 扩大奥氏体相区的作用不如 Ni、Mn。

6.2.2.2 缩小奥氏体相区的元素

凡是缩小奥氏体相区的元素 Cr、Mo、Si、W 等，都使 S 点、E 点向左上方移动，A_1 和 A_3 温度升高。图 6.4 表示 Cr 对奥氏体相区的影响。当 Cr 元素达到临界值后，奥氏体相完全消失，合金室温下获得单相的铁素体。

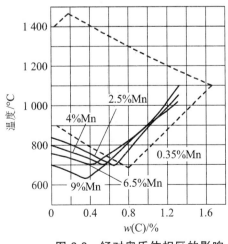

图 6.3 锰对奥氏体相区的影响

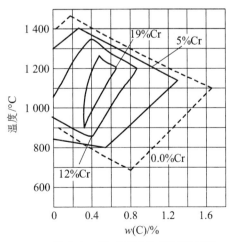

图 6.4 铬对奥氏体相区的影响

6.2.3　合金元素对钢热处理的影响

6.2.3.1　合金元素对钢加热转变的影响

合金钢加热过程的转变和碳钢相似，包括奥氏体的形核和长大、碳化物和残余渗碳体的溶解、奥氏体成分的均匀化，整个过程的进行与碳、合金元素的扩散以及碳化物的稳定程度有关。合金元素对奥氏体化过程的影响体现在以下两个方面：

1. 对奥氏体转变的影响

大多数合金元素（镍、钴除外）都推迟钢的奥氏体化过程。合金元素的扩散速度比铁、碳原子低，并且多数还会降低铁与碳的扩散系数，特别是强碳化物形成元素对碳的影响较为强烈。同时，强碳化物稳定性好、熔点高，加热时不易溶解于奥氏体，从而影响奥氏体的转变速度。因此，合金钢比碳钢奥氏体均匀化时间长、加热温度高。

2. 对奥氏体晶粒长大的影响

碳化物形成元素（Mn 除外）具有阻止奥氏体晶粒长大的倾向，且随其碳化物稳定性增强，细化晶粒的作用增加。非碳化物形成元素 Si、Co、Ni、Cu 阻止奥氏体晶粒长大的作用较弱。Mn、C、P 具有促进奥氏体晶粒长大的倾向。

6.2.3.2　合金元素对钢冷却转变的影响

（1）除 Co 以外的所有合金元素，都能提高过冷奥氏体的稳定性，使 C 曲线位置右移，提高了钢的淬透性。合金元素对钢的淬透性的影响，由强到弱可以排列成下列次序：钼、锰、钨、铬、镍、硅、矾。通过复合元素，采用多元少量的合金化原则，能更有效提高钢的淬透性。

对于非碳化物形成元素和弱碳化物形成元素，如 Ni、Mn、Si 等，只会使 C 曲线右移，不改变其形状，如图 6.5（a）所示。而中强和强碳化物形成元素，如 Cr、W、Mo、V 等，不仅使 C 曲线右移，而且能改变 C 曲线的形状，把珠光体转变区与贝氏体转变区明显地分为两个区域，并且对珠光体和贝氏体转变有不同程度的推迟，如图 6.5（b）所示。

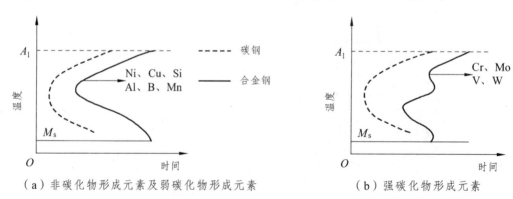

（a）非碳化物形成元素及弱碳化物形成元素　　　　（b）强碳化物形成元素

图 6.5　合金元素对 C 曲线的影响

（2）除 Al、Co 外，多数合金元素溶入奥氏体后，使马氏体转变温度 M_s 和 M_f 点下降，

钢的 M_s 点越低，M_s 点至室温的温度间隔就越小，在相同冷却条件下转变成马氏体的量越少。因此，凡是降低 M_s 点的元素都使淬火后钢中残余奥氏体含量增加。

6.2.3.3 合金元素对淬火钢回火转变的影响

合金元素对回火转变的影响主要表现在提高钢的回火稳定性，即钢在回火过程中随着回火温度的升高而抵抗强度、硬度降低的能力，使回火过程各个阶段的转变速度大大减慢，推迟回火转变。具体有：合金元素对马氏体分解、残余奥氏体转变、碳化物的形成、聚集和长大、铁素体回复和再结晶的影响。

（1）对淬火钢回火稳定性的影响。碳化物形成元素，尤其是强碳化物形成元素会减缓碳的扩散，推迟马氏体分解过程；非碳化物形成元素 Si，能抑制 ε 碳化物质点的长大并延缓 ε 碳化物向 Fe_3C 的转变，因而提高了马氏体分解温度；非碳化物形成元素 Ni 及弱碳化物形成元素 Mn，对马氏体分解几乎无影响。

合金元素一般均使残余奥氏体分解温度提高，不会改变其分解产物。然而当特殊碳化物形成元素 Cr、W、Mo、V 含量较高时，对残余奥氏体的分解表现出强烈的抑制作用，使其在 500 ~ 600 ℃ 温度回火时也只能析出部分碳化物，而在随后的冷却过程中转变为马氏体。

淬火后，固溶在马氏体中的碳化物形成元素（按其与碳的亲和力的大小依次为 V、W、Mo、Cr）在回火过程中要重新分布。当回火温度高于 350 ℃ 时，合金元素要向 Fe_3C 中富集形成合金渗碳体。当该类碳化物形成元素含量较高时，还将析出特殊碳化物，其析出方式有两种：一种方式是合金元素充分向合金渗碳体中富集，当其浓度超过合金渗碳体的溶解度时就转变成特殊碳化物；另一种方式是直接从 α 相中析出特殊碳化物。上面这一切转变都要通过合金元素和碳的扩散来完成，而合金元素在 α 相中扩散困难，同时它也阻碍碳的扩散，因此，延缓了这一转变的发生，也推迟了 α 相中过饱和碳的析出，使钢在较高的回火温度下仍保持较高的强度和硬度。

另外，非碳化物形成元素（除 Ni 外）和加热时溶于奥氏体的碳化物形成元素都可以提高 α 相的再结晶温度，增强钢的回火抗力。

（2）含铬、钨、钼、钒等元素的合金钢，在中高温回火时，升高到 500 ℃ 过程中有二次硬化作用。例如，高速钢在 560 ℃ 回火时，又析出了新的更细的特殊碳化物，发挥了第二相的弥散强化作用，使硬度进一步提高。这种二次硬化现象在合金工具钢中是很有价值的。

（3）含铬、镍、锰、硅等元素的合金结构钢，在 450 ~ 600 ℃ 长期保温或回火后缓冷均出现高温回火脆性。这是因为合金元素促进了锑、锡、磷等杂质元素在原奥氏体晶界上的偏聚和析出，削弱了晶界联系，降低了晶界强度。因此，对这类钢应该在回火后采用快冷的工艺，以防止高温回火脆性的产生。

6.3　工程结构用钢

工程结构用钢是指各种工程结构（如桥梁、石油井架等）、起重设施、机车车辆、船舶、锅炉、常温管道及压力容器等所使用的钢，主要包括碳素结构钢和低合金高强度钢。

6.3.1 碳素结构钢

碳素结构钢产量约占钢总产量的 70%，其中部分用作机器零件。通常轧制成钢板或各种型材（如圆钢、方钢、工字钢、钢筋等）供应。表 6.1 为普通碳素工程构件用钢的牌号、成分、力学性能及应用举例。其中 Q195、Q215 有较高的延伸率，易于加工，常用作螺钉、铁钉、铁丝、农业机械、各种薄板、冲压件及焊接结构件等。Q235 ~ Q275 具有较高的强度和硬度，延伸率也较大，大量用作建筑结构，轧制成工字钢、槽钢、角钢、钢板、钢管及其他各种型材。而 Q235 钢既有较高的塑性又有适中的强度，成为应用最广泛的一种普通碳素构件用钢，既可用作较重要的建筑构件、车辆及桥梁等的各种型材，又可用于制作一般的机器零件，也可进行热处理。为了满足工艺性能和使用性能的要求，碳素结构钢通常以热轧或正火状态供应。

表 6.1　普通碳素工程构件用钢的牌号、成分、力学性能及应用举例

牌号	等级	化学成分/%			脱氧方法	拉伸试验			应用举例
		$w(C)$	$w(S)$	$w(P)$		σ_s/MPa	σ_b/MPa	σ_s/%	
Q195	—	0.06 ~ 0.12	≤0.050	≤0.045	F、b、Z	195	315 ~ 390	≥33	承受载荷不大的金属结构件、铆钉、垫圈、地脚螺栓、冲压件及焊接件
Q215	A	0.09 ~ 0.15	≤0.050	≤0.045	F、b、Z	215	335 ~ 410	≥31	
	B		≤0.045						
Q235	A	0.14 ~ 0.22	≤0.050	≤0.045	F、b、Z	235	375 ~ 460	≥26	金属结构件、钢板、钢筋、型钢、螺栓、螺母、短轴、心轴 Q235C、Q235D 可用作重要焊接结构件
	B	0.12 ~ 0.20	≤0.045						
	C	≤0.18	≤0.040	≤0.040	Z				
	D	≤0.17	≤0.035	≤0.035	TZ				
Q255	A	0.18 ~ 0.28	≤0.050	≤0.045	Z	255	410 ~ 510	≥24	强度较高，用于制造承受中等载荷的零件，如键、销、转轴、拉杆、链轮、链环片等
	B		≤0.045						
Q275	—	0.28 ~ 0.38	≤0.050	≤0.045	Z	275	490 ~ 610	≥20	

此外，尚有一些专门用钢，如造船钢、桥梁钢、压力容器钢等。它们除严格要求规定的化学成分和机械性能外，还规定某些特殊的性能检验和质量检验项目，如低温冲击韧性、时效敏感性、气体、夹杂和断口等。专门用钢一般为镇静钢。

6.3.2 低合金高强度钢

低合金高强度钢是在碳素结构钢的基础上添加合金元素（合金元素总量不超过 5%，一般在 3%以下）而得到的具有较高强度的构件用钢，其力学性能明显优于碳素结构钢。这类钢主要用于船舶、车辆、高压容器、输油输气管道、大型钢等工程结构件。

1. 性能特点

发展低合金高强度钢的主要目的是为了减轻结构质量，满足长久使用。因此，这类钢具

备良好的力学性能。如高强度，足够的塑性（$\delta > 20\%$），良好的韧性及低的韧脆转变温度，良好的焊接性和冷、热加工性能。

2. 成分特点

低合金高强度钢主要作为钢结构材料，一般是在热轧或正火状态下供货。钢的碳含量不超过 0.2%，否则不利于钢的焊接或冷弯成形。合金元素总量不超过 3%，主要加入的合金元素为 Mn、Si，其具有明显的固溶强化作用，同时 Mn 能降低钢的韧脆转化温度。但 Mn、Si 含量不宜过多，否则将显著降低钢的塑性、韧性、冷弯性和焊接性能。合金元素 V、Ti、Nb 等能形成细小的强碳化合物，起到弥散强化和细晶强化的作用，提高了钢的屈服极限、强度极限以及低温冲击韧度。其他特殊元素如 Cu、P 提高了钢耐大气腐蚀的能力；微量稀土元素 RE 可起到脱硫、去气、改善夹杂物形态与分布的作用，从而进一步提高了钢的力学性能和工艺性能。表 6.2 列出了常用低合金高强度结构钢的牌号、成分、力学性能与用途。

表 6.2　低合金高强度结构钢的牌号、成分、力学性能与用途（GB/T 1591—1994）

牌号	质量等级	化学成分/%								力学性能					用途
		C≤	Mn	Si≤	P≤	S≤	V	Nb	Ti	厚度或直径/mm	σ_s/MPa 不小于	σ_b/MPa	δ/%	A_{KV}（纵向，20 ℃/J）	
													不小于	不小于	
Q295	A	0.16	0.80	0.55	0.045	0.045	0.02	0.015	0.02	≤16	295	390	23	34	桥梁、车辆、容器、油罐
	B	0.16	～	0.55	0.040	0.040	～	～	～	>16	275	～	23	34	
			1.50				0.15	0.060	0.20	～35		570			
Q345	A	0.20		0.55	0.045	0.045							21	34	桥梁、车辆、船舶、压力容器、建筑结构
	B	0.20	1.00	0.55	0.040	0.040	0.02	0.015	0.02	≤16	345	470	21	34	
	C	0.20	～	0.55	0.035	0.035	～	～	～	>16		～	22	34	
	D	0.20	1.60	0.55	0.030	0.030	0.15	0.060	0.20	～35	325	630	22	34	
	E	0.20		0.55	0.025	0.025							22	34	
Q390	A	0.20		0.55	0.045	0.045							19	34	桥梁、船舶、起重设备、压力容器
	B	0.20	1.00	0.55	0.040	0.040	0.02	0.015	0.02	≤16	390	490	19	34	
	C	0.20	～	0.55	0.035	0.035	～	～	～	>16		～	20	34	
	D	0.20	1.60	0.55	0.030	0.030	0.20	0.060	0.20	～35	370	650	20	34	
	E	0.20		0.55	0.025	0.025							20	34	
Q420	A	0.20		0.55	0.045	0.045							18	34	桥梁、高压容器、大型船舶、电站设备、管道
	B	0.20	1.00	0.55	0.040	0.040	0.02	0.015	0.02	≤16	420	520	18	34	
	C	0.20	～	0.55	0.035	0.035	～	～	～	>16		～	19	34	
	D	0.20	1.70	0.55	0.030	0.030	0.20	0.060	0.20	～35	400	680	19	34	
	E	0.20		0.55	0.025	0.025							19	34	
Q460	C	0.20	1.00	0.55	0.035	0.035	0.02	0.015	0.02	≤16	460	550	17	34	中温高压容器（<120 ℃）、锅炉、石油化工高压厚壁容器（<100 ℃）
	D	0.20	～	0.55	0.030	0.030	～	～	～	>16		～	17	34	
	E	0.20	1.70	0.55	0.025	0.025	0.20	0.060	0.20	～35	440	720	17	34	

近年来在低合金高强度结构钢的基础上，通过微合金化或控制轧制，获得针状铁素体钢低碳马氏体钢等，可以进一步提高钢的强度和冷成形性能，减轻构件质量。

6.4 机械制造结构钢

机械制造结构钢用于制造各种机器零件，如轴类零件、齿轮、弹簧、轴承和高强度结构件等所用的钢种。机械制造结构钢包括优质碳素结构钢和合金结构钢。

按用途不同，合金结构钢分为渗碳钢、调质钢、弹簧钢、轴承钢等。

6.4.1 优质碳素结构钢

优质碳素结构钢比碳素结构钢的 S、P 杂质含量少，化学成分控制更严格，力学性能也较好，主要用于制造机械零件，通常经热处理之后使用。08F 钢强度低、塑性好，通常轧制成钢板和钢带供应，用于冷冲压。10、20 钢塑性和焊接性能好，多用于焊接和冷冲压件，也用于制造小型渗碳齿轮。35、40、45、50 钢可用作低淬透性的调质钢，其中 35、40 钢可用作轴承紧固螺栓、承压板等。45 钢应用最为广泛，通常用于制造小型齿轮、连杆、轴类等，经调质处理后可获得良好的综合力学性能。45、50 钢还被用作机车、车辆车轴和辗钢车轮。60、65 钢强度高，常用于制造各类弹性元件，热处理后使用。

6.4.2 合金渗碳钢

1. 性能特点

合金渗碳钢是指经过渗碳热处理后使用的低碳合金结构钢，主要用于制造负荷较大，磨损严重，又受强烈冲击的齿轮、轴及轴承等零件，如汽车、拖拉机的传动齿轮。这些零件的表层要求有高碳钢的特性，高硬度、高耐磨性及高接触疲劳强度，心部则具有较高屈服强度和良好的冲击韧性。

2. 成分特点

渗碳钢的碳含量为 0.10% ~ 0.25%，这样可以保证零件心部有足够的塑性、韧性。低碳钢的淬透性差，对于心部性能要求高的零件，低碳钢不能满足要求。合金渗碳体在低碳钢基础上，加入 Cr、Ni、Mn、B 等合金元素，可显著提高钢的淬透性，从而提高心部的强度和韧性。Ni 还可提高碳原子在奥氏体中的扩散速度，促进其向渗碳层内部扩散。加入微量的 V、Ti、W、Mo 等元素，可形成稳定的碳化物阻止奥氏体晶粒在高温渗碳时长大，同时还能提高渗碳层的硬度和耐磨性。

常用合金渗碳钢的牌号、热处理工艺、力学性能和用途列于表 6.3 中。

表 6.3　常用合金渗碳钢的牌号、热处理工艺、力学性能和用途

种类	钢号	热处理工艺				力学性能（不小于）					用途举例
		渗碳	第一次淬火温度/°C	第二次淬火温度/°C	回火温度/°C	σ_s/MPa	σ_b/MPa	δ/%	ψ/%	A_K (a_K) /J (J/cm²)	
低淬透性渗碳钢	15		~920 空气	—	—	225	375	27	55	—	形状简单、受力小的小型渗碳件
	20		~900 空气	—	—	245	410	25	55	—	
	20Mn2		850 水、油	—	200 水、空气	590	785	10	40	47（60）	代替 20Cr
	15Cr		880 水、油	780 水 ~820 油	200 水、空气	490	735	11	45	55（70）	船舶主机螺钉、活塞销、凸轮、机车小零件及心部韧性高的渗碳零件
	20Cr		880 水、油	780 水 ~820 油	200 水、空气	540	835	10	40	47（60）	机床齿轮、齿轮轴、蜗杆、活塞销及气门顶杆等
	20MnV		880 水、油	—	200 水、空气	590	785	10	40	55（70）	代替 20Cr
中淬透性渗碳钢	20CrMnTi	900 ~ 950 °C	880 油	870 油	200 水、空气	853	1 080	10	45	55（70）	工艺性优良，用作汽车、拖拉机的齿轮、凸轮，是 Cr-Ni 钢的代用品
	20Mn2B		880 油	—	200 水、空气	785	980	10	45	55（70）	代替 20Cr、20CrMnTi
	12CrNi3		860 油	780 油	200 水、空气	685	930	11	50	71（90）	大齿轮、轴
	20CrMnMo		850 油		200 水、空气	885	1 175	10	45	55（70）	代替含镍较高的渗碳零件，用作大型拖拉机齿轮、活塞销等大截面渗碳件
	20MnVB		860 油		200 水、空气	885	1 080	10	45	55（70）	代替 20CrMnTi、20CrNi
高淬透性渗碳钢	12Cr2Ni4		860 油	780 油	200 水、空气	835	1 080	10	50	71（90）	大齿轮、轴
	20Cr2Ni4		880 油	780 油	200 水、空气	1 080	1 175	10	45	63（80）	大型渗碳齿轮、轴及飞机发动机齿轮
	18Cr2Ni4WA		950 空气	850 空气	200 水、空气	835	1 175	10	45	78（100）	同 20Cr2Ni4，用作高级渗碳零件

注：力学性试验用试样尺寸：碳钢直径 25 mm，合金钢直径 15 mm。

3. 渗碳钢的热处理

渗碳钢的热处理工艺一般是渗碳、淬火和低温回火。其中，渗碳后工件表层的碳含量为 0.8% ~ 1.05%。渗碳后的淬火有 3 种不同的方法：① 直接淬火法：在 930 °C 左右渗碳，炉内降温至 860 ~ 880 °C，然后出炉直接淬火，此方法适合过热倾向小的中淬透性钢 20CrMnTi、20MnTiB；② 一次淬火法：渗碳后，缓冷至室温，再重新将工件加热至 A_{c3} 以上奥氏体化淬火，这种工艺是利用奥氏体化重结晶以细化心部晶粒，消除该层组织中的网状渗碳体，可进一步改善工件的力学性能，此方法适于过热敏感性较大的渗碳钢，如 20Cr、20Mn₂B；③ 二

次淬火法：渗碳后连续进行两次重新加热淬火，第一次选择 A_{c3} 以上温度加热，以满足心部的热处理要求，第二次采用 $A_{c1} \sim A_{cm}$ 温度加热，使心部和渗碳层均获得较理想的组织，这种方法适于晶粒易长大或力学性能要求较高的渗碳钢，如 12CrNi2、20CrV。

实例应用：应用 20CrMnTi 钢，制作汽车变速齿轮。

工艺路线：下料→锻造→正火→加工齿形→渗碳、预冷淬火→低温回火→磨齿。

齿轮毛坯锻造后，先进行正火，目的是改善锻造态的粗大晶粒组织，调整硬度（170 ~ 210 HB），便于切削加工，正火后的组织为索氏体 + 铁素体。930 ~ 940 °C 渗碳后预冷到 875 °C 直接淬火 + 低温回火，预冷的目的在于减少淬火变形，同时在预冷过程中，渗碳层中可以析出二次渗碳体，在淬火后减少了残余奥氏体量。最终热处理后其组织由表面往心部依次为回火马氏体 + 颗粒状碳化物 + 残余奥氏体→回火马氏体 + 残余奥氏体。而心部的组织分为两种情况：在淬透时为低碳马氏体 + 铁素体；未淬透时为索氏体 + 铁素体。最终热处理后表层硬度为 58 ~ 60 HRC，心部硬度为 35 ~ 45 HRC。图 6.6 为 20CrMnTi 钢制造齿轮的热处理工艺规范。

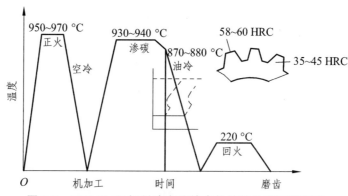

图 6.6　20CrMnTi 钢制造变速箱齿轮的热处理工艺规范

6.4.3　调质钢

调质钢是指经淬火 + 高温回火处理后，获得索氏体组织的结构钢。此类钢常用于受力较复杂的重要结构零件，如汽车后桥半轴、连杆、螺栓、各种轴类等。调质钢分为碳素钢和合金调质钢。对于心部性能要求高、截面尺寸大的零件，为保证有足够的淬透性，要采用合金调质钢。

1. 性能要求

根据调质钢所制机器零件的工作性质，大多需要传递大的扭矩、承受高的弯矩或拉、压载荷，负荷多为高交变应力，这需要其具备良好的综合力学性能、高的疲劳极限、低的回火脆性敏感性以及高的淬透性。调质钢对淬透性要求较高。例如，连杆是单向均匀受拉、压或剪切应力的零件，要求淬火后保证心部获得 90% 以上的马氏体组织，传动轴是承受扭转或弯曲应力的零件，因弯、扭应力由表面至心部逐渐减小，因而只要求淬火后离表面 1/4 半径处获得 80% 以上的马氏体组织。

2. 成分特点

调质钢的含碳量为 0.3%～0.5%，属中碳钢，含碳量在这一范围内可保证钢的综合性能。合金调质钢的主加元素为 Mn、Si、Cr、Ni、B 等，主要可提高其淬透性，其次具有固溶强化作用；辅加元素为 Mo、W、V 等强碳化物形成元素，其中 Mo、W 的主要作用是抑制钢的高温回火脆性，V 的主要作用是阻碍高温奥氏体晶粒长大，细化晶粒。几乎所有的合金元素均提高了调质钢的回火稳定性。

常用调质钢的牌号、热处理工艺、力学性能及用途如表 6.4 所示。

表 6.4 常用调质钢的牌号、热处理工艺、力学性能及用途

类别	钢号	热处理/℃		机械性能（不小于）				用途举例
		淬火	回火	σ_s/MPa	σ_b/MPa	δ/%	a_K/（J/cm²）	
低淬透性钢	45	840	600	355	600	16	50	主轴、曲轴、齿轮、柱塞等
	45Mn2	840 油	550 水、油	750	900	10	60	直径 60 mm 以下时，性能与 40Cr 相当，制造万向节头轴、蜗杆、齿轮、连杆等
	40Cr	850 油	500 水、油	800	1 000	9	60	重要调质件，如齿轮、轴、曲轴、连杆螺栓等
	35SiMn	900 水	590 水、油	750	900	15	60	除要求低温（−20 ℃ 以下）韧性很高外，可全面代替 40Cr 作调质件
	42SiMn	880 水	590 水	750	900	15	60	与 35SiMn 相同，并可作表面淬火件
	40MnB	850 油	500 水、油	800	1 000	10	60	取代 40Cr
中淬透性钢	40CrMn	840 油	520 水、油	850	1 000	9	60	代替 40CrNi、42CrMo 作高速、高载荷而冲击不大的零件
	40CrNi	820 油	500 水、油	800	1 000	10	70	汽车、拖拉机、机床、柴油机的轴、齿轮、连接机件螺栓、电动机轴
	42CrMo	8J0 油	580 水、油	950	1 100	12	80	代替含 Ni 较高的调质钢，也作重要大锻件用钢、机车牵引齿轮
	30CrMnSi	880 油	520 水、油	900	1 100	10	50	高强度钢，高速载荷砂轮轴、齿轮、轴、联轴器、离合器等重要调质件
	35CrMo	850 油	550 水、油	850	1 000	12	80	代替 40CrNi，制造大截面齿轮与轴，汽轮发电机转子、480 ℃ 以下工件的紧固件
	38CrMoAlA	940 水、油	640 水、油	850	1 000	15	90	高级氮化钢，制造>900 HV 的氮化件，如镗床镗杆、蜗杆、高压阀门
高淬透性钢	37CrNi3	820 油	500 水、油	1 000	1 150	10	60	高强韧性的重要零件，如活塞销、凸轮轴、齿轮、重要螺栓、拉杆
	40CrNiMoA	850 油	600 水、油	850	1 000	12	100	受冲击载荷的高强度零件，如锻压机床的传动偏心轴、压力机曲轴等大截面重要零件
	25Cr2Ni4WA	850 油	500 水、油	950	1 100	11	90	断面 200 mm 以下、完全淬透的重要零件，也与 12Cr2Ni4 相同，可作高级渗碳件
	40CrMnMo	850 油	600 水、油	800	1 000	10	80	代替 40CrNiMo

3. 调质钢的热处理

调质钢热处理的一般工艺：碳钢加热至 A_{c3} + (30 ~ 50) ℃、合金钢 850 ℃ 左右淬火，再进行 500 ~ 650 ℃ 高温回火。具体的淬火、回火温度还要依据其碳和合金元素的含量而定。淬火冷却介质可依据钢件的尺寸和淬透性的高低进行选择。实际上，除碳钢外一般的合金调质钢零件都在油中淬火；对于合金元素含量较高、淬透性特别大的钢件，甚至空冷都能淬到马氏体组织。对于某些合金调质钢来说，自高温回火温度缓慢冷却时，往往会出现第二类回火脆性。制成大截面零件的调质钢，采用快冷的方法抑制回火脆性是有困难的，在实际生产中常采用加入 Mo、W 等合金元素的方法加以解决。有些调质钢零件，除要求良好的综合力学性能外，往往要求表面具有耐磨性，这些零件经调质处理后，还要进行表面淬火。

实例应用：以 40Cr 钢为材料，制作拖拉机连杆螺栓。

工艺路线为：下料→锻造→退火→粗机加工→调质→精机加工→装配。

预备热处理采用退火（或正火），其目的是改善锻造组织，消除缺陷，细化晶粒；改善硬度，便于切削加工；为随后的淬火做好组织准备。调质处理的目的是使齿轮的心部获得回火索氏体组织，具有良好的综合力学性能。其工艺为：淬火加热至(850 ± 10) ℃，油冷，得到马氏体组织，回火加热至 525 ℃，水冷。为防止第二类回火脆性，最终使用状态下的组织为回火索氏体。

6.4.4　弹簧钢

1. 性能的要求

弹簧钢是专门用来制造各种弹簧和弹性元件或类似性能要求的结构零件的主要材料。这些结构零件是机械、仪表中起缓冲、减振和储备能量以控制零件工作程序的部件。通常是在长期的交变应力下承受拉压、扭转、弯曲和冲击。因此，要求制造弹簧的材料具有高的弹性极限（即具有高的屈服点或屈强比）、高的疲劳极限，具备一定的冲击韧性，塑性延伸率 δ 不小于 5%，断面收缩率 ψ 不低于 20%，特殊条件下工作的耐热性或耐蚀性要求等。电气仪表中的弹簧还要求特定的其他物理性能，如导电率、导磁率。弹簧钢也分为碳素弹簧钢和合金弹簧钢。

2. 成分特点

弹簧钢含碳量为 0.6% ~ 0.9%，以保证其有较高弹性极限和疲劳强度，含碳量过低，强度不够，易产生塑性变形。合金弹簧钢主加元素为 Si、Mn、Cr 等，其主要作用是提高淬透性和屈强比、固溶强化基体并提高回火稳定性；辅加元素为 Mo、W、V、Cr 等碳化物形成元素，主要作用是减轻 Si 引起的脱碳缺陷、Mn 引起的过热缺陷并提高回火稳定性及耐热性等，同时，W、V 可以细化晶粒，保证钢在高温下的强度。

常用弹簧钢的牌号、热处理工艺、力学性能及用途如表 6.5 所示。

表 6.5　常用弹簧钢的牌号、热处理工艺、力学性能及用途

类别	钢号	热处理/°C		机械性能（不小于）			用途举例
		淬火	回火	σ_s/MPa	σ_b/MPa	δ/%	
碳素弹簧钢	65	840 油	500	800	1 000	9	直径小于 ϕ12 mm 的一般机器上的弹簧，或拉成钢丝制作小型机瞄弹簧
	85	820 油	480	1 000	1 150	6	直径小于 ϕ12 mm 的一般机器上的弹簧，或拉成钢丝制作小型机瞄弹簧
	65Mn	830 油	540	800	1 000	8	直径小于 ϕ12 mm 的一般机器上的弹簧，或拉成钢丝制作小型机瞄弹簧
合金弹簧钢	55Si2Mn	870 水、油	480	1 200	1 300	6	直径为 ϕ20～25 mm 的弹簧，工作温度低于 230 °C
	60Si2Mn	870 油	480	1 200	1 300	5	直径为 ϕ25～30 mm 的弹簧，工作温度低于 300 °C
	50CrVA	850 油	500	1 150	1 300	10	直径为 ϕ30～50 mm 的弹簧，制作工作温度低于 210 °C 的汽阀弹簧
	60Si2CrVA	350 油	410	1 700	1 900	6	直径小于 ϕ50 mm 的弹簧，工作温度低于 250 °C
	55SiMnMoV	880 油	550	1 300	1 400	6	直径小于 ϕ75 mm 的弹簧，重型汽车、越野汽车大截面板簧

3. 弹簧钢的热处理

弹簧钢按照其成形方式的不同，分为热成形弹簧和冷成形弹簧两类。

（1）热成形弹簧的热处理。热成形弹簧用于制造大型或形状复杂的弹簧。一般是将淬火加热与成形结合起来。即加热温度略高于淬火温度（830～880 °C），加热后进行热卷成形，然后利用余热进行淬火，最后进行 350～450 °C 的中温回火，从而获得回火屈氏体组织。

弹簧钢在工作状态下，表面的弯曲、扭转应力最大，因而其表面质量非常重要。表面脱碳是最忌讳的，会大大降低钢的疲劳强度。因此，加热温度、加热时间和加热介质均应注意选择和控制。另外，回火后的喷丸处理也有利于消除脱碳、裂纹、夹杂和斑痕等表面缺陷，并使表面强化形成残余压应力，提高弹簧的疲劳强度。

（2）冷成形弹簧的热处理。冷成形弹簧钢是先经过淬火、回火处理，或经等温淬火后，再经过冷拔得到高强度钢丝，而后用这种钢丝直接卷制成所需的弹簧。这种弹簧成形后不再进行淬火处理，只需进行一次 180～370 °C 的低、中温回火，以消除成形时造成的内应力。这类弹簧钢的截面尺寸均较小，按成形前的淬火、回火工艺又分为油回火钢丝和快速等温处理冷拔钢丝。前者为油淬 + 中温回火处理；后者是指铅浴（500～550 °C）等温淬火使之发生索氏体转变，而后再经过多次冷拔强化。

如果弹簧钢丝直径太大，如 ϕ>15 mm，板材厚度 h>8 mm，会出现淬不透现象，导致弹性极限下降，疲劳强度降低，所以弹簧钢材的淬透性必须和弹簧选材直径尺寸相适应。

6.4.5　滚动轴承钢

滚动轴承是由滚动体（滚珠、滚柱和滚针）、内外套圈及保持架构成的，其中前两部分用

滚动轴承钢制造，后一部分是用低碳钢板或铜合金制造。

1. 滚动轴承钢的服役条件及性能要求

滚动轴承的滚动体与内外套圈中的滚道是点或线接触，很小的接触面上承受很大的压应力（高达 1 800～5 000 MPa）和交变载荷。工作中除滚动外还伴有相对滑动，易产生磨损，使滚动体和内套发生表面剥落，产生小麻坑而失效。有时在强大的冲击载荷作用下，轴承也有可能发生断裂。因此，要求滚动轴承钢具有高而均匀的硬度，以保证高的抗压强度、高的耐磨性及高的弹性极限；具备高的疲劳强度及高的接触疲劳强度；具备一定的冲击韧性；具有良好的成形性与磨削性，高的淬透性、尺寸稳定及一定的耐蚀性。

2. 成分特点

滚动轴承钢一般含碳量为 0.95%～1.1%，高碳为保证有高的淬硬性、高硬度和高耐磨性。合金化加入 0.4%～1.65%的 Cr 元素，主要为了增加钢的淬透性和回火稳定性，形成合金渗碳体$(Fe，Cr)_3C$，提高耐磨性，加热时降低过热敏感性，得到细小的奥氏体组织。但 Cr 不可过多加入，通常小于 1.15%，因为它会增加淬火组织中的残余奥氏体量，降低接触疲劳强度，对大型滚动轴承，还需加入 Si、Mn 等元素，进一步提高淬透性，适量的 Si（0.4%～0.6%）还能明显地提高钢的强度和弹性极限。为了保证轴承钢的高接触疲劳极限和足够的韧性，钢中 S、P 含量分别小于 0.015%、0.025%。

常用滚动轴承钢的牌号、热处理工艺、力学性能及用途如表 6.6 所示。

表 6.6 常用滚动轴承钢的牌号、热处理工艺、力学性能及用途

钢 号	热处理/°C		回火后硬度 HRC	用 途 举 例
	淬 火	回 火		
GCr6	800～820 水、油	150～170	62～64	直径小于 10 mm 的滚珠、滚柱及滚针
GCr9	810～830 水、油	150～170	62～64	直径小于 20 mm 的滚珠、滚柱及滚针
GCr9SiMn	810～830 水、油	150～160	62～64	壁厚<12 mm、外径>250 mm 的套圈，直径>50 mm 的钢球，直径>22 mm 的滚子
GCr15	820～830 油	150～160	62～64	与 GCr9SiMn 相同
GCr15SiMn	820～840 油	150～170	62～64	壁厚≥12 mm、外径>250 mm 的套圈，直径>50 mm 的钢球，直径>22 mm 的滚子

3. 滚动轴承钢的热处理

滚动轴承钢热处理分预热处理和终热处理，预热处理是锻后的正火和球化退火，正火是为了消除锻后析出的网状碳化物，所采用的加热温度为 900～950 ℃；球化退火的目的则是为了降低硬度改善切削加工性，为淬火做好组织准备。球化退火的加热温度为 780～800 ℃，退火后冷却速度＜20 ℃/h，退火后的组织为球状珠光体。最终热处理为淬火＋低温回火，淬火切忌过热，淬火后立即回火，经 150～160 ℃ 回火 2～4 h，以去除应力，提高韧性和稳定性。最终组织为极细的回火马氏体＋细小的粒状碳化物（5%～10%）＋少量残余奥氏体（5%～10%），硬度为 62～66 HRC。

生产精密轴承或量具时，由于低温回火不能彻底消除内应力和残余奥氏体，所以淬火后

采用冷处理，增加组织的稳定性，有时在回火及磨削后，进行 120～130 ℃/（10～20 h）的人工时效，进一步进行尺寸稳定化处理。

应用举例：用 GCr15SiMn 制造内燃机车柴油机高压油泵柱塞，要求硬度为 61～65 HRC，耐磨性好，使用过程中尺寸稳定，柱塞与柱塞套间隙 0.2 μm。

加工路线：锻造→正火→球化退火→机械加工→淬火＋冷处理＋低温回火＋两次时效处理→精加工。

预备热处理的正火是为了打碎由于锻造后缓冷析出的网状(Fe，Cr)₃C，保证球化退火能收到理想的效果，正火后的组织为珠光体＋块状的碳化物。球化退火是为了降低硬度、改善机械加工性能，并为最终的淬火做好组织上的准备。球化退火后的组织为球状珠光体＋颗粒状的碳化物，硬度为 179～207 HBS。其最终热处理工艺如图 6.7 所示。

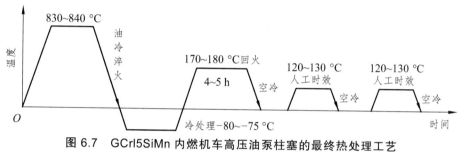

图 6.7　GCr15SiMn 内燃机车高压油泵柱塞的最终热处理工艺

柱塞淬火后组织为隐晶马氏体、分布均匀的细小颗粒状碳化物和少量残余奥氏体。由于柱塞对尺寸精度和稳定性要求很高，淬火后要进行冷处理，以减少残余奥氏体量，低温回火后组织为回火马氏体＋碳化物颗粒。为进一步稳定尺寸还要再进行两次人工时效处理。

6.5　工具钢

工具钢是用来制造各种加工工具的钢种。工具钢按工具的类型可分为刃具钢、模具钢和量具钢。

6.5.1　刃具钢

6.5.1.1　刃具钢的工作条件及对性能的要求

刃具钢是指用于切削刃具的钢种，如车刀、铣刀、钻头等用钢。刃具的任务就是将钢材或坯料通过切削加工生产成工件。在切削时，刃具受到被切削材料的挤压力、弯曲和剪切应力及与材料之间的强烈摩擦力。在切削过程中刃部因与切屑摩擦受热升温而受高温作用，有时可达 500～600 ℃，同时刃具还受到一定的冲击、振动。因此，一般要求刃具具备以下性能：

（1）高硬度、高耐磨性。只有刃具的硬度高于被切削材料的硬度时，才能顺利地进行切削。一般要求机械加工刃具硬度为 60～66 HRC，刃具钢的硬度主要取决于马氏体中的含碳量，因此，刃具钢中的含碳量都较高，一般为 0.6% ~ 1.5%。耐磨性的高低直接影响刃具的使用寿命。硬度越高，其耐磨性越好。在硬度基本相同的情况下，碳化物的硬度、数量、颗粒大小、分布情况对耐磨性有很大影响。实践证明，一定数量硬而细小的碳化物均匀分布在强而韧的金属基体中，可获得较为良好的耐磨性。

（2）高的红硬性。红硬性是指高温下保持高硬度的能力，是高速切削及大切削抗力刃具所具备的基本性能。

（3）足够的韧性和塑性。为了保证刃具在受到冲击、振动载荷时不易崩刃和开裂失效。

6.5.1.2 碳素工具钢

为了有足够高的硬度和较好的耐磨性，碳素工具钢的含碳量为 0.65% ~ 1.3%，常用的碳素钢有 T7 ~ T13 等。碳素工具钢的预备热处理采用球化退火，退火后硬度 HB≤217，最终热处理采用淬火 + 低温回火，组织为回火马氏体 + 粒状渗碳体 + 少量残余奥氏体。碳素工具钢经最终热处理后，硬度可达 60 ~ 65 HRC，其耐磨性和加工性都较好，价格又便宜，生产上得到了广泛应用，其生产量约占全部工具的 60%。碳素工具钢的缺点是红硬性差，当刃部温度大于 200 ℃ 时，硬度、耐磨性会显著降低。另外，由于淬透性差（直径厚度在 15 ~ 20 mm 以下的试样在水中才能淬透），尺寸大的淬不透，形状复杂的零件水淬容易变形和开裂，所以碳素工具钢大多用于受热程度较低、尺寸较小的手工工具及低速、小走刀量的机用工具，也可作尺寸较小的模具和量具。高级优质碳素工具钢（T7A ~ T13A），由于其淬火时产生裂纹的倾向较小，因此多用于制造形状较为复杂的工具。

常用碳素工具钢的牌号、成分、力学性能及用途如表 6.7 所示。

表 6.7　常用碳素工具钢的牌号、成分、力学性能及用途

牌号	$w(C)/\%$	$w(Mn)/\%$	$w(Si)/\%$	淬火后硬度 HRC	主 要 用 途
T7	0.65 ~ 0.74	≤0.40	≤0.35	≥62	较高韧性的工具：冲头、锻模、锤子、凿子
T8	0.75 ~ 0.84	≤0.40	≤0.35	≥62	较高韧性的工具：冲头、锻模、锤子、凿子，及车辆轮座各种配件
T8Mn	0.80 ~ 0.90	0.40 ~ 0.60	≤0.35	≥62	较高韧性的工具：冲头、锻模、锤子、凿子
T9	0.85 ~ 0.94	≤0.40	≤0.35	≥62	中等、高硬度的工具：钻头、丝锥、车刀
T10	0.95 ~ 1.04	≤0.40	≤0.35	≥62	中等、高硬度的工具：钻头、丝锥、车刀
T11	1.05 ~ 1.14	≤0.40	≤0.35	≥62	中等、高硬度的工具：钻头、丝锥、车刀
T12	1.15 ~ 1.24	≤0.40	≤0.35	≥62	高硬度、耐磨性、低韧性的工具：量具、锉刀
T13	1.25 ~ 1.35	≤0.40	≤0.35	≥62	高硬度、耐磨性、低韧性的工具：量具、锉刀

6.5.1.3 低合金刃具钢

为了改善碳素刃具钢淬透性差、易变形、开裂及红硬性差等缺点，在碳素工具钢的基础

上加入 Si、Mn、Cr、Mo、W、V 等合金元素，形成低合金刃具钢，为避免碳化物的不均匀性，合金元素总量一般不超过 4%。

1. 低合金刃具钢的成分与用途

低合金刃具钢的含碳量一般为 0.75% ~ 1.5%，高的含碳量形成高硬度的马氏体和足够的合金碳化物，是其高硬度、高耐磨性的保证。合金元素 Si、Mn、Cr、Mo、W、V 的加入提高了钢的淬透性，可用油淬，减少了变形开裂。其中，碳化物形成元素细化了碳化物，使合金渗碳体均匀分布且易于球化。在淬火加热时，合金渗碳体较稳定，阻碍了奥氏体晶粒长大，改善了钢的韧性。Si 还能提高回火稳定性，使钢在 250 ~ 300 °C 下硬度仍能保持 60 HRC 以上，提高了刃具的切削寿命。同时，Si 是石墨化元素，易使钢在高温加热时脱碳，热处理时要予以注意。

低合金刃具钢中常用的有 9SiCr、CrWMn 等。9SiCr 可用于制作丝锥、板牙等形状复杂、要求变形小的刀具。CrWMn 钢的红硬性不如 9CrSi；但 CrWMn 钢热处理后变形小，主要用来制造较精密的低速刀具，如长铰刀、拉刀等。

2. 低合金刃具钢的热处理

低合金刃具钢的热处理与碳素刃具钢基本相同，预备热处理通常是锻造后进行球化退火。最终热处理为淬火 + 低温回火，淬火温度一般为 A_{c1} + (30 ~ 50) °C，此时，显微组织为奥氏体加细小未溶粒状碳化物。这些剩余碳化物阻碍了奥氏体晶粒长大，奥氏体中含碳量为 0.5% ~ 0.6%，既保证了基体硬度，又使淬火时变形开裂倾向减小。淬火介质可用油冷，也可以用熔盐分级淬火。回火温度为 160 ~ 200 °C，回火后得到回火马氏体基体上分布均匀细小的粒状碳化物。

常用的低合金刃具钢钢号、热处理工艺、力学性能及用途如表 6.8 所示。

表 6.8 常用低合金刃具钢钢号、热处理工艺、力学性能及用途

钢号	淬 火			回 火		用 途 举 例
	温度/°C	介质	HRC	温度/°C	HRC	
Cr2	830 ~ 860	油	62	150 ~ 170	60 ~ 62	锉刀、刮刀、样板、量规、冷轧辊等
9SiCr	850 ~ 870	油	62	190 ~ 200	60 ~ 63	板牙、丝锥、铰刀、搓丝板、冷冲模等
CrWMn	820 ~ 840	油	62	140 ~ 160	62 ~ 65	长丝锥、长纹刀、板牙、拉刀、量具、冷冲模等
9Mn2V	780 ~ 820	油	62	150 ~ 200	58 ~ 63	丝锥、板牙、样板、量规、中小型模具、磨床主轴、精密丝杠等

6.5.1.4 高速钢

高速钢用来制造高速切削工具，其切削速度是其他工具钢的 1 ~ 3 倍，刃部温度达到 600 °C 时硬度仍能保持在 55 ~ 60 HRC 以上。高速钢的高硬度、高耐磨性一般要求其具有回火马氏体组织，而红硬性要求回火马氏体中含有大量的强碳化物质点。因此，高速钢的成分、热处理与别的钢种有较大区别。

1. 高速钢的成分特点

高速钢的含碳量为 0.7% ~ 1.6%，钢中加入较多的碳，既保证了它的淬硬性，又保证了淬火后有足够多的碳化物相。Cr 的加入可提高钢的淬透性，在淬火时 Cr 几乎全部溶入奥氏体，并在回火时析出碳化物，改善耐磨性。一般认为 Cr 含量在 4%左右为宜，高于 4%时，使马氏体转变温度 M_s 下降，淬火后造成残余奥氏体量增多的不良结果。W 和 Mo 的加入主要是提高高速钢的红硬性，在 500 ~ 600 °C 的回火温度下，高速钢可析出大量细小、弥散的钨和钼的特殊碳化物，产生二次硬化的效果。从而使高速钢在高速切削刃部温度升高时能长期服役。V 与 C 的亲和力很强，可形成稳定的 VC，即使淬火温度在 1 260 ~ 1 280 °C 时，VC 也不会全部溶于奥氏体中。VC 的最高硬度可达到 83 ~ 85 HRC，在高温多次回火过程中 VC 呈弥散状析出，进一步提高了高速钢的硬度、强度和耐磨性，但 V 含量过高会降低韧性，一般不超过 3%。为了提高高速钢的某些方面的性能，还可以加入适量的 Al、Co、N 等合金元素。

在我国最常用的高速钢是 W18Cr4V 和 W6Mo5Cr4V2，通常简称为 18-4-1 和 6-5-4-2。前者的过热敏感性小，磨削性好，但由于热塑性差，通常适于制造一般高速切削刀具，如车刀、铣刀、铰刀等；后者由于耐磨性、韧性和热塑性较好一些，适于制造耐磨性和韧性很好配合的高速刀具，如丝锥、齿轮铣刀、插齿刀等。

常用高速钢的牌号、热处理工艺、力学性能及用途如表 6.9 所示。

表 6.9　常用高速钢的牌号、热处理工艺、力学性能及用途

钢号	化学成分/%						热处理/°C		HRC	用途举例
	C	W	Mo	Cr	V	其他	淬火	回火		
W18Cr4V（18-4-1）	0.7 ~ 0.8	17.5 ~ 19	≤0.3	3.8 ~ 4.4	1.0 ~ 1.4	—	1 270 ~ 1 285	550 ~ 570	62	一般高速切削用车刀、刨刀、钻头、铣刀等
W6Mo5Cr4V2（6-5-4-2）	0.8 ~ 0.9	5.5 ~ 6.75	4.5 ~ 5.5	3.8 ~ 4.4	1.75 ~ 2.2	—	1 210 ~ 1 230	550 ~ 570	63	耐磨性和韧性有很好配合的高速切削刀具，如丝锥、钻头等
W6Mo5Cr4V2Al	1.05 ~ 1.2	5.5 ~ 6.75	4.5 ~ 5.5	3.8 ~ 4.4	1.75 ~ 2.2	Al 0.8 ~ 1.2	1 220 ~ 1 240	540 ~ 560	65	切削难加工材料的刀具
W6Mo5Cr4V3	1.0 ~ 1.1	5.5 ~ 6.75	4.75 ~ 6.5	3.75 ~ 4.5	2.25 ~ 2.75	—	1 190 ~ 1 220	540 ~ 560	64	形状稍微复杂的刀具，如拉刀、铣刀等
W9Mo3Cr4V	0.77 ~ 0.87	8.5 ~ 9.5	2.7 ~ 3.3	3.8 ~ 4.4	1.3 ~ 1.7	—	1 210 ~ 1 240	540 ~ 560	63 ~ 64	同 18-4-1 和 6-5-4-2

2. 高速钢的热处理

高速钢的热处理较为复杂，一般要经过锻造、球化退火、淬火和 3 次 540 ~ 560 °C 回火，典型的 W18Cr4V 钢的热处理工艺如图 6.8 所示。

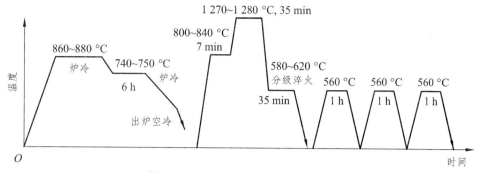

图 6.8　W18Cr4V 钢的热处理工艺

（1）锻造。铸态组织是亚共晶组织，由鱼骨状的莱氏体及大量分布不均匀的大块碳化物组成，这种组织脆性大，必须借助于反复的压力热加工使其破碎，故一般选择多次锻造，将粗大的共晶碳化物和二次碳化物破碎，使它们均匀分布在基体中。

（2）退火。高速钢锻造后必须进行退火，目的在于消除锻造内应力，便于切削加工，同时也使碳化物颗粒进一步细化，改善组织为淬火做准备。具体工艺可采用等温退火，加热温度（860～880 ℃），然后冷却到 740～750 ℃ 保温，炉冷至 550 ℃ 以下出炉，组织为索氏体＋碳化物。

（3）淬火。高速钢的淬火是为了获得高合金的奥氏体，淬火后获得高合金的马氏体，具有高的抗回火稳定性。高速钢的导热性较差，所以淬火加热时采用分级预热，预热温度在800～840 ℃，最终加热温度为 1 270～1 280 ℃，这是为了让难溶的合金化合物能充分溶入奥氏体，使淬火后的马氏体中含有足够的碳和合金元素，以保证其高硬度和高热硬性。淬火冷却采用盐浴分级淬火或油冷，以防止变形或开裂。淬火后的组织为隐晶马氏体＋颗粒状碳化物＋残余奥氏体（约 30%）。

高速钢在 560 ℃ 3 次回火，目的是消除残余奥氏体，一次回火难以全部消除，经 3 次回火才可使残余奥氏体的量减至最低（剩 3%～4%）；同时，回火过程中，大量的 VC、MoC、W_2C 呈细小分散状从马氏体中弥散沉淀析出，产生二次硬化效果。回火后的组织由回火马氏体＋少量残余奥氏体＋碳化物所组成。

6.5.2　模具钢

根据模具的工作条件不同，模具钢一般分为冷作模具钢和热作模具钢两大类。前者用于制造冷冲模和冷挤压模等，工作温度大都接近室温；后者用于制造热锻模和压铸模等，工作时型腔表面温度可高达 600 ℃ 以上。

6.5.2.1　冷作模具钢

1. 冷作模具钢的工作条件及对性能的要求

冷作模具包括拉延、冲压、弯曲、冲裁（如落料、冲孔、修边等）模具，以及冷镦和冷挤压模具。其中，冲裁模带有刃口，工作条件与刃具相似，其他各类模具都主要受被加工材料的强烈摩擦，且承受剪切、弯曲、压缩等多种应力，以及冲击、振动作用。因此，对冷作模具钢的性能要求为：高的硬度和耐磨性，通常要求硬度为 58～62 HRC；较高的强度和韧性，冷作模具在工作时，承受很大的冲击和负荷，甚至有较大的应力集中，因此要求工作部分有较高的强度和韧性，以保证尺寸的精度并防止崩刃；良好的工艺性，要求热处理的变形小，淬透性高。

2. 冷作模具钢的成分特点和钢种

Cr12 型冷作模具钢，常用的钢号有 Cr12、Cr12MoV。两者的含碳量分别为 2.0%～2.3%、1.45%～1.70%，含 Cr 量为 12%，此外，还含 0.4%～0.6% 的 Mo 和 0.15%～0.3% 的 V。含 C、Cr 量高是为了保证 C 和 Cr 能形成碳化物，在淬火加热时，其中一部分碳溶于奥氏体中，以保证马氏体有足够的硬度，而未溶的碳化物则起到细化晶粒的作用，提高钢的硬度和耐磨性，Cr 的另一个主要作用是提高淬透性。Mo 和 V 除能改善钢的淬透性和回火稳定性外，还可细化晶粒，改善碳化物的不均匀性，提高钢的强度和韧性。

Cr12 型高铬模具钢碳化物多而粗大且分布不均匀，所以较脆，为改善其韧性，保持 Cr12 型钢的高耐磨性，又发展了一类中铬模具钢 Cr4W2MoV、Cr6WV、Cr5MoV。此类钢碳的质量分数进一步降至 1%～1.25%，突出的优点是韧性明显改善，综合力学性能较佳，用于代替 Cr12 型钢制造易崩刃、开裂与折断的冷作模具，其寿命大幅度提高。

常用冷作模具钢的牌号、成分及性能如表 6.10 所示。

表 6.10　常用冷作模具钢的牌号、成分及性能

类别	牌号	化 学 成 分 /%						退火状态	试样淬火	
		C	Si	Mn	Cr	Mo	其他	HBW	淬火温度 /℃	HRC 不小于
低合金	CrWMn	0.90～1.05	≤0.40	0.80～1.10	0.90～1.20	—	W1.20～1.60	207～255	800～830 油	62
	9Mn2V	0.85～0.95	≤0.40	1.70～2.00	—	—	V0.10～0.25	≤229	780～810 油	62
高碳高铬	Cr12	2.00～2.30	≤0.40	≤0.40	11.50～13.00	—	—	217～269	950～1 000 油	60
	Cr12MoV	1.45～1.70	≤0.40	≤0.40	11.00～12.50	0.40～0.60	V0.15～0.30	207～255	950～1 000 油	58
高碳中铬	C14W2MoV	1.12～1.25	0.40～0.70	≤0.40	3.50～4.00	0.80～1.20	W1.90～2.60 V 0.80～1.10	≤269	960～980 油 1 020～1 040	60
	Cr5Mo1V	0.95～1.05	≤0.50	≤1.00	4.75～5.50	0.90～1.40	V 0.15～0.50	≤255	940 空冷	60
碳钢	T10A	0.95～1.04	≤0.35	≤0.40	—	—	—	≤197	760～780 水	62

3. 冷作模具钢的热处理

同高速钢一样，Cr12 型钢在锻造空冷后会出现淬火马氏体组织，因此，锻后应缓冷，以免产生裂纹。锻后采用球化退火，球化退火的目的是消除应力、降低硬度，便于切削加工，退火后硬度为 207～255 HB。退火组织为球状珠光体＋均匀分布的碳化物。

Cr12 型钢的最终热处理一般是淬火＋低温回火，在 950～1 000 ℃加热油淬。由于 Cr12 型钢为高碳、高合金钢，导热性较差，加热时为缩短在高温下的停留时间，可在 800 ℃左右

预热，低温回火温度为 150 ~ 250 ℃，回火后的组织为回火马氏体 + 碳化物 + 少量残余奥氏体。有时也对 Cr12 型冷作模具钢进行多次高温回火，以产生二次硬化，适用于在 400 ~ 450 ℃ 温度下工作、受荷不大、受强烈磨损或淬火后表面需要氮化的模具。

6.5.2.2 热作模具钢

1. 热作模具钢的工作条件及对性能的要求

热作模具钢主要包括热锻模、热挤压模和压铸模。热作模具钢的共同特点是都与高温金属接触，炽热金属在模腔内于高应力作用下发生流变引起与模具的强烈摩擦或因熔融金属的流动引起冲刷。因此，对热作模具钢性能要求是：在高温下，具备高的强度以及与韧性的良好配合，承受压应力、张应力、弯曲应力及冲击应力，要有足够的硬度和耐磨性；模具工作时的型腔温度高达 400 ~ 600 ℃，而且又反复加热冷却，因此要求模具钢具有高的抗疲劳性和抗氧化性，防止模腔氧化和出现热疲劳；具备高淬透性，使大、中型模具整体得到均匀一致的组织和力学性能；具有良好的导热性与切削加工性等。

2. 热作模具钢的成分特点及钢种

热作模具钢含碳量一般为 0.3% ~ 0.6%，含碳量过高则韧性降低，导热性变差损坏疲劳抗力。钢中常加入 Cr、W、Mo、V、Ni、Si、Mn 等合金元素，提高钢的淬透性和回火稳定性，并且强化基体，改善韧性；Ni、Cr 还具有抗氧化的作用。Cr、W、Mo、V 用来提高耐磨性和抗热疲劳性，Mo 和 W 还可抑制高温回火脆性。

常用热作模具钢及类型如表 6.11 所示。

表 6.11 常用热作模具钢及类型

按模具类型分类	按主要性能分类	常 用 钢 号
热锻模 （含大型压力机锻模）	高韧性热作模具钢	5CrMnMo、5CrNiMo、5CrMnMoSiV、5Cr2NiMoVSi
热挤压模 （含中、小型压力机锻模） 压铸模	高耐热性热作模具钢	Cr 系：4Cr5MoSiV(H11)、4Cr5MoSiV1(H13) Cr-Mo 系：3Cr3Mo3W2V(HM1)、4Cr3Mo2SiV(H10) W 系：3Cr2W8V(H21)

3. 热作模具钢的热处理

对热作模具钢要反复锻造，其目的是使碳化物均匀分布。锻造后的预备热处理一般是完全退火，其目的是消除锻造应力、降低硬度（197 ~ 241 HB），以便于切削加工。它的最终热处理根据其用途有所不同：热锻模的淬火，一般是 600 ~ 650 ℃ 预热，淬火温度 5CrMnMo 钢为 830 ~ 850 ℃，5CrNiMo 钢为 840 ~ 860 ℃ 油冷。再依模具的尺寸、规格进行回火（450 ~ 580 ℃），硬度 36 ~ 40 HRC，最终组织基本为回火屈氏体。压铸模是淬火后在略高于二次硬化峰值的温度多次回火，以保证热硬性。

6.5.3 量具钢

量具钢是用于制造量具（如卡尺、千分尺、块规、塞尺等）的钢。

1. 量具钢的工作条件及对性能的要求

量具在使用过程中主要受到磨损，因此对量具钢的主要性能要求是：工作部分有高的硬度和耐磨性，以防止在使用过程中因磨损而失效；组织稳定性高，在使用过程中尺寸不变，以保证高的尺寸精度；有良好的磨削加工性。

2. 量具钢的成分特点及钢种

为了满足上述高硬度、高耐磨性的要求，一般都采用含碳量高的钢。最常用的量具用钢为碳素工具钢和低合金工具钢。碳素工具钢由于采用水淬火，淬透性低、变形大，因此常用于制作尺寸小、形状简单、精度要求低的量具。低合金工具钢由于加入少量的合金元素，提高了淬透性，采用油淬火，因此变形小。另外，合金元素在钢中还形成合金碳化物，也提高了钢的耐磨性。在这类钢中，GCr15 用得最多，这是由于滚动轴承钢本身也比较纯净，钢的耐磨性和尺寸稳定性都较好。

3. 量具钢的热处理

量具钢的热处理与滚动轴承钢相似。量具对尺寸精度要求很高，为防止在使用时发生组织和尺寸的变化，淬火后要在 – 80 ～ – 75 ℃ 下进行冷处理，促使残余奥氏体充分转变，经 150 ℃ 的低温回火后还要在 110 ~ 120 ℃ 进行 1 ~ 2 次的人工时效，进一步稳定尺寸。

表 6.12 为量具用钢的选用举例。

表 6.12　量具用钢的选用举例

用　　途	选用的钢号举例	
	钢的类别	钢　　号
尺寸小、精度不高、形状简单的量规、塞规、样板	碳素工具钢	T10A、T11A、T12A
精度不高且耐冲击的卡板、样板、直尺等	渗碳钢	15、20
块规、螺纹塞规、环规、样柱、样套等	低合金工具钢	CrMn、9CrWMn、CrWMn
块规、塞规、样柱等	滚珠轴承钢	GCr15
各种要求精度的量具	冷作模具钢	9Mn2V、Cr2Mn2SiWMoV
要求精度和耐腐蚀的量具	不锈钢	4Cr13、9Cr18

6.6　特殊性能钢

特殊性能钢是指具有特殊的物理、化学性能的钢，它的种类很多，并且正在迅速发展，其中最主要的是不锈钢和耐热钢。

6.6.1　不锈钢

不锈钢（又称为不锈耐酸钢）是指能抵抗大气或某些化学介质腐蚀的钢。不锈钢的耐腐蚀性是相对的，并非绝对的。

6.6.1.1 金属腐蚀的一般概念

腐蚀通常可分为化学腐蚀和电化学腐蚀两种类型。化学腐蚀是金属与外界介质发生纯化学反应引起的腐蚀，腐蚀过程不产生电流。例如，金属在干燥的空气中的氧化、钢在高温下的氧化属于典型的化学腐蚀；电化学腐蚀是金属与电解质溶液接触时所发生的腐蚀，腐蚀过程中有电流产生，钢在室温下的锈蚀主要属于电化学腐蚀。

大部分金属的腐蚀都属于电化学腐蚀，电化学腐蚀实际是微电池作用。当两种互相接触的金属放入电解质溶液时，由于两种金属的电极电位不同，彼此之间就形成一个微电池，并有电流产生。电极电位低的金属为阳极，电极电位高的金属为阴极，阳极的金属将不断被溶解，而阴极金属不被腐蚀。对于同一种合金，由于组成合金的相或组织不同，也会形成微电池，造成电化学腐蚀。例如，钢组织中的珠光体，是由铁素体（F）和渗碳体（Fe_3C）两相组成的，在电解质溶液中就会形成微电池，由于铁素体的电极电位低，为阳极，就被腐蚀；而渗碳体的电极电位高，为阴极而不被腐蚀，如图 6.9 所示。在观察碳钢的显微组织时，要把抛光的试样磨面放在硝酸酒精溶液中浸蚀，使铁素体腐蚀后，才能在显微镜下观察到珠光体的组织，这是利用电化学腐蚀的原理实现的。

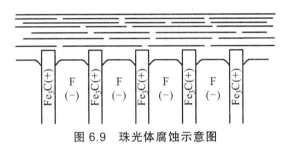

图 6.9　珠光体腐蚀示意图

由电化学腐蚀的基本原理不难看出，电化学作用是金属被腐蚀的主要原因。因此，通常通过以下途径提高金属的抗电化学腐蚀能力：

（1）加入合金元素使钢获得均匀的单相组织（奥氏体或铁素体），防止形成微电池。

（2）加入合金元素提高金属基体的电极电位，减小电位差，降低腐蚀速度。

（3）加入合金元素，在钢的表面形成一层牢固、致密的氧化膜，避免金属与介质接触，从而防止进一步的腐蚀。

6.6.1.2 不锈钢的合金化

不锈钢的合金化通常以加入 Cr、Ni 为主，辅加 Si、Al、Mn、Ti 中的一种或几种元素，在钢中加入大于 13% 的 Cr，则铁素体的电极电位由 – 0.56 V 提高到 0.2 V，提高了金属的耐腐蚀性能。当 Cr 含量超过 13% 以上时，还可得到单相的铁素体组织。Ni 也能提高基体的电极电位。同时，当其含量达到 9% 时，钢可在常温下获得单相奥氏体组织，防止形成原电池。Al、Cr、Si 还能在钢的表面形成致密的氧化膜，使阳极反应受阻，产生钝化作用，Si 还可显著提高铁素体的电极电位，但 Al、Si 含量过多会使钢脆化。

常用不锈钢的牌号、成分、热处理工艺、力学性能及用途如表 6.13 所示。

表 6.13 常用不锈钢的牌号、成分、热处理工艺、力学性能及用途

类别	钢号	化学成分/%			热处理		力学性能（不小于）				用途举例
		C	Cr	其他	淬火/°C	回火/°C	σ_s/MPa	σ_b/MPa	δ/%	硬度	
马氏体不锈钢	1Cr13	≤0.15	12～14	—	1 000～1 050 水、油	700～790	420	600	20	187 HB	汽轮机叶片、水压机阀、螺栓、螺母等抗弱腐蚀介质并承受冲击的零件
	2Cr13	0.16～0.25	12～14	—	1 000～1 050 水、油	660～770	450	600	16	197 HB	
	3Cr13	0.26～0.25	12～14	—	1 000～1 050 油	200～300	—	—	—	48 HRC	做耐磨的零件，如加油泵轴、阀门零件、轴承、弹簧以及医疗器械
	4Cr13	0.35～0.45	12～14	—	1 050～1 100 油	200～300	—	—	—	50 HRC	
铁素体不锈钢	0Cr13	≤0.08	12～14	—	1 000～1 050 水、油	700～790	350	500	24	—	抗水蒸气及热的含硫石油腐蚀的设备
	1Cr17	≤0.12	16～18	—	—	750～800	250	400	20	—	硝酸工厂、食品工厂的设备
	1Cr28	≤0.15	27～30	—	—	700～800	300	450	20	—	制浓硝酸的设备
	1Cr17Ti	≤0.12	16～18	Ti～0.8	—	700～800	300	450	20	—	同 1Cr17，但晶间腐蚀抗力较高
奥氏体不锈钢	0Cr19Ni9	≤0.08	18～20	Ni8～10.5	固溶处理 1 050～1 100 水	—	180	490	40		深冲零件焊 NiCr 钢的焊芯
	1Cr19Ni9	0.04～0.10	18～20	Ni8～11	固溶处理 1 100～1 150 水	—	200	550	45		耐硝酸、有机酸、盐、碱溶液腐蚀的设备
	1Cr18Ni9Ti	≤0.12	17～19	Ni8～11 Ti0.8	固溶处理 1 000～1 100 水	—	200	550	40		做焊芯、抗磁仪表、医疗器械、耐酸容器输送管道

注：表列奥氏体不锈钢 $w(Si)<1\%$，$w(Mn)<2\%$，其余钢中 Si、Mn 的含量一般不大于 0.8%。

6.6.1.3 常用不锈钢

常用的不锈钢根据其组织特点，可分为马氏体不锈钢、铁素体不锈钢和奥氏体不锈钢 3 种类型。

1. 马氏体不锈钢

马氏体不锈钢的含碳量为 0.1%～0.45%，含铬量为 4%～12%，此类钢因含铬量较高，淬透性好，在空气中冷却都能获得马氏体组织，故称为马氏体不锈钢。

典型钢号有 1Cr13、2Cr13、3Cr13、4Cr13 等。这类钢一般用来制作既能承受载荷又需要耐蚀性的各种阀、机泵等零件以及一些不锈工具等。为了提高耐蚀性，马氏体不锈钢的含碳量都控制在很低的范围，含碳量低，可减少钢回火时以碳化物的形式析出，同时，保证 Cr 充分溶解在钢的基体，提高基体的电极电位。

1Cr13 和 2Cr13 含碳量较低，故其耐蚀性好，但其硬度、强度较低。为了获得良好的综合力学性能，常采用淬火 + 高温回火（600～700 °C），得到回火索氏体，来制造汽轮机叶片、锅炉管附件等。而 3Cr13 和 4Cr13 由于含碳量高一些，耐蚀性就相对差一些，通过淬火＋低温回火（200～300 ℃），得到回火马氏体，获得较高的强度和硬度（HRC 达 50），常作为工具钢使用，制造医疗器械、刀具、热油泵轴等。

马氏体型不锈钢由于合金元素单一，此类钢只在氧化性介质中（如大气、海水、氧化性酸）耐蚀，而在非氧化性介质中（如盐酸、碱溶液等）耐蚀性很差。

2. 铁素体不锈钢

常用的铁素体不锈钢含碳量低于 0.15%，含铬量为 12%～30%，典型钢号有 0Cr13、1Cr17、1Cr17Ti、1Cr28 等。由于含铬量高，含碳量低，Cr 是缩小奥氏体相区元素，从室温加热到高温（960～1 100 ℃），钢始终是单相铁素体组织，因此，称为铁素体不锈钢。在氧化性酸介质中抗腐蚀的能力较强，钢中加入钛，能细化晶粒，稳定碳和氮，改善钢的韧性和焊接性。铁素体不锈钢，由于加热和冷却时不发生相变，因此不能用热处理方法使钢强化。若在加热过程中晶粒粗化，只能应用冷塑性变形及再结晶来改善组织，改善性能。

这类钢若在 450～550 ℃ 停留，会引起钢的脆化，称为"475 ℃ 脆性"，通过加热到约 600 ℃ 再快冷，可以消除脆化。还应注意，这类钢在 600～800 ℃ 长期加热还会产生硬而脆的 σ 相，使材料产生 σ 相脆性。另外，在 925 ℃ 以上急冷时，会产生晶间腐蚀倾向和晶粒显著粗化带来的脆性，这些现象对焊接部位都是严重的问题，前者可经过 650～815 ℃ 短时回火消除。这类钢的强度显然比马氏体不锈钢低，主要用于制造耐蚀零件，广泛用于硝酸和氮肥工业中。

3. 奥氏体不锈钢

奥氏体不锈钢室温下组织为单相奥氏体，常见的是含 18%Cr、8%～11%Ni 的 18-8 型奥氏体不锈钢。这类钢由于镍的加入，扩大了奥氏体区域，室温下得到了单相奥氏体组织。奥氏体不锈钢具有比马氏体、铁素体不锈钢更好的耐腐蚀性，尤其在氧化性、中性及弱氧化性介质中，其冷热加工性和焊接性也很好，广泛用于制造化工生产中的某些设备及管道等，是目前应用最多的一类不锈钢。由于奥氏体不锈钢无固态相变，不能热处理强化，通常采用形变强化方法进行强化处理。通常认为奥氏体不锈钢在 450～480 ℃ 温度区长时间停留时，或是焊缝热影响区处于这一温度时，$(Cr、Fe)_{23}C_6$ 型碳化物会沿 γ 晶界析出，导致晶粒周边的基体贫 Cr，产生晶间腐蚀。目前，主要采用降低碳含量（≤0.3%），加入 Ti、Nb 等合金元素优先和碳形成稳定的 TiC 或 NbC 等方法避免晶间腐蚀。

为改善奥氏体不锈钢性能，常采用以下几种热处理工艺：

（1）固溶处理。即把钢加热到 1 100 ℃ 后水冷，使碳化物溶解在高温下的奥氏体中，再通过快冷，在室温下获得单相的奥氏体组织。

（2）稳定化处理。该工艺主要针对加入 Ti、Nb 的 18-8 奥氏体不锈钢，其目的在于消除晶间腐蚀。稳定化处理的加热温度应该高于 $(Cr、Fe)_{23}C_6$ 完全溶解的温度，低于 TiC 和 NbC 的完全溶解的温度，以使 $(Cr、Fe)_{23}C_6$ 完全溶解而 TiC 和 NbC 部分保留。随后的冷却速度应该缓慢，以便使加热时溶于奥氏体中那一部分的 TiC 或 NbC 在冷却时能够充分析出。这样，碳几乎全部稳定在 TiC 或 NbC 中，而使 $(Cr、Fe)_{23}C_6$ 不再析出。1Cr18Ni9Ti 采用的稳定化处理工艺为：在固溶处理后加热到 850～880 ℃，保温时间 6 h，冷却方式采用空冷或炉冷。

（3）去应力处理。经过冷加工或焊接的奥氏体不锈钢都会存在残余应力，如不设法消除，将引起应力腐蚀，性能降低导致早期断裂。为了消除冷加工残余应力，常把钢加热到 300 ~ 350 °C；为了消除焊件残余应力，宜加热至 850 °C 以上。

4. 其他类型不锈钢

（1）双相钢。如上所述，奥氏体不锈钢虽然会产生应力腐蚀，但当不锈钢是由奥氏体和 δ 铁素体两相形成复相组织（其中铁素体占 5% ~ 20%）时，不仅有抗应力腐蚀的作用，而且还有抗晶间腐蚀和焊缝热裂的作用。0Cr21Ni5Ti、1Cr21Ni5Ti、1Cr18Mn10Ni5Mo3N、0Cr17Mn13Mo2N 和 00Cr18Ni5Mo3Si2 等都属于复相不锈钢。

（2）沉淀硬化不锈钢。奥氏体不锈钢的强化途径是加工硬化，但对要求高强度的大截面零件通过加工硬化很难达到目的。对于形状复杂的冲压件，由于各处变形度不同，会造成强化不均匀。为了解决这一问题，可采用沉淀硬化不锈钢，现在常用的这类钢有 0Cr17Ni4Cu4Nb（17-4PH）、0Cr17Ni7Al（17-7PH）、0Cr15Ni7Mo2Al（PH15-7Mo）等。

6.6.2　耐热钢

6.6.2.1　耐热钢的一般概念

在高温下使用的钢称为耐热钢。钢的耐热性包括良好的热化学稳定性和热强性。

1. 热化学稳定性

热化学稳定性是指金属在高温下对各种介质化学腐蚀的抗力，其中最主要的是抵抗氧化的能力，即抗氧化性。为了提高钢的抗氧化性能，通常加入 Cr、Si、Al 等元素，使钢在高温下与氧接触时，在表面上形成致密的高熔点的 Cr_2O_3、SiO_2、Al_2O_3 等氧化膜，牢固地附在钢的表面，使钢在高温气体中的氧化过程难以继续进行。如在钢中加入 15%Cr，其抗氧化温度可达 900 °C；在钢中加入 20% ~ 25% Cr，其抗氧化温度可达 1 100 °C。

2. 热强性

热强性是指金属在高温下对塑性变形和断裂的抗力，即金属的高温强度。金属在高温下，当工作温度大于再结晶温度、工作应力大于此温度下的弹性极限时，随着时间的延长，金属会发生极其缓慢的塑性变形，这种现象叫作"蠕变"。金属的高温强度是用蠕变强度和持久强度来表示的。为了提高钢的高温强度，通常采用以下几种措施：

（1）固溶强化。固溶强化的目的主要是提高钢基体的原子结合力，抑制可能发生的原子扩散和各种软化倾向。为此向钢中加入熔点较高的合金元素 W、Mo、Cr、V 等，它们可提高原子间的结合力，提高其再结晶温度。

（2）沉淀强化。加入 V、Ti、Nb、Al 等元素形成弥散分布且稳定的 VC、TiC、NbC 等碳化物或稳定性更高的 Ni_3Ti、Ni_3Al、Ni_3Nb 等金属间化合物，它们在高温下不易聚集长大，能有效提高高温强度。

（3）强化晶界。材料在高温下（大于等强温度 T_e），其晶界强度低于晶内强度，晶界成为薄弱环节。向钢中加入 B、Re、Nb、Zr 等元素使钢中的 S、P 及其他低熔点杂质与合金元素结合成难熔化合物，并作为结晶核心而留在晶内，防止杂质向晶界偏聚而弱化晶界，而多余的 B、Re 存在于晶界时，又可填充晶界空位，抑制晶界扩散发生，从而强化晶界。此外，通过热处理使晶粒粗化，减少晶界数量也可相对提高晶界强度。

常用耐热钢的牌号、成分、热处理工艺及使用温度如表 6.14 所示。

表 6.14　常用耐热钢的牌号、成分、热处理工艺及使用温度

类别	钢号	化学成分/%						热处理	
		C	Cr	Mo	Si	W	其他	淬火/°C	回火/°C
珠光体钢	15CrMo	0.12~0.18	0.80~1.10	0.40~0.55	—	—	—	930~960（正火）	680~730
	12Cr1MoV	0.08~0.15	0.90~1.20	0.25~0.35	—	—	V0.15~0.30	980~1 020（正火）	720~760
马氏体钢	1Cr13	0.08~0.15	12.00~14.00	—	—	—	—	1 000~1 050 水、油	700~790 油、水、空
	2Cr13	0.16~0.24	12.00~14.00	—	—	—	—	1 000~1 050 水、油	660~770 油、水、空
	1Cr11MoV	0.11~0.18	10.00~11.50	0.50~0.70	—	—	V0.25~0.40	1 050 油	720~740 空、油
	1Cr12WMoV	0.12~0.18	11.00~13.00	0.50~0.70	—	0.70~1.10	V0.15~0.30	1 000 油	680~700 空、油
	4Cr9Si2	0.35~0.50	8.00~10.00	—	2.00~3.00	—	—	1 050 油	700 油
	4Cr10Si2Mo	0.35~0.45	9.00~10.50	0.70~0.90	1.90~2.60	—	—	1 000~1 100 油、空	700~800 空
奥氏体钢	1Cr18Ni9Ti (18-8)	≤0.12	17.00~19.00	—	≤1.00	—	Ni8.00~10.50	1 000~1 100 水	—
	4Cr14Ni14W2Mo(14-14-2)	0.40~0.50	13.00~15.00	0.25~0.40	≤0.80	—	2.00~2.75 Ni13.00~15.00	1 000~1 100 固溶处理	750 时效

6.6.2.2　常用的耐热钢

1. 珠光体耐热钢

这类钢常用于制造锅炉、化工压力容器、热交换器、汽阀等耐热构件。典型钢种如 15CrMo、12Cr1MoV 等。由于含合金元素量少，工艺性好，这类钢在长期使用过程中，会发生珠光体的球化和石墨化，从而显著降低钢的蠕变和持久强度。通过降低钢中的含碳量和含锰量，适当加入 Cr、Mo 等元素，可抑制球化和石墨化倾向。此外，Cr 还可以提高钢的抗氧化性。热处理工艺一般是在正火状态下加热到 A_{c3} + 30 °C，保温一段时间后空冷，随后在高于工作温度约 50 °C 下进行回火，其显微组织为珠光体 + 铁素体，工作温度为 350~550 °C。

2. 马氏体耐热钢

这类钢主要用于制造汽轮机叶片和汽阀等。1Cr13、2Cr13 是最早用于制造汽轮机叶片的耐热钢，为了进一步提高热强性，在保持高的抗氧化性能的同时，加入 W、Mo 等元素强化基体，加入 V、Nb 形成稳定碳化物，提高钢的热强性。W、Mo、V 等元素都是铁素体形成元素，加入过多会形成 σ 相或其他脆性相，降低韧性。典型钢种如 1Cr11MoV、1Cr12WMoV 等，其热处理工艺为调质处理：1 050 ℃ 油冷，720～740 ℃ 高温回火，获得回火索氏体组织，其工作温度为 550～580 ℃，比珠光体耐热钢高。

3. 奥氏体耐热钢

奥氏体耐热钢的耐热性能优于珠光体耐热钢和马氏体耐热钢，最典型的牌号是 1Cr18Ni9Ti，Cr 的主要作用是提高抗氧化性和热强性，Ni 主要形成稳定的奥氏体组织，Ti 可形成弥散的 TiC，提高了钢的热强性。这类钢的冷塑性变形性能和焊接性能都很好，一般工作温度为 600～700 ℃，广泛用于航空、舰艇、石油化工等工业部门制造的汽轮机叶片、发动机汽阀等。

6.6.3 耐磨钢

通常称的耐磨钢是指用于在强烈冲击载荷作用下发生冲击变形硬化的高锰钢。高锰钢极易加工硬化，使切削加工困难，故大多数高锰钢零件是采用铸造成形的。钢受到强烈的冲击、压力与摩擦，表面因塑性变形会产生强烈的加工硬化，使表面硬度提高到 500～550 HBW，故这种钢具有很高的抗冲击能力与耐磨性，心部仍保持原来奥氏体所具有的高塑性与韧性。因此，高锰钢主要用于制造坦克和拖拉机的履带、破碎机颚板、铁路道岔、挖掘机铲斗的斗齿以及防弹钢板、保险箱钢板等。

高锰钢的典型牌号是 ZGMn13、ZGMn13RE，其含碳量为 0.75%～1.5%，含锰量为 11%～14%。碳含量较高可以提高耐磨性，高的锰含量是为使钢获得单相奥氏体组织，以使钢具备高的冲击韧性。高锰钢中加入 2%～4%的 Cr 或适量的 Mo 和 V，能形成细小的碳化物，提高屈服强度、冲击韧性和耐磨性。加入稀土元素可以进一步提高钢液的流动性，增加钢液填充铸型的能力，减少热烈倾向，显著细化奥氏体晶粒，延缓铸后冷却时在晶界析出的碳化物。稀土金属还能显著提高高锰钢的冷作硬化效应以及韧性。

高锰钢合金度高，在铸造条件下共析转变难以充分进行，铸态组织是奥氏体加碳化物，其中沿奥氏体晶界析出的网状碳化物显著降低钢的强度、韧性和耐磨性。为此，必须经过水韧处理，即将钢加热到单相奥氏体温度范围，使碳化物充分溶于奥氏体，然后水冷，获得单一奥氏体组织，从而使其具有强、韧结合和耐冲击的优良性能。ZGMn13 钢的加热温度为 1 050～1 080 ℃，经水韧处理后性能为：$\sigma_b \geqslant 637～735$ MPa，$\delta \geqslant 20\%$，HB ≤ 229 HBW，$A_K \geqslant 120$ J。加稀土的 ZGMn13Re 钢因稀土显著减少晶界的网状碳化物，其加热温度可降低到 1 000～1 030 ℃。

6.7　铸　铁

铸铁指含碳量大于 2.11%的铁碳合金，它不是简单的铁-碳二元合金，而是以 Fe-C-Si 为主的多元合金。普通铸铁的成分范围是：2.5% ~ 4%C、0.6% ~ 3%Si、0.2% ~ 1.2%Mn、0.04% ~ 1.2%P、0.04% ~ 0.2%S。有时加入各种合金元素如铝、铬、锰、铜等以得到各种特殊性能的铸铁。

6.7.1　铁碳合金双重相图与碳的石墨化

6.7.1.1　铁碳合金双重相图

在铁碳合金中，渗碳体为亚稳定相，在一定条件下能分解为铁和石墨，即

$$Fe_3C \longrightarrow 3Fe + G$$

其中石墨为稳定相。如果合金的冷却速度足够慢，碳则以更稳定的石墨相存在。因此，铁碳合金相图实际上是 Fe-Fe₃C + Fe-G 双重相图，如图 6.10 所示。图中实线表示 Fe-Fe₃C 系相图，虚线加上部分实线表示 Fe-G 系相图。在热力学上由于石墨比渗碳体稳定，所以虚线均在实线之上。铸铁结晶时，依照结晶条件的不同，可以全部或部分按照其中一种相图结晶。当铁碳合金中的含硅量较高时，碳则更倾向于以石墨存在。

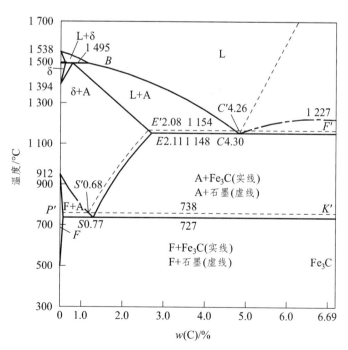

图 6.10　铁碳合金双重相图

6.7.1.2 石墨化过程

铸铁的石墨化就是铸铁中石墨的形成过程。石墨既可以直接从液相和奥氏体中析出，也可以通过渗碳体分解来获得。灰铸铁和球墨铸铁中的石墨主要从液相中析出，可锻铸铁中的石墨则完全由白口铸铁经长时间高温退火，由渗碳体的分解得到。按照 Fe-G 相图，铸铁的石墨化分为 3 个阶段：

第一阶段（液态阶段）：从液体中直接析出石墨，包括从过共晶液态中直接析出一次石墨 G_I 和在 1 154 °C 通过共晶反应形成共晶石墨 $G_{共晶}$（$L_{C'} \rightarrow A_{E'} + G_{共晶}$）。

第二阶段（共晶-共析阶段）：在 1 154～738 °C 奥氏体冷却过程中沿 $E'S'$ 线析出二次石墨 G_{II}。

第三阶段（共析阶段）：在 738 °C（$P'S'K'$ 线）通过共析反应析出共析石墨（$A_{S'} \rightarrow F_{P'} + G_{共析}$）。

6.7.2 铸铁的分类

1. 按碳的石墨化程度及在铸铁中存在的形式分类

根据碳的石墨化程度及在铸铁中存在形式的不同，铸铁可分为：

（1）白口铸铁。白口铸铁的石墨化完全未进行，所含碳除极少量溶于铁素体外，全部以 Fe_3C 形式存在，断口呈银白色，故而称为白口铸铁。白口铸铁组织中含有大量莱氏体，性能硬而脆，很难机械加工。因此，工业上很少用它来制造机器零件，主要用作炼钢原料或制造可锻铸铁的坯料。由于白口铸铁具有良好的耐磨性，所以有时也用来制造一些耐磨件，如轧辊、粉碎机锤头、衬板、球磨机磨球和犁铧等。

（2）麻口铸铁。麻口铸铁第一阶段石墨化部分完成，第二阶段石墨化完全未进行，组织中既存在石墨，又有莱氏体，是介于白口铸铁和灰口铸铁之间的过渡组织，因断口处有黑白相间的麻点，故而得名。麻口铸铁像白口铸铁一样既硬又脆，很难机械加工，又无特殊优点，故在生产中应用很少。

（3）灰口铸铁。灰口铸铁第一阶段石墨化完成得充分，铸铁中的碳除珠光体中的渗碳体外，大部或全部以石墨形式存在，因断口呈暗灰色而得名。它是工业中应用最广泛的铸铁。

铸铁经不同程度石墨化后所得的组织如表 6.15 所示。

表 6.15　铸铁经不同程度石墨化后所得的组织

铸铁名称	石墨化第一阶段	石墨化第二阶段	石墨化第三阶段	显微组织
白口铸铁	不进行	不进行	不进行	$Ld' + P + Fe_3C$
麻口铸铁	部分进行	部分进行	不进行	$Ld' + P + G$
灰铸铁	充分进行	充分进行	充分进行	$F + G$
	充分进行	充分进行	部分进行	$F + P + G$
	充分进行	充分进行	不进行	$P + G$

由于石墨的形态及结晶生长过程的不同，灰口铸铁又可分为：① 普通灰口铸铁，简称灰铸铁，石墨呈片状；② 可锻铸铁，石墨呈团絮状；③ 球墨铸铁，石墨呈球状；④ 蠕墨铸铁，石墨呈蠕虫状。

2. 按铸铁化学成分分类

根据铸铁化学成分的不同，还可将铸铁分为普通铸铁和合金铸铁两大类。

6.7.3　灰口铸铁的组织及性能特点

与钢相比铸铁的力学性能较差，不能锻造，但它的铸造性和切削加工性良好，还具有优良的抗压性、减振性、减摩性、耐磨性、缺口敏感性低和价格低廉等诸多优点，而且生产设备及工艺简单。因此，铸铁在工业上得到了广泛的应用。

铸铁的性能与其内部组织结构有关，铸铁的组织可以看成是钢的基体加石墨组成。工业上常用的铸铁组织是在铁素体、珠光体基体上分布着形状、尺寸、数量不等的石墨。随着组织中珠光体量的增多，铸铁的强度、硬度升高，但塑性与韧性降低。铸铁中碳的存在形式及石墨形态、尺寸、分布和数量对铸铁性能有着重要影响。铸铁中片状石墨对基体的割裂作用最大，球形石墨对基体的割裂作用最小，蠕虫状和团絮状石墨居中。因此，球墨铸铁在铸铁中力学性能最好，可锻铸铁和蠕墨铸铁次之，灰铸铁的力学性能最差。

生产中应用最广泛的灰口铸铁其成分与组织、性能特征、生产特点、热处理工艺、牌号及应用等内容详见本书 7.2.1 内容。

6.8　有色金属材料

在工业生产中，通常把钢铁材料称为黑色金属，而把其他的金属材料称为有色金属。

与钢铁等黑色金属材料相比，有色金属具有许多优良的特性，是现代工业中不可缺少的材料，随着航空、航天、航海、石油化工、汽车、能源、电子等新型工业的发展，有色金属及其合金的地位越来越重要。下面主要介绍工业上广泛使用的铝合金、铜合金的性能特点，为合理选用材料打下基础。

6.8.1　铝及铝合金

6.8.1.1　工业纯铝

纯铝是一种银白色的轻金属，熔点为 660 ℃，具有面心立方晶格，没有同素异构转变。它的密度小（只有 2.72 g/cm³）；导电性好，仅次于银、铜和金；导热性好，比铁几乎大 3 倍。纯铝在大气中极易与氧作用，在金属表面形成一层牢固致密的氧化膜，使其在大气和淡水中具有良好的耐蚀性。纯铝在低温下，甚至在超低温下都具有良好的塑性和韧性，在 0 ~ 253 ℃塑性和冲击韧性不降低。

纯铝具有一系列优良的工艺性能，易于铸造，易于切削，也易于通过压力加工制成各种规格的半成品。所以纯铝主要用于制造电缆电线的线芯和导电零件、耐蚀器皿和生活器皿。由于纯铝的强度很低，其抗拉强度仅有 90 ~ 120 MPa，所以一般不宜直接作为结构材料和制造机械零件。

纯铝按纯度分为高纯铝、工业高纯铝、工业纯铝，其牌号用"铝"字汉语拼音首字母"L"和其后面的编号表示。高纯铝的牌号有 LG1、LG2、LG3、LG4 和 LG5，后面的数字越大，纯度越高，它们的含铝量在 99.85% ~ 99.99%。工业高纯铝的牌号有 L0、L100，其加工塑性好。工业纯铝的牌号有 L1、L2、L3、L4、L4-1、L5、L5-1 和 L6，后面的数字表示纯度，数字越大，纯度越低。

6.8.1.2　铝合金

纯铝的强度和硬度很低，不适宜作为工程结构材料使用。向铝中加入适量 Si、Cu、Mg、Zn、Mn 等元素（主加元素）和 Cr、Ti、Zr、B、Ni 等元素（辅加元素）组成铝合金，可提高强度并保持纯铝的特性。

1. 铝合金的分类

根据铝合金的成分、组织和工艺特点，可以将其分为铸造铝合金与变形铝合金两大类。变形铝合金是将铝合金铸锭通过压力加工（轧制、挤压、模锻等）制成半成品或模锻件，所以要求有良好的塑性变形能力。铸造铝合金则是将熔融的合金直接浇铸成形状复杂的甚至是薄壁的成形件，所以要求合金具有良好的铸造流动性。

工程上常用的铝合金大都具有与图 6.11 类似的相图。由图可见，凡位于相图上 D 点成分以左的合金，在加热至高温时能形成单相固溶体组织，合金的塑性较高，适用于压力加工，所以称为变形铝合金；凡位于 D 点成分以右的合金，因含有共晶组织，液态流动性较高，适用于铸造，所以称为铸造铝合金。常用合金元素在铝中的溶解度如表 6.16 所示。

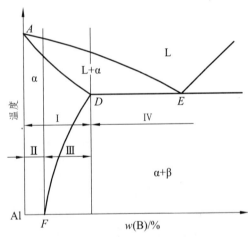

图 6.11　铝合金分类示意图

Ⅰ—变形铝合金；Ⅱ—热处理不可强化铝合金；
Ⅲ—热处理可强化铝合金；Ⅳ—铸造铝合金

表 6.16　常用合金元素在铝中的溶解度

元素名称	锌	镁	铜	锰	硅
极限溶解度/%	32.8	14.9	5.65	1.82	1.65
室温时的溶解度/%	0.05	0.34	0.20	0.06	0.05

变形铝合金又可分为两类：成分在 F 点以左的合金，其固溶体成分不随温度而变，故不能用热处理使之强化，属于热处理不可强化铝合金；成分在 D、F 点之间的铝合金，其固溶体成分随温度而变化，可用热处理强化，属于热处理可强化铝合金。

铸造铝合金中也有成分随温度而变化的固溶体，故也能用热处理强化。但距 D 点越远，合金中固溶体相越少，强化效果越不明显。

应该指出，上述分类并不是绝对的。例如，有些铝合金，其成分虽位于 D 点右边，但仍可压力加工，因此仍属于变形铝合金。

2. 铝合金的热处理

对于可热处理强化的变形铝合金，其热处理方法为固溶处理加时效。固溶处理是指将如图 6.11 所示的 F、D 两点之间的合金加热到 DF 线以上，保温并淬火后获得过饱和的单相 α 固溶体组织的处理。时效是指将过饱和的 α 固溶体加热到固溶线 DF 以下某温度保温，以析出弥散强化相的热处理。在室温下进行的时效称为自然时效；在加热条件下进行的时效称为人工时效。

时效强化的实质，是第二相从不稳定的过饱和固溶体中析出和长大，当与母相晶格常数不同的第二相与母相共格时，由于晶格畸变严重，位错运动阻力大，强化效果好；当形成稳定化合物 θ 相，共格被破坏时，强化效果下降，即产生过时效。时效强化效果与加热温度和保温时间有关，如图 6.12 所示。当温度一定时，随着时效时间的延长，在时效曲线上出现一峰值，超过峰值时间，析出相聚集长大，合金强度下降，即为过时效。随着时效温度的提高，峰值强度下降，出现峰值的时间提前。

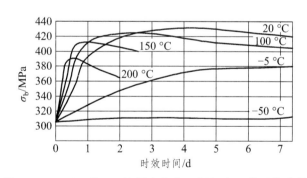

图 6.12 $w(\text{Cu})$ 为 4% 的铝合金在不同温度下的时效曲线

3. 变形铝合金

变形铝合金可按其主要性能特点分为防锈铝、硬铝、超硬铝与锻铝等。按 GB/T 16474—1996 规定，变形铝合金牌号用四位字符体系表示，牌号的第一、三、四位为数字，第二位为 "A" 字母。牌号中第一位数字是依主要合金元素 Cu、Mn、Si、Mg、Mg₂Si、Zn 的顺序来表示变形铝合金的组别。例如，2A×× 表示以铜为主要合金元素的变形铝合金。最后两位数字用以标识同一组别中的不同铝合金。

常用变形铝合金的牌号、成分、力学性能如表 6.17 所示。

表 6.17　常用变形铝合金的牌号、成分、力学性能

组别	牌号	化学成分/%					直径及板厚/mm	供应状态	试样状态[①]	力学性能		原代号
		Cu	Mg	Mn	Zn	其他				σ_b/MPa	δ/%	
防锈铝	5A50	0.1	4.8~5.5	0.3~0.6	0.2	Si 0.5, Fe 0.5	≤φ200	BR	BR	265	15	LF5
	3A21	0.2	—	1.0~1.6	—	Si 0.6, Fe 0.7, Ti 0.15	所有	BR	BR	<167	20	LF21
硬铝	2A01	2.2~3.0	0.2~0.5	0.2	0.1	Si 0.5, Fe 0.5, Ti 0.15			BM BCZ	—	—	LY1
	2A11	3.8~4.8	0.4~0.8	0.4~0.8	0.3	Si 0.7, Fe 0.7, Ti 0.15	>2.5~4.0	Y	M CZ	<235 373	12 15	1Y11
	2A12	3.8~4.9	1.2~1.8	0.3~0.9	0.3	Si 0.5, Fe 0.5, Ti 0.15	>2.5~4.0	Y	M CZ	≤216 456	14 8	LY12
超硬铝	7A04	1.4~2.0	1.8~2.8	0.2~0.6	5.0~7.0	Si 0.5	0.5~4.0	Y	M	245	12	LC4
						Fe 0.5, Cr 0.10~0.25	>2.5~4.0	Y	CS	490	7	
						Ti 0.10	φ20~100	BR	BCS	549	6	
锻铝	6A02	0.2~0.6	0.45~0.90	或 Cr 0.15~0.35	—	Si 0.5~1.2, Ti 0.15, Fe 0.5	φ20~150	R, BCZ	BCS	304	8	LD2
	2A50	1.8~2.6	0.4~0.8	0.4~0.8	0.30	Si 0.7~1.2, Ti 0.15, Fe 0.7	φ20~150	R, BCZ	BCS	382	10	1D5

注：① 试样状态：B 为不包铝（无 B 者为包铝的）；R 为热加工；M 为退火；CZ 为淬火＋自然时效；CS 为淬火＋人工时效；C 为淬火；Y 为硬件（冷轧）。

（1）防锈铝合金。防锈铝合金包括 Al-Mn 系和 Al-Mg 系合金。这类合金对时效强化效果较弱，一般只能用冷变形来提高强度。其主要性能特点是具有很高的塑性、较低或中等的强度、优良的耐蚀性和良好的焊接性能。常用的 Al-Mn 系合金有 3A21，其强度和耐蚀性高于纯铝，用于制造油罐、油箱、管道、铆钉等需要弯曲、冲压加工的零件。常用的 Al-Mg 系合金有 5A05，其密度比纯铝小，强度比 Al-Mn 合金高，在航空工业中得到了广泛应用，如制造管道、容器、铆钉及承受中等载荷的零件。

（2）硬铝合金。硬铝是一种应用较广的可热处理强化的铝合金，包括 Al-Cu-Mg 系、Al-Cu-Mn 系两类。Cu 与 Mg 能形成强化相 $CuAl_2$（θ相）及 $CuMgAl_2$（S 相），具有强烈的时效强化作用，Mn 可以提高耐蚀性，并具有一定的固溶强化作用。硬铝合金的强度、硬度高，加工性能好，但耐蚀性低于防锈铝合金。硬铝主要用来制造飞机翼肋、翼架、蒙皮、螺旋桨等受力构件和高载荷铆钉等重要工件。

（3）超硬铝合金。它是 Al-Zn-Mg-Cu 系合金，其时效强化相除有θ及 S 相外，主要强化相还有 $AlMg_2$（η相）及 $Al_2Mg_3Zn_3$（T 相）。在铝合金中，超硬铝时效强化效果最好，强度最高，σ_b 可达 600 MPa，其比强度已相当于超高强度钢（一般指σ_b>1 400 MPa 的钢），故名超硬铝。超硬铝合金的热态塑性好，但其耐蚀性、耐热性较差，工作温度超过 120 ℃就会软化。目前应用最广的超硬铝合金是 7A04，常用于飞机上受力大的结构零件，如起落架、大梁等；在光学仪器中，用于要求质量轻而受力较大的结构零件。

（4）锻铝合金。锻铝合金有 Al-Cu-Mg-Si 系和 Al-Cu-Mg-Fe-Ni 系两类。其主要强化相有θ相、S 相及 Mg_2Si（β相）。力学性能与硬铝相近，但热塑性及耐蚀性较高，更适于锻造，故

名锻铝。由于其热塑性好，所以锻铝主要用作航空及仪表工业中各种形状复杂、要求比强度较高、高塑性和耐热性零件的锻件或模锻件，如各种叶轮、框架、接头、超音速飞机蒙皮等。因锻铝的自然时效速率较慢，强化效果较低，故一般均采用淬火和人工时效。

4. 铸造铝合金

与变形铝合金相比，铸造铝合金力学性能不如变形铝合金，但其铸造性能好，可进行各种成形铸造，生产形状复杂的零件。铸造铝合金的种类很多，主要有 Al-Si 系、Al-Cu 系、Al-Mg 系及 Al-Zn 系 4 种，其中以 Al-Si 系应用最广泛。

铸造铝合金的牌号用"铸""铝"两字的汉语拼音的字首"ZL"及 3 位数字表示。第一位数表示合金类别（1 为 Al-Si 系，2 为 Al-Cu 系，3 为 Al-Mg 系，4 为 Al-Zn 系）；第二位、第三位数字为合金顺序号，序号不同者，化学成分也不同。例如，ZL102 表示 2 号 Al-Si 系铸造铝合金。若优质合金在代号后面加"A"。

常用铸造铝合金的牌号、成分、力学性能及用途如表 6.18 所示。

表 6.18 常用铸造铝合金的牌号、成分、力学性能及用途

类别	合金代号与牌号	化学成分[余量为 $w(Al)$]/%						铸造方法与合金状态[1]	力学性能（不低于）			用途[2]
		Si	Cu	Mg	Mn	Zn	Ti		σ_b/MPa	δ/%	HBW (5/250/30)	
铝硅合金	ZL101 ZAlSi7Mg	6.5 ~7.5	—	0.25 ~0.45	—	—	—	J，T5 S，T5	205 195	2 2	60 60	形状复杂的砂型、金属型和压力铸造零件，如飞机、仪器的零件，抽水机壳体，工作温度不超过185 ℃的汽化器等
	ZL102 ZAlSi12	10.0 ~13.0	—	—	—	—	—	J，F SB，JB，F SB，JB，T2	155 145 135	2 4 4	50 50 50	形状复杂的砂型、金属型和压力铸造零件，如仪表、抽水机壳体，工作温度在200 ℃以下，要求气密性承受低载荷的零件
	ZL105 ZAlSi5Cu1Mg	4.5 ~5.5	1.0 ~1.5	0.4 ~0.6	—	—	—	J，T5 S，T5 S，T6	235 195 225	0.5 1.0 0.5	70 70 70	砂型、金属型和压力铸造的形状复杂、在225 ℃以下工作的零件，如风冷发动机的气缸头、机匣、液压泵壳体等
	ZL108 ZAlSi12Cu2 Mg1	11.0 ~13.0	1.0 ~2.0	0.4 ~1.0	0.3 ~0.9	—	—	J，T1 J，T6	195 255	— —	85 90	砂型、金属型铸造的要求高温强度及低膨胀系数的高速内燃机活塞及其他耐热零件
铝铜合金	ZL201 ZAlCu5Mn	—	4.5 ~5.3	—	0.6 ~1.0	—	0.15 ~0.35	S，T4 S，T5	295 335	8 4	70 90	砂型铸造在175~300 ℃以下工作的零件，如支臂、挂架梁、内燃机气缸头、活塞等
	ZL201A ZAlCu5MnA	—	4.8 ~5.3	—	0.6 ~1.0	—	0.15 ~0.35	S，J，T5	390	8	100	砂型铸造在175~300 ℃以下工作的零件，如支臂、挂架梁、内燃机气缸头、活塞等
铝镁合金	ZL301 ZAlMg10	—	—	9.5 ~11.5	—	—	—	J，S，T4	280	10	60	砂型铸造的在大气或海水中工作的零件，承受大振动载荷，工作温度不超过150 ℃的零件
铝锌合金	ZL401 ZAlZn11Si7	6.0 ~8.0	—	0.1 ~0.3	—	9.0 ~13.0	—	J，T1 S，T1	245 195	1.5 2	90 80	压力铸造的零件，工作温度不超过200 ℃，结构形状复杂的汽车、飞机零件

注：① 铸造方法与合金状态的符号：J 金属型铸造；S 砂型铸造；B 变质处理；T1 人工时效（铸件快冷后进行，不进行淬火）；T2 退火（290±10）℃；T4 淬火 + 自然时效；T5 淬火 + 不完全人工时效（时效温度低，或时间短）；T6 淬火 + 完全人工时效（约 180 ℃，时间较长）；F 铸态。
② 用途在国家标准中未作规定。

（1）Al-Si 系铸造铝合金。

Al-Si 铸造铝合金通常称为硅铝明，含 11%～13%Si 的硅铝明（ZL102）铸造后几乎全部是共晶组织。因此，这种合金流动性好，铸件产生的热裂倾向小，适用于铸造形状复杂的零件。其共晶组织（α + Si）中的共晶硅呈粗大的针状，降低了合金的机械性能，浇铸前向合金液中加入占合金质量 2%～3%的变质剂（常用钠盐混合物：2/3NaF + 1/3NaCl）以细化合金组织，可显著提高合金的强度及塑性。这种处理方法即是变质处理。经变质处理后的组织是细小均匀的共晶体加初生α固溶体。ZL102 铸造性能很好，焊接性能也好，密度小，并有相当好的抗蚀性和耐热性，但不能时效强化，强度较低，经变质处理后，σ_b 最高不超过 180 MPa。该合金仅适于制造形状复杂但强度要求不高的铸件，如仪表、水泵壳体以及一些承受低载荷的零件。

为了提高硅铝明合金的强度，可加入镁、铜以形成强化相 Mg_2Si、$CuAl_2$ 及 $CuMgAl_2$ 等。这样的合金在变质处理后还可进行淬火时效，以提高强度，如 ZL105、ZL108 等合金。铸造铝-硅合金一般用来制造轻质、耐蚀、形状复杂但强度要求不高的铸件，如发动机气缸、电动或风动工具（如手电钻、风镐）以及仪表的外壳。同时，加入镁、铜的铝-硅系合金（如 ZL108 等），还具有较好的耐热性与耐磨性，是制造内燃机活塞的合适材料。

（2）Al-Cu 系铸造铝合金。

Al-Cu 合金的强度较高，耐热性好，但铸造性能不好，有热裂和疏松倾向，耐蚀性较差。

ZL201 合金室温强度高，塑性比较好，可制作在 300 ℃ 以下工作的零件，常用于铸造内燃机气缸头、活塞等零件。ZL202 塑性较低，多用于高温下不受冲击的零件。ZL203 经淬火时效后，强度较高，可作结构材料铸造受中等载荷和形状较简单的零件。

（3）Al-Mg 系铸造铝合金。

Al-Mg 合金（ZL301、ZL302）强度高，比重小（约 2.55），有良好的耐蚀性，但铸造性能不好，耐热性低。Al-Mg 合金可进行时效处理，通常采用自然时效，多用于制造承受冲击载荷、在腐蚀性介质中工作、外形不太复杂的零件，如舰船配件、氨用泵体等。

（4）Al-Zn 系铸造铝合金。

Al-Zn 合金（ZL401、ZL402）价格便宜，铸造性能优良，经变质处理和时效处理后强度较高，但抗蚀性差，热裂倾向大，常用于制造汽车、拖拉机的发动机零件及形状复杂的仪器零件，也可用于制造日用品。

铸造铝合金的铸件，由于形状较复杂，组织粗糙，化合物粗大，并有严重的偏析，因此它的热处理与变形铝合金相比，淬火温度应高一些，加热保温时间要长一些，以使粗大析出物完全溶解并使固溶体成分均匀化。淬火一般用水冷却，并多采用人工时效。

6.8.2 铜及铜合金

6.8.2.1 铜及铜合金的性能特点

纯铜呈紫红色，故又称紫铜，其密度为 8.9 g/cm³，熔点为 1 083 ℃；具有面心立方晶格，无同素异构转变，无磁性；具有优良的导电性和导热性；在大气、淡水和冷凝水中有良好的耐蚀性。纯铜的强度不高（σ_b = 200～250 MPa），硬度较低（40～50 HB），塑性好（δ = 45%～50%）。经冷变形后，其强度可提高到 400～450 MPa，硬度达 100～200 HB，但伸长率下降。

纯铜主要用于配置铜合金，制作导电、导热材料及耐蚀器件等。

铜合金是在纯铜中加入合金元素制成的，常用合金元素为锌、锡、铝、锰、镍、铁、铍、钛、锆、铬等。由于合金元素的固溶强化及第二相强化作用，使得铜合金既提高了强度，又保持了纯铜的特性，因此在机械工业中得到了广泛应用。

根据化学成分，可将铜合金分为黄铜、青铜、白铜三大类。

6.8.2.2 黄 铜

黄铜是以锌为主要合金元素的铜-锌合金。其中不含其他合金元素的黄铜称为普通黄铜，含有其他合金元素的黄铜称为特殊黄铜。黄铜按其工艺可分为加工黄铜和铸造黄铜。

1. 普通黄铜

普通黄铜的牌号表示方法为"H" + 铜元素含量（质量分数 $\times 100$）。例如，H68 表示 $w(Cu) = 68\%$、余量为锌的黄铜。工业中应用的普通黄铜，按其平衡状态的组织可分为以下两种类型：当 $w(Zn)<39\%$ 时，室温组织为单相 α 固溶体的黄铜称为单相黄铜，α 相是锌溶于铜中的固溶体，塑性好，适宜冷、热压力加工；当 $w(Zn) = 39\% \sim 45\%$ 时，室温下的组织为 $\alpha + \beta'$ 的黄铜称为双相黄铜，β' 相是以电子化合物 CuZn 为基的固溶体，在室温下较硬脆，但加热到 456 ℃ 以上时有良好的塑性，故含有 β' 相的黄铜适宜热压力加工。

常用的单相黄铜有 H68、H90，前者又称为七三黄铜，具有优良的冷、热塑性变形能力，适宜用冷冲压（拉深、弯曲等）制造形状复杂而要求耐蚀的管、套类零件，如弹壳、波纹管等，故又有弹壳黄铜之称。后者具有优良的耐蚀性、导热性和冷变形能力，并呈金黄色，故有金色黄铜之称，常用于镀层、艺术装饰品、奖章、散热器等。常用的双相黄铜有 H62、H59，它的强度较高，并有一定的耐蚀性，广泛用来制作电器上要求导电、耐蚀及适当强度的结构件，如螺栓、螺母、垫圈、弹簧及机器中的轴套等，是应用广泛的合金，有商业黄铜之称。

普通黄铜的耐蚀性良好，并与纯铜相近，但当 $w(Zn)>7\%$ 并经冷压力加工后的黄铜，在潮湿的大气中，特别是在含氮的气氛中，易产生应力腐蚀破裂现象（季裂）。防止应力破裂的方法是在 250 ～ 300 ℃ 进行去应力退火。

常用黄铜的牌号、代号、成分、力学性能及用途如表 6.19 所示。

表 6.19 常用黄铜的牌号、代号、成分、力学性能及用途

组别	代号或牌号	化学成分/%		力学性能			主要用途
		Cu	其他	σ_b/MPa	δ/%	HBW	
普通黄铜	H90	88.0 ～ 91.0	余量 Zn	392	3	—	双金属片、供水和排水管、证章、艺术品（又称金色黄铜）
	H68	67.0 ～ 70.0	余量 Zn	392	13	—	复杂的冷冲压件、散热器外壳、弹壳、导管、波纹管、轴套
	H62	60.5 ～ 63.5	余量 Zn	412	10	—	销钉、铆钉、螺钉、螺母、垫圈、弹簧、夹线板
	ZCuZn38	60.0 ～ 63.0	余量 Zn	295	30	68.5	一般结构件，如散热器、螺钉、支架等

组别	代号或牌号	化学成分/%		力学性能			主要用途
		Cu	其他	σ_b/MPa	δ/%	HBW	
特殊黄铜	HSn62-1	61.0 ~ 63.0	0.7 ~ 1.1Sn 余量 Zn	392	5	—	与海水和汽油接触的船舶零件（又称海军黄铜）
	HSi80-3	79.0 ~ 81.0	2.5 ~ 4.5Si 余量 Zn	350	20	—	船舶零件，在海水、淡水和湿汽（<265 ℃）条件下工作的零件
	HMn58-2	57.0 ~ 60.0	1.0 ~ 2.0Mn 余量 Zn	588	3	—	海轮制造业和弱电用零件
	HPb59-1	57.0 ~ 60.0	0.8 ~ 1.0Pb 余量 Zn	441	5	—	热冲压及切削加工零件，如销、螺钉、螺母、轴套（又称易削黄铜）
	ZCuZn40 Mn3Fe1	53.0 ~ 58.0	3.0 ~ 4.0Mn 0.5 ~ 1.5Fe 余量 Zn	490	15	108	轮廓不复杂的重要零件，海轮在 300 ℃ 以下工作的管配件，螺旋桨等大型铸件
	ZCuZn25Al6 Fe3Mn3	60.0 ~ 66.0	4.5 ~ 7.0Al 2 ~ 4Fe 1.5 ~ 4.0Mn 余量 Zn	745	7	166.5	要求强度高的耐蚀零件，如压紧螺母、重型蜗杆、轴承、衬套

2. 特殊黄铜

特殊黄铜的牌号表示方法为"H" + 主加元素的化学符号（除锌以外）+ 铜及各合金元素的含量（质量分数 × 100）。例如，HPb59-1 表示 w(Cu) = 59%、w(Pb) = 1%，余量为锌的加工黄铜。

在普通黄铜基础上，加入锡、铅、铝、硅、锰、铁等合金元素形成特殊黄铜。合金元素的加入，可影响 α 和 β′ 的相对量及提高其强度。锡、铝、锰、硅还可提高耐蚀性与减少黄铜应力腐蚀破裂的倾向。某些元素的加入还可改善黄铜的工艺性能，如硅可改善铸造性能；铅可改善加工性等。特殊黄铜强度、耐蚀性比普通黄铜好，铸造性能改善，主要用于船舶及化工零件，如冷凝管、齿轮、螺旋桨、轴承、衬套及阀体等。

3. 铸造黄铜

铸造黄铜的牌号表示方法为："Z" + 铜元素化学符号 + 主加元素的化学符号及含量（质量分数 × 100）+ 其他合金元素化学符号及含量（质量分数 × 100）。例如，ZCuZn38 表示 w(Zn) = 38%，余量为铜的铸造普通黄铜。

铸造黄铜的铸造性能较好，它的熔点比纯铜低，且结晶温度间隔较小，使黄铜有较好的流动性、较小的偏析倾向，且铸件组织致密。

6.8.2.3 青 铜

青铜是以除锌和镍以外的其他元素作为主要合金元素的铜合金。按其所含主要合金元素的种类可分为锡青铜、铝青铜、铍青铜等。

青铜牌号的表示方法是"Q" + 主加元素的化学符号及含量（质量分数 × 100）+ 其他合

金元素含量（质量分数 ×100）。例如，QAl5 表示 $w(Al) = 5\%$，余量为铜的铝青铜；QSn4-3 表示含 4%Sn、3%Zn 的锡青铜。

1. 锡青铜

锡青铜是以锡为主加元素的铜合金。当 $w(Sn)<5\% \sim 6\%$，由于加入锡产生固溶强化，使合金强度显著提高；当 $w(Sn)>5\% \sim 6\%$，则出现 δ 相后，塑性开始下降。当 $w(Sn) = 10\%$ 时，塑性已显著降低，少量的 δ 相可使强度提高；当 $w(Sn)>20\%$ 时，由于 δ 相过多，使合金变得很脆，强度也迅速下降。因此，工业用锡青铜一般的含锡量为 $w(Sn) = 3\% \sim 14\%$。含锡量为 $w(Sn)<8\%$，适宜冷热压力加工，通常加工成板、带、棒、管等型材使用。经加工硬化后，这类合金的强度、硬度显著提高，但塑性也下降很多。如硬化后再经去应力退火，则可在保持较高强度的情况下，改善塑性，尤其是可获得高的弹性极限，常用的牌号有 QSn4-3、QSn6.5-0.1, 适宜制造仪表上要求耐蚀及耐磨的零件、弹性零件、抗磁零件以及机器中的轴承、轴套等。$w(Sn) > 10\%$ 的锡青铜具有良好的铸造性能，适于铸造形状复杂但致密度要求不高的铸件。常用的牌号有 ZCuSn10Pb1、ZCuSn5Pb5Zn5，适宜制造机床中的滑动轴承、蜗轮、齿轮等零件。又因其耐蚀性好，故也是制造蒸汽管、水管附件的良好材料。

2. 铝青铜

它是以铝为主加元素的铜合金，一般含铝量为 $w(Al) = 5\% \sim 11\%$。铝青铜的结晶温度范围很窄，收缩率较大，但能获得致密的、偏析小的铸件，故其力学性能比锡青铜高，且铝青铜还可进行热处理强化。铝青铜的耐蚀性高于锡青铜与黄铜，并有较高的耐热性。在铝青铜中加入铁、锰、镍等元素，能进一步提高其性能（铸态 σ_b 可达 $400 \sim 500$ MPa，δ 为 $10\% \sim 20\%$，并有较好的韧性、硬度与耐磨性）。

铝青铜常用来制造强度及耐磨性要求较高的摩擦零件，如齿轮、蜗轮、轴套等。常用的铸造铝青铜有 ZCuAl10Fe3、ZCuAl10Fe3Mn2 等。加工铝青铜（低铝青铜）用于制造仪器中要求耐蚀的零件和弹性元件。常用的加工铝青铜有 QAl5、QAl7、QAl9-4 等。

3. 铍青铜

它是以铍为主加元素的铜合金，铍含量为 $w(Be) = 1.6\% \sim 2.5\%$，是时效强化效果极大的铜合金。经淬火[（780 ± 10）°C 水冷后，σ_b 为 $500 \sim 550$ MPa，硬度为 120 HBW，δ 为 $25\% \sim 35\%$]再经冷压成形。时效（$300 \sim 350$ °C，2 h）之后，铍青铜具有很高的强度、硬度与弹性极限（$\sigma_b = 1\,250 \sim 1\,400$ MPa，硬度为 $330 \sim 400$ HBW，$\delta = 2\% \sim 4\%$）。可贵的是，铍青铜的导热性、导电性、耐寒性也非常好，同时还有抗磁、受冲击时不产生火花等特殊性能。

铍青铜主要用来制作精密仪器、仪表中各种重要用途的弹性元件，耐蚀、耐磨零件（如仪表中齿轮），航海罗盘仪中零件及防爆工具零件。一般铍青铜是以压力加工后淬火为供应状态，工厂制成零件后，只需进行时效即可。但铍青铜价格昂贵，工艺复杂，因而限制了它的使用。

6.8.2.4 白 铜

白铜是指以 Ni 为主要合金元素（质量分数低于 50%）的铜合金，因其表面呈银白色而得名。按成分可将白铜分为简单白铜和特殊白铜。简单白铜即铜镍二元合金，其牌号以

"B"+数字表示，后面的数字表示 Ni 的质量分数，如 B30 表示 Ni 的质量分数为 30%的铜合金。特殊白铜是在简单白铜的基础上加入了 Fe、Zn、Mn、Al 等辅助合金元素的铜合金，其牌号以"B"+主要辅加元素符号 + Ni 的质量分数（以百分比表示）+ 主要辅加元素质量分数表示，如 BFe5-1 为 $w(Ni) = 5\%$、$w(Fe) = 1\%$ 的白铜合金。

白铜按用途又可分为耐蚀结构用白铜和电工用白铜两类。

1. 耐蚀结构用白铜

耐蚀结构用白铜主要为简单白铜，其具有较高的化学稳定性、耐腐蚀疲劳性，且冷热加工性能优异，主要用于制造海水和蒸汽环境中的精密仪器仪表零件、热交换器和高温高压工作的管道。常用的有 B5、B19 及 B30。若在上述合金中加入少量 Fe、Zn、Al、Nb 等元素，会进一步改善白铜的使用性能和某些工艺性能。

2. 电工用白铜

白铜的高电阻、高热电势和极小的电阻温度系数使其成为重要的电工材料，已广泛用于制造电阻器、低温热电偶及其补偿线、变阻器和加热器等电工器件。常用的有 B0.6 和 B16 等简单白铜，以及 BMn3-12（锰铜）、BMn40-1.5（康铜）和 BMn43-0.5（考铜）等。

思考与练习

1. 合金钢与碳钢相比，为什么它的力学性能好，热处理变形小？为什么合金工具钢的耐磨性、热硬性比碳钢高？

2. 低合金高强度结构钢中合金元素主要通过哪些途径起强化作用？这类钢经常用于哪些场合？

3. 现有 40Cr 钢制造的机床主轴，心部要求良好的强韧性（200～300 HBW），轴颈处要求硬而耐磨（54～58 HRC），试问：

① 应进行哪种预备热处理和最终热处理？

② 热处理后各获得什么组织？

③ 各热处理工序在加工工艺路线中位置如何安排？

4. 现有 20CrMnTi 钢制造的汽车齿轮，要求齿面硬化层 $\delta = 1.0 \sim 1.2$ mm，齿面硬度为 58～62 HRC，心部硬度为 35～40 HRC，请确定其最终热处理方法及最终获得的表层与心部组织。

5. 弹簧为什么要进行淬火、中温回火？弹簧的表面质量对其使用寿命有何影响？可采用哪些措施提高弹簧的使用寿命？

6. 滚动轴承钢除专用于制造滚动轴承外，是否可用来制造其他结构零件和工具？举例说明。

7. 在 20Cr、40Cr、GC9、50CrV 等钢中，铬的质量分数都小于 1.5%，问铬在钢中的存在形式、钢的性能、热处理及用途上是否相同？为什么？

8. 结构钢能否用来制造工具？工具钢能否用来制造机器零件？试举例说明。

9. 试分析高速工具钢中，碳与合金元素的作用及高速工具钢热处理工艺特点。为什么高速工具钢中，含碳量有普遍提高的趋势？

10. 高速工具钢经铸造后为什么要反复锻造？锻造后在切削加工前为什么必须退火？为

什么高速工具钢退火温度较低［略高于 A_{c1}（830 ℃）温度］而淬火温度却高达 1 280 ℃？淬火后为什么要经 3 次 560 ℃回火？能否改用一次较长时间的回火？高速工具钢在 560 ℃回火是否是调质处理？为什么？

11. Cr12 型钢中碳化物的分布对钢的使用性能有何影响？热处理能改善其碳化物分布吗？生产中常用什么方法予以改善？

12. 量具钢使用过程中常见的失效形式是磨损与尺寸变化，为了提高量具的使用寿命，应采用哪些热处理方法？并安排各热处理工序在加工工艺路线中的位置。

13. 解释下列现象：

① 在含碳量相同的情况下，大多数合金钢的热处理加热温度都比碳钢高，保温时间长。

② $w(C) = 0.4\%$、$w(Cr) = 12\%$ 的铬钢为过共析钢，$w(C) = 1.5\%$、$w(Cr) = 12\%$ 的铬钢为莱氏体钢。

③ 高速工具钢在热轧或热锻后空冷，能获得马氏体组织。

④ 在砂轮上磨制各种钢制刀具时，需经常用水冷却，而磨硬质合金制成的工具时，却不需用水冷。

14. 如果要用 Cr13 型不锈钢制作机械零件、外科医用工具、滚动轴承及弹簧，应分别选择什么牌号和热处理方法？

15. 奥氏体不锈钢能否通过热处理来强化？为什么？生产中常用什么方法使其强化？

16. 奥氏体不锈钢和耐磨钢淬火的目的与一般钢的淬火目的有何不同？高锰钢的耐磨原理与淬火工具钢的耐磨原理有何不同？它们的应用场合有何不同？

17. 说明硫在钢中的存在形式，分析它在钢中的可能作用。

18. 分析 15CrMo、40CrNiMo、W6Mo5Cr4V2 和 1Cr17Mo2Ti 钢中 Mo 元素的主要作用。

19. 若某钢在使用状态下为单相奥氏体组织，试全面分析其力学性能、物理性能和工艺性能的特点。

20. 为普通自行车的下列零件选择合适的材料：

① 链条；② 座位弹簧；③ 大梁；④ 链条罩；⑤ 前轴。

21. 你认为自行车链条的主要成形方法是什么？所用的成形工具应选何种材料？指出该工具使用状态的组织和大致硬度。

22. 某厂原用 45MnSiV 生产高强韧性钢筋，现该钢无货，但库房尚有 15、25MnSi、65Mn、9SiCr 钢，试问这 4 种钢中有无可代替上述 45MnSiV 钢筋的材料？若有，应怎样进行热处理？其代用的理论依据是什么？

23. 试比较 T9、9SiCr、W6Mo5Cr4V2 作为切削刀具材料的热处理、力学性能特点及适用范围，并由此得出一般性结论。

24. 从 Cr12→Cr12MoV→Cr4W2MoV 的演变过程，谈谈冷作模具钢的成分、组织、使用性能及应用之间的关系。

25. 一般而言，奥氏体不锈钢具有优良的耐蚀性，试问它是否在所有的处理状态和使用环境均是如此？为什么？由此得出一般性结论。

7 金属的铸造成形工艺

7.1 金属铸造成形工艺的理论基础

7.1.1 概　述

铸造是将液态金属（一般为合金）在重力或外力作用下浇注到具有与零件形状、尺寸相适应的铸型型腔中，待其冷却凝固后，获得所需形状、尺寸与性能的毛坯或零件的成形方法。它是历史最为悠久的金属成形方法，而且至今仍然是毛坯生产的基本方式。

7.1.1.1 铸造成形的特点

金属材料在液态下一次成形的性质使其具有很多优点：

（1）适应性广，材料、大小、形状几乎不受限制。凡能熔化成液态的金属材料几乎均可用于铸造。工业上常用的金属材料，如铸铁、碳素钢、合金钢、非铁合金等，均可在液态下成形，特别是对于不宜压力加工或焊接成形的材料，该生产方法具有特殊的优势。质量可从零点几克到数百吨，壁厚可从 1 mm 到 1 000 mm。如小到几克的钟表零件，大到数百吨的轧钢机机架，均可铸造成形。

（2）工艺灵活性大，适合制造形状复杂，特别是内腔形状复杂的铸件。如形状复杂的箱体、机床床身、机架、阀体、泵体、叶轮、气缸体、螺旋桨铸件等。

（3）生产成本较低。铸件与最终零件的形状相似、尺寸相近，加工余量小，可减少切削加工量。精密铸件可以省去切削加工，直接用于装配。生产中的金属废料和废件，可以回炉重熔，提高了材料的利用率。铸造设备的投资少，所用的原材料来源广泛且价格较低，因此降低了产品的成本。

铸造成形的主要缺点是：由液态金属直接凝固成形的铸件，组织疏松、晶粒粗大，内部常有缩孔、缩松、气孔等缺陷，导致铸件力学性能，特别是冲击性能较低。另外，铸件表面粗糙，尺寸精度不高。一般来说，铸造工作环境较差，工人劳动强度大。

随着特种铸造技术的发展，铸件质量已有了很大提高，工作环境也有了进一步改善。

铸造在工业生产中获得了广泛应用，铸件所占的比重相当大。在一般机械设备中，铸件占整个机械设备质量的 40% ~ 90%，如在机床和内燃机铸件质量占 70% ~ 90%，汽车的铸件质量占 40% ~ 60%，拖拉机的铸件质量占 50% ~ 70%。在国民经济其他各个部门中，也广泛采用铸件。铸铁件的应用最广，其产量占铸件总产量的 70%以上。

7.1.1.2 铸造成形的分类

从铸型材料、造型方法来分，铸造可分为砂型铸造和特种铸造两大类。砂型铸造适用于不同金属材料、大小、形状和批量的各种铸件，成本低廉，由砂型铸造生产的铸件占铸件总产量的90%以上。特种铸造是指砂型铸造以外的铸造工艺，常见的有熔模铸造、金属型铸造、压力铸造、低压铸造和离心铸造等。特种铸造在铸件品质、生产率等方面优于砂型铸造，但其使用有局限性，成本也比砂型铸造高。

7.1.2 液态金属成形工艺基础

合金在铸造过程中所表现出来的工艺性能，称为合金的铸造性能，主要包括合金的充型能力、收缩性、吸气性以及成分偏析性等。这些性能对铸件的品质有很大影响。因此，合金的铸造性能是选择铸造合金材料、确定铸造工艺方案、进行铸件结构设计的依据之一。

7.1.2.1 液态合金的充型

液态合金充满型腔是获得形状完整、轮廓清晰的合格铸件的保证。将液态合金充满型腔的能力称为合金的充型能力。若液态合金的充型能力不足，铸件将产生浇不到、冷隔等缺陷。影响合金充型能力的因素很多，实践表明，充型能力首先与合金的流动性有关，同时也受外界条件，如浇注条件、铸型填充条件、铸件结构等因素的影响。

1. 合金的流动性

熔融合金在液态下的流动能力，称为液态合金的流动性。合金流动性差，铸件易产生浇不到、冷隔、气孔和夹杂等缺陷。合金流动性好，合金的充型能力就强，有利于充满型腔，也就越易于铸出轮廓清晰的薄壁复杂铸件，有利于液态合金中气体和非金属夹杂物上浮与排出，利于对铸件进行补缩。液态合金的流动性是以螺旋形试样的长度来衡量的。图7.1为螺旋形试样，它是以一个特定条件的铸型所铸，为便于测量长度，在标准试样上每隔50 mm设置了一个凸台标记。显然，在相同的工艺条件下，试样螺旋线越长，合金的流动性就越好。表7.1为实验得出的常用合金的螺旋形试样长度。

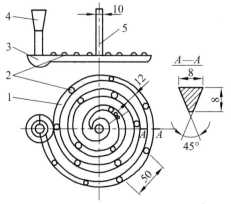

图 7.1 螺旋形金属液体流动性试样

1—试样铸件；2—试样凸台；3—内浇道；4—浇口杯；5—冒口

表 7.1 常用合金的螺旋形试样长度（砂型，试样截面 8 mm × 8 mm）

合金种类	元素含量	铸型种类	浇注温度/ °C	螺旋线长度/mm
灰铸铁	$w(C + Si) = 6.2\%$	砂型	1 300	1 800
铸钢	$w(C) = 0.4\%$	砂型	1 600	100
锡青铜	$w(Sn) \approx 10\%$, $w(Zn) \approx 2\%$	砂型	1 040	420
硅黄铜	$w(Si) = 1.5\% \sim 4.5\%$	砂型	1 100	1 000
铝硅合金（硅铝明）		金属型（300 °C）	680 ~ 720	700 ~ 800
镁合金（含 Al 和 Zn）		砂型	700	400 ~ 600

由表 7.1 可知，灰铸铁、硅黄铜的螺旋线最长，铸钢的螺旋线最短，说明灰铸铁、硅黄铜的流动性较好，铸钢的流动性差，铝合金的流动性居中。

影响合金流动性的因素很多，主要有合金的种类、化学成分、杂质等。但化学成分的影响最为显著。纯金属和共晶成分的合金，结晶是在恒温下进行的，液态合金由铸型壁表面向中间逐层推进，结晶后的固体层内表面比较平滑[见图 7.2（a）]，对未结晶合金液体的流动阻力较小，金属流动的距离长；同时，在相同的浇注温度下，共晶成分合金凝固温度最低，相对来说，液态合金的过热度大，推迟了液态合金的凝固，因此，共晶成分合金的流动性最好。除了纯金属和共晶成分的合金外，其他成分的合金是在一个温度范围内逐步凝固的，凝固时铸件壁内存在一个较宽的既有液体又有树枝状晶体的两相区，树枝晶使凝固前沿的液固界面粗糙[见图 7.2（b）]，增加了对合金流动的阻力。合金的凝固温度范围越大，树枝晶越发达，其流动性也越差。

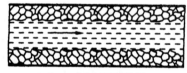
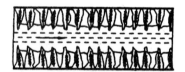

（a）在恒温下凝固　　　　　　　　（b）在一定的温度范围内凝固

图 7.2　不同结晶特性合金的凝固状态

铁碳合金的流动性与含碳量之间的关系如图 7.3 所示。由图可见，亚共晶铸铁随着含碳量的增加，结晶温度区间减小，流动性逐渐提高，越接近共晶成分，合金的流动性越好，越容易铸造。

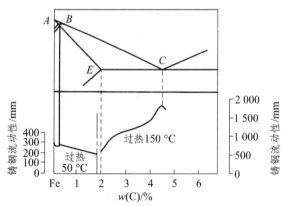

图 7.3　铁碳合金的流动性与含碳量的关系

此外，合金的熔点、导热系数、合金液的黏度等物理性能也都会影响合金的流动性。如铸钢的熔点高，在铸型中散热快，凝固快，流动性差；铝合金导热性能好，流动性较差。铸铁中磷可降低铁液的凝固温度和黏度，有利于提高流动性能，但会引起铸铁的冷脆性。硫能形成悬浮于铁液的 MnS 质点，增加内摩擦，使铁液黏度增加，引起铁液流动性下降。

2. 浇注条件

（1）浇注温度。浇注温度对合金充型能力有决定性影响。在一定范围内，随着浇注温度的提高，液态合金黏度下降，液体在铸型中的流动阻力减小，合金流动性越好，初始浇注温度越高，合金处于液态的温度范围越宽，合金在铸型中保持液态流动的时间越长，合金的充型能力越强。但浇注温度不能过高，如果超过一定范围，会使合金的总收缩量增加，氧化严重，吸气量增多，铸件产生缩孔、缩松、粘砂、粗晶等缺陷。因此，在保证合金有足够充型能力的条件下，尽量降低浇注温度。生产上常采用"高温出炉，低温浇注"来保证铸件质量。不同成分铸造合金都有特定的浇注温度范围，表 7.2 列出了几种常用铸造合金的浇注温度范围。

表 7.2　几种常用铸造合金浇注温度范围

合金种类	灰铸铁	其他铸铁	铸钢	铝合金
浇注开始温度 / °C	1 380	1 450	1 620	780
浇注结束温度 / °C	1 200	1 230	1 520	680

（2）充型压力。液态合金在流动方向上所受的压力越大，充型能力越好。生产中常利用增加直浇道高度或人工加压方式来提高合金充型能力。压力铸造、低压铸造、离心铸造等工艺，都是利用增大充型压力的方法来提高充型能力的。

3. 铸型填充条件

液态合金充型时，铸型的阻力将影响合金的流动速度，而铸型与合金间的热交换又将影响合金保持流动的时间。因此，铸型的下列因素对充型能力均有显著影响：

（1）铸型的蓄热能力。铸型的蓄热能力即铸型从金属中吸收和储存热量的能力。铸型材料的导热系数和比热容越大，对液态合金的激冷作用越强，合金的充型能力就越差。如金属型导热较快，易产生浇不足、冷隔等缺陷。

（2）铸型温度。预热铸型能减小金属与铸型的温差，从而提高充型能力。

（3）铸型中的气体。在金属液的热作用下，型腔中的气体膨胀、型砂中的水分汽化、煤粉和其他有机物燃烧，将产生大量气体。如果铸型的排气能力差，则型腔中的气体压力增大，以致阻碍液态合金的充型。为了减少气体压力，除应设法减少气体来源外，应使型砂具有良好的透气性，并开设出气口。

4. 铸件结构

当铸件结构复杂、壁厚过薄或急剧变化、有大的水平平面等结构时，都会使金属液流动困难，充型能力下降。因此，设计铸件壁厚时，要保证壁厚大于铸件规定的最小允许壁厚，并合理设置浇注系统。

7.1.2.2　液态合金的收缩性

1. 收缩的概念

液态合金从浇注、凝固直至冷却到室温的过程中，体积和尺寸减小的现象称为液态合金的收缩。收缩是合金固有的物理特性，它能使铸件产生缩孔、缩松、裂纹、变形和内应力等缺陷，影响铸件质量。为了获得形状和尺寸符合技术要求、组织致密的合格铸件，必须研究合金收缩的规律。

合金的收缩经历如下 3 个阶段，如图 7.4 所示。

（1）液态收缩 $\varepsilon_{液}$：从浇注温度（$T_{浇}$）到凝固开始温度（即液相线温度 T_1）间的收缩。

（2）凝固收缩 $\varepsilon_{凝}$：从凝固开始温度（T_1）到凝固终止温度（即固相线温度 T_s）间的收缩。

（3）固态收缩 $\varepsilon_{固}$：从凝固终止温度（T_s）到室温间的收缩。

合金的总收缩率为上述 3 个阶段收缩率的总和。

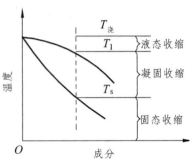

图 7.4　合金收缩的 3 个阶段

金属从液态到常温的体积改变量称为体收缩。金属在固态由高温到常温的线尺寸改变量称为线收缩。因为合金的液态收缩和凝固收缩表现为合金体积的缩减，故常用单位体积收缩量（即体收缩率）来表示，它们是形成铸件缩孔和缩松缺陷的基本原因。合金的固态收缩直观地表现为铸件轮廓尺寸的减小，故常用铸件单位长度上的收缩量（即线收缩率）来表示，它是铸件产生内应力、变形和裂纹的基本原因。

2. 影响收缩的因素

金属收缩性大小取决于合金种类、浇注温度、铸型条件与铸件结构等因素。

（1）合金种类。不同合金，收缩率不同（见表 7.3）。常用合金中，铸钢的收缩率最大，灰铸铁较小。

表 7.3　常用铸造合金的收缩率

合金种类	灰铸铁	可锻铸铁	球墨铸铁	铸钢	铝合金	铜合金
线收缩率/%	0.9～1.3	1.2～2.0	0.8～1.3	2.0～2.4	0.8～1.6	1.2～2.3
体收缩率/%	体收缩率约等于线收缩率的 3 倍					

化学成分不同，其收缩率也略有差别。例如，灰铸铁由于结晶时析出比容较大的石墨，使铸铁体积膨胀（每析出 1% 的石墨，铸铁体积约增加 2%），抵消了一部分收缩，因而灰铸铁的收缩最小，并随着含碳量的增加而收缩减小。铸造碳钢随着含碳量的增加，钢液的比容及其结晶温度范围变宽，凝固收缩率增大（见表 7.4）。

表 7.4　铸造碳钢的凝固收缩率

含碳量/%	0.10	0.25	0.35	0.45	0.70
凝固收缩率/%	2.0	2.5	3.0	4.3	5.3

（2）浇注温度。浇注温度越高，过热度越大，合金的 $\varepsilon_{液}$ 和总收缩率就越大。

（3）铸型条件和铸件结构。铸件在铸型中的凝固收缩往往不是自由收缩而是受阻收缩。其原因是：① 铸件各部分的冷却速度不同，引起各部分收缩不一致，相互约束而对收缩产生阻力。② 铸型和型芯对收缩产生机械阻力。因此，铸件的实际收缩率比自由收缩率要小一些。铸件结构越复杂，铸型硬度越高，芯骨越粗大，铸件的收缩阻力就越大。对于精度要求较高或结构复杂的铸件，其收缩率必须经过实验确定。

3. 铸件的缩孔和缩松

液态合金在铸型内冷凝过程中，由于液态收缩和凝固收缩所缩减的容积得不到金属液补足时，往往在铸件最后凝固的部位出现大而集中的孔洞，称为缩孔；细小而分散的孔洞称分散性缩孔，简称为缩松。当缩松和缩孔的容积相同时，缩松的分布面积要比缩孔大得多。

（1）缩孔的形成。缩孔主要出现在金属在恒温或很窄温度范围内结晶时，铸件壁呈逐层凝固方式的条件下。如图 7.5 所示，液态合金充满型腔后，由于铸型的吸热，靠近型腔内表面的金属很快凝固成一层外壳，而内部仍然是高于凝固温度的液体；温度继续下降，外壳加厚，内部液体因液态收缩和补充凝固层的凝固收缩，体积缩减，液面下降，使铸件内部出现了空隙；至内部完全凝固，在铸件上部形成了缩孔；继续冷至室温，整个铸件发生固态收缩，缩孔的绝对体积略有减小。缩孔多呈倒圆锥形，内表面粗糙。浇注温度越高，铸件的壁越厚，合金的液态收缩和凝固收缩越大，缩孔的容积就越大。依凝固条件不同，缩孔可能隐藏在铸件表皮下（此时铸件上表皮可能呈凹陷状），也可能露在铸件表面。纯金属和共晶成分的合金易形成集中缩孔。缩孔一般产生在铸件厚壁处或中心部位，也就是冷却凝固最慢的部位。在生产实践中，常用"内切圆法"和"凝固等温线法"确定缩孔的位置，如图 7.6 所示。凡在铸件壁厚断面上内切圆直径最大处或等温线未穿过的区域，均是金属最后凝固的部位，通称为热节，是缩孔最易形成的部位。

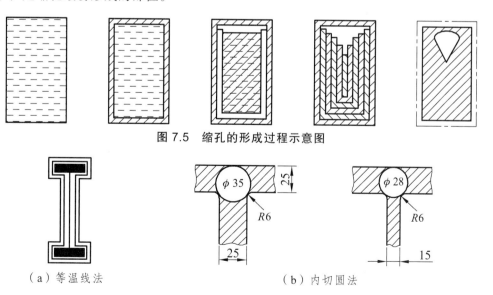

图 7.5　缩孔的形成过程示意图

（a）等温线法　　　　　　（b）内切圆法

图 7.6　缩孔位置的确定

（2）缩松的形成。缩松主要出现在呈糊状凝固方式的合金中或断面较大的铸件壁中，其形成过程如图 7.7 所示。铸件首先从外层开始凝固，凝固前沿凹凸不平，当两侧的凝固前沿向中心汇聚时，汇聚区域形成一个同时凝固区。在此区域内，剩余金属液被树枝状晶体分隔成许多小液体区。最后，这些数量众多的小液体区因难以得到补缩而形成缩松。缩松隐藏于铸件内部，外观上不易发现。凝固温度范围大的合金，易产生缩松。缩松大多分布在铸件中心轴线处、热节处、冒口根部、内浇口附近或缩孔下方。

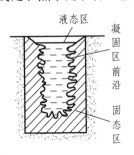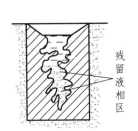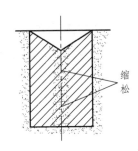

图 7.7　缩松的形成过程示意图

（3）缩孔和缩松的防止。缩孔和缩松都会使铸件的力学性能下降，缩松还可使铸件因渗漏而报废。因此，必须采取适当的工艺措施，防止缩孔和缩松的产生。

① 缩孔的防止。实践证明，只要合理地控制铸件的凝固顺序，使之实现定向凝固（也称为顺序凝固），尽管合金收缩较大，也可获得没有缩孔的致密铸件。所谓定向凝固，就是在铸件可能出现缩孔的厚大部位安放冒口，使铸件上远离冒口的部位最先凝固（见图 7.8 Ⅰ），然后是靠近冒口的部位凝固（见图 7.8 Ⅱ、Ⅲ），最后才是冒口本身凝固。按照这样的凝固顺序，先凝固部位的收缩，由后凝固部位的金属液来补充；后凝固部位的收缩，由冒口中的金属液来补充，最后将缩孔转移到冒口之中。冒口属多余部分，清理铸件时将予以去除。

有时铸件的热节不止一处，可设置多个冒口进行补缩。为了简化造型，对难以安放冒口的部位还可以安放冷铁。如图 7.9 所示，铸件的厚大部位不止一个，仅靠顶部冒口，难以向底部的热节补缩，为此，在该热节的型壁上安放了冷铁。冷铁加快了铸件在该处的冷却速度，使底部反而最先凝固，上部和中部的热节，分别由明冒口及暗冒口对它们进行补缩。从而实现了自下而上的定向凝固，防止了底部热节处缩孔、缩松的产生。由此可知，冷铁的作用是加快某些部位的冷却速度，以控制铸件的凝固顺序，但本身并不起补缩的作用。冷铁通常用铸钢或铸铁加工制成。

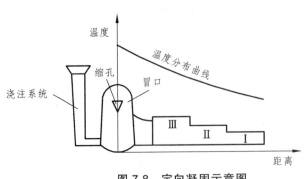

图 7.8　定向凝固示意图

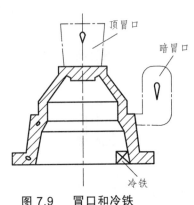

图 7.9　冒口和冷铁

144

采用定向凝固，虽然可以有效防止铸件产生缩孔，但却会耗费许多金属和工时，增加铸件成本。同时，定向凝固也加大了铸件各部分之间的温度梯度，促使铸件的变形和裂纹倾向加大。因此，定向凝固主要用于体积收缩大的合金，如铝青铜、铝硅合金和铸钢件等。

② 缩松的防止。缩松是细小分散的缩孔，它对铸件承载能力的影响比集中缩孔要小，但它影响铸件的气密性，容易使铸件渗漏。因此，对于气密性要求高的油缸、阀体等承压铸件，必须采取工艺措施来防止缩松。然而，防止缩松比防止缩孔要困难得多，它不仅难以发现，而且常出现在凝固温度范围大的合金所制造的铸件中，由于发达的树枝晶堵塞了补缩通道，即使采用冒口也难以对热节处进行补缩。显然，选用近共晶成分或结晶温度范围较窄的合金，是防止缩松产生的有力措施。此外，生产中多采用在热节处安放冷铁或在砂型的周围表面涂敷激冷涂料的办法，加大铸件的冷却速度；或加大结晶压力，以破碎枝晶，减少金属液流动的阻力，从而达到部分防止缩松的效果。

4. 铸造内应力、变形和裂纹

在铸件凝固之后的继续冷却过程中，若固态收缩受到阻碍，将会在铸件内部产生内应力。这些内应力有的是在冷却过程中暂存的，有的则一直保留到室温，前者称为暂时应力，后者称为残余应力。铸造内应力是铸件产生变形和裂纹等缺陷的基本原因。

（1）铸造内应力。铸造内应力按其产生的原因，可分为热应力和机械应力两类。

① 热应力的形成。热应力是由于铸件壁厚不均匀，各部分冷却速度不同，以致在同一时期铸件各部分收缩不一致而引起的。

为了分析热应力的形成，首先必须了解固态合金自高温冷却到室温时的应力状态变化。固态合金在弹-塑临界温度（钢和铸铁 620～650 ℃）以上的较高温度时，处于塑性状态，在较小的应力作用下会产生塑性变形，应力在变形之后可自行消除。而在弹-塑临界温度以下，金属呈弹性状态，在应力作用下仅发生弹性变形，变形之后，应力仍然存在。

以图 7.10（a）所示的框形铸件来分析热应力的形成。该铸件中的杆 I 较粗，杆 II 较细。当铸件处于高温阶段（图中 $T_0 \sim T_1$）时，两杆均处于塑性状态，尽管两杆的冷却速度不同，收缩不一致，但瞬时的应力均可通过塑性变形而自行消失。继续冷却后，冷却速度较快的杆 II 已进入弹性状态，而粗杆 I 仍处于塑性状态（图中 $T_1 \sim T_2$）。冷却开始时，由于细杆 II 冷却快，收缩大于粗杆 I，所以细杆 II 受拉伸，粗杆 I 受压缩[见图 7.10（b）]，形成了暂时内应力，但这个内应力随粗杆 I 的微量塑性变形（压短）而消失[见图 7.10（c）]。当进一步冷却到更低温度时（图中 $T_2 \sim T_3$）已被塑性压短的粗杆 I 也处于弹性状态，此时，尽管两杆长度相同，但所处的温度不同。粗杆 I 的温度较高，还会进行较大的收缩；细杆 II 的温度较低，收缩已趋停止。因此，粗杆 I 的收缩必然受到细杆 II 的强烈阻碍，于是，细杆 II 受压缩，粗杆 I 受拉伸，直到室温，形成残余内应力[见图 7.10（d）]。

由此可见，热应力的形成规律是：铸件的缓冷部位（厚壁部位或心部）受拉伸，快冷部位（薄壁部位或表层）受压缩。铸件的壁厚差别越大，定向凝固越明显，合金的线收缩率越高和弹性模量越大，则热应力越大。定向凝固时，由于铸件各部分冷却速度不一致，产生的热应力较大，铸件易出现变形和裂纹，采用时应予以考虑。

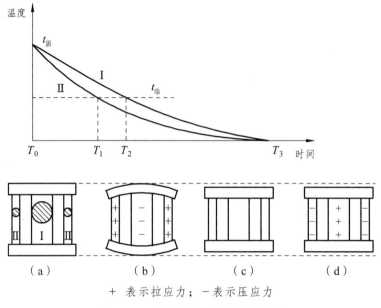

（a）　　　　（b）　　　　（c）　　　　（d）

＋表示拉应力；－表示压应力

图 7.10　应力框及其热应力的形成

② 机械应力的形成。机械应力是合金的线收缩受到铸型或型芯的机械阻碍而形成的内应力，如图 7.11 所示。机械应力使铸件产生拉伸或剪切应力，是暂时存在的，在铸件落砂之后，这种内应力便可自行消除。但机械应力在铸型中可与热应力共同起作用，增大某些部位的拉应力数值，增加铸件的裂纹倾向。

③ 减小和消除内应力的措施。

a. 合理设计铸件结构。铸件的形状越复杂，各部分壁厚相差越大，冷却时温度越不均匀，铸造应力越大。因此，在设计铸件时应尽量使铸件形状简单、对称，壁厚均匀。

b. 尽量选用线收缩率小、弹性模量小的合金，设法改进铸型、型芯的退让性，合理设置浇冒口等。

c. 采用同时凝固原则。同时凝固是指采取一些工艺措施，尽量减小铸件各部位间的温度差，使铸件各部位几乎同时冷却凝固，如图 7.12 所示。因为各部位温差小，不易产生热应力，因此铸件变形小。

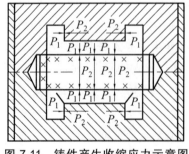

图 7.11　铸件产生收缩应力示意图

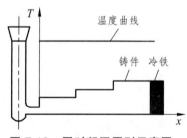

图 7.12　同时凝固原则示意图

d. 对铸件进行时效处理。时效处理分为自然时效、人工时效和振动时效等。自然时效是将铸件置于露天场地半年以上，让其内应力自然消除。人工时效又称去应力退火，是将铸件加热到 550~650 ℃（用于钢铁铸件），保温 2~4 h，随炉冷却至 150~200 ℃，然后出炉。振动时效是将铸件在其共振频率下振动 10~60 min，以消除铸件中的残余应力。

（2）铸件的变形及防止。前面已经指出，具有残余热应力的铸件，厚壁部分受拉伸，薄壁部分受压缩，就像被拉伸或压缩的弹簧一样，处于一种非稳定状态，将自发地通过铸件变形来减缓其应力，以回到稳定的平衡状态。显然，只有原来受拉伸部分产生压缩变形，受压缩部分产生拉伸变形，才能使铸件中的残余内应力减小或消除。换句话说，铸件变形总是朝力图减小或消除残余内应力的方向发生的。实际上，铸件变形中，多以"杆"件和"板"件上的弯曲变形最为明显。

图 7.13 所示的 T 形梁铸件，在图（a）中其上部较厚，冷却较慢，受拉应力，将产生压缩变形来缓解应力。因此，最后出现了上边短（内凹），下边长（外凸）的弯曲变形，如图 7.13（a）中虚线所示。图（b）正好相反，其下部较厚，因此，最后出现了上边长（外凸），下边短（内凹）的弯曲变形，如图 7.13（b）中虚线所示。

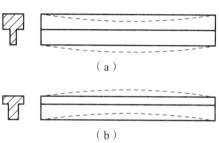

图 7.13　T 形梁铸钢件弯曲变形

图 7.14 为车床床身铸件，其导轨较厚，冷却速度较慢，形成内部残余拉应力；床腿较薄，为内部残余压应力，最后导致床身导轨内凹的挠曲变形。

图 7.15 为一平板铸件，尽管其壁厚均匀，但其中心比边缘冷却慢而受拉，边缘则受压，且铸型上面又比下面散热冷却快，于是平板产生如图 7.15 所示方向的变形。

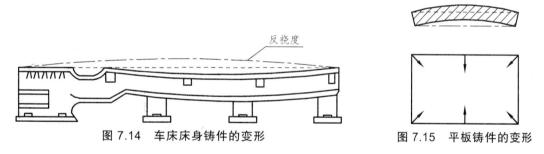

图 7.14　车床床身铸件的变形　　　　图 7.15　平板铸件的变形

为了防止铸件变形，应采取的措施有：① 减小应力；② 最好将铸件设计成对称结构，使其内应力相互平衡而不易变形；③ 在铸造工艺上应采用同时凝固原则，以便冷却均匀；④ 对于长而易变形的铸件，可采用"反变形"工艺。反变形法是在统计某类铸件变形规律的基础上，在模型上预先做出相当于铸件变形量的反变形量，以抵消铸件的变形。如长度大于 2 m 的床身铸件的反变形量为每米长放 1~3 mm 或更多的挠度，如图 7.14 所示。

（3）铸件的裂纹及防止。当铸造内应力超过金属材料的抗拉强度时，铸件便会产生裂纹。裂纹是严重的铸件缺陷，必须设法防止。根据产生时温度的不同，裂纹可分为热裂纹和冷裂纹两种。

① 热裂纹。在凝固后期，高温下的金属强度很低，如果金属较大的线收缩受到铸型或型芯的阻碍，机械应力超过该温度下金属的最大强度，便产生热裂纹。热裂纹的形状特征是尺寸较短，缝隙较宽，形状曲折，裂纹内呈现严重的氧化色。热裂纹在铸钢件和铝合金铸件中较常见。

影响热裂形成的主要因素是：

a. 合金性质。铸造合金的结晶特点和化学成分对热裂的产生均有明显的影响。合金的结晶温度范围越宽，凝固收缩量越大，合金的热裂倾向也越大。灰铸铁和球墨铸铁由于凝固收缩甚小，故热裂倾向也较小。铸钢、某些铸铝合金、白口铸铁的热裂倾向较大。

　　b. 铸型阻力。铸型、型芯的退让性对热裂的形成有着重要影响。退让性越好，机械应力越小，形成热裂的可能性也越小。

　　防止热裂的方法有：设计合理的铸件结构；改善型砂和芯砂的退让性；因硫能增加钢和铸铁的热脆性，使合金的高温强度降低，故应严格限制钢和铸铁中硫的含量。

　　② 冷裂纹。铸件凝固后在较低温度下形成的裂纹叫作冷裂纹。冷裂纹的形状特征是表面光滑，具有金属光泽或呈微氧化色，裂口常穿过晶粒延伸到整个断面，常呈圆滑曲线或直线状。脆性大、塑性差的合金，如白口铸铁、高碳钢及某些合金钢，最易产生冷裂纹，大型复杂铸铁件也易产生冷裂纹。冷裂往往出现在铸件受拉应力的部位，特别是应力集中的部位。

　　减小铸造内应力和降低合金的脆性可防止冷裂，具体措施有：铸件壁厚要均匀；增加型砂和芯砂的退让性；降低钢和铸铁中磷的含量，因为磷能显著降低合金的冲击韧度，使钢产生冷脆。如铸钢的磷含量大于 0.1%、铸铁的磷含量大于 0.5%时，因冲击韧度急剧下降，冷裂倾向明显增加。

7.1.2.3　合金的吸气性

　　气孔是铸造生产中最常见的缺陷之一。据统计，铸件废品中约 1/3 是由于气孔造成的。气孔是气体在铸件内形成的孔洞，表面常常比较光滑、明亮或略带氧化色，一般呈梨形、椭圆形等。气孔减小了合金的有效承载面积，并在气孔附近引起应力集中，降低铸件的力学性能。同时，铸件中存在的弥散性气孔还可以促使疏松缺陷形成，从而降低了铸件的气密性。气孔对铸件的耐蚀性和耐热性也有不利影响。

　　按气孔产生的原因和气体来源不同，气孔大致可分为侵入气孔、析出气孔和反应气孔 3 类。

1. 侵入气孔

　　侵入气孔是浇注过程中熔融金属和铸型之间的热作用，使砂型或型芯中的挥发物（水分、黏结剂、附加物）挥发生成，以及型腔中原有的空气侵入熔融金属内部所形成的气孔。侵入的气体一般是水蒸气、一氧化碳、二氧化碳、氧气、碳氢化合物等。

　　防止侵入气孔产生的主要措施有：减小型（芯）砂的发气量、发气速度，增加铸型、型芯的透气性；或是在铸型表面刷涂料，使型砂与熔融金属隔开，阻止气体侵入等。

2. 析出气孔

　　溶解于熔融金属中的气体在冷却和凝固过程中，由于溶解度的下降而从合金中析出，在铸件中形成的气孔称为析出气孔。析出气孔分布较广，有时遍及整个铸件截面，影响铸件的力学性能及气密性。

　　防止析出气孔的主要措施有：减少合金的吸气量；对金属进行除气处理；提高冷却速度或使铸件在压力下凝固，阻止气体析出等。

3. 反应气孔

　　浇入铸型的熔融金属与铸型材料、芯撑、冷铁或熔渣之间发生化学反应产生的气体在铸件中形成的孔洞称为反应气孔。例如，冷铁、芯撑若有锈蚀，它与灼热的钢液、铁液接触时，将发生如下化学反应：

$$Fe_3O_4 + 4C = 3Fe + 4CO\uparrow$$

产生的 CO 气体常在冷铁、芯撑附近形成气孔，多位于铸件皮下 1~2 mm 处，直径内侧 2~3 mm，称皮下气孔或针孔。反应气孔形成的原因和方式较为复杂。

防止反应气孔出现的主要措施是芯撑和冷铁表面无油、无锈并保持干燥。

7.1.2.4 铸件常见缺陷

砂型铸造工艺过程复杂，影响铸件质量的因素很多。常见的铸件缺陷如图 7.16 所示。

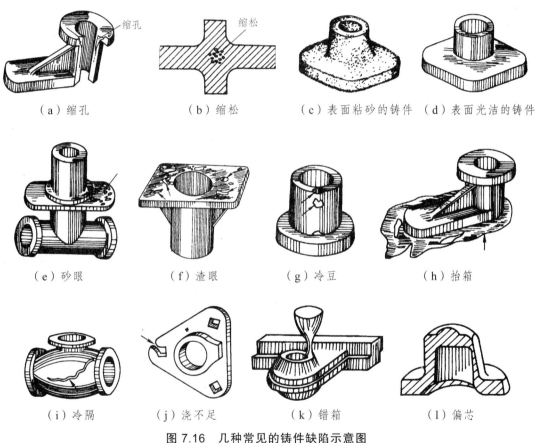

（a）缩孔　　（b）缩松　　（c）表面粘砂的铸件　（d）表面光洁的铸件

（e）砂眼　　（f）渣眼　　（g）冷豆　　（h）抬箱

（i）冷隔　　（j）浇不足　　（k）错箱　　（l）偏芯

图 7.16　几种常见的铸件缺陷示意图

1. 冷隔和浇不足

液态金属充型能力不足，或充型条件较差，在型腔被填满之前，金属液便停止流动，将使铸件产生浇不足或冷隔缺陷。浇不足时，会使铸件不能获得完整的形状；冷隔时，铸件虽可获得完整的外形，但因存有未完全融合的接缝，铸件的力学性能严重受损。

防止浇不足和冷隔的方法是：提高浇注温度与浇注速度。

2. 气 孔

气体在金属液结壳之前未及时逸出，在铸件内生成的孔洞类缺陷。气孔的内壁光滑、明亮或带有轻微的氧化色。铸件中产生气孔后，将会减小其有效承载面积，且在气孔周围会引起应力集中而降低铸件的抗冲击性和抗疲劳性。气孔还会降低铸件的致密性，致使某些要求承受水压试验的铸件报废。另外，气孔对铸件的耐腐蚀性和耐热性也有不良的影响。

防止气孔产生的方法是：降低金属液中的含气量，增大砂型的透气性，以及在型腔的最高处增设出气冒口等。

3. 粘 砂

铸件表面上粘附有一层难以清除的砂粒称为粘砂。粘砂既影响铸件外观，又增加铸件清理和切削加工的工作量，甚至会影响机器的寿命。例如，铸齿表面有粘砂时容易损坏，泵或发动机等机器零件中若有粘砂，则将影响燃料油、气体、润滑油和冷却水等流体的流动，并会玷污和磨损整个机器。

防止粘砂的方法是：在型砂中加入煤粉，铸型表面涂刷防粘砂涂料等。

4. 夹 砂

铸件中产生夹砂的部位大多是与砂型上表面相接触的地方。其形成过程是型腔上表面受金属液辐射热的作用，容易拱起和翘曲，当翘起的砂层受金属液流不断冲刷时可能断裂破碎，留在原处或被带入其他部位。铸件的上表面越大，型砂体积膨胀越大，形成夹砂的倾向性也越大。

5. 砂 眼

砂眼是在铸件内部或表面充塞着型砂的孔洞类缺陷。主要是由型砂或芯砂强度低、型腔内散砂未吹尽、铸型被破坏及铸件结构不合理等原因产生的。

防止砂眼的方法是：提高型砂强度；合理设计铸件结构；增加型砂紧实度等。

6. 胀 砂

浇注时在金属液的压力作用下，铸型型壁移动，铸件局部胀大形成的缺陷。

为了防止胀砂，应提高砂型强度、砂箱刚度、加大合箱时的压箱力或紧固力，并适当降低浇注温度，使金属液的表面提早结壳，以降低金属液对铸型的压力。

7.2 常用铸造合金及其熔炼

用于生产铸件的金属材料称为铸造合金。工业中最常用的铸造合金是铸铁、铸钢及铸造非铁合金中的铝、铜合金，下面主要介绍这几种合金的性能、生产特点、应用以及如何选择铸造方法等。

7.2.1 铸铁件的生产

铸铁是含碳量大于 2.11% 的铁碳合金，在铸造合金中应用最广。在实际应用中，铸铁是以铁、碳和硅为主要元素的多元合金。铸铁的常用成分范围如表 7.5 所示。

表 7.5　铸铁的常用成分范围

组　元	C	Si	Mn	P	S	Fe
成分/%	2.4～4.0	0.6～3.0	0.4～1.2	≤0.3	≤0.15	其余

铸铁常用来制造机架、床身、箱体、曲轴等，是工程材料中最重要的液态成形合金。

7.2.1.1　影响铸铁性能的因素

石墨是决定铸铁性能的主导因素，碳以石墨形式析出的现象被称为石墨化。石墨化程度不同，铸铁组织也不同。珠光体越多，石墨分布越细小均匀，强度、硬度越高，耐磨性越好。要想控制铸铁的组织和性能，必须控制铸铁的石墨化程度。影响铸铁石墨化的主要因素是化学成分和冷却速度。

1. 化学成分

铸铁成分中碳和硅为主要元素，对石墨化起决定性作用，其他元素也有一定的影响。

（1）碳和硅。碳和硅是铸铁中强烈促进石墨化的元素。碳是形成石墨的元素，硅促进石墨的析出。当铸铁中碳、硅含量越高，析出的石墨就越多、越粗大，基体中铁素体增多，珠光体减少，铸铁强度和硬度越低；反之，则石墨析出量减少且较细，基体中珠光体增多，铁素体减少，铸铁强度和硬度越高。但是碳、硅含量过低会使石墨化无法进行，反而得到白口组织。碳与硅中，硅的影响更大，若铸铁中含硅量过少（＜0.5%），即使含碳量很高，石墨也难以形成，只能得到含渗碳体的白口或麻口铸铁。硅含量过高，又会使石墨片过多，尺寸过于粗大。硅除能促进石墨化外，还可改善铸造性能，如能提高铸铁的流动性、降低铸件的收缩率等。因此，一般灰口铸铁碳、硅含量的控制范围是：$w(C) = 3.0\% \sim 3.7\%$，$w(Si) = 1.8\% \sim 2.4\%$。

（2）硫和锰。硫和锰在铸铁中是密切相关的。硫是严重阻碍石墨化的元素。含硫量高时，铸铁有形成白口的倾向。硫在铸铁晶界上易形成低熔点（985 ℃）的共晶体（FeS + Fe），使铸铁具有热脆性。此外，硫还使铸铁铸造性变坏（如降低铁液流动性、增大铸件收缩率等），通常硫限制在 0.1% ～ 0.15% 以下，高强度铸铁则应更低。

锰是弱阻碍石墨化元素，具有稳定珠光体，起着提高铸铁强度和硬度的作用。同时，因锰与硫的亲和力大，在铁液中会发生如下反应：

$$Mn + S \Longrightarrow MnS$$

$$Mn + FeS \Longrightarrow Fe + MnS$$

MnS 的熔点约为 1 600 ℃，高于铁液温度，因它的比重较小，故上浮进入熔渣而被排出炉外，而残存于铸铁中的少量 MnS 呈颗粒状，对力学性能的影响很小，故锰能抵消硫的有害作用，故属于有益元素。铸铁中的锰除与硫发生作用外，其余还可溶入铁素体和渗碳体中，提高了基体的强度和硬度；但过多的锰则起阻碍石墨化的作用。铸铁中锰的含量一般为0.6%～1.2%。

（3）磷。磷对铸铁的石墨化影响不显著，可降低铁液的黏度而提高铸铁的流动性。当铸铁中磷的含量超过0.3%时，会形成以Fe_3P为主的共晶体，这种共晶体的熔点较低、硬度高（390～520 HBS），形成了分布在晶界处的硬质点，因而提高了铸铁的耐磨性。因磷共晶体呈网状分布，故含磷过高又会增加铸铁的冷脆倾向。因此，对于一般灰铸铁件来说，磷属有害元素，一般应限制在0.5%以下，高强度铸铁则应限制在0.2%～0.3%以下，只是某些薄壁件或耐磨件中的磷含量可提高到0.5%～0.7%。

2. 冷却速度

铸铁的冷却速度主要受铸型材料的导热性和铸件壁厚的影响。由于石墨化过程是一个原子扩散过程，一般地说，在其他条件相同时，铸件的冷却速度越慢，越有利于石墨化的进行；反之，冷却速度增大，原子扩散能力减弱，碳原子更容易以碳化物的形式析出，不利于铸铁石墨化的进行。

（1）铸型材料。不同铸型材料的导热能力不同。如金属型比砂型导热快，冷却速度大，使石墨化受到严重阻碍，易获得白口组织。而砂型冷却速度慢，易获得灰口组织。

（2）铸件壁厚。当其他条件（如化学成分、铸型材料、浇注温度等）一定时，铸件壁越厚，冷却速度越慢，则石墨化倾向越大，易得到粗大石墨片和铁素体基体；反之，铸件壁越薄，冷却速度越快，则石墨化倾向越小，易得到细小石墨片和珠光体基体。当铸件壁厚小到一定程度时，因冷却速度过快，石墨化不能进行，将产生白口组织。由此可知，随着壁厚的增加，石墨片的数量和尺寸都增大，铸铁强度、硬度反而下降。这一现象称为壁厚（对力学性能的）敏感性。

从图7.17所示的三角形试样的断口处可以看出，冷却速度很快的下部尖端处呈银白色，属于白口组织；其心部晶粒较粗大，属于灰口组织；在灰口和白口交界处属于麻口组织。这是由于缓慢冷却时，石墨得以顺利析出；而下部尖端处冷却较快，石墨的析出受到了抑制。在实际生产中，一般是根据铸件的壁厚（重要铸件是指其重要部位的厚度，一般铸件则取其平均壁厚）选择铁液的化学成分（主要指碳、硅），以获得所需的铸铁组织。图7.18为砂型铸造时，铸件壁厚和碳、硅含量对铸铁组织的影响。

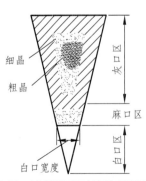

图7.17 冷却速度对铸铁组织的影响

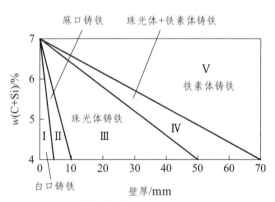

图7.18 砂型铸件壁厚、化学成分和组织的关系

在实际应用中，同一铸件的不同部位可采用不同的铸型材料，使铸件各部分的组织和性能不同。如冷硬铸造轧辊、车轮时，就是采用局部金属型（其余用砂型）以激冷铸件上的耐磨表面，使其产生耐磨的白口组织。

7.2.1.2 灰铸铁

1. 灰铸铁的显微组织和性能特点

灰铸铁的组织由基体和片状石墨组成。按照基体组织的不同，灰铸铁又可分为以下3类：

（1）铁素体灰口铸铁(F + G)。其组织是在铁素体基体上分布着粗大的石墨片，如图 7.19（a）所示。这种铸铁抗拉强度和硬度低，易加工，铸造性能好，常用来制造性能要求不高的铸件和一些薄壁件。

（2）铁素体 + 珠光体灰口铸铁(F + P + G)。其组织是在铁素体和珠光体的基体上分布着粗大的石墨片，如图 7.19（b）所示。这种铸铁强度较低，但可满足一般机件要求，且其铸造性能、切削加工性能和减振性较好，因此应用较广。

（3）珠光体灰口铸铁(P + G)。其组织是在珠光体的基体上，分布着较细小均匀的石墨片，如图 7.19（c）所示。这种铸铁强度和硬度较高，主要用来制造较为重要的机件。

（a）铁素体灰口铸铁　　　　（b）铁素体＋珠光体灰口铸铁　　　　（c）珠光体灰口铸铁

图 7.19　灰铸铁的显微组织

与碳钢相比，灰铸铁具有如下性能特点：

（1）力学性能较差。灰铸铁的组织结构如同在钢的基体上嵌入大量石墨片，而石墨的强度（20 MPa）、硬度极低（≤3 HBS），塑性近于零。石墨的存在相当于在基体上分布大量孔洞，大大减小了基体的有效承载面积。同时，片状石墨的尖角引起应力集中而成为裂纹源，在较小拉应力作用下，裂纹易扩展导致铸件断裂。由于石墨片的破坏作用，使灰铸铁的抗拉强度、塑性和弹性模量均比碳钢低得多，通常 σ_b 为 120 ~ 250 MPa。但石墨片对承受压应力的有害影响较小，故抗压强度和硬度与同基体的钢接近，一般可达 600 ~ 800 MPa。

（2）耐磨性好。石墨磨掉后形成大量显微凹坑，可以储存润滑油，而且石墨本身也是润滑剂，所以灰铸铁的耐磨性比碳钢好很多，适于制造润滑状态下工作的导轨、衬套和活塞环等零件。

（3）减振性好。减振性是指材料在交变载荷作用下本身吸收（或衰减）振动的能力。石墨片割裂了金属基体，可阻止振动传播，并把它转化为热能而消失。石墨对基体破坏越严重，减振性能越好，所以灰铸铁的减振性优于球墨铸铁，更优于碳钢，常用来制造机床床身、机座等零件，以减小机床运动过程中的振动，保证了零件的加工精度。

（4）缺口敏感性小。材料在有缺口时强度明显低于无缺口时的强度，这种现象称为缺口敏感性。灰铸铁中的石墨片，相当于存在大量缺口，使其对外来缺口的敏感性变小。因此，在有外来缺口（如内部缺陷、断面突变、偶然碰伤等）情况下，灰铸铁强度变化很小，而铸钢的性能则得不到充分发挥。

（5）铸造性能和切削加工性能良好。灰铸铁是共晶型合金，具有良好的流动性；同时由于结晶时析出石墨的膨胀作用，灰铸铁的收缩率小，因此灰铸铁具有良好的铸造性能。由于石墨的润滑及割裂作用，使灰铸铁件切削加工时呈崩碎切屑，通常不需加切削液，刀具磨损小。

上述良好的工艺性能是灰铸铁得以广泛应用的主要原因之一。但是灰铸铁的其他工艺性能较差，如不能锻造和冲压；焊接时产生裂纹的倾向大，焊接区常出现白口组织，焊接性差；热处理性能也差，由于热处理只能改变金属基体组织，不能改变石墨形状和分布状态，因此不能根本改变灰铸铁的强度。

2. 灰铸铁的孕育处理

如前所述，因粗大石墨片对铸铁金属基体的割裂作用，使其力学性能很低，因此，提高灰口铸铁性能的途径就是降低碳、硅含量，改善基体组织，减少石墨的数量和尺寸，并使其均匀分布。孕育处理是提高灰口铸铁性能的有效方法，其原理是：先熔炼出相当于白口或麻口组织的低碳、硅含量的高温（1 400 ~ 1 450 ℃）铁水，然后向铁水中冲入少量细粒状或粉末状的孕育剂。孕育剂一般为含硅 75%（质量分数）的硅铁合金（有时也用硅钙合金），加入量为铁水质量的 0.25% ~ 0.6%。孕育剂在铁水中形成大量弥散的石墨结晶核心，使石墨化作用骤然提高，从而得到细晶粒珠光体上均匀分布着细片状石墨的组织。经孕育处理后的铸铁称为孕育铸铁，它的强度、硬度显著提高（σ_b = 250 ~ 350 MPa，硬度为 170 ~ 270 HBS）。原铁水中碳含量越低，则石墨越细小，强度、硬度越高。但因石墨仍为片状，故孕育铸铁塑性、韧性仍然很低，仍属灰口铸铁范畴。

孕育铸铁的另一优点是冷却速度对其组织和性能的影响甚小，因此铸件上厚大截面的性能较为均匀，如图 7.20 所示。孕育铸铁适用于静载荷下，要求有较高强度、硬度、耐磨性或气密性的铸件，特别是厚大截面铸件。如重型机床床身、气缸体、缸套及液压件等。

必须指出：

① 孕育铸铁原铁水的碳、硅含量不能太高 [$w(C)$ = 2.7% ~ 3.3%、$w(Si)$ = 1.0% ~ 2.0%]，否则孕育处理后会使石墨数量增多而且粗大化，反而降低铸铁的强度。

② 原铁水出炉温度不应低于 1 400 ℃，以避免因孕育处理后铁水温度过低，流动性能下降，使铸件产生浇不足、冷隔等缺陷。

③ 经孕育处理后的铁水必须尽快浇注（15 ~ 20 min 内浇完），以防止孕育作用衰退（随时间延续孕育效果消失，铸铁白口倾向重新增大，强度反而下降）。

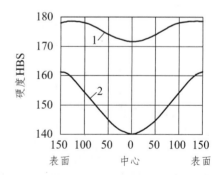

图 7.20　孕育处理对大截面（300 × 300）铸件硬度的影响

1—孕育铸铁；2—普通灰铸铁

3. 灰铸铁的牌号及用途

我国灰铸铁的牌号为 HT×××，其中"HT"为"灰铁"二字的汉语拼音首字母，而后面的×××为最低抗拉强度值，单位为 MPa。灰铸铁牌号共 6 种（见表 7.6），其中 HT100、HT150、HT200 为普通灰铸铁；HT250、HT300、HT350 为孕育铸铁。HT100 用于低负荷和不重要的零件，如防护罩、小手柄、盖板和重锤等；HT150 用于承受中等负荷的零件，如机座、支架、箱体、带轮、轴承座、法兰、泵体、阀体、管路、飞轮和电动机座等；HT200、HT250 用于承受较大负荷的重要零件，如机座、床身、齿轮、气缸、飞轮、齿轮箱、中等压力阀体、气缸体和气缸套等；HT300、HT350 用于承受高负荷、要求耐磨和高气密性的重要零件，如重型机床床身、压力机床床身、高压液压件、活塞环、齿轮和凸轮等。

表 7.6　灰铸铁牌号和性能（GB/T 9439—1988）

牌号	铸件壁厚/mm >	抗拉强度/MPa ≥	布氏硬度 HBS	显微组织		主要特点
				基体	石墨	
HT100	2.5～10	130	110～167	F+P（少）	粗片	铸造性能好，工艺简便，铸造应力小，不需人工时效处理，减振性优良，有一定的机械强度
	10～20	100	93～140			
	20～30	90	87～131			
	30～50	80	82～122			
HT150	2.5～10	175	136～205	F+P	较粗片	
	10～20	145	119～179			
	20～30	130	110～176			
	30～50	120	105～157			
HT200	2.5～10	220	157～236	P	中等片	强度、耐热性、耐磨性均较好，减振性也良好，铸造性能好，但需进行人工时效处理
	10～20	195	148～222			
	20～30	170	134～200			
	30～50	160	129～192			
HT250	4～10	270	174～262	细 P	较细片	
	10～20	240	164～247			
	20～30	220	157～236			
	30～50	200	150～225			
HT300	10～20	290	182～272	S 或 T	细小片	强度高、耐磨性好，白口倾向性大，铸造性能差，需进行人工时效处理
	20～30	250	168～251			
	30～50	230	161～241			
HT350	10～20	340	199～298	S 或 T	细小片	
	20～30	290	182～272			
	30～50	260	171～257			

必须指出，因灰铸铁的性能不仅取决于化学成分，还与铸件壁厚有关，所以在选择铸铁牌号时，也必须考虑铸件壁厚。例如，壁厚分别为 8 mm、25 mm 的两种铸铁件，均要求 $\sigma_b = 150$ MPa，则壁厚为 8 mm 的铸件应选牌号 HT150 的铸铁，而壁厚为 25 mm 的铸件应选牌号 HT200 的铸铁。

4. 灰铸铁的生产特点

灰铸铁主要在冲天炉内熔化，一些高质量的灰铸铁可用电炉熔炼。灰铸铁的铸造性能优良，铸造工艺简单，便于制造出薄而复杂的铸件，生产中多采用同时凝固原则，铸型不需要加补缩冒口和冷铁，只有高牌号铸铁采用定向凝固原则。

灰铸铁件主要用砂型铸造，浇注温度较低，因而对型砂的要求也较低，中、小件大多采用经济简便的湿型铸造。

5. 灰铸铁件的热处理

灰铸铁件在生产中常采用的热处理工艺有：

（1）时效处理。时效处理的目的是消除铸件内应力，防止加工后产生变形。时效处理又分为自然实效和人工实效。

自然实效处理是将铸件在机加工前放置在室外一段时间，使铸件自行消失一部分内应力的方法。此法的缺点是时间长、效果差，目前应用的很少。人工实效处理是将冷却后的铸件放在 100 ~ 200 ℃ 的炉中，随炉升温至 500 ~ 600 ℃，经较长时间保温后，缓慢冷却的方法，这样可消除 90% 以上的内应力。

（2）软化退火。将铸件加热至 900 ~ 950 ℃，保温 2 ~ 5 h，使铸件中的白口组织的渗碳体分解为石墨，随后随炉冷至 400 ~ 500 ℃，再置于空气中冷却。

（3）表面淬火。为了提高某些铸件（如机床导轨面、气缸套内壁等）的表面硬度和耐磨性，可采用表面淬火法进行热处理。最常用的表面淬火法有高（中）频感应加热和接触电加热表面淬火法。

7.2.1.3 可锻铸铁

可锻铸铁俗称玛钢或玛铁，它是将白口铸铁件经长时间的高温石墨化退火，使白口铸铁中的渗碳体分解，获得在铁素体或珠光体的基体上分布着团絮状石墨的铸铁。由于可锻铸铁的石墨呈团絮状，大大减轻了对基体的割裂作用，故抗拉强度显著提高，σ_b 一般达 300 ~ 400 MPa，最高达 700 MPa。尤为可贵的是这种铸铁已具有一定的塑性和韧性（$\delta \leqslant 12\%$，$a_K < 30$ J/cm^2），"可锻铸铁"就是由此而得名，但它并不能真正用于锻造。

1. 可锻铸铁的生产特点

可锻铸铁的生产分两个步骤：

第一步：先铸造出白口铸铁坯料。为保证在通常的冷却条件下铸件能得到合格的白口组织，要求铸铁的碳、硅含量很低，其成分通常是 $w(C) = 2.2\% ~ 2.8\%$，$w(Si) = 0.4\% ~ 1.4\%$，$w(Mn) = 0.4\% ~ 1.2\%$，$w(P) \leqslant 0.1\%$，$w(S) \leqslant 0.2\%$。同时，可锻铸铁件的壁厚也不能太厚，尺寸也不宜太大，否则铸件冷却速度缓慢，不能得到完全的白口组织。同时，白口铸铁的流动性差，收缩大，铸造时应适当提高浇注温度，可采用冒口、冷铁及防裂肋等铸造工艺措施。

第二步：进行长时间的石墨化退火处理。其退火工序是：将清理后的坯料置于退火箱中，并加盖用泥密封，再送入退火炉中，缓慢加热到 900 ~ 980 °C 的高温，保温 10 ~ 20 h，使 Fe_3C 分解得到团絮状石墨，并按规范冷却到室温（对于黑心可锻铸铁还要在 700 °C 以上进行第二阶段保温）。石墨化退火的总周期一般为 40 ~ 70 h。其工艺如图 7.21 所示。因此，可锻铸铁的生产过程复杂，而且周期长、能耗大、铸件的成本高。

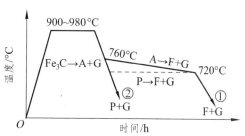

图 7.21 可锻铸铁的石墨化退火工艺

2. 可锻铸铁的牌号和显微组织

按照退火方法的不同，可锻铸铁分为黑心可锻铸铁和珠光体可锻铸铁，黑心可锻铸铁因其断口为黑绒状而得名，以 KTH 表示，其基体为铁素体，如图 7.22（a）所示；珠光体可锻铸铁以 KTZ 表示，基体为珠光体，如图 7.22（b）所示。其中"KT"为"可铁"的拼音首字母，"H"和"Z"分别为"黑"和"珠"的拼音首字母，代号后的第一组数字表示最低抗拉强度值（MPa），第二组数字表示最低伸长率（%）。

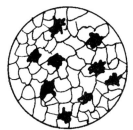 

（a）铁素体可锻铸铁　　　　　　（b）珠光体可锻铸铁

图 7.22 可锻铸铁的显微组织

3. 可锻铸铁的性能及应用

常用可锻铸铁（黑心可锻铸铁和珠光体可锻铸铁）的性能如表 7.7 所示。

表 7.7 常用可锻铸铁牌号及力学性能（GB/T 9440—1988）

种类	牌　号	试样直径 d/mm	抗拉强度 σ_b/MPa	屈服强度 $\sigma_{0.2}$/MPa	伸长率 δ/%	布氏硬度 HBS
			≥			
黑心可锻铸铁	KTH300-06	12 或 15	300	—	6	≤150
	KTH330-08		330	—	8	
	KTH350-10		350	200	10	
	KTH370-12		370	—	12	
珠光体可锻铸铁	KTZ450-06		450	270	6	150 ~ 200
	KTZ550-04		550	340	4	180 ~ 230
	KTZ650-02		650	430	2	210 ~ 260
	KTZ700-02		700	530	2	240 ~ 290

由于可锻铸铁有较高的冲击韧性和强度，适用于制造形状复杂、承受冲击载荷的薄壁小件，铸件壁厚一般不超过 25 mm。

较低强度的黑心可锻铸铁主要用于低动载荷及静载荷、要求气密性好的零件，如管道配件、中低压阀门、弯头、三通、机床用扳手等。较高强度的黑心可锻铸铁可用于较高的冲击、振动载荷下工作的零件，如汽车、拖拉机上的前后轮壳、制动器、减速器壳、船用电动机壳和机车附件等。珠光体可锻铸铁可用于承受较高载荷、耐磨和要求有一定韧性的零件，如曲轴、凸轮轴、连杆、齿轮、摇臂、活塞环、犁刀、耙片、闸、万向接头、棘轮扳手、传动链条和矿车轮等。

可锻铸铁生产周期长、工艺复杂、能耗大，应用和发展受到一定限制，某些传统的可锻铸铁零件，已逐渐被球墨铸铁所代替。但在生产形状复杂、承受冲击载荷的薄壁小件时，仍有不可替代的位置。这些小件若用铸钢制造困难较大。若用球墨铸铁，质量又难以保证。可锻铸铁不仅对原材料的限制小，且质量容易控制。可锻铸铁今后的发展方向，主要是探求快速退火新工艺，扩大新品种。

7.2.1.4　球墨铸铁

球墨铸铁（简称球铁）是通过球化处理和孕育处理使石墨呈球状，并配合适当的热处理改善基体组织，从而使铸铁的性能产生了质的飞跃。尽管球墨铸铁的历史很短，却在国内外得到迅速发展，在一些工业发达国家，其产量已超过铸钢，仅次于灰铸铁。我国 1950 年开始生产球墨铸铁，20 世纪 60 年代又结合国内丰富的稀土资源开发了稀土镁球墨铸铁，使我国球墨铸铁生产处于世界前列。

1. 球墨铸铁的成分及组织

球墨铸铁是在一定成分的铁水中加入少量的球化剂（如镁、稀土或稀土镁）进行球化处理，并加入少量的孕育剂（如硅铁和硅钙）以促进石墨化，在浇铸后可直接获得的具有球状石墨组织的铸铁。球铁的大致化学成分如下：$w(C) = 3.6\% \sim 4.0\%$，$w(Si) = 2.0\% \sim 2.8\%$，$w(Mn) = 0.6\% \sim 0.8\%$，$w(P) < 0.1\%$，$w(S) < 0.04\%$，$w(Mg) = 0.03\% \sim 0.08\%$。

球墨铸铁的显微组织由球形石墨和金属基体两部分组成。随着化学成分、冷却速度和热处理方法的不同，球墨铸铁在铸态下的金属基体可分为铁素体、铁素体 + 珠光体和珠光体 3 种，如图 7.23 所示。

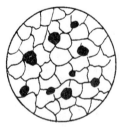  

（a）铁素体球墨铸铁　　　（b）铁素体 + 珠光体球墨铸铁　　　（c）珠光体球墨铸铁

图 7.23　球墨铸铁的显微组织

2. 球墨铸铁的牌号及性能

球墨铸铁牌号为 QT×××-××，其中"QT"为"球铁"的拼音首字母，其后两组数字分别表示最低抗拉强度（MPa）和伸长率（%）。常用球墨铸铁的牌号和力学性能如表 7.8 所示。

表 7.8　常用球墨铸铁的牌号和力学性能（GB/T 1348—1988）

牌　　号	抗拉强度 σ_b/MPa	屈服强度 $\sigma_{0.2}$/MPa	伸长率 δ/%	布氏硬度 HBS	基体组织
		≥			
QT400-18	400	250	18	130～180	铁素体
QT400-15	400	250	15	130～180	铁素体
QT450-10	450	310	10	160～210	铁素体
QT500-07	500	320	7	170～230	铁素体＋珠光体
QT600-03	600	370	3	190～270	珠光体＋铁素体
QT700-02	700	420	2	225～305	珠光体
QT800-02	800	480	2	245～335	珠光体或回火组织
QT900-02	900	600	2	280～360	贝氏体或回火马氏体

球墨铸铁的石墨呈球状，它对基体的割裂作用减至最低限度，从而使基体强度的利用率从灰铸铁的 30%～50% 提高到 70%～90%，通常球墨铸铁的 σ_b = 400～900 MPa，δ = 2%～18%，因此其力学性能比灰铸铁高得多，优于可锻铸铁，抗拉强度可以和钢媲美，塑性和韧性大大提高，尤其是屈强比（$\sigma_{0.2}/\sigma_b$）高，更增加了使用的可靠性。同时，球墨铸铁仍保持灰铸铁的某些优良性能，如良好的耐磨性、减振性、切削加工性能和低的缺口敏感性等。球墨铸铁的焊接性能和热处理性能都优于灰铸铁。

珠光体球墨铸铁强度和硬度较高，耐磨性较好，具有一定的韧性，其屈强比高于 45 号锻钢，表 7.9 是两者性能的比较。珠光体球墨铸铁可代替碳钢制造承受交变载荷及耐磨损的零件，典型件是内燃机曲轴、连杆、齿轮，并广泛用于制造车床主轴、镗床拉杆等耐磨件。

表 7.9　珠光体球墨铸铁和 45 号锻钢的力学性能比较

性　　能	45 号锻钢（正火）	珠光体球墨铸铁（正火）
抗拉强度 σ_b/MPa	690	815
屈服强度 $\sigma_{0.2}$/MPa	410	640
屈强比 $\sigma_{0.2}/\sigma_b$	0.59	0.785
伸长率 δ/%	26	3
疲劳强度（有缺口试样）σ_{-1}/MPa	150	155
布氏硬度 HBS	<229	229～321

3. 球墨铸铁的生产特点

球墨铸铁在一般铸造车间均可生产，但在熔炼技术、处理工艺上比灰铸铁要求更高。

（1）优质铁水。要有足够高的含碳量，低的硫、磷含量，有时还要求低的含锰量。高碳

（3.6%～4.0%）可改善铸造性能和球化效果，低的锰、磷可提高球墨铸铁的塑性与韧度。硫易与球化剂化合形成硫化物，使球化剂的消耗量增大，并使铸件易于产生皮下气孔等缺陷。

由于球化和孕育处理使铁水温度要降低50～100 °C，为防止浇注温度过低，使铸件产生浇不足等缺陷，出炉的铁水温度必须高于1 400 °C。

（2）球化处理和孕育处理。球化处理和孕育处理是制造球墨铸铁的关键，要严格控制。

球化剂的作用是使石墨呈球状析出。我国广泛采用的球化剂是稀土镁合金。镁是重要的球化元素，但它密度小（1.73 g/cm³）、沸点低（1 120 °C），若直接加入铁液，镁将浮于液面并立即沸腾，这不仅使镁的吸收率降低，也不安全。稀土元素包括铈（Ce）、镧（La）、镱（Yb）和钇（Y）等17种元素。稀土的沸点高于铁水温度，故加入铁水中没有沸腾现象，同时，稀土有着强烈的脱硫、去气能力，还能细化组织、改善铸造性能。但稀土的球化作用较镁弱，单纯用稀土作球化剂时，石墨球不够圆整。稀土镁合金（其中镁、稀土含量均小于10%，其余为硅和铁）综合了稀土和镁的优点，而且结合了我国的资源特点，用它作球化剂作用平稳、节约镁的用量，还能改善球铁的质量。球化剂的加入量一般为铁水质量的1.0%～1.6%。由于球化元素有较强的白口倾向，故球墨铸铁不适合铸造薄壁小件。

孕育剂的作用是促进石墨化，防止球化元素造成白口倾向，使石墨球圆整、细小，改善球铁的力学性能。常用孕育剂为含硅75%的硅铁合金，加入量为铁水质量的0.4%～1.0%。

目前，在生产中应用较普遍的球化处理工艺有冲入法和型内球化法。冲入法球化处理的过程如图7.24所示，将球化剂放在浇包底部的堤坝内，上面铺以硅铁粉和稻草灰，以防球化剂上浮，并使其缓慢作用。开始时，先将浇包容量2/3左右的铁水冲入包内，使球化剂与铁水充分反应。然后将孕育剂放在冲天炉出铁槽内，再冲入剩余的1/3铁水进行孕育处理。球化处理后的铁液应及时浇注，以防孕育和球化作用的衰退。

为了避免球化衰退现象，进一步提高球化效果，并减少球化剂用量，近年来采用了型内球化法，如图7.25所示。它是将球化剂和孕育剂置于浇注系统内的反应室中，铁液流过时与之作用而产生球化处理和孕育处理。型内球化方法最适合在大量生产的流水线上使用。

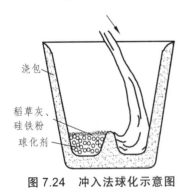
图7.24 冲入法球化示意图

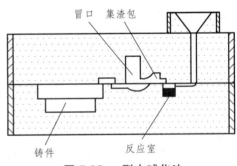
图7.25 型内球化法

（3）铸造工艺。因为球化和孕育处理会大大降低铁水温度，球墨铸铁流动性较灰铸铁差；球墨铸铁共晶凝固范围比灰铸铁宽，截面上存在相当宽的液固共存区，浇注后较长时间外壳不够结实；球状石墨析出时的膨胀力很大，若铸型的刚度不够，铸件的外壳将向外胀大，造成铸件内部金属液的不足，铸件易产生缩孔、缩松、皮下气孔、夹渣等缺陷。为防止上述缺陷，可采取如下措施：

① 增加铸型刚度。当铸型刚度较大时，会阻止铸件外壳向外膨胀，防止铸件外形扩大，石墨膨胀值将补偿铸铁收缩值，不需冒口可得到内部致密的铸件。如增加型砂紧实度，采用干砂型或水玻璃快干砂型，保证砂型有足够的刚度，并使上下型牢固夹紧。

② 在热节处安放冒口、冷铁，对铸件进行补缩。

③ 球墨铸铁要有较高的浇注温度及较大的浇口尺寸以提高铁液流动性能。

④ 皮下气孔、夹渣的防止。球墨铸铁件容易出现夹渣（MgS、MgO）和皮下 $0.5 \sim 2\,mm$ 处出现直径 $1 \sim 2\,mm$ 的气孔缺陷。它的产生是因铁液中过量的 Mg 或 MgS 与砂型表面水分发生如下化学反应生成气体而形成的。

$$Mg + H_2O = MgO + H_2 \uparrow$$

$$MgS + H_2O = MgO + H_2S \uparrow$$

浇注时降低铁液中的含硫量和残余镁量，降低型砂含水量或采用干砂型可防止或减少产生皮下气孔。浇注系统应能使铁液迅速、平稳地导入型腔，并采用滤渣网、集渣包加强挡渣效果，以防铸件内夹渣的产生。

4. 球墨铸铁的用途

与铸钢相比，球墨铸铁的熔炼及铸造工艺简便、成本低、投产快，在一般铸造车间即可生产。目前，球墨铸铁件已成功取代了不少可锻铸铁、铸钢及某些非铁金属件，甚至取代了部分承载较大、受力复杂的锻件，起到了以铸代锻的重要作用，在机械制造中已得到了广泛的应用。如汽车、拖拉机底盘零件、传动齿轮、阀体和阀盖、机油泵齿轮、柴油机和汽油机曲轴、缸体和缸套等。目前，球墨铸铁在制造曲轴方面正在逐步取代锻钢。

5. 球墨铸铁的热处理

球墨铸铁的基体多为珠光体 + 铁素体混合组织，有时还有自由渗碳体，形状复杂件还存在残余内应力。因此，多数球墨铸铁件要进行热处理，以保证应有的力学性能。常用的热处理为退火、正火、调质和等温淬火。退火的目的是获得铁素体基体，以提高球墨铸铁件的塑性和韧性。正火的目的是获得珠光体基体，以提高材料的强度和硬度。调质的目的是得到回火索氏体基体，适用于尺寸较小，综合性能要求较高的铸件，如曲轴、连杆等。等温淬火的目的是得到下贝氏体基体，以使铸件具有很高的强度和良好的韧性，适用于外形复杂、易变形、开裂的零件，如齿轮、凸轮轴等。

7.2.1.5 蠕墨铸铁

蠕墨铸铁是铁水经蠕化处理，使其石墨呈蠕虫状（介于片状和球状之间）的铸铁。

1. 蠕墨铸铁的组织

蠕墨铸铁的组织由金属基体和蠕虫状石墨所组成（见图 7.26）。石墨形状介于片状和球状之间，在光学显微镜下观察，石墨短而厚，头部较圆，形似蠕虫。在电子显微镜下观察，石墨端部具有螺旋生长的球状特征，但在石墨的枝干部分又有层叠状结构，类似于片状石墨。

图 7.26 蠕墨铸铁的显微组织

2. 蠕墨铸铁的性能及应用

蠕墨铸铁的性能介于灰铸铁和球墨铸铁之间，强度、塑性、韧性优于灰铸铁，接近于铁素体球墨铸铁，壁厚敏感性比灰铸铁小得多，故厚大截面上的力学性能均匀。蠕墨铸铁还有良好的使用性能，其组织致密，突出的优点是导热性优于球墨铸铁，且抗生长和抗氧化性比其他铸铁均高，耐磨性优于孕育铸铁及高磷耐磨铸铁，同时又兼有良好的铸造性能。因此，蠕墨铸铁主要用来制造大马力柴油机缸盖、气缸套、机座、电机壳、机床床身、钢锭模、轧辊模、玻璃瓶模和液压阀等零件。

3. 蠕墨铸铁的生产

蠕墨铸铁的生产与球墨铸铁相似，铁液成分与温度要求也相似。首先在一定成分的铁水中加入适量的蠕化剂进行蠕化处理，再加入孕育剂进行孕育处理。蠕化处理也是采用冲入法将蠕化剂加入铁水中。蠕化剂为镁钛合金、稀土镁钛合金或稀土镁钙合金等，加入量为铁水的 1%～2%（质量分数）。

4. 蠕墨铸铁的牌号

蠕墨铸铁牌号为 RuT×××，"RuT"为"蠕铁"的拼音字首，数字表示最低抗拉强度，单位符号为 MPa，常见蠕铁牌号及性能如表 7.10 所示。

表 7.10　蠕墨铸铁的牌号和性能（JB 4403—87）

牌　号	抗拉强度 σ_b/MPa	屈服强度 $\sigma_{0.2}$/MPa	伸长率 δ/%	布氏硬度 HBS	蠕化率 V/%	基体组织
	≥				≥	
RuT420	420	335	0.75	200～280		珠光体
RuT380	380	300	0.75	193～274		珠光体
RuT340	340	270	1.0	170～249	50	珠光体 + 铁素体
RuT300	300	240	1.5	140～217		珠光体 + 铁素体
RuT260	260	195	3.0	121～197		铁素体

7.2.1.6　合金铸铁

当铸铁件要求具有某些特殊性能（如高耐磨、耐热、耐蚀性等）时，可在铸铁中加入一定量的合金元素，制成合金铸铁。

1. 耐磨铸铁

普通高磷[$w(P)$ = 0.4%～0.6%]铸铁虽可提高耐磨性，但强度和韧性差，故常在其中加入铬、锰、铜、钒、钛、钨等合金元素，便构成高磷耐磨铸铁，如磷铜钛铸铁、铬钼铜铸铁、钒钛铸铁、硼铸铁及中锰铸铁等一系列具有良好综合性能的减摩铸铁。这不仅强化和细化了基体组织，而且形成了碳化物硬质点，进一步提高了铸铁的耐磨性等力学性能。

耐磨铸铁常应用于精密机床导轨、内燃机缸套、活塞环、轴套、球磨机的磨球等铸件。

162

2. 耐热铸铁

普通灰铸铁耐热性差,只能在小于 400 °C 左右的温度下工作。在铸铁中加入一定量的铝、硅、铬等元素,能使铸铁表面形成一层致密的 Al_2O_3、SiO_2、Cr_2O_3 氧化膜,保护铸铁内部不再继续氧化。另外,这些元素的加入提高了铸铁组织的相变温度,阻止了渗碳体的分解,从而使这类铸铁能够耐高温(700~1 200 °C)。耐热铸铁主要用于制造炉底板、换热器、坩埚炉、锅炉、高炉等工业用炉的耐热零件。

3. 耐蚀铸铁

在铸铁中加入硅、铝、铬等元素能在铸铁表面形成一层连续致密的保护膜;加入铬、硅、钼、铜、镍等元素,可提高基体的电极电位;通过合金化还可获得单相金属基体,减少铸铁中的微电池,这些措施均可有效提高铸铁的耐蚀性。耐蚀铸铁主要用于化工机械制造反应釜、盛储器、管道、阀门、泵体等。

合金铸铁流动性差,易产生缩孔、气孔、裂纹等缺陷,化学成分控制要求严格,铸造难度较大,需采用相应的工艺措施,方能获得合格铸件。

7.2.1.7 铸铁的熔炼

铸铁熔炼的目的是高生产率、低成本地熔炼出预定成分和温度的铁液。常用铸铁熔炼设备有冲天炉、电弧炉、反射炉、中频和工频感应电炉等,其中以冲天炉的应用最为广泛。

冲天炉是一种圆筒形的竖式熔铁炉,如图 7.27 所示。其结构由炉底、炉缸、炉身和前炉四大部分组成,炉顶与大气相通。

1. 冲天炉的熔炼过程

冲天炉的每一批炉料包括燃料:焦炭,冲天炉内最底层的焦炭称为底焦;金属料:铸造生铁锭、回炉料(浇冒口、废机件)、废钢、铁合金(硅铁、锰铁)等;熔剂:石灰石、氟石等。

在熔炼过程中,高温炉气不断上升、炉料不断下降,两者逆向运动中产生如下过程:底焦燃烧;金属炉料被预热、熔化和过热;冶金反应使铁水成分发生变化。因此,金属在冲天炉内并非是简单的熔化过程,实质上是一种熔炼过程。

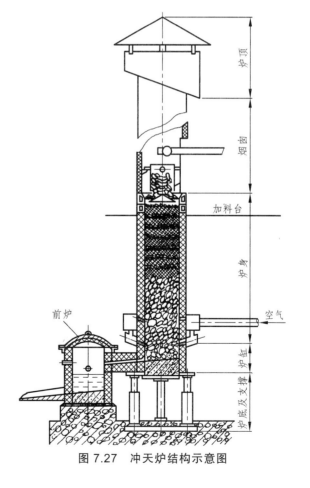

图 7.27 冲天炉结构示意图

2. 铁液化学成分的控制

在熔化过程中铁料与炽热的焦炭和炉气直接接触，铁料的化学成分将发生某些变化。为了熔化出成分合格的铁液，在冲天炉配料时必须考虑化学成分的如下变化：

（1）硅和锰减少。炉气氧化使铁水中的硅、锰产生烧损，通常硅烧损量为 10% ~ 20%（质量分数），锰烧损量为 15% ~ 25%（质量分数）。

（2）碳增加。铁料中的碳，一方面可被炉气氧化烧损，使含碳量减少；另一方面，由于铁液与炽热焦炭直接接触吸收碳分，使含碳量增加。含碳量的最终变化是炉内渗碳与脱碳过程的综合结果。实践证明，铁水含碳量变化总是趋向于共晶含碳量（即饱和含碳量），当铁料含碳量（质量分数）低于 3.6% 时，将以增碳为主；高于 3.6% 时，则以脱碳为主。鉴于铁料的含碳量一般低于 3.6%，故多为增碳。

必须指出，共晶含碳量只是铁料含碳量的变化趋向。实际上铁料含碳量越低，铁水含碳量也越低，所以在制造孕育铸铁、可锻铸铁时，为得到低碳铁水，必须在铁料内配入一定比例的废钢，以降低原始铁料的含碳量。

（3）硫增加。铁料因吸收焦炭中的硫，使铁水含硫量增加 50% 左右。

（4）磷基本不变。

3. 炉料的配制

炉料的配制方法是：首先根据铁水化学成分要求和有关元素的熔炼损耗率折算出铁料应达到的平均化学成分，然后根据各种库存铁料的已知成分，确定每批炉料中生铁锭、各种回炉铁、废钢的比例。为了弥补铁料中硅、锰等元素的不足，可用硅铁、锰铁等铁合金补足。由于冲天炉内通常难于脱硫、脱磷，因此欲得到低硫、低磷铁水，主要依靠采用优质焦炭和铁料来实现。

7.2.2 铸钢件的生产

与铸铁相比，铸钢的铸造性能、减振性和缺口敏感性都较差，生产成本高。但铸钢强度高，尤其是塑性和韧性比铸铁高，焊接性能优良，适于采用铸、焊联合工艺制造重型机械。铸钢的应用仅次于铸铁，铸钢件产量约占铸件总量的 12% 左右，主要用于制造承受重载荷及冲击载荷的重要零件，如万吨水压机底座、横梁，大型轧钢机立柱、齿轮、火车摇枕、侧架、挂钩及车轮等。

7.2.2.1 铸钢的分类及牌号

根据化学成分，铸钢可分为铸造碳钢、铸造合金钢两大类。其中碳钢应用较广，约占铸钢件总产量的 80% 以上。表 7.11 为常用一般工程用碳素铸钢的钢号、成分、性能及用途。其中 "ZG" 后的第一组数字表示最低屈服强度值，第二组数字表示最低抗拉强度值，单位均为 MPa。

表 7.11 常用一般工程用碳素铸钢的钢号、成分、性能及用途（GB/T 11352—1989）

钢号	主要化学成分/%（≤）					力学性能（退火态）（≥）					主要特点和应用举例
	C	Si	Mn	P	S	σ_s /MPa	σ_b /MPa	δ /%	ψ /%	a_K /（J/cm²）	
ZG200-400 ZG15	0.20	0.50	0.80			200	400	25	40	30	有良好的塑性、韧性和焊接性能，用于受力不大的机械零件，如机座、箱体等
ZG230-450 ZG25	0.30	0.50	0.90			230	450	22	32	25	有一定的强度，用于受力不太大的机械零件，如砧座、外壳、轴承盖、阀门等
ZG270-500 ZG35	0.40	0.50	0.90	0.04		270	500	18	25	22	有较高的强度，用于制造机架、连杆、箱体、轴承座等
ZG310-570 ZG45	0.50	0.60	0.90			310	570	15	21	15	有高的强度，用于负荷较高的零件，如大齿轮、缸体等
ZG340-640 ZG55	0.60	0.60	0.90			340	640	10	18	10	有高的强度、较大的裂纹敏感性，用于制造齿轮、棘轮等

常用的铸造碳钢主要是含碳 0.25%～0.45%的中碳钢（ZG25～ZG45）。这是由于低碳钢熔点高，流动性差，易氧化和热裂，通常仅利用其软磁特性制造电磁吸盘和电机零件。高碳钢虽然熔点较低，但塑性差，易产生冷裂，仅用于制造某些耐磨件。而中碳钢的铸造性能和抗拉强度比低碳钢好，塑性和韧性比高碳钢高，应用最多。

为了提高钢的力学性能，可在碳钢的基础上加入少量（<3.5%）合金元素，如锰、硅、铬、钼、钒等，得到力学性能和淬透性好的低合金结构钢。用于制造高强度齿轮、轴、水压机工作缸、水轮机转子等重要零件。

如果要使铸钢件具有耐磨、耐蚀、耐热等特殊性能，则需要加入更多合金元素（>10%）的高合金钢。例如，ZGMn13 为铸造耐磨钢，其平均含碳量为 1.2%，含锰量为 13%，这种钢经淬火水韧处理后，在室温下为单相奥氏体组织，具有很高的韧性，而零件在使用过程中，表层因撞击产生加工硬化，硬度和耐磨性大大提高，而心部仍有很高的韧性，可承受较大的冲击，因此，常用于制造坦克和推土机的履带板、铁路道岔、破碎机颚板、大型球磨机衬板等。又如，ZGCr17、ZG1Cr18Ni9 为铸造不锈钢，其耐蚀性高，常用于制造耐酸泵、天然气管道阀门等石油、化工机械设备零件。

7.2.2.2 铸钢的铸造工艺特点

铸钢熔点（约 1 500 ℃）和浇注温度（1 550～1 650 ℃）高，过热度小，凝固温度范围宽，流动性差，收缩大，极易产生吸气和氧化、粘砂、浇不足、冷隔、缩孔、缩松、裂纹、气孔和夹渣等缺陷，因此铸钢较铸铁铸造困难，为保证铸件质量，必须采取更为复杂的工艺措施。

（1）型砂的强度、耐火度和透气性要高。为了提高型（芯）砂的退让性和透气性，原砂要采用耐火度很高的人造石英砂，大、中件的铸型还需采用强度较高的 CO_2 硬化水玻璃砂型和黏土干砂型。为防止粘砂，铸型表面应涂刷一层耐火涂料。

（2）使用补缩冒口和冷铁，实现定向凝固。补缩冒口一般为铸件质量的 25%~50%，造型和切割冒口的工作量大。图 7.28 为 ZG230-450 齿圈的铸造工艺方案。该齿圈尽管壁厚均匀，但因壁厚较大（80 mm），心部的热节处（整圈）极易形成缩孔和缩松，铸造时必须保证对心部的充分补缩。由于冒口的补缩距离有限，为此，除采用 3 个冒口外，在各冒口间还需安放冷铁，使齿圈形成 3 个独立的补缩区。浇入的钢液首先在冷铁处凝固，形成朝着冒口方向的定向凝固，使齿圈上各部分的收缩都能得到金属液的补充。

（3）严格控制浇注温度，防止过高或过低。对低碳钢（流动性较差）、薄壁小件或结构复杂不容易浇满的铸件，应取较高的浇注温度；对高碳钢（流动性较好）、大铸件、厚壁铸件及容易产生热裂的铸件，应取较低的浇注温度。

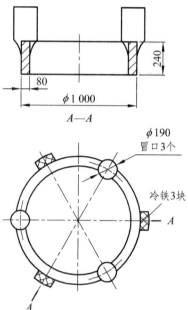

图 7.28　铸钢齿圈的铸造工艺方案

（4）铸钢件的热处理。在铸钢件内部存在很多缺陷（如缩孔、缩松、裂纹、气孔等）和金相组织缺点，如晶粒粗大、魏氏组织（铁素体成长条形状分布在晶粒内部）等，使塑性大大降低，力学性能比锻钢件差，此外，还存在较大的铸造应力。因此，为了细化晶粒、消除魏氏组织、消除铸造应力、提高力学性能，须对铸钢件采取退火或正火处理。退火适用于 $w(C) \geq 0.35\%$ 或结构特别复杂的铸钢件，因这类铸件塑性较差，残留铸造应力较大，铸件易开裂。正火适用于 $w(C) < 0.35\%$ 的铸钢件，因这类铸件塑性较好，冷却时不易开裂。铸钢正火后的力学性能较高，生产效率也较高，但残留内应力较退火后的大。为进一步提高铸钢件的力学性能，还可采用正火加高温回火。铸钢件不宜淬火，淬火时铸件极易开裂。

7.2.2.3　铸钢的熔炼

熔炼是铸钢生产中的重要环节，钢液的质量直接关系到铸钢件的质量。生产铸钢件的冶炼设备有电弧炉、平炉和感应电炉等。电弧炉用得最多，平炉仅用于重型铸钢件，感应电炉主要用于中、小型合金钢铸件的生产。

1. 电弧炉炼钢

电弧炉是利用电极与金属炉料间电弧产生的热量来熔炼金属，如图 7.29 所示。炉子容量为 1~15 t。钢液质量较高，熔炼速度快，一般为 2~3 h，温度容易控制。金属炉料主要是废钢、生铁和铁合金等。其他材料有造渣材料、氧化剂、还原剂和增碳剂等。

2. 感应电炉炼钢

感应电炉是利用感应线圈中交流电的感应作用，使坩埚内的金属炉料及钢液产生感应电流发出热量来熔炼金属，有高频、中频和工频感应 3 类，其构造如图 7.30 所示。感应电炉加热速度较快，热量散失少，热效率较高，氧化熔炼损耗较小，吸收气体较少；但炉渣温度较低，化学性质不活泼，不能充分发挥炉渣在冶炼过程中的作用，基本是炉料的重熔过程。

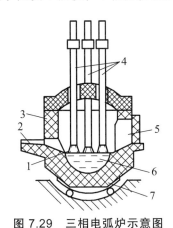

图 7.29 三相电弧炉示意图

1—电弧；2—出钢口；3—炉体；4—电极；
5—加料口；6—钢液；7—倾斜机构

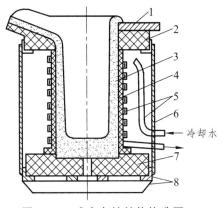

图 7.30 感应电炉炉体构造图

1—盖板；2—耐火砖框；3—坩埚；4—绝缘布；
5—感应器；6—防护板；7—底座；8—边框

7.2.3 非铁合金铸件的生产

与铁合金相比，非铁合金具有许多优良的特性。如铝、镁、钛等合金相对密度小、比强度高，广泛应用于飞机、汽车、船舶和宇航工业；银、铜、铝导电和导热性好，是电器、仪表工业不可缺少的材料；镍、钨、铬、钼则是制造高温零件的理想材料。随着现代化工业的发展，非铁合金将得到更广泛的应用，其种类较多，这里仅介绍工业中常用的铸造铜合金和铸造铝合金。

7.2.3.1 铸造铜合金

铸造铜合金具有良好的耐蚀性和减摩性，并具有一定的力学性能。按其成分铸造铜合金可分为紫铜（纯铜）、黄铜和青铜。

紫铜的熔点为 1 083 ℃，具有良好的导电性、导热性、耐腐蚀性及塑性；但强度、硬度低，且价格较贵，极少用它来制造机械零件，广泛使用的是铸造铜合金。

黄铜是铜和锌的合金，锌在铜中有较高的溶解度，随着含锌量的增加，合金的强度、塑性显著提高，但含锌量超过 47% 后黄铜的力学性能将显著下降，故黄铜的含锌量小于 47%。铸造黄铜除含锌外，还常含有硅、锰、铝和铅等合金元素，因其含铜量低，故价格较青铜低。铸造黄铜有相当高的力学性能，如 $\sigma_b = 250 \sim 450$ MPa，$\delta = 7\% \sim 30\%$，HBS $= 60 \sim 120$。铸造黄铜的熔点低、结晶温度范围窄、流动性好、铸造性能较好。铸造黄铜常用于一般用途的轴承、衬套、齿轮等耐磨件和阀门等耐蚀件。

青铜是铜与锌以外的元素构成的合金。其中，铜和锡构成的合金称为锡青铜。锡青铜的线收缩率较低，不易产生缩孔，其耐磨、耐蚀性优于黄铜，力学性能较黄铜差，且因结晶温度范围宽，容易产生显微缩松，这些缩松可作为储油槽，使锡青铜特别适合制造致密性要求不高的高速滑动轴承和衬套。此外，还有铝青铜、铅青铜等，其中，铝青铜有着优良的力学性能和耐磨、耐蚀性，但铸造性能较差，仅用于制造有重要用途的耐磨、耐蚀件。

7.2.3.2　铸造铝合金

铝合金密度低，比强度高（强度/质量），熔点低，导电、导热和耐蚀性优良，常用来制造一些要求比强度高的铸件。

铸造铝合金分为铝硅合金、铝铜合金、铝镁合金及铝锌合金。其中，铝硅合金又称硅铝明，其流动性好、线收缩率低、热裂倾向小、气密性好，又有足够的强度，应用最广，约占铸造铝合金总产量的50%以上，常用于形状复杂的薄壁件或气密性要求较高的零件，如内燃机气缸体、化油器、仪表外壳等。铝铜合金的铸造性能较差，如热裂倾向大、气密性和耐蚀性较差，但耐热性较好，主要用于制造活塞、气缸头等。铝镁合金是所有铝合金中比强度最高的，主要用于航天、航空或长期在大气、海水中工作的零件等。

7.2.3.3　铜、铝合金铸件的生产特点

在一般铸造车间里，铜、铝合金多采用以焦炭为燃料或以电为能源的坩埚炉来熔化，如图7.31所示。其熔化特点是金属炉料不与燃料直接接触，可减少金属的损耗，保持金属液的纯净。

1. 铜合金的熔炼

铜合金极易氧化和吸气，形成的氧化亚铜（Cu_2O）使合金的塑性变差。为防止铜的氧化，熔化青铜时应加熔剂（如碎玻璃、硼砂等）以覆盖铜液。为去除已形成的 Cu_2O，最好在出炉前向铜液中

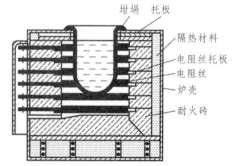

图 7.31　电阻坩埚炉结构示意图

加入 0.3% ~ 0.6% 的磷铜（Cu_3P）来脱氧。由于黄铜中的锌本身就是良好的脱氧剂，所以熔化黄铜时，不需另加熔剂和脱氧剂。为了除气（O_2），锡青铜常用吹氮除气法，吹入铜液的大量氮气泡上浮时带走铜液中的氧气。黄铜则常用沸腾法除气。

2. 铝合金的熔炼

铝合金的氧化物 Al_2O_3 的熔点高达 2 050 °C，比重稍大于铝，所以熔化搅拌时容易进入铝液，呈非金属夹渣。铝液还极易吸收氢气，使铸件产生针孔缺陷。为防止氧化和吸气，熔化铝合金时向坩埚炉内加入 KCl、NaCl 等作为熔剂，将铝液与炉气隔离。为驱除铝液中已吸入的氢气、防止针孔的产生，在铝液出炉之前应进行驱氢精炼。驱氢精炼较为简便的方法是用钟罩向铝液中压入氯化锌（$ZnCl_2$）、六氯乙烷（C_2Cl_6）等氯盐或通入氯气，发生如下反应：

$$3ZnCl_2 + 2Al = 3Zn + 2AlCl_3 \uparrow \quad 或 \quad 3C_2Cl_6 + 2Al = 3C_2Cl_4 + 2AlCl_3 \uparrow$$

反应生成的 $AlCl_3$ 沸点仅为 183 ℃，故形成气泡，而氢在 $AlCl_3$ 气泡中的分压为零，所以铝液中的氢便向气泡中扩散，被上浮的气泡带出液面。与此同时，上浮的气泡还将 Al_2O_3 夹杂一并带出。

3. 铸造工艺

为减少机械加工余量，应选用粒度较小的细砂来造型。特别是铜合金铸件，由于合金的比重大、流动性好，若采用粗砂，铜液容易渗入砂粒间隙，产生机械粘砂，使铸件清理的工作量加大。铜、铝合金的凝固收缩率大，除锡青铜外，一般均需加冒口使铸件实现定向凝固，以便补缩。为防止铜液和铝液的氧化，浇注时勿断流，浇注系统应能防止金属液的飞溅，以便将金属液平稳地导入型腔。

7.3　砂型铸造成形工艺

液态金属在重力作用下充填于用型砂紧实的铸型，凝固后形成铸件的方法，称为砂型铸造。它是传统的铸造方法，适用于各种形状、大小及各种常用合金铸件的生产。

砂型铸造工艺过程如图 7.32 所示。首先制造模样（木模或金属模）和芯盒（木芯盒或金属芯盒），然后将砂、黏土、水和其他附加物按一定配比混制成型砂和芯砂。型砂和芯砂因原砂粒和粘附在砂粒表面上的湿黏土膜而具有一定的可塑性、强度、透气性和耐火性。再用模样和型砂制造砂型，用芯盒和芯砂制造砂芯。砂型可以烘干（干砂型）也可以不烘干（湿砂型），砂芯要烘干。砂芯和砂型装配在一起，组成砂铸型，简称砂型。往砂型中浇注熔炼的金属，待凝固后，落砂、清理、检验，便得到了合格的铸件。

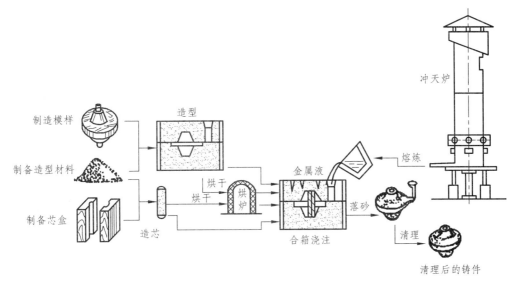

图 7.32　砂型铸造工艺过程

为了顺利起出模样而不致破坏型腔，一般应将砂型剖分成两个或多个部分，砂型上型与下型之间接合面称为分型面。剖分砂型的目的是将模样的最大截面暴露在分型面上方便起模。

有些轮廓复杂的模样，即使将砂型分成多块，也不能将模样起出，此时，还必须将整体模样分成两块或多块，模样的剖分面称为分模面。显然，用形状各异的模样造型时，所需的砂型分型面与模样分模面形式是不同的，因此，就产生了不同的造型方法。

7.3.1 造型（芯）方法的选择

制造砂型（芯）的工艺过程称为造型（芯）。砂型铸造中造型和造芯是最基本的工序，通常分为手工造型和机器造型两大类。

7.3.1.1 手工造型

手工造型时填砂、紧砂、起模、修型、合型等都用手工来完成，操作方便灵活、适应性强、模样成本低、生产准备时间短，但铸件质量较差、生产率低，且劳动强度大。因此，这种方法只适用于单件、小批量铸件的生产。

实际生产中，由于铸件的结构特点、形状、尺寸、生产批量、使用要求及车间具体条件等的不同，手工造型有着各种各样的造型方法。合理地选择造型方法，对于获得合格铸件、减少制模和造型工作量、降低铸件成本和缩短生产周期都是非常重要的。各种常用手工造型方法的特点和应用范围如表 7.12 所示。

表 7.12 常用手工造型方法的特点和应用范围

分类	造型方法		主要特点	适用范围
按砂箱特征区分	两箱造型		铸型由上型和下型组成，造型、起模、修型等操作方便	适用于各种生产批量、各种大、中、小铸件
	三箱造型		铸型由上、中、下3部分组成，中型的高度须与铸件两个分型面的间距相适应。三箱造型费工，应尽量避免使用	主要用于单件、小批量生产具有两个分型面的铸件
	地坑造型		在车间地坑内造型，用地坑代替下砂箱，只要一个上砂箱，可减少砂箱的投资。但造型费工，而且要求操作者的技术水平较高	常用于砂箱数量不足、制造批量不大的大、中型铸件
	脱箱造型		铸型合型后，将砂箱脱出，重新用于造型。浇注前，须用型砂将脱箱后的砂型周围填紧，也可在砂型上加套箱	主要用于生产小铸件，砂箱尺寸较小

分类	造型方法		主要特点	适用范围
按模样特征区分	整模造型	整模	模样是整体的,多数情况下,型腔全部在下半型内,上半型无型腔。造型简单,铸件不会产生错型缺陷	适用于一端为最大截面,且为平面的铸件
	挖砂造型	挖砂	模样是整体的,但铸件的分型面是曲面。为了起模方便,造型时用手工挖去阻碍起模的型砂。每造一件,就挖砂一次,费工、生产率低	用于单件或小批量生产分型面不是平面的铸件
	假箱造型	木模 用砂做的成形底板(假箱)	为了克服挖砂造型的缺点,先将模样放在一个预先做好的假箱上,然后放在假箱上造下型,省去挖砂操作。操作简便,分型面整齐	用于成批生产分型面不是平面的铸件
	分模造型	上模 下模	将模样沿最大截面处分为两半,型腔分别位于上、下两个半型内。造型简单,节省工时	常用于最大截面在中部的铸件
	活块造型	木模主体 活块	铸件上有妨碍起模的小凸台、肋条等。制模时将此部分做成活块,在主体模样起出后,从侧面取出活块。造型费工,要求操作者的技术水平较高	主要用于单件、小批量生产带有突出部分、难以起模的铸件
	刮板造型	刮板 木桩	用刮板代替模样造型,可大大降低模样成本,节约木材,缩短生产周期。但生产率低,要求操作者的技术水平较高	主要用于有等截面或回转体的大、中型铸件的单件或小批量生产

由表 7.12 中各种造型方法分析可见,造型方法主要是根据铸件外形轮廓中的最大截面在铸件形体构成中的位置而决定的,并不涉及铸件的内腔形状。

7.3.1.2 机器造型

随着铸造生产向集中化和专业化方向的发展,机器造型的比重日益增加,机器造型使紧砂和起模操作实现了机械化。与手工造型相比,机器造型具有生产率较高,铸件质量好,不受工人技术水平影响,便于实现机械化、自动化流水线生产,操作者劳动强度低等优点。但机器造型设备和技术装备费用高，生产准备时间长，因而适用于中、小型铸件的成批、大量生产。

（1）机器造型的紧砂方法。机器造型的紧砂有压实式、震实式、震压式、抛砂式和射压式等多种形式。

图 7.33 为震压造型机工作原理。紧砂原理是：多次使充满型砂的砂箱、震击活塞、震击气缸等共同抬起几十毫米后自由下落，撞击压实气缸，多次震击后砂箱下部的型砂由于惯性的作用而紧实，上部松散的型砂再用压头压实。

图 7.34 为气动微震压实造型机工作原理。紧砂原理是：气动微震压实造型以压缩空气为动力，使震铁进行振幅较小（5~10 mm）、频率较高（8~15 次/s）的微震，向上打击工作台，同时压实活塞进行压实。

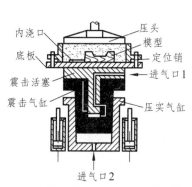

图 7.33　震压造型机工作原理

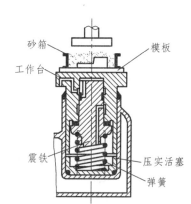

图 7.34　气动微震压实造型机工作原理

图 7.35 为多触头高压造型机工作原理。紧砂原理是：当压实活塞向上推动时，触头将型砂从余砂框压入砂箱，而自身在多触头箱体相互联通的油腔内浮动，以适应不同形状的模样，使整个砂型得到均匀的紧实度。

图 7.36 为抛砂机工作原理。紧砂原理是：由输送带送来的型砂送入抛砂头后，被高速旋转的叶片接住，由于离心力的作用而压实成团，随后被高速（30~60 m/s）抛到砂箱中紧实。

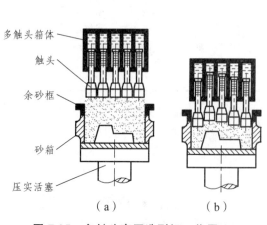

（a）　　　　（b）

图 7.35　多触头高压造型机工作原理

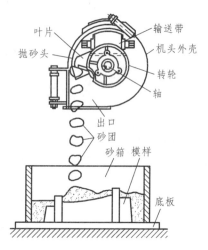

图 7.36　抛砂机工作原理

172

（2）机器造型的起模方式。机器造型的起模方式有顶箱式、漏模式、翻转式等多种形式。

① 顶箱式起模。顶箱机构驱动 4 根顶杆顶住砂箱四角徐徐上升，完成起模（见图 7.37）。这种方法仅适用于形状简单、高度不大的砂型。

② 漏模式起模。将模样上有较深的凹凸部分活装在模板上，紧砂后，先将该凹凸部分从漏板中往下起出，此时砂型被漏板托住，不会垮砂（见图 7.38）。这种方法适用于有肋或较深的凹凸形状、起模困难的模样。

③ 翻转式起模。紧砂后，砂箱连同模样一齐翻转 180°后再下落，完成起模（见图 7.39）。这种方法适用于型腔中有较深吊砂或砂台的砂型。

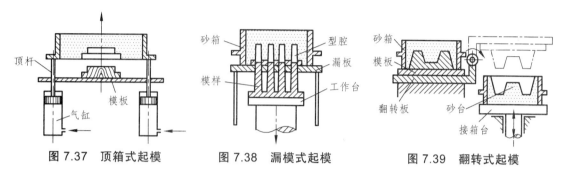

图 7.37　顶箱式起模　　　　图 7.38　漏模式起模　　　　图 7.39　翻转式起模

（3）机器造型的工艺特点。机器造型工艺是采用模底板进行两箱造型。模底板是将模样、浇注系统沿分型面与底板连接成一个整体的专用模具。造型后，底板形成分型面，模样形成铸型空腔。机器造型的紧砂方式不能紧实型腔穿通的中箱，故不能进行三箱造型。同时，机器造型也要尽量避免活块造型，因起出型腔中的活块费时，必须使机器停止运动，这又导致了机器造型生产率的下降。因此，在设计铸造工艺方案时，必须考虑机器造型的这些工艺要求。

总之，机器造型是将繁重的翻砂和细致的起模等主要工序实行机械化操作，大批量生产时还可与翻箱、下芯、合箱、压铁、浇注、冷却、落砂等工序组成生产流水线，如图 7.40 所示。

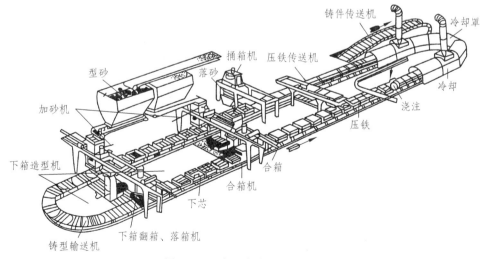

图 7.40　砂型铸造造型生产线

砂型铸造是铸造中应用最广泛、最灵活的方法。它既可用于单件、小批量生产的手工造型，也可用于成批、大量生产的机器造型和自动生产线；既能浇注低熔点非铁金属及其合金液，又能浇注高熔点的铁液及钢液；铸件的尺寸可大可小，形状可简单也可复杂等。但砂型铸造一型只能浇注一次，生产的工序较多，影响铸件品质的因素也较多。例如，砂型冷却速度慢而导致铸件晶粒不够细密，使其力学性能受到一定影响。

7.3.2 铸造工艺设计

在铸造生产时，首先要根据零件的结构特点、生产批量、生产条件、技术要求等确定砂型铸造工艺方案，并绘制铸造工艺图，编制工艺卡和工艺规范等。

砂型铸造工艺设计内容包括：选择铸件的浇注位置和分型面，确定最佳铸造工艺方案；确定工艺参数（如机械加工余量、起模斜度、铸造圆角、收缩率等）；确定型芯的数量、形状、固定方法及下芯次序；确定浇注系统、冒口和冷铁等的形状、尺寸及在铸型中的布置等。然后在零件图中用各种工艺符号或文字表示出铸造工艺内容，即构成了铸造工艺图。铸造工艺图是指导模样（芯盒）设计、生产准备、铸型制造和铸件检验的基本工艺文件。依据铸造工艺图，结合所选造型方法，便可绘制出模样图及合箱图。图7.41为圆锥齿轮的零件图、铸造工艺图及模样图。

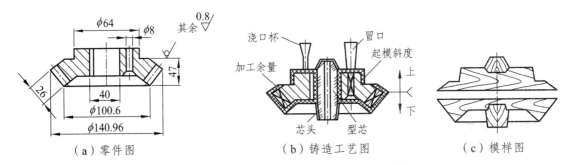

（a）零件图　　　（b）铸造工艺图　　　（c）模样图

图 7.41　圆锥齿轮的零件图、铸造工艺图及模样图

7.3.2.1 浇注位置的选择

浇注位置是指浇注时铸件在铸型中所处的空间位置，它反映了浇注时铸件的哪个表面朝上，哪个表面朝下，哪个面侧立，哪个面倾斜。浇注位置的选择是否合理对铸件的质量影响很大，选择浇注位置一般应考虑下面几个原则。

（1）铸件的重要加工面或重要工作面应朝下或位于侧面。这是因为浇注中一旦有熔渣、气体卷入型腔时，因其密度小而上浮，易在铸件上部形成砂眼、气孔、夹渣等缺陷，而且铸件上部凝固速度慢，晶粒较粗大。铸件下部的晶粒细小，组织致密，缺陷少，质量优于上部。

图7.42为车床床身铸件的浇注位置方案。由于床身导轨面是重要表面，不允许有明显的表面缺陷，而且要求组织致密，因此应将导轨面朝下浇注。图7.43为锥齿轮，锥面为重要加工面，应朝下。图7.44为吊车卷筒的浇注位置方案，主要加工面为外侧柱面，采用立式浇注，其全部圆周表面均处于侧立位置，质量均匀一致，较易获得合格铸件。

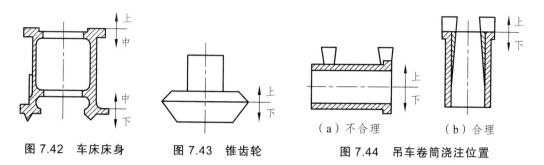

图 7.42　车床床身　　　图 7.43　锥齿轮　　　图 7.44　吊车卷筒浇注位置

当铸件有几个重要加工面或重要工作面时，应将主要的和较大的面朝下或侧立。如果难以实现，即重要面必须朝上时，则应适当加大加工余量，以保证加工后铸件质量。

（2）面积较大的薄壁部分置于铸型下部或使其处于垂直或倾斜位置。图 7.45 为曲轴箱盖的浇注位置，采用图 7.45（a）将薄壁部分置于铸型上部，易产生浇不足、冷隔等缺陷。改置于铸型下部后，可避免出现缺陷。

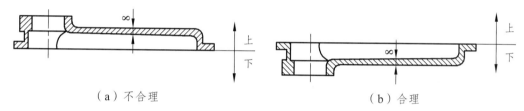

（a）不合理　　　　　　　　　　　　　　（b）合理

图 7.45　曲轴箱盖的浇注位置

（3）铸件的大平面应朝下，以免形成夹砂等缺陷。这是由于在浇注过程中金属液对型腔上表面有强烈的热辐射，容易使上表面型砂急剧热膨胀而拱起或开裂，使铸件形成夹砂等缺陷。因此，平板类铸件大平面应朝下。如图 7.46 所示的平板的合理浇注位置应为方案（1）。

（4）对于容易产生缩孔的铸件，应将厚大部分放在分型面附近的上部或侧面。如图 7.47所示的铸钢链轮，浇注时厚端放在上部，以便在铸件厚壁处直接安置冒口，使之实现自下而上的定向凝固。如前述吊车卷筒，浇注时厚端放在上部是合理的；反之，若厚端在下部，则难以补缩。

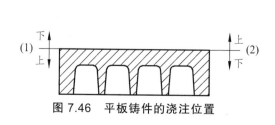

图 7.46　平板铸件的浇注位置

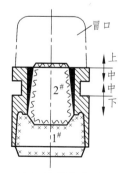

图 7.47　铸钢链轮的浇注位置

175

7.3.2.2　铸型分型面的选择

铸件的分型面是指两半铸型相互接触、配合的表面。它决定了铸件在造型时的位置。通常造型位置和浇注位置一致。分型面选择不当，会影响铸件质量，使制模、造型、造芯、合箱或清理等工序复杂化，甚至还可增大切削加工量。分型面的选择应考虑下面几个原则。

（1）为了方便起模而不损坏铸型，分型面应选在铸件的最大截面上。

（2）尽量使分型面平直，可降低模板制造费用。图7.48 为一起重臂铸件，如果选用方案Ⅰ弯曲分型面，则需采用挖砂或假箱造型，而在大量生产中则使机器造型的模底板的制造费用增加。方案Ⅱ的分型面为一平面，故可采用较简便的分模造型，使造型工艺简化。

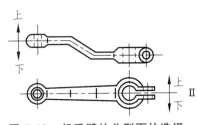

图 7.48　起重臂的分型面的选择

（3）分型面的数量要尽量少，以便采用工艺简便的两箱造型。多一个分型面，铸型就增加一些误差，使铸件的精度降低。如图 7.49 所示的轮形铸件，由于轮的圆周面外侧内凹，在批量不大，手工造型时，多采用三箱造型[见图 7.49（a）]。但在大批量生产条件下，采用机器造型，需用图 7.49（b）所示的环状型芯，使铸型简化成只有一个分型面，这种方法尽管增加了型芯的费用，但可通过机器造型所取得的经济效益得到补偿。如图 7.50 所示的三通铸件，该件的 3 个法兰端面为装配面（重要面）。其内腔用一个 T 形型芯来成形。为了使型芯在型腔中定位，制造模样时，在与铸件 3 个法兰端面孔的对应部位，应做 3 个芯头。选择分型面时，也必须考虑模样上的芯头形状能否方便起模。图 7.50（b）和（c）中铸型必须有 3 个和 2 个分型面才能取出模样，相应地需采用四箱造型和三箱造型。因分型面太多，易产生错箱而影响铸件的浇注位置精度，且造型工艺麻烦；而且这两种浇注位置方案，总有一个法兰端面位于型腔顶面，铸件易产生夹渣、气孔等缺陷。图 7.50（d）采用一个分型面、两箱造型的工艺方案，3 个法兰端面处于侧立位置，利于保证其品质；分型面少（仅一个）且为平面，可减少因错箱对铸件位置精度的影响；型芯及冒口安放也很方便。故图 7.50（d）是最佳方案。

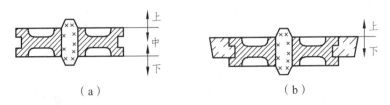

（a）　　　　　　　　　　　（b）

图 7.49　使用外型芯减少分型面

（4）尽量使铸件全部或大部置于同一砂箱，以保证铸件精度。图 7.51 为管子堵头的分型面，机加工时，方头的 4 个侧面是外圆表面车削螺纹的加工基准面，若分放在两半铸型内，稍有错箱，会产生加工余量不足而影响铸件各表面位置精度，也会产生披缝和毛刺，给机加工带来困难；如果置于同一半铸型内，就能保证铸件精度。

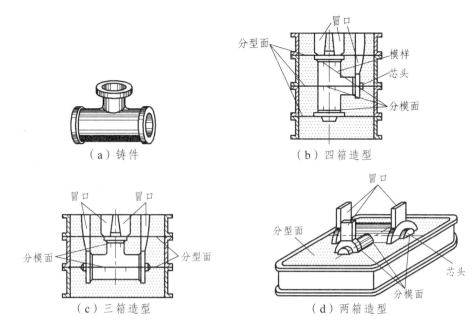

（a）铸件

（b）四箱造型

（c）三箱造型

（d）两箱造型

图 7.50　三通铸件的浇注位置和分型面

（5）为了便于造型、下芯、合箱和检验铸件壁厚，应尽量使型腔及主要型芯位于下型。如图 7.52 所示的机床床脚铸件分型方案，型腔全部位于下箱，既便于型芯安放和检验，又可使上型高度减小而便于合箱和检验壁厚，还有利于起模及翻箱操作。

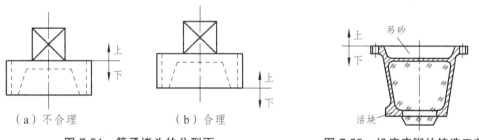

（a）不合理

（b）合理

图 7.51　管子堵头的分型面

图 7.52　机床床脚的铸造工艺

上述分型面选择的原则，对于某个具体的铸件来说难以全面满足，有时甚至互相矛盾。因此，必须抓住主要矛盾，进行全面考虑，至于次要矛盾，则应从工艺措施上设法解决。

铸件分型面的选择与浇注位置有密切的关系。从工艺设计步骤来看，一般是先确定浇注位置再选择分型面，但最好是二者同时考虑，而且铸件的分型面尽可能与浇注位置一致。这样，才能使铸造工艺简便，又易于保证铸件品质。

7.3.3　铸造工艺参数的确定

在铸造工艺方案初步确定之后，还必须选定铸件的机械加工余量、起模斜度、收缩率、型芯头尺寸等具体参数。它们直接影响模样、芯盒的尺寸和结构，选择不当会影响铸件的精度、生产率和成本。

7.3.3.1 加工余量和最小铸出孔

在铸件需要进行切削加工的表面上增加的一层金属层厚度称为机械加工余量。加工余量过大，虽能保证零件尺寸要求，但浪费金属，浪费工时；加工余量过小，不仅难以保证零件尺寸，还加速刀具的磨损。加工余量的大小，取决于合金种类、铸件尺寸、浇注位置、加工面与基准面的距离、生产批量、造型方法等。采用机器造型，铸件精度高，余量可减小；手工造型误差大，余量应加大。铸钢件因表面粗糙，余量应加大；非铁合金铸件价格昂贵，且表面光洁，余量应比铸铁小。铸件的尺寸越大或加工面与基准面之间的距离越大，尺寸误差也越大，故余量也应随之加大。浇注时铸件朝上的表面因产生缺陷的几率较大，其余量应比底面和侧面大。灰铸铁的机械加工余量如表 7.13 所示。

表 7.13　灰铸铁的机械加工余量

铸件最大尺寸	浇注位置	加工面与基准面之间的距离/mm					
		<50	50～120	120～260	260～500	500～800	800～1 250
<120	顶面、 底面、侧面	3.5～4.5 2.5～3.5	4.0～4.5 3.0～3.5				
120～260	顶面、 底面、侧面	4.0～5.0 3.0～4.0	4.5～5.0 3.5～4.0	5.0～5.5 4.0～4.5			
260～500	顶面、 底面、侧面	4.5～6.0 3.5～4.5	5.0～6.0 4.0～4.5	6.0～7.0 4.5～5.0	6.5～7.0 5.0～6.0		
500～800	顶面、 底面、侧面	5.0～7.0 4.0～5.0	6.0～7.0 4.5～5.0	6.5～7.0 4.5～5.5	7.0～8.0 5.0～6.0	7.5～9.0 6.5～7.0	
800～1 250	顶面、 底面、侧面	6.0～7.0 4.0～5.5	6.5～7.5 5.0～5.5	7.0～8.0 5.0～6.0	7.5～8.0 5.5～6.0	8.0～9.0 5.5～7.0	8.5～10 6.5～7.5

注：加工余量值的下限用于成批、大量生产，上限用于单件、小批量生产。

铸件上的加工孔和槽是否要铸出，要考虑它们铸出的可能性、必要性及经济性。一般来说，较大的孔、槽应当铸出，以减少切削加工工时，节约金属材料，并可减小铸件上的热节；若孔很深、孔径小则不必铸出，用机加工较经济。最小铸出孔的参考数值如表 7.14 所示。对于零件图上不要求加工的特形孔、槽等，如液压阀流道、弯曲小孔等，原则上应铸出。非铁金属铸件上的孔，也应尽量铸出。

表 7.14　铸件毛坯的最小铸出孔

生产批量	最小铸出孔的直径 d/mm		备　注
	灰铸铁件	铸钢件	
大量生产	12～15	—	① 若是加工孔，则孔的直径应为加上加工余量后的数值； ② 有特殊要求的铸件例外
成批生产	15～30	30～50	
单件、小批量生产	30～50	50	

7.3.3.2 起模斜度

为了使模样（或型芯）易于从砂型（或芯盒）中取出，以免损坏砂型和型芯，凡垂直于分型面的立壁，应该在模样或芯盒的起模方向上留有一定的斜度，即起模斜度。若铸件本身没有足够的结构斜度，就要在铸造工艺设计时给出铸件的起模斜度。起模斜度可采取增加铸件壁厚、加减铸件壁厚和减小铸件壁厚 3 种方式形成，如图 7.53 所示。

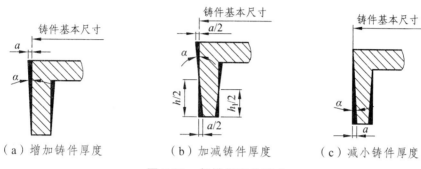

（a）增加铸件厚度　　　　（b）加减铸件厚度　　　　（c）减小铸件厚度

图 7.53　起模斜度的形式

起模斜度在工艺图上用角度 α 或宽度 a（mm）表示。用机械加工方法加工模具时，用角度标注。用手工加工模具时，用宽度标注。考虑到起模时模样上的孔内壁与型砂的摩擦力较其外壁大些，故内壁的起模斜度要比外壁的斜度大些。起模斜度的大小应根据模样的高度、表面粗糙度以及造型方法来确定，如表 7.15 所示。

表 7.15　砂型铸造时模样外表面及内表面的起模斜度

测量面高度/mm	外表面起模斜度（≤）				内表面起模斜度（≤）			
	金属模样、塑料模样		木模样		金属模样、塑料模样		木模样	
	α	a/mm	α	a/mm	α	a/mm	α	a/mm
≤10	2°20′	0.4	2°55′	0.6	4°35′	0.8	5°45′	1.0
>10~40	1°30′	0.8	1°25′	1.0	2°20′	1.6	2°50′	2.0
>40~100	1°10′	1.0	0°40′	1.2	1°05′	2.0	1°45′	2.2
>100~160	0°25′	1.2	0°30′	1.4	0°45′	2.2	0°55′	2.6
>160~250	0°20′	1.6	0°25′	1.8	0°40′	3.0	0°45′	3.4
>250~400	0°20′	2.4	0°25′	3.0	0°40′	4.6	0°45′	5.2
>400~630	0°20′	3.8	0°20′	3.8	0°35′	6.4	0°40′	7.4
>630~1 000	0°15′	4.4	0°20′	5.8	0°30′	8.8	0°35′	10.2
>1 000~1 600	—	—	0°20′	8.0	—	—	0°35′	—

在铸造工艺图上，加工表面上的起模斜度应结合加工余量直接表示出，而不加工表面上的斜度（结构斜度）仅需用文字注明即可。

179

7.3.3.3 收缩率

铸件冷却后的尺寸比型腔尺寸略有缩小，为保证铸件的应有尺寸，模样尺寸必须比铸件放大一个该合金的收缩率。铸造收缩率 K 表达式为

$$K = (L_模 - L_件)/L_件 \times 100\%$$

式中　$L_模$——模样或芯盒工作面的尺寸，mm；

　　　$L_件$——铸件的尺寸，mm。

通常，灰铸铁的铸造收缩率为 0.7%～1.0%，铸造碳钢为 1.3%～2.0%，铸造锡青铜为 1.2%～1.4%。

7.3.3.4 型芯及其固定

根据型芯所起的作用不同，型芯分为内型芯和外型芯。

（1）内型芯。

内型芯是形成铸件的内腔轮廓形状。在铸型中可装配一个或多个型芯来形成。如图 7.54 所示的车轮铸件，其独立的内腔形状为 7 个，即中心轴孔和 6 个三角形孔腔，故有 7 个型芯形成铸件的内腔形状。图 7.55 为中空铸件的造型方法，由图可知型腔中除了型芯外，还有增加型芯及固定型芯所需的芯头，型芯及芯头没有改变其造型方法。可见，当确定带空腔铸件的造型方法时，仍可将铸件视为实体铸件对待，只是在模样上增加有关芯头几何体，即将芯头也看成模样的一部分，并考虑其对分型与起模的影响即可。

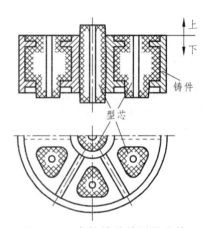

图 7.54　车轮铸件的型芯分块

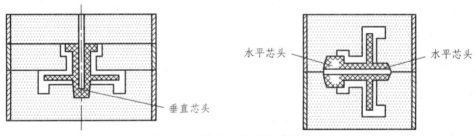

图 7.55　带空腔铸件的造型方法

（2）外型芯。

外型芯可形成铸件外形上有些局部妨碍起模的凹坑、凸台、肋、耳等，从而可简化分型面、模样结构及造型工艺。例如，用图 7.56 所示的环形外型芯可将原需两个分型面、三箱造型的工艺改为一个分型面、两箱造型的工艺，且无需分模。又如，用图 7.57 所示的外型芯可形成侧壁上的凹坑，变活块造型为两箱造型。

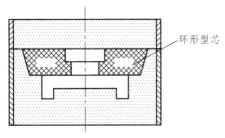

图 7.56　用环形型芯将三箱改为两箱

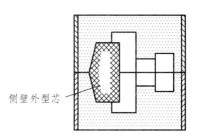

图 7.57　用侧壁外型芯取消活块

对于某些铸件，为了增加型芯的稳定性，常采用两个或多个铸件共用一个型芯的方法，如图 7.58（a）所示的铸件上的盲孔需采用芯头较长的悬臂式型芯，若采用图 7.58（b）所示的扁担式型芯（两件共用），既可减少芯头长度，提高模板与砂箱利用率，又可使型芯安放更稳定。

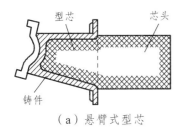

（a）悬臂式型芯

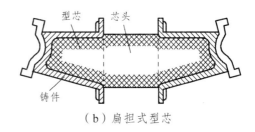

（b）扁担式型芯

图 7.58　悬臂式型芯和扁担式型芯

芯头起定位和支撑型芯、排除型芯内气体的作用，不形成铸件轮廓。由芯头在铸型中形成的空腔称为型芯座。根据型芯在铸型中安放的位置不同，芯头分为垂直芯头和水平芯头两种形式。

① 垂直芯头又可分为上下都有芯头；对于矮粗的型芯，也可只有下芯头，无上芯头；也可上下都无芯头，如图 7.59 所示。

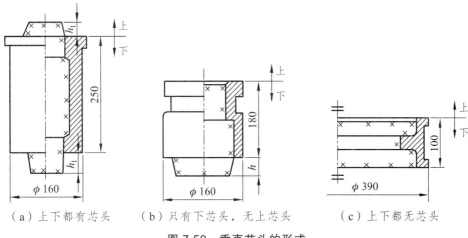

（a）上下都有芯头　　（b）只有下芯头，无上芯头　　（c）上下都无芯头

图 7.59　垂直芯头的形式

181

② 水平芯头可分为有两个芯头（一般芯头）、联合芯头、加长加大芯头或芯头加型芯撑等形式，如图 7.60 所示。

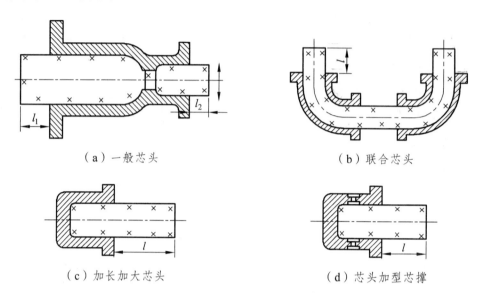

（a）一般芯头   （b）联合芯头

（c）加长加大芯头   （d）芯头加型芯撑

图 7.60 水平型芯及芯头的形式

芯头设计主要是确定芯头长度、斜度和间隙。其大小取决于造型方法、铸型种类及型芯大小，具体尺寸可查《铸造设计手册》。

7.3.4 浇注系统和冒口

7.3.4.1 浇注系统

将熔融金属导入型腔的通道称为浇注系统。为了保证铸件质量，浇注系统应能平稳地将熔融金属导入并充满型腔，以避免熔融金属冲击型芯和型腔，同时能防止熔渣及砂粒等进入型腔。设计合理的浇注系统还能调节铸件的凝固顺序，防止产生缩孔、裂纹等缺陷。

1. 浇注系统的组成及作用

浇注系统通常由浇口杯（外浇口）、直浇道、横浇道及内浇道组成，如图 7.61 所示。

（1）浇口杯。浇口杯的作用是方便浇注，缓和金属液对铸型的冲击，挡住部分熔渣进入直浇道。浇口杯形状多为漏斗形或池形。

（2）直浇道。直浇道主要用来调节金属液流入型腔的速度和对型腔的压力。直浇道越高，则金属液流动速度越快，对型腔产生的压力也越大。其形状一般为上大下小的圆锥体。大件浇注有时由几个直浇道同时进行浇注。

（3）横浇道。横浇道的作用是将熔融金属分配进入内浇

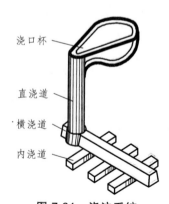

图 7.61 浇注系统

浇口杯
直浇道
横浇道
内浇道

道并起挡渣作用。横浇道是水平的，应开设在内浇道的上部，以便熔渣上浮而不致流入型腔内。常用的截面形状为梯形、半圆形等。为加强挡渣作用，也可在横浇道内安放过滤网或在末端设集渣包。

（4）内浇道。内浇道的主要作用是控制熔融金属流入型腔的速度与方向，并且控制铸件的冷却速度与凝固方式。其断面形状多为扁平梯形、三角形或半圆形。

2. 浇注系统的常见类型

（1）按浇注系统各组元截面面积的比例，浇注系统可分为：

① 封闭式浇注系统。这种浇注系统各组元中总截面面积最小的是内浇道，即 $\sum S_直 > \sum S_横 > \sum S_内$，其组元截面比例为：$\sum S_直 : \sum S_横 : \sum S_内 = 1.15 : 1.1 : 1$。这种浇注系统容易被金属液充满，撇渣能力较好，可防止金属液卷入气体，通常用于中、小型铸铁件。但封闭式浇注系统中金属液流速较大，易引起喷溅和剧烈氧化，故不适用于易氧化的非铁金属铸件或压头大的铸件，也不宜用于用柱塞包浇注的铸钢件。

② 开放式浇注系统。这种浇注系统的最小截面（阻流截面）是直浇道的横截面，即 $\sum S_直 < \sum S_横 < \sum S_内$。显然金属液难于充满这种浇注系统中的所有组元，故其撇渣能力较差，熔渣及气体易随液流进入型腔，造成废品。但内浇道流出的金属液流速较低，流动平稳，冲刷力小，金属液受氧化的程度轻。它主要适用于易氧化的非铁金属铸件、球铁件和用柱塞包浇注的中、大型铸钢件。在铝、镁合金铸件上常用的比例是 $\sum S_直 : \sum S_横 : \sum S_内 = 1 : 2 : 4$。

（2）按内浇道开设的位置不同，浇注系统可分为：

① 顶注式浇注系统。顶注式浇注系统[见图 7.62（a）]的内浇道开设在铸型的顶部，其优点是金属液自由下落，自下而上逐渐充满型腔，利于定向凝固和补缩；缺点是冲击力大（与铸件高度有关），充型不平稳，易发生飞溅、氧化和卷入气体等现象，使铸件产生砂眼、冷豆、气孔和夹渣等缺陷。这种浇注系统多用于质量不大、高度不高和形状简单的薄壁或中等壁厚的铸件，易氧化金属铸件则不宜采用。

② 分型面（中间）注入式浇注系统。分型面（中间）注入式浇注系统如图 7.62（b）所示。由于内浇道开设在分型面上，能方便地按需要进行布置，有利于控制金属液的流量分布和铸型热量的分布。这种浇注系统应用普遍，适用于中等质量、高度和壁厚的铸件。

③ 底注式浇注系统。底注式浇注系统[见图 7.62（c）]是内浇道开设在型腔底部的浇注系统。其优点是金属液充型平稳，避免了金属液冲击型芯、飞溅和氧化及由此引起的铸件缺陷；型内气体易于逐渐排出，整个浇注系统充满较快，利于横浇道撇渣。其缺点是型腔底部金属液温度较高，而上部液面温度较低，不利于冒口的补缩。故采用底注式浇注系统时，应尽快浇注。底注式浇注系统多用于易氧化的合金铸件。

④ 阶梯式浇注系统。阶梯式浇注系统[见图 7.62（d）]是具有多层内浇道的浇注系统。阶梯式浇注系统兼有底注式和顶注式的优点，又克服了两者的缺点，既注入平稳，减少了飞溅，又利于补缩。其缺点是浇注系统结构复杂，增大了造型及铸件清理的工作量。它多用于高度较高、型腔较复杂、收缩率较大或品质要求较高的铸件。

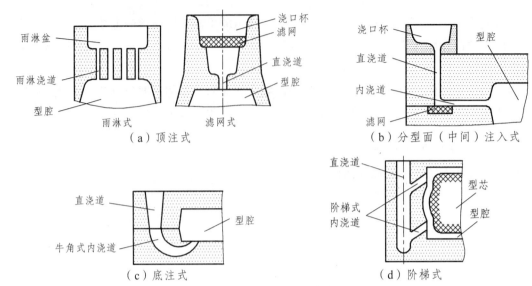

（a）顶注式

（b）分型面（中间）注入式

（c）底注式

（d）阶梯式

图 7.62　常见浇注系统类型

3. 内浇道与铸件型腔连接位置的选择原则

（1）应使内浇道中的金属液畅通无阻地进入型腔，不正面冲击铸型壁、砂芯或型腔中薄弱的突出部分，如图 7.63 所示。

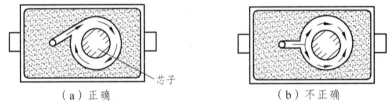

（a）正确　　　　　　　　　　　　（b）不正确

图 7.63　开设内浇道的方法

（2）内浇道不应妨碍铸件收缩。如图 7.64 所示的圆环铸件，其 4 个内浇道做成曲线形状，就不会阻碍铸件向中心的收缩，避免了铸件的变形和裂纹。

（3）内浇道尽量不开设在铸件的重要部位。因内浇道附近易局部过热而造成铸件晶粒粗大，并可能出现疏松，进而影响铸件品质。

（4）内浇道应开在容易清理和打磨的地方。如图 7.65 所示，开在铸件砂芯内的内浇道就难以清除。

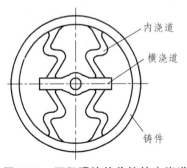

图 7.64　不阻碍铸件收缩的内浇道

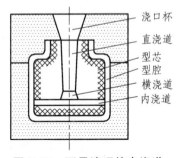

图 7.65　不易清理的内浇道

（5）当合金收缩较大且壁厚有一定差别时，宜将内浇道从铸件厚壁处引入，以利铸件定向凝固；而对壁薄且轮廓尺寸又较大的铸件，宜从铸件薄壁处引入，以利铸件同时凝固，减小铸件的内应力、变形量，防止裂纹产生。

7.3.4.2 冒　口

冒口是铸型中设置的一个储存金属液的空腔，其主要作用是在铸件凝固收缩过程中，提供由于铸件收缩所需要补给的金属液，对铸件进行补缩，防止产生缩孔、缩松等缺陷。铸件清理时，再将冒口切除，获得合格的铸件。

冒口应设置在铸件热节圆直径较大的部位。冒口尺寸计算的方法有多种，工厂中目前应用最简便的方法多为比例法，它是一种经验方法。设计冒口时可参阅有关铸造手册。

7.3.5　铸造工艺图的绘制及工艺分析举例

7.3.5.1　零件的铸造工艺图的制订

铸造工艺图是在零件图上用红、蓝铅笔以规定的工艺符号表示铸造工艺内容所得到的图形。绘制铸造工艺图时，首先应综合考虑浇注位置和分型面的确定，然后根据浇注位置和分型面来确定加工余量、起模斜度，以及对零件上的孔槽等结构进行简化处理，需要加型芯的部位，要画出型芯的位置、形状和芯头，最后画出浇口、冒口系统，铸件线收缩率可用文字说明。铸造工艺图常用符号及表示方法可参阅表 7.16。

表 7.16　铸造工艺图常用符号及表示方法

名　称	符　号	说　明
浇注位置、分型面及分模面		用蓝线或红线和箭头表示，其中汉字及箭头表示浇注位置，曲线、折线及直线表示曲面分型面，直线尾端开叉表示分模面
机械加工余量和起模斜度		用红线绘出轮廓，剖面处涂以红色（或细网纹格）；加工余量值用数字表示，有起模斜度时，一并绘出
不铸出的孔和槽		用红"×"表示，剖面涂以红色（或用细网纹格表示）
型　芯		用蓝线绘出芯头，注明尺寸；不同型芯用不同的剖面线或数字序号表示；型芯应按下芯顺序编号

185

名　称	符　号	说　明
活　块	活块	用红色斜短线表示，并注明"活块"
芯　撑	芯撑 型芯	用红色或蓝色表示
浇注系统	横浇道　直浇道 内浇道 铸件	用红色绘出，并注明主要尺寸
冷　铁	外冷铁　内冷铁 型腔	用绿色或蓝色绘出，并注明"冷铁"

注：有关型芯头间隙、型芯通气道等，本表从略。

7.3.5.2　实例分析

例 1：图 7.66 为 C6140 车床进给箱体零件图。材料为 HT150，单件小批量或大批量生产，质量约 35 kg。

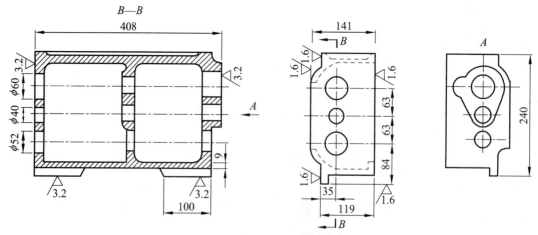

图 7.66　车床进给箱体零件图

该零件没有特殊质量要求的表面，仅要求尽量保证基准面 D（见图 7.67）不得有明显铸造缺陷，以便进行定位。它的材料为铸造性能优良的灰铸铁（HT150），不需考虑补缩。在制订铸造工艺方案时，主要应着眼于工艺上的简化。

（1）分型面。

进给箱体的分型面，有如图 7.67 所示的 3 个方案供选择。

方案Ⅰ：分型面在轴孔的中心线上。此时，凸台 A 因距分型面较近，又处于上型，若采用活块，型砂易脱落，故只能用型芯来形成，槽 C 可用型芯或活块制出。本方案的主要优点是适于铸出轴孔，铸后轴孔的飞边少，便于清理。同时，下芯头尺寸较大，型芯稳定性好，不容易产生偏芯。其主要缺点是基准面 D 朝上，使该面较易产生气孔和夹渣等缺陷，且型芯的数量较多。

方案Ⅱ：从基准面 D 分型，铸件绝大部分位于下型。此时，凸台 A 不妨碍起模，但凸台 E 和槽 C 妨碍起模，也需采用活块或型芯来克服。它的缺点除基准面朝上外，其轴孔难以直接铸出。轴孔若拟铸出，因无法制出型芯头，必须加大型芯与型壁的间隙，致使飞边清理困难。

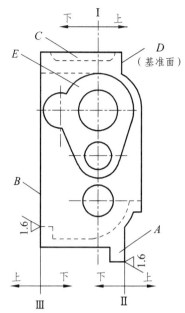

图 7.67　车床进给箱体分型面的选择方案

方案Ⅲ：从 B 面分型，铸件全部置于下型。其优点是铸件不会产生错型缺陷；基准面朝下，其质量容易保证；同时，铸件最薄处在铸型下部，金属液易于充满铸型。缺点是凸台 E、A 和槽 C 都需采用活块或型芯，而内腔型芯上大下小稳定性差；若拟铸出轴孔，其缺点与方案Ⅱ相同。

上述诸方案各有优缺点，需结合具体生产条件，找出最佳方案。

大批量生产条件下，为减少切削加工工作量，9 个轴孔需要铸出。此时，为了使下芯、合箱及铸件的清理简便，只能按照方案Ⅰ从轴孔中心线处分型。为了便于采用机器造型，尽量避免活块，故凸台和凹槽均应用外型芯来形成。为了克服基准面朝上的缺点，必须加大 D 面的加工余量。

单件、小批量生产条件下，因采用手工造型，使用活块造型较外型芯更为方便。同时，因铸件的尺寸允许偏差较大，9 个轴孔不必铸出，留待直接切削加工而成。此外，应尽量降低上型高度，以便利用现有砂箱。显然，在单件生产条件下，宜采用方案Ⅱ或方案Ⅲ。

（2）铸造工艺图。

分型面确定后，便可绘制出铸造工艺图，采用方案Ⅰ时的铸造工艺图如图 7.68 所示。

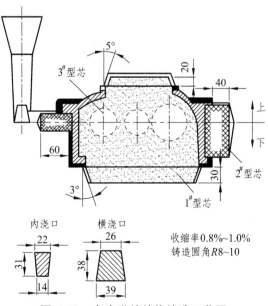

图 7.68　车床进给箱体铸造工艺图

例2：图 7.69 为一轴架零件，其中端面及 $\phi120$ 内孔需机械加工，而且 $\phi60$ 孔表面加工要求高，$\phi80$ 孔由砂芯铸出不需加工。轴架材料为 HT200，小批量生产，承受轻载荷，可用湿砂为铸型，手工分模造型。此铸件可供选择的主要铸造工艺方案有两种。

方案 I：采用分模造型（见图 7.70），平造平浇。铸件轴线为水平位置，过中心线的纵剖面为分型面，使分型面与分模面一致，有利于下芯、起模以及砂芯的固定、排气和检验等。两端的加工面处于侧壁，加工余量均取 4 mm，起模斜度取 1°，铸造圆角 R3～5，内孔采用整体芯。横浇道开在上型分型面上，内浇道开在下型分型面上，熔融金属从两端法兰的外圆中注入。该方案由于将两端法兰置于侧面位置，质量较易得到保证；内孔表面虽有一侧面位于上面，但对铸件质量影响不大。此方案浇注时熔融金属充型平稳，但由于分模造型，易产生错型缺陷，铸件外形精度较差。

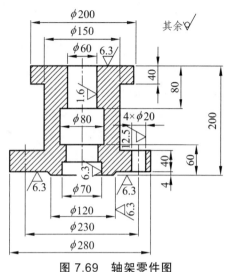

图 7.69　轴架零件图

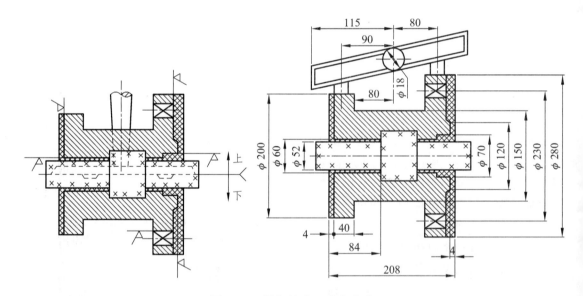

图 7.70　轴架铸造工艺方案 I

方案 II：采用三箱造型（见图 7.71），垂直浇注。铸件两端面均为分型面，上凸缘的底面为分模面。上端面加工余量取 5 mm，下端面取 4 mm，采用垂直式整体芯。在铸件上端面的分型面开一内浇道，切向导入，不设横浇道。方案 II 的优点是整个铸件位于中箱，外形精度较高。但上端质量不易保证，没有横浇道，熔融金属对铸型冲击较大。由于采用三箱造型，多用一个砂箱，型砂耗用量和造型工时增加；上端加工余量加大，金属消耗和切削工时增加。相比之下，方案 I 更为合理。

188

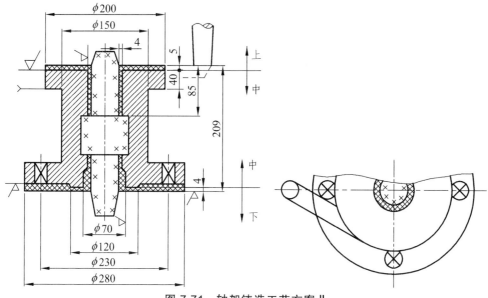

图 7.71　轴架铸造工艺方案 Ⅱ

7.4　特种铸造

　　与普通砂型铸造不同的其他铸造方法统称为特种铸造。特种铸造的铸型用砂较少或不用砂，采用特殊工艺装备进行铸造，如熔模铸造、金属型铸造、压力铸造、低压铸造、离心铸造、陶瓷型铸造和实型铸造等。其优点是铸件精度和表面质量高、铸件内在性能好、原材料消耗低、工作环境好等。但铸件的结构、形状、尺寸、质量、材料种类往往受到一定限制。各种特种铸造方法均有其突出的特点和一定的局限性，下面简要介绍常用的特种铸造方法。

7.4.1　金属型铸造

　　金属型铸造是将液体金属在重力作用下浇入金属铸型，以获得铸件的方法。铸型用金属制成，可反复使用几百次到几千次，故又称为永久型铸造。

1. 金属型的材料与结构

　　金属型常用的材料为铸铁和铸钢，熔点一般应高于浇注合金的熔点，如浇注锡、锌、镁等低熔点合金，可用灰铸铁制造金属型；浇注铝、铜等合金，则要用合金铸铁或钢制造金属型。金属型用的芯子有砂芯和金属芯两种。薄壁复杂件或黑色金属件，多采用砂芯；而形状简单件或有色合金件多采用金属型芯。

　　根据分型面位置的不同，金属型结构分为整体式、垂直分型式、水平分型式和复合分型式几种，如图 7.72 所示。其中，整体式及水平分型式[见图 7.72（a）、（b）]多用于外形较简单的铸件；垂直分型式[见图 7.72（c）]便于开设浇注系统和取出铸件，易实现机械化，应用较广；复合分型式[见图 7.72（d）]用于形状复杂的铸件。

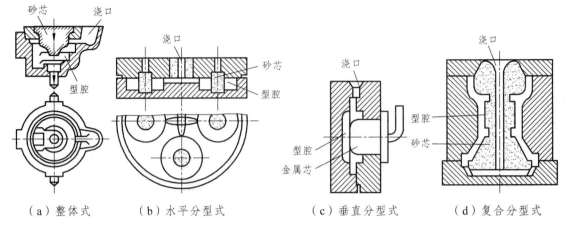

（a）整体式　　　（b）水平分型式　　　（c）垂直分型式　　　（d）复合分型式

图 7.72　金属型的结构

金属型多采用底注式或侧注式浇注系统，以防止浇注时金属液飞溅。飞溅的金属液滴遇到金属型壁，受激冷后凝固成"冷豆"并存在于铸件中，影响铸件品质。

图 7.73 为铸造铝活塞的金属型及金属型芯。图 7.73（a）的金属型是垂直和水平相结合的复合结构。该金属型由左、右两半型和底型组成，左半型固定，右半型用铰链连接，称为铰链开合式金属型。它采用鹅颈缝隙式浇注系统，使金属液平稳注入型腔。为防止金属型过热，将金属型设计成夹层空腔，采用循环水冷却装置。

图 7.73（b）为铸造铝合金活塞用的组合式金属型芯，由 3 部分组成，便于从铸件中取出。当铸件冷却后，首先取出中间的型芯及左右两个小销孔型芯，然后将两个半金属芯沿水平方向向中心靠拢，再向上拔出。

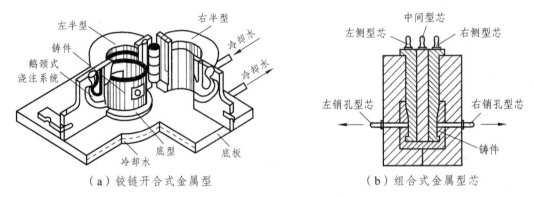

（a）铰链开合式金属型　　　　　　（b）组合式金属型芯

图 7.73　铸造铝活塞的金属型及金属型芯

2. 金属型的铸造工艺措施

由于金属型导热速度快，没有退让性和透气性，为了确保获得优质铸件和延长金属型的使用寿命，必须采取下列工艺措施：

（1）加强金属型的排气。除在金属型的型腔上部开排气孔外，还常在金属型的分型面上开通气槽或在型壁上设通气塞，使之能通过气体，而金属液则因表面张力的作用而不能通过。

（2）表面喷刷防粘砂涂料。在工作表面上喷刷涂料，可避免高温金属液与金属型内表面直接接触，延长金属型的使用寿命；同时，利用涂料层的厚薄可改变铸件各部分的冷却速度。涂料一般由石英粉、石墨粉、炭黑等耐火材料和黏结剂调制而成。涂层厚度一般为0.1 ~ 0.5 mm。

（3）预热金属型并控制其温度。浇注前预热金属型可避免它突然受热膨胀，利于提高其使用寿命，还可改善液态合金的充型能力，防止铸件产生浇不足、冷隔、应力及白口等。通常控制温度在 120 ~ 350 ℃。

（4）及时开型。因金属型无退让性，除在浇注时正确选定浇注温度和浇注速度外，浇注后，如果铸件在铸型中停留时间过长，易引起过大的铸造应力而导致铸件开裂，甚至卡住铸件。因此，铸件冷凝后，应及时从铸型中取出。合适的开型时间由试验而定，通常中、小型铸铁件出型温度为 780 ~ 950 ℃，对于一般铸件，开型时间为浇注后 10 ~ 60 s。

3. 金属型铸件的结构工艺性

（1）铸件结构一定要保证能顺利出型，铸件结构斜度应较砂型铸件大。

（2）铸件壁厚要均匀，壁厚不能过薄（Al-Si 合金为 2 ~ 4 mm，Al-Mg 合金为 3 ~ 5 mm）。

（3）铸孔的孔径不能过小、过深，以便于金属型芯的安放和抽出。

4. 金属型铸造的特点及应用范围

（1）金属型铸造的优点：

① 金属型可"一型多铸"，节省了大量的造型材料和生产场地，提高了生产效率，易于实现机械化和自动化生产。

② 铸件尺寸精度和表面粗糙度（IT12 ~ IT14，Ra6.3 ~ 12.5 μm）均优于砂型铸件，其加工余量小。金属型冷却快，铸件的晶粒较细，机械性能好于砂型铸件。

③ 劳动条件好。

（2）金属型铸造的缺点：

① 金属型的制造成本高，周期长，不适合单件、小批量生产，不适宜生产大型、形状复杂和薄壁铸件。

② 受金属型材料熔点的限制，熔点高的合金不适宜用金属型铸造，否则，使金属型寿命降低。

③ 由于冷却速度快，铸铁件表面易产生硬、脆的白口组织，切削加工困难。

目前，金属型铸造主要用于铝、铜、镁等有色合金铸件的大批量生产，如活塞、连杆、气缸盖等；铸铁件的金属型铸造目前也有所发展，但其尺寸限制在 300 mm 以内，质量不超过 8 kg，如电熨斗底板等。

7.4.2　熔模铸造（失蜡铸造）

熔模铸造是在易熔模样的表面包覆多层耐火材料，待其硬化干燥后，将模样熔去制成无分型面的中空型壳，经焙烧、浇注而获得精密铸件的方法，又称为失蜡铸造。

7.4.2.1　熔模铸造的工艺过程

熔模铸造的工艺过程如图 7.74 所示。

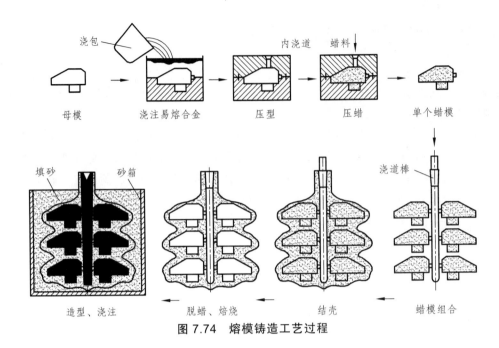

母模　　　浇注易熔合金　　　压型　　　压蜡　　　单个蜡模

填砂　　砂箱　　　　　　　　　　　　　浇道棒

造型、浇注　　　脱蜡、焙烧　　　结壳　　　蜡模组合

图 7.74　熔模铸造工艺过程

1. 制造蜡模

（1）制造压型。压型是用来压制蜡模的专用模具。压型应尺寸精确、表面光洁，其型腔尺寸必须考虑蜡料和铸造合金的双重收缩量。压型的制造方法随铸件的生产批量不同而不同，常用的有如下两种：

① 机械加工压型。用钢或铝为材料，经机械加工后组装而成。这种压型使用寿命长，成本高，仅用于大量生产。

② 用易熔合金铸造压型。用易熔合金（如锡铋合金）液直接浇注到考虑了双重收缩率（有时还考虑了双重加工余量）的母模上，待冷凝后取出母模而获得压型。这种压型使用寿命可达数千次，制造周期短，成本低，适于中、小批量生产。

此外，在单件、小批量生产中，还可采用石膏、塑料（环氧树脂）或硅橡胶压型等。

（2）压制蜡模。蜡模材料常用 50%石蜡和 50%硬脂酸配制而成，其熔点为 50～60 ℃。高熔点蜡料中也可加入可熔性塑料。制模时，先将蜡料熔为糊状，然后以 0.2～0.4 MPa 的压力将蜡料压入型腔内，待凝固成形后取出，修去毛刺，即可获得附有内浇道的单个蜡模。

（3）装配蜡模组。为了提高生产效率，常把数个蜡模熔焊在涂有蜡料的浇道棒上，成为蜡模组。

2. 制造型壳

在蜡模组表面浸挂一层以水玻璃和石英粉配制的涂料，然后在上面撒一层较细的硅砂，并放入固化剂（如氯化铵水溶液等）中硬化，然后再进行第二轮结壳过程。这种过程一般需要重复 4～6 次或更多，使蜡模组外面形成由多层耐火材料组成的坚硬耐火型壳（一般为 4～10 层），型壳的总厚度为 5～7 mm。

3. 熔化蜡模（脱蜡）

通常将带有蜡模组的型壳放在 85～90 ℃ 的热水中，使蜡料熔化后从浇注系统中流出。

蜡料可经回收、处理后重复使用。

4. 焙 烧

把脱蜡后的型壳放入加热炉中，加热到 800 ~ 950 °C，保温 0.5 ~ 2 h，烧去型壳内的残蜡和水分，并使型壳强度进一步提高。

5. 浇 注

将型壳从焙烧炉中取出后，周围堆放干砂，加固型壳，然后趁热（600 ~ 700 °C）浇入合金液，并凝固冷却。

6. 脱壳和清理

用人工或机械方法去掉型壳，切除浇冒口，清理后即得铸件。

7.4.2.2 熔模铸造铸件的结构工艺性

熔模铸造铸件的结构，除应满足一般铸造工艺的要求外，还具有其特殊性：

（1）铸孔不能太小和太深。若铸孔太小和太深，涂料和砂粒很难进入腊模的空洞内，工艺复杂，清理困难。一般铸孔应大于 2 mm。

（2）铸件壁厚不可太薄。铸件壁厚一般为 2 ~ 8 mm。

（3）铸件的壁厚应尽量均匀。由于熔模铸造一般不用冷铁，少用冒口，多用直浇口直接补缩，故不能有分散的热节，壁厚应尽量均匀。

7.4.2.3 熔模铸造的特点和应用

熔模铸造的优点是：

（1）由于铸型精密又无分型面，铸件精度高、表面质量好，是少、无切削加工工艺的重要方法之一。其尺寸精度可达 IT11 ~ IT14，表面粗糙度为 Ra12.5 ~ 1.6 μm。如熔模铸造的涡轮发动机叶片，铸件精度已达到无加工余量的要求。

（2）铸造合金种类不受限制，用于高熔点和难切削合金，更具显著的优越性。

（3）可铸出形状复杂的铸件，其最小壁厚可达 0.3 mm，最小铸出孔径为 0.5 mm。对由几个零件组合成的复杂部件，可用熔模铸造一次铸出。

（4）生产批量不受限制，单件、成批、大量生产均可适用。

熔模铸造的缺点是工序较复杂，生产周期长，原材料费用比砂型铸造高，生产成本高，铸件不宜太大、太长，否则熔模易变形，丧失原有精度。

熔模铸造适用于制造 25 kg 以下形状复杂、难以切削加工的高熔点合金及有特殊要求的精密铸件。如生产汽轮机及燃气轮机的叶片、泵的叶轮、切削刀具，以及飞机、汽车、拖拉机、风动工具和机床上的小型零件等。

7.4.3 压力铸造

压力铸造简称压铸，是通过压铸机将熔融金属以高速压入金属铸型，并使金属在压力下凝固的铸造方法。压铸常用压力为 30 ~ 70 MPa，压射速度为 5 ~ 100 m/s，充型时间为 0.05 ~ 0.2 s。高压、高速充填铸型是压铸的重要特征。

1. 压铸机和压铸工艺过程

压铸通过压铸机完成。压铸机根据压室工作条件不同，分为冷压室压铸机和热压室压铸机两类。热压室压铸机的压室与坩埚连成一体；而冷压室压铸机的压室是与坩埚分开的。冷压室压铸机又可分为立式和卧式两种，目前以卧式冷压室压铸机应用较多，其工作原理如图 7.75 所示。

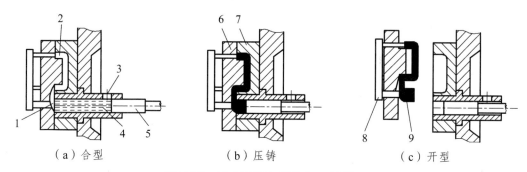

（a）合型　　　　　　　（b）压铸　　　　　　　（c）开型

图 7.75　卧式冷压室压铸机工作原理

1—浇道；2—型腔；3—浇入液态金属处；4—液态金属；5—压射冲头；
6—动型；7—定型；8—顶杆；9—铸件及余料

卧式冷压室压铸机的冷压室是指压室与保温炉（图中未表示）分开，压铸时从保温炉中取出液体金属注入压室中压射，故压室与液体金属只是短时间的接触。卧式则是指压室的中心线是水平的。压铸所用的金属型称为压型，由定型和动型两半部分组成，定型固定在压铸机上，动型可以在压铸机上水平移动，并设有顶出机构。

卧式冷压室压铸机的工艺过程是：首先移动动型，使压型闭合，并把定量金属液注入压室中[见图 7.75（a）]；然后使压射冲头向前推进，将金属液经浇道压入压铸模型腔中，继续施加压力，直至金属凝固[见图 7.75（b）]；最后打开压型，由顶杆机构将铸件顶出[见图 7.75（c）]。

这种压铸机广泛用于压铸熔点较低的有色金属，如铜、铝、镁等合金。此外，卧式压铸机还可以用作黑色金属和半固态金属的压铸。

2. 压铸件的结构工艺性

（1）压铸件上应消除内侧凹，以保证压铸件从压型中顺利取出。

（2）应尽可能采用薄壁并保证壁厚均匀。由于压铸工艺的特点，金属浇注和冷却速度都很快，厚壁处不易得到补缩而形成缩孔、缩松。压铸件适宜的壁厚：锌合金为 1 ~ 4 mm，铝合金为 1.5 ~ 5 mm，铜合金为 2 ~ 5 mm。

（3）对于复杂而无法取芯的铸件或局部有特殊性能（如耐磨、导电、导磁和绝缘等）要求的铸件，可采用嵌铸法，把镶嵌件先放在压型内，然后和压铸件合铸在一起。

（4）压铸件不能进行热处理或在高温下工作，以免压铸件内气孔中的气体膨胀，导致压铸件表面鼓泡或变形。

3. 压力铸造的特点及其应用

（1）压力铸造的优点：

① 压铸件尺寸精度高，表面质量好。尺寸公差等级为 IT11 ~ IT13，表面粗糙度为 $Ra3.2$ ~ $0.8\ \mu m$，可不经机械加工直接使用，而且互换性好。

② 可以压铸壁薄、形状复杂以及具有很小孔和螺纹的铸件。如锌合金的压铸件最小壁厚可达 0.8 mm，最小铸出孔径可达 0.8 mm，最小可铸螺距达 0.75 mm，还能压铸镶嵌件。

③ 压铸件的强度和表面硬度较高。压力下结晶，加上冷却速度快，铸件表层晶粒细密，其抗拉强度比砂型铸件高 25% ~ 40%，但伸长率有所下降。

④ 生产效率高，可实现半自动化及自动化生产。国产压铸机每小时可铸 50 ~ 150 次，最高可达 500 次。

（2）压力铸造的缺点：

① 压铸设备投资大，压铸型制造成本高，工艺准备时间长，不适宜单件、小批量生产。

② 由于压铸型寿命的原因，目前压铸尚不适宜铸铁、铸钢等高熔点合金的铸造。

③ 由于气体难以排出，金属液凝固快，压铸件内部易产生缩孔和缩松，表皮下形成许多气孔。

压力铸造主要应用于锌合金、铝合金、镁合金和铜合金等铸件的大批量生产。如汽车、电器、仪表、医疗器械的中、小零件等。

7.4.4 低压铸造

低压铸造是介于重力铸造（如砂型、金属型铸造）和压力铸造之间的一种铸造方法。它是将熔融金属在压力作用下，自下而上地充填型腔，并在压力下凝固形成铸件的工艺过程。所用压力较低，一般为 0.02 ~ 0.06 MPa。

1. 低压铸造的工艺过程

低压铸造装置如图 7.76 所示。其工艺过程是：将合金液倒入保温坩埚中，装上密封盖、升液导管及铸型；由进气管通入干燥的压缩空气或惰性气体，由于金属液面受到气体压力的作用，金属液则自下而上地沿升液导管平稳上升，通过浇口充满铸型的型腔；继续保持压力直至铸件完全凝固；消除金属液面上压力后，坩埚上部与大气连通，升液管内合金液流回坩埚；然后打开铸型取出铸件。

2. 低压铸造的特点及应用

低压铸造有以下特点：

（1）浇注压力和速度便于调节，故可适应不同材料的铸型（如金属型、砂型等），铸造各种合金及各种大小的铸件。

（2）采用底注式充型，金属液充型平稳，无

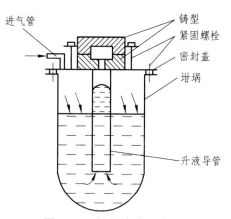

图 7.76 低压铸造示意图

（进气管、铸型、紧固螺栓、密封盖、坩埚、升液导管）

飞溅现象，可避免卷入气体及对型壁和型芯的冲刷，提高了铸件的合格率。

（3）铸件在压力下结晶，铸件组织致密、轮廓清晰、表面光洁，力学性能较高，对于大薄壁件的铸造尤为有利。

（4）省去了补缩冒口，金属利用率提高到 90%~98%。

（5）劳动强度低，劳动条件好，设备简易，易实现机械化和自动化。

（6）升液管寿命短，金属液在保温过程中易产生氧化和夹渣，且生产率低于压力铸造。

低压铸造目前广泛应用于铸造铝合金，如汽车发动机缸体、缸盖、活塞、曲轴箱、叶轮等，也可用于球墨铸铁、铜合金等浇注较大的铸件，如球铁曲轴、铜合金螺旋桨等。

7.4.5　离心铸造

离心铸造是指将熔融金属浇入高速旋转（250~1 500 r/min）的铸型中，使液体金属在离心力作用下充填铸型并凝固成形的一种铸造方法。其铸型可以是金属型，也可以是砂型；既适合制造中空铸件，也能用来生产成形铸件。

1. 离心铸造的类型

根据铸型旋转轴的空间位置，离心铸造可分为立式和卧式两大类，如图 7.77 所示。

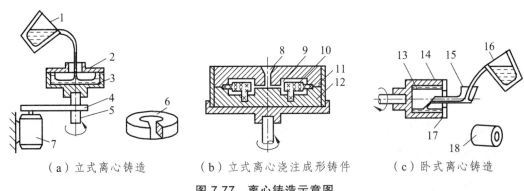

（a）立式离心铸造　　　（b）立式离心浇注成形铸件　　　（c）卧式离心铸造

图 7.77　离心铸造示意图

1，16—浇包；2，14—铸型；3，13—液体金属；4—带轮和带；5—旋转轴；6，18—铸件；7—电动机；
8—浇注系统；9—型腔；10—型芯；11—上型；12—下型；15—浇注槽；17—端盖

（1）立式离心铸造。立式离心铸造的铸型绕垂直轴旋转，如图 7.77（a）、（b）所示。在离心力和重力的共同作用下，内表面为回转抛物面，造成铸件上薄下厚。在其他条件不变的前提下，铸件的高度越大，壁厚的差别越大。因此，立式离心铸造主要用于高度小于直径的圆环类或成形铸件，有时也可用于异形铸件的生产。

（2）卧式离心铸造。卧式离心铸造的铸型绕水平轴旋转，如图 7.77（c）所示。由于铸件各部分冷却条件相近，故铸件壁厚均匀，适于生产长度较大的管、套类铸件。

2. 离心铸造的特点及应用范围

离心铸造的特点是：

（1）液体金属能在铸型中形成中空的自由表面，不用型芯即可铸出中空铸件，简化了套筒、管类铸件的生产过程。

（2）由于旋转时液体金属所产生的离心力作用，金属液的充型能力得到提高，因此可浇注流动性较差的合金铸件和薄壁铸件，如涡轮、叶轮等。

（3）由于离心力的作用，改善了补缩条件，气体和非金属夹杂物也易于自金属液中排出，产生缩孔、缩松、气孔和夹杂等缺陷的几率较小，力学性能好。

（4）无浇注系统和冒口，节约金属。

（5）便于制造双金属铸件，如钢套镶铜轴承。

（6）依靠自由表面所形成的内孔尺寸偏差大，内表面粗糙，内孔的尺寸不精确。

（7）铸件易产生成分偏析和密度偏析，不适于铸造比重偏析大的合金及轻合金，如铅青铜、铝合金、镁合金等。

离心铸造主要用来大量生产管类铸件，如铸铁管、气缸套、铜套、双金属轴承、特殊钢的无缝管坯、造纸机滚筒等，还可用来生产轮盘类铸件，如泵轮、电动机转子等。

7.4.6 陶瓷型铸造

陶瓷型铸造是将熔融金属在重力作用下注入陶瓷型中形成铸件的方法，它是在砂型铸造和熔模铸造的基础上发展起来的一种精密铸造方法。

1. 陶瓷型铸造的工艺过程

陶瓷型铸造的工艺过程如图 7.78 所示。

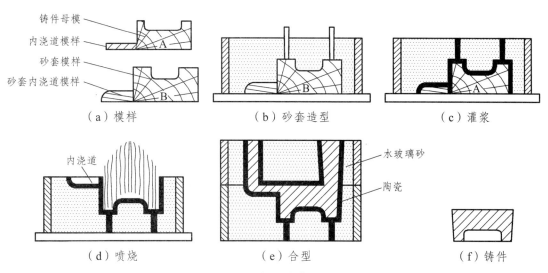

图 7.78　陶瓷型铸造工艺过程

（1）砂套造型。先用水玻璃砂制出砂套。制造砂套的模样比铸件模样应大一个陶瓷料厚度[见图 7.78（a）]。砂套的制造方法与砂型铸造相同[见图 7.78（b）]。

（2）灌浆与胶结。其过程是将铸件模样固定于模底板上，刷上分型剂，扣上砂套，将配制好的陶瓷浆料从浇注口注满砂套[见图 7.78（c）]，经数分钟后，陶瓷浆料便开始结胶。陶瓷浆料由耐火材料（如刚玉粉、铝矾土等）、黏结剂（如硅酸乙酯水解液）等组成。

（3）起模与喷烧。浆料浇注 5～15 min 后，趁浆料尚有一定弹性便可起出模样。为加速固化过程提高铸型强度，必须用明火喷烧整个型腔[见图 7.78（d）]。

（4）焙烧与合型。浇注前要加热到 350～550 ℃ 焙烧 2～5 h，烧去残存的水分，并使铸型的强度进一步提高。

（5）浇注。浇注温度可略高，以便获得轮廓清晰的铸件。

2. 陶瓷型铸造的特点及适用范围

陶瓷型铸造有以下特点：

（1）陶瓷面层在具有弹性的状态下起模，同时陶瓷面层耐高温且变形小，故铸件的尺寸精度和表面粗糙度等与熔模铸造相近。

（2）陶瓷型铸件的大小几乎不受限制，可从几千克到数吨。

（3）在单件、小批量生产条件下，投资少、生产周期短，在一般铸造车间即可生产。

（4）陶瓷型铸造不适于生产批量大、质量轻或形状复杂的铸件，生产过程难以实现机械化和自动化。

目前，陶瓷型铸造广泛用于厚大的精密铸件，尤其适于制造各种模具，如冲模、锻模、玻璃器皿模、压铸模和模板等，也可用于生产中型铸钢件等。

7.4.7　气化模铸造

气化模铸造的原理是用聚苯乙烯发泡塑料模样代替普通模样，造好型后不取出模样就浇入金属液，在金属液的作用下，塑料模样燃烧、气化、消失，金属液取代原来塑料模所占据的空间位置，冷却凝固后获得所需铸件的铸造方法（又叫消失模铸造）。其工艺过程如图 7.79 所示。

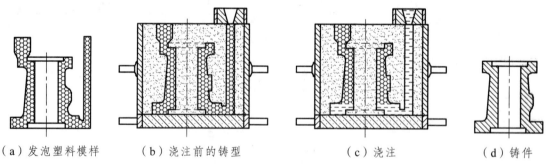

（a）发泡塑料模样　　（b）浇注前的铸型　　　　（c）浇注　　　（d）铸件

图 7.79　气化模铸造工艺过程

气化模铸造具有以下特点：

（1）由于采用了遇金属液即气化的泡沫塑料模样，无需起模，无分型面，无型芯，因而无飞边毛刺，铸件的尺寸精度和表面粗糙度接近熔模铸造，但尺寸却可大于熔模铸造。

（2）各种形状复杂铸件的模样均可采用泡沫塑料模黏合，成形为整体，减少了加工装配时间，可降低铸件成本 10%～30%，也为铸件结构设计提供了充分的自由度。

（3）简化了铸件生产工序，缩短了生产周期，使造型效率比砂型铸造提高 2～5 倍。

（4）气化模铸造的模样只能使用一次，且泡沫塑料的密度小、强度低，模样易变形，影响铸件尺寸精度。浇铸时模样产生的气体污染环境。

气化模铸造应用范围较广，特别是用于不易起模等复杂铸件的批量及单件生产。

7.4.8 磁型铸造

磁型铸造也是一种气化模铸造。用泡沫塑料制造模样，利用磁丸（又称铁丸）代替干砂，并微振紧实，再将砂箱放在磁型机里，磁化后的磁丸相互吸引，形成强度高、透气性好的铸型，浇注时气化模在液体金属热的作用下气化消失，金属液替代了气化模的位置，待冷却凝固后，解除磁场，磁丸恢复原来的松散状，便能方便地取出铸件。磁型铸造原理如图 7.80 所示。

磁型铸造具有以下特点：

（1）造型材料可以反复使用，不用型砂，设备简单，占地面积小，易于实现机械化和自动化生产。

（2）铸件的质量好。模样无分型面，不用起模，铸件精度高，加工余量小，而且通常不用另外制作型芯，造型材料不含黏结剂，透气性好，可以避免气孔、夹砂、错型和偏芯等缺陷。

（3）节约了金属及其他辅助材料，改善了劳动条件，降低了铸件成本。

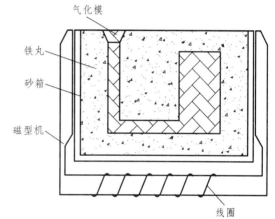

图 7.80　磁型铸造原理示意图

磁型铸造主要适用于形状不十分复杂的中、小型铸件的生产，以浇注黑色金属为主。其质量范围为 0.25 ～ 150 kg，铸件的最大壁厚可达 80 mm。

特种铸造的发展很快，除了以上常用的几种外，还有许多其他特种铸造方法，生产中还使用挤压铸造、连续铸造、真空吸铸等多种特种铸造技术方法。

挤压铸造是在两个半型分开的情况下，浇入一定量的液态金属，随即将两半型合拢，将液态金属挤压而充填整个铸型型腔，使其凝固、成形后而形成铸件。挤压铸造工艺原理如图 7.81 所示。挤压铸造主要用于生产有色金属生活日用品，也可生产薄壁板件和复杂空心件。

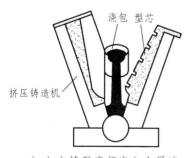
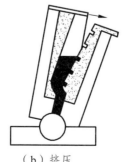
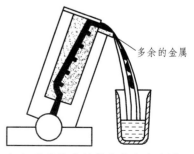

（a）向铸型底部浇入金属液　　（b）挤压　　（c）形成铸件并排出多余的金属

图 7.81　挤压铸造工艺过程

连续铸造是一种先进的铸造技术，其技术原理是将液态金属连续不间断地浇入一种称为结晶器的水冷金属型中。结晶凝固了的铸件连续不断地从结晶器的另一端拉出。连续铸造工艺原理如图 7.82 所示。连续铸造用于生产铸锭并接着进行轧制，即连铸连轧。连续铸造能大大节约能源，减少金属第二次加热时的烧损，提高生产效率。生产铸铁管时连续铸造已成为其主要的技术手段。

真空吸铸是将连接于真空系统的结晶器，浸入熔融金属液中，借助真空系统在结晶器内形成负压，吸入液态金属。液态金属在真空下，沿结晶器内壁顺序向中心凝固，待固体层达到一定尺寸后，切断真空中心未凝固的液态金属，让其流回坩埚而获得实心或空心筒形铸件。

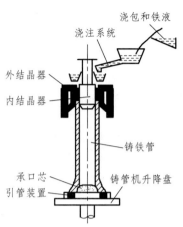

图 7.82 连续铸造工艺原理

7.4.9 常用铸造方法的选择

各种铸造方法都有其优缺点，分别适用于一定范围。选择铸造方法时，应从技术、经济、生产条件以及环境保护等方面综合分析比较，以确定哪种成形方法较为合理，即选用较低成本和高的生产效率，在现有或可能的生产条件下制造出合乎质量要求的铸件。几种常用铸造方法基本特点的比较如表 7.17 所示。

表 7.17 几种铸造方法的比较

比较项目 ＼ 铸造方法	砂型铸造	熔模铸造	金属型铸造	压力铸造	低压铸造	离心铸造
适用合金	各种合金	不限，以铸钢为主	不限，以非铁合金为主	非铁合金	以非铁合金为主	铸钢、铸铁、铜合金
适用铸件大小	不受限制	几十克至几十千克	中、小铸件	中、小件，几克至几十千克	中、小件，有时达数百千克	零点几千克至十多吨
铸件最小壁厚/mm	铸铁>3~4	0.5~0.7 孔 ϕ0.5~2.0	铸铝>3 铸铁>5	铝合金>0.5 铜合金>2	>2	优于同类铸型的常压铸造
铸件加工余量	大	小或不加工	小	小或不加工	较小	外表面小，内表面较大
表面粗糙度 Ra/μm	50~12.5	12.5~1.6	12.5~6.3	6.3~1.6	12.5~3.2	决定于铸型材料
铸件尺寸公差/mm	100±1.0	100±0.3	100±0.4	100±0.3	100±0.4	决定于铸型材料
工艺出品率[①]/%	30~50	60	40~50	60	50~60	85~95
毛坯利用率[②]/%	70	90	70	95	80	70~90
投产的最小批量/件	单件	1 000	700~1 000	1 000	1 000	100~1 000

铸造方法 比较项目	砂型铸造	熔模铸造	金属型铸造	压力铸造	低压铸造	离心铸造
生产效率（机械化程度）	低中	低中	中高	最高	中	中高
应用举例	床身、箱体、支座、轴承盖、曲轴、缸体、缸盖、水轮机转子等	刀具、叶片、自行车零件、刀杆、风动工具等	铝活塞、水暖器材、水轮机叶片、一般非铁合金铸件等	汽车化油器、缸体、仪表和照相机的壳体、支架等	发动机缸体、缸盖、壳体、箱体、船用螺旋桨、纺织机零件等	各种铸铁管、套筒、环叶轮、滑动轴承等

注：① 工艺出品率 $= \dfrac{铸件质量}{铸件质量+浇冒口质量} \times 100\%$；

② 毛坯利用率 $= \dfrac{零件质量}{铸件质量} \times 100\%$。

可以看出，砂型铸造尽管有许多缺点，但其适应性最强，因此，在铸造方法的选择中应优先考虑，而特种铸造往往在特定的条件下，才能显示其优越性。具体可以先从以下几方面进行考虑：

（1）合金种类。它取决于铸型的耐热状况。砂型铸造所用硅砂耐火度达 1 700 ℃，比碳钢的浇注温度还高 100 ~ 200 ℃，因此砂型铸造可用于铸钢、铸铁、非铁合金等各种材料。熔模铸造的型壳是由耐火度更高的纯石英粉和石英砂制成，因此它还可用于生产熔点更高的合金钢铸件。金属型铸造、压力铸造和低压铸造一般都是使用金属铸型和金属型芯，即使表面刷上耐火涂料，铸型寿命也不高，因此一般只用于非铁合金铸件。

（2）铸件大小。它主要与铸型尺寸、金属熔炉、起重设备的能力等条件有关。砂型铸造限制较小，可铸造小、中、大件。熔模铸造由于难以用蜡料做出较大模样以及型壳强度和刚度所限，一般只宜于生产小件。对于金属型铸造、压力铸造和低压铸造，由于制造大型金属铸型和金属型芯较困难及设备吨位的限制，一般用来生产中、小型铸件。

（3）尺寸精度和表面粗糙度。铸型的精度与表面粗糙度有关。砂型铸件的尺寸精度最差，表面粗糙度 Ra 值最大。熔模铸造因压型加工得很精确、光洁，故蜡模也很精确，而且型壳是个无分型面的铸型，所以熔模铸件的尺寸精度很高，表面粗糙度 Ra 值很小。压力铸造由于压铸型加工较准确，且在高压、高速下成形，故压铸件的尺寸精度也很高，表面粗糙度 Ra 值很小。金属型铸造和低压铸造的金属铸型（型芯）不如压铸型精确、光洁，且在重力或低压下成形，铸件的尺寸精度和表面粗糙度都不如压铸件，但优于砂型铸件。

采用砂型和砂芯生产铸件，可以做出形状很复杂的铸件。但压力铸造采用结构复杂的压铸型也能做出形状复杂的铸件，这只有在大量生产时才是经济的。因为压铸件节省大量切削加工工时，综合计算零件成本还是经济的。离心铸造较适用于管、套类特定形状的铸件。

7.5 铸件的结构设计

铸件结构设计是指在保证零件工作性能和力学性能要求的条件下，考虑铸造工艺和合金铸造性能对铸件结构的要求是否合理。铸件结构设计合理与否，对铸件的质量、生产效率及其成本有很大的影响。如果零件的铸造结构工艺性合理，则铸件能够铸造，易于铸造；相反，如果铸造结构工艺性不合理，则铸件不能铸造，或者能够铸造但难于铸造。在零件设计过程中，若使用要求与铸造生产之间产生矛盾，应综合考虑，统筹安排，妥善解决。

7.5.1 铸件设计的内容

7.5.1.1 铸造工艺对铸件结构设计的要求

造型工艺对铸件结构设计的要求，如表 7.18、表 7.19 所示。

表 7.18 造型工艺对铸件结构设计的要求

对铸件结构的要求		不好的铸件结构	较好的铸件结构
铸件的外形必须力求简单、造型方便	铸件应具有最少的分型面，从而避免多箱造型和不必要的型芯		
	铸件加强肋的布置应有利于取模		
	铸件设计应避免不必要的曲线和圆角结构，否则会使制模、造型等工序复杂化		
	铸件侧面的凹槽、凸台的设计应有利于取模，尽量避免不必要的型芯和活块		
铸件的内腔必须力求简单、尽量少用型芯	尽量少用或不用型芯		

对铸件结构的要求		不好的铸件结构	较好的铸件结构
铸件的内腔必须力求简单、尽量少用型芯	型芯在铸型中必须支撑牢固和便于排气、固定、定位和清理		
	为了固定型芯和排气，以及便于清理型芯，应增加型芯头或工艺孔		
	应避免封闭内腔		

表 7.19 铸件的结构斜度

斜度（$a:h$）	角度（β）	使用范围
1:5	11°30′	$h<25$ mm 的铸钢和铸铁件
1:10	5°30′	$h=25\sim500$ mm 的铸钢和铸铁件
1:20	3°	$h=25\sim500$ mm 的铸钢和铸铁件
1:50	1°	$h>500$ mm 的铸钢和铸铁件
1:100	30′	非铁合金铸件

7.5.1.2 铸造性能对铸件结构设计的要求

缩孔、变形、裂纹、气孔和浇不足等铸件缺陷的产生，有时是由于铸件结构设计不够合理，未能充分考虑合金铸造性能的要求所致。合金铸造性能与铸件结构之间的关系如表 7.20～7.26 所示。

表 7.20 合金铸造性能与铸件结构之间的关系

对铸件结构的要求	不好的铸件结构	较好的铸件结构
铸件的壁厚应尽可能均匀，避免厚大截面，否则易在厚壁处产生缩孔、缩松、内应力和裂纹		

对铸件结构的要求	不好的铸件结构	较好的铸件结构
铸件内表面及外表面转角的连接处应为圆角,以免产生裂纹、缩孔、粘砂和掉砂缺陷。铸件内圆角半径 R 的尺寸如表 7.21 所示	缩孔	
铸件上部大的水平面(按浇注位置)最好设计成倾斜面,以免产生气孔、夹砂和积聚非金属夹杂物		
为了防止裂纹,应尽可能采用能够自由收缩或减缓收缩受阻的结构,如轮辐设计成弯曲形状		
在铸件的连接或转弯处,应尽量避免金属的积聚和内应力的产生,厚壁与薄壁相连接要逐步过渡,并不准采用锐角连接,以防止出现缩孔、缩松和裂纹。几种壁厚的过渡形式及尺寸如表 7.22 所示		
对于细长件或大而薄的平板件,为防止弯曲变形,应采用对称或加肋的结构。灰铸铁件壁及肋厚参考值如表 7.23 所示		

表 7.21 铸件内圆角半径 R 值

单位:mm

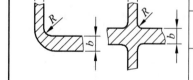

$\dfrac{a+b}{2}$	≤8	8~12	12~16	16~20	20~27	27~35	35~45	45~60
铸铁	4	6	6	8	10	12	16	20
铸钢	6	6	8	10	12	16	20	25

表 7.22　几种壁厚的过渡形式及尺寸

图　例		尺　寸	
	$b \leqslant 2a$	铸铁	$R \geqslant (1/6 \sim 1/3)(a+b)/2$
		铸钢	$R \approx (a+b)/4$
	$b > 2a$	铸铁	$L > 4(b-a)$
		铸钢	$L > 5(b-a)$
	$b > 2a$	\multicolumn{2}{l}{$R \geqslant (1/6 \sim 1/3)(a+b)/2$; $R_1 \geqslant R + (a+b)/2$; $c \approx 3(b-a)^{1/2}$; $h \geqslant (4 \sim 5)c$}

表 7.23　灰铸铁件壁及肋厚参考值

铸件质量/kg	最大尺寸/mm	外壁厚度/mm	内壁厚度/mm	肋的厚度/mm	零件举例
5	300	7	6	5	盖、拨叉、轴套、端盖
6 ~ 10	500	8	7	5	挡板、支架、箱体、网盖
11 ~ 60	750	10	8	6	箱体、电动机支架、溜板箱
61 ~ 100	1 250	12	10	8	箱体、液压缸体、溜板箱
101 ~ 500	1 700	14	12	8	油盘、带轮、镗模架
501 ~ 800	2 500	16	14	10	箱体、床身、盖、滑座
801 ~ 1 200	3 000	18	16	12	小立柱、床身、箱体、油盘

7.5.1.3　合理设计铸件壁厚

1. 确定铸件的最小允许壁厚

每种铸造合金都有其适宜的壁厚，不同铸造合金所能浇注出铸件的"最小壁厚"也不相同，壁厚主要取决于合金的种类和铸件的大小、复杂程度等。如果所设计的铸件壁厚小于允许的"最小壁厚"，则易产生浇不到、冷隔等缺陷。对于灰铸铁件还需考虑铸件过薄会产生白口等问题。表 7.24 为砂型铸造条件下铸件的最小壁厚。

表 7.24　砂型铸造铸件最小壁厚的设计　　　　　　　　单位：mm

铸件尺寸	铸钢	灰铸铁	球墨铸铁	可锻铸铁	铝合金	铜合金
$< 200 \times 200$	5 ~ 8	3 ~ 5	4 ~ 6	3 ~ 5	3 ~ 3.5	3 ~ 5
$200 \times 200 \sim 500 \times 500$	10 ~ 12	4 ~ 10	8 ~ 12	6 ~ 8	4 ~ 6	6 ~ 8
$> 500 \times 500$	15 ~ 20	10 ~ 15	12 ~ 20	—	—	—

205

2. 铸件最大壁厚约等于最小壁厚的 3 倍

铸件的实际承载能力并不随其壁厚的增加而成比例地提高，灰铸铁件尤其明显。如表 7.25 所示，灰铸铁件的壁厚增加，其相对强度反而下降。

表 7.25　灰铸铁件壁厚与其相对强度的关系

壁厚/mm	相对强度
15~20	1.0
20~30	0.9
30~50	0.8
50~70	0.7

3. 铸件的外壁、内壁和肋的厚度比约为 1：0.8：0.6

铸件壁厚的均匀性，是为了使铸件各处的冷却速度相近，并非要求所有的壁厚完全相同。铸件的内壁一般是由型芯形成，其散热条件比由砂型形成的外壁要差，冷却要慢一些。图 7.83 为铸钢阀体，图 7.83（a）为最初设计方案，内壁与外壁的厚度相同，因内壁散热较慢，故形成了热节，该处常产生热裂。图 7.83（b）将内壁的厚度减小 1/5～1/3，并改变壁间连接，消除了热节，内外壁的冷却速度相近，减少了应力集中，从而防止了该处热裂的产生。而铸件的加强肋应更薄些，这是为了使肋在内、外壁尚未凝固前就凝固，以真正起到加强的作用，防止铸件产生变形和裂纹缺陷。

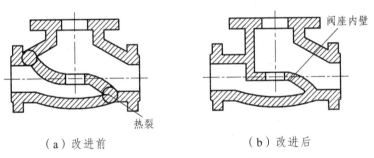

（a）改进前　　　　　　　　　　　（b）改进后

图 7.83　减薄铸件内壁消除热裂

此外，在检查铸件壁厚均匀性时，必须同时将铸件的加工余量考虑在内。例如，有加工孔的铸件，若不包括加工余量，铸件壁厚似乎较均匀，但包括余量之后，出现的热节却很大。

7.5.2　铸件结构设计应考虑的其他方面

7.5.2.1　铸件结构应考虑铸造合金的某些使用性能

灰铸铁具有抗压强度与钢相近而抗拉强度较低的特性，因此，在设计灰铸铁件的结构时就应充分发挥其抗压强度好的长处，而避其抗拉强度差的短处。如图 7.84 所示的灰铸铁支座件，当其受力 F 作用时，图 7.84（a）所示的为不良结构（肋受拉），而图 7.84（b）所示的为良好结构（肋受压）。

206

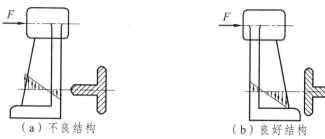

（a）不良结构　　　　　　　　（b）良好结构

图 7.84　灰铸铁支座件

7.5.2.2　铸件结构应考虑不同铸造方法的特殊性

当设计铸件结构时，除应考虑上述工艺和合金所要求的一般原则外，对于采用特种铸造方法的铸件，还应根据其工艺特点考虑一些特殊要求。

1. 熔模铸件的结构设计

（1）便于从压型中取出蜡模和型芯。图 7.85（a）由于带孔凸台朝内，注蜡后无法从压型中抽出型芯；而图 7.85（b）则克服了上述缺点。

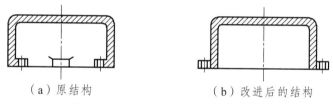

（a）原结构　　　　　　　　（b）改进后的结构

图 7.85　便于抽出蜡模型芯的设计

（2）为了便于浸渍涂料和撒砂，熔模铸件的孔、槽不宜过小或过深。通常，孔径应大于 2 mm（薄壁件应大于 0.5 mm）；通孔时，孔深/孔径 ≤4～6；盲孔时，孔深/孔径 ≤2；槽宽应大于 2 mm，槽宽应为槽深的 2～6 倍。

（3）壁厚应满足顺序凝固要求，不要有分散的热节，以便利用浇口进行补缩。

（4）因熔模型壳的高温强度较低，易变形，而平板型壳的变形尤其明显，故熔模铸件应尽量避免有大平面。为防止变形，可在铸件大平面上设置工艺孔或工艺肋，以增加型壳刚度，如图 7.86 所示。

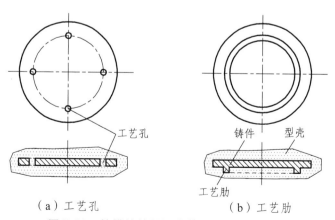

（a）工艺孔　　　　　　　　（b）工艺肋

图 7.86　熔模铸件平面上的工艺孔和工艺肋

（5）因蜡模的可熔性，所以可铸出各种复杂形状的铸件，可将几个零件合并为一个熔模，将原需加工装配的组合件改为整铸件，以简化加工和装配工序，提高生产效率，方便使用。图7.87为车床的手轮手柄，由加工装配结构[见图7.87（a）]改为熔模铸造的整铸结构[见图7.87（b）]。

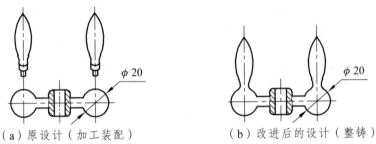

（a）原设计（加工装配）　　　　　（b）改进后的设计（整铸）

图 7.87　车床的手轮手柄

2. 金属型铸件的结构设计

（1）铸件的外形和内腔应力求简单，尽可能加大铸件的结构斜度，避免采用直径过小或过深的孔，以保证铸件能从金属型中顺利取出，以及尽可能采用金属型芯。如图7.88（a）所示的铸件，其内腔内大外小，而 $\phi18$ 孔过深，金属型芯难以抽出。在不影响使用的条件下，改成图7.88（b）所示的结构后，增大内腔结构斜度，则金属芯可顺利抽出。

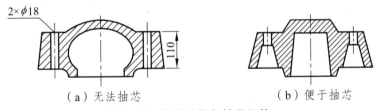

（a）无法抽芯　　　　　　　　（b）便于抽芯

图 7.88　铸件结构与抽芯机构

（2）铸件的壁厚差别不能太大，以防出现缩松或裂纹。同时，为防止浇不足、冷隔等缺陷，铸件的壁厚不能太薄。如铝合金铸件的最小壁厚为 2~4 mm。

3. 压铸件的结构设计

（1）压铸件的外形应使铸件能从压型中取出，内腔也不应使金属型芯抽出困难。因此，要尽量消除侧凹和深腔，在无法避免而必须采用型芯的情况下，也应便于抽芯。如图7.89（a）所示，B 处妨碍抽芯，改成图7.89（b）所示的结构后，利于抽芯。

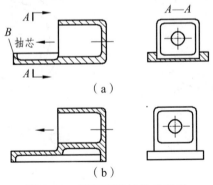

（a）

（b）

图 7.89　利于取出铸件的设计

（2）压铸件壁厚应尽量均匀一致，且不宜太厚。对于厚壁压铸件，应采用加强筋减小壁厚，以防止壁厚处产生缩孔和气孔。

（3）应充分发挥镶嵌件的优越性，以便制出复杂件、改善压铸件局部性能和简化装配工艺。

7.5.2.3　铸件结构应考虑铸件的组合设计

设计铸件时，还必须从零件的整个生产过程出发，全面考虑铸造、机械加工、装配、运输等方面。例如，对于大型或形状复杂的铸件可采用组合件，即先分两个或几个铸件制造，经机械加工后，再用焊接或螺纹联接等方法将其组合成整体。

图 7.90 为大型铸钢机座，为使铸造工艺简化，将其分成两半铸造，然后焊接成整体。图 7.91 为床身铸件，图 7.91（a）采用整体铸造，因形状复杂，工艺难度较大；采用图 7.91（b）所示的结构后，分为两件铸造，然后用螺钉装配在一起，则使工艺大大简化。

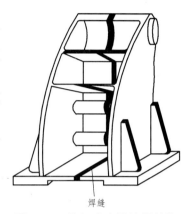

焊缝

图 7.90　铸钢底座的铸焊结构

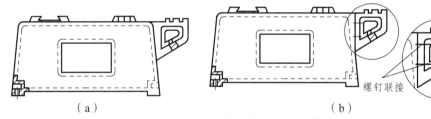

（a）　　　　　　　　　　（b）
螺钉联接

图 7.91　机械连接组合床身铸件

因工艺的局限性而无法整铸的结构，应采用组合设计。如图 7.92 所示的铸件，原为砂型铸造件[见图 7.92（a）]，因内腔采用砂芯，故铸造并无困难，但改为压铸件时，则无法抽芯，出型也较困难，若改成图 7.92（b）所示的两件组合，则出型和抽芯均可顺利进行。

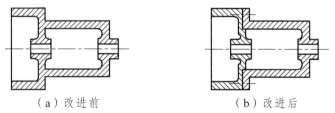

（a）改进前　　　　　　　　　（b）改进后

图 7.92　砂型铸件改为压铸件

组合设计的优点是：

（1）能有效解决铸造熔炉、起重运输设备能力不足的困难，使用小设备也能制造大铸件。

（2）可根据使用要求的不同，用不同的材料制造一个铸件的不同部分，造型工艺简单，铸件品质优良，结构合理。

（3）易于解决整铸时切削加工工艺或设备上的某些困难。

思考与练习

1. 铸造成形的实质及优缺点是什么？

2. 液态合金的流动性决定于哪些因素？流动性对铸件质量有何影响？

3. 从铁-渗碳体相图分析，什么合金成分具有较好的流动性？为什么？

4. 何谓合金的收缩？铸造合金的收缩经历了哪几个阶段？各会产生哪些铸造缺陷？

5. 何谓同时凝固原则和定向凝固原则？试对图 7.93 所示的阶梯形试块铸件设计浇注系统、冒口及冷铁，使其实现定向凝固。

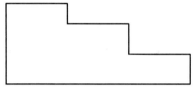

图 7.93　阶梯形铸件

6. 定向凝固和同时凝固均有各自的优缺点。为保证铸件质量，通常定向凝固和同时凝固各适用于什么金属？铸件结构有何特点？

7. 铸造应力有哪几种？怎样区别铸件裂纹的性质？从铸件结构和铸造技术两方面考虑，如何防止铸件产生铸造应力、变形和裂纹？

8. 试分析图 7.94 所示的 3 种铸件。

① 哪些是自由收缩？哪些是受阻收缩？

② 受阻收缩的铸件会形成哪一类铸造应力？

③ 图示各点应力属于什么性质应力（拉应力、压应力）？

图 7.94　三种铸件

9. 铸件的气孔有哪几种？下列情况下分别容易产生哪种气孔？

① 熔化铝料时铝料油污过多；.

② 造型起模时刷水过多；

③ 造型时捣砂过紧；

④ 芯撑有锈蚀。

10. 何谓合金的铸造性能？它可以用哪些性能来衡量？铸造性能不好，会引起铸件哪些缺陷？如何防止这些缺陷？

11. 在工业生产中，常用的铸造合金有哪些？

12. 根据碳在铸铁中存在形式的不同，铸铁可分为哪几种？

13. 影响铸铁中石墨化进程的主要因素是什么？相同化学成分的铸铁件的力学性能是否相同？

210

14. 普通灰口铸铁的基本组织是什么？它的性能特点是什么？普通灰口铸铁一般适合制造哪些零件？

15. 一批铸件，经生产厂家检验，力学性能符合图纸提出的 HT200 的要求。用户验收时，在同一铸件上壁厚为 18 mm、26 mm、34 mm 处分别取样检测。测得 18 mm 处 σ_b = 194 MPa；26 mm 处 σ_b = 171 MPa；34 mm 处 σ_b = 167 MPa。据此，用户认为该铸件不合格，理由是：① 铸件力学性能不符合 HT200 要求；② 铸件整体强度不均匀。试判断用户的意见是否正确？为什么铸件 18 mm 处的抗拉强度比 26 mm、34 mm 处高？铸铁牌号是否为 HT200？

16. 什么是孕育铸铁？它与普通灰口铸铁有何不同？如何获得孕育铸铁？

17. 可锻铸铁是如何获得的？为什么它只适宜制作薄壁小铸件？

18. 识别下列牌号的材料名称，并说明字母和数字所表示的含义：QT600-03、KTH350-10、HT200、RuT260。

19. 冲天炉熔炼时加入废钢、硅铁、锰铁的作用是什么？若采用单一的生铁锭或回炉料为原料，铸出的产品质量如何？若采用单一的废钢来熔炼，铸出的产品属于什么材质（钢、灰铸铁、白口铁）？为什么？

20. 钢铁的熔炼应采用什么设备？试述铸钢的铸造性能及铸造工艺特点。

21. 铸钢和球墨铸铁的力学性能、铸造性能相比，有何不同？为什么？

22. 铸造铜合金和铝合金熔炼时常采用什么熔炼设备？其熔炼和铸造工艺有何特点？

23. 下列铸件宜选用哪类铸造合金？说明理由。

车床床身、摩托车发动机、柴油机曲轴、自来水龙头、气缸套、轴承衬套。

24. 铸造工艺设计的主要内容有哪些？

25. 什么是铸件的浇注位置？它是否就指铸件上的内浇道位置？浇注位置的选择应遵循哪几个原则？

26. 什么是分型面和分模面？分模两箱造型时，其分型面是否就是其分模面？分型面的确定应考虑哪几个因素？

27. 什么是芯头和芯座？它们起什么作用？

28. 浇注系统一般由哪几个基本组元组成？各组元的作用是什么？在设计浇注系统时，应满足什么要求？

29. 按浇注系统各组元截面面积的比例，浇注系统可分为哪两类？各有什么优缺点？按内浇道开设的位置不同，浇注系统又可分为哪几类？它们各有什么优缺点？

30. 内浇道与铸件型腔连接位置应考虑哪些因素？

31. 有一端盖铸件，如图 7.95 所示，有 3 个铸造方案，分别为：Ⅰ 挖砂造型；Ⅱ 假箱造型；Ⅲ 分模＋活块造型。简述其优缺点及其应用。大批量生产时哪个方案好？

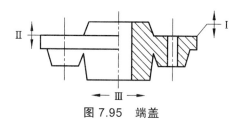

图 7.95　端盖

32. 如图 7.96 和图 7.97 所示的轴座、大平面底座铸件的几种分型面和浇注位置方案中，合理的分别是哪一种？按最合理方案绘制铸造工艺图。

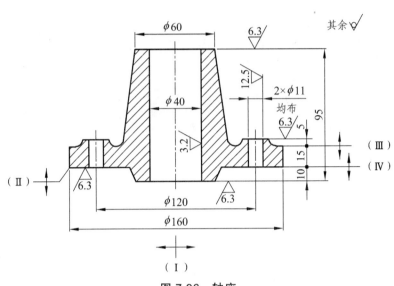

图 7.96 轴座

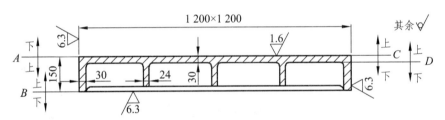

图 7.97 大平面底座

33. 分别确定图 7.98（绳轮，材料为 HT200，批量生产）和图 7.99（轴承座，材料为 HT150，批量生产）所示铸件的铸造工艺方案。按所选最佳方案绘制铸造工艺图（包括浇注位置、分型面、型芯及型芯头、浇注系统等）。

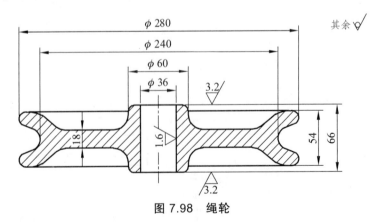

图 7.98 绳轮

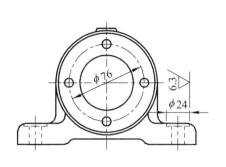

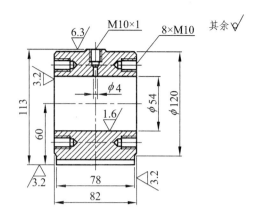

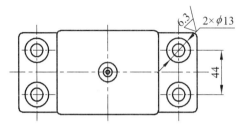

图 7.99　轴承座

34. 手工造型常用哪几种造型方法？各适用于何种零件？

35. 机器造型有何优缺点？有哪几种紧砂方法和起模方法？

36. 试述熔模铸造的主要工序，在不同批量下，其压型的制造方法有何不同？

37. 为什么制造蜡模多采用糊状蜡料加压成形，而较少采用蜡液浇注成形？为什么脱蜡时水温不应达到沸点？

38. 金属型铸造和砂型铸造相比，在生产方法、造型工艺和铸件结构方面有何特点？适用何种铸件？

39. 熔模铸造、金属型铸造、压力铸造、离心铸造与砂型铸造各有何特点？它们各有何应用的局限性？

40. 什么是离心铸造？它在圆筒形铸件的铸造中有哪些优越性？圆盘状铸件及其成形铸件应采用什么形式的离心铸造？

41. 试比较气化模铸造与熔模铸造的异同点及应用范围。

42. 陶瓷型铸造、低压铸造、磁型铸造、连续铸造、挤压铸造、真空吸铸的基本原理是什么？简述其特点和应用范围。

43. 在设计铸件壁时应注意什么？为什么要规定铸件的最小壁厚？灰铸铁件壁厚过大或局部过薄会出现什么问题？

44. 什么是铸件的结构斜度？它与起模斜度有何异同？

45. 在方便铸造和易于获得合格铸件的条件下，图 7.100 所示的铸件结构有何值得改进之处？怎样改进？

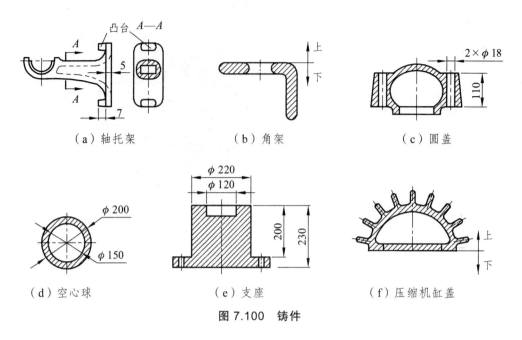

（a）轴托架 （b）角架 （c）圆盖

（d）空心球 （e）支座 （f）压缩机缸盖

图 7.100　铸件

46. 试确定图 7.101 所示铸件的分型面，修改不合理的结构，并说明修改理由。

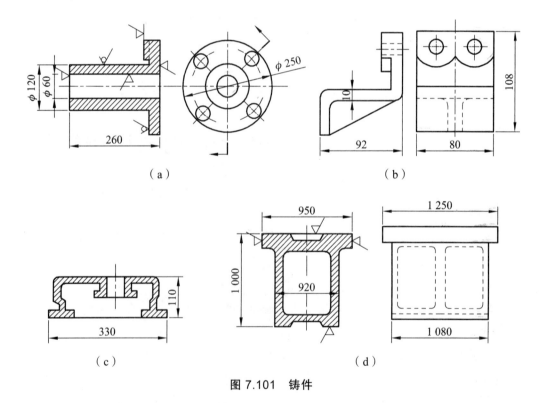

（a） （b）

（c） （d）

图 7.101　铸件

47. 某厂铸造一个 $\phi1\,500\,mm$ 的铸铁顶盖，有如图 7.102 所示的两种设计方案，试分析哪个方案易于生产？简述其理由？

48. 为防止图 7.103 所示的角架铸件变形，可采取哪几种措施保证角 γ 的准确性？

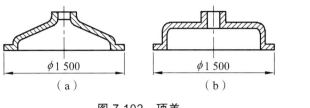

（a）   （b）

图 7.102   顶盖

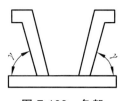

图 7.103   角架

49. 图 7.104 为三通铜铸件，原为砂型铸造。现因生产批量大，为降低成本，拟改为金属型铸造。试分析哪些结构不适宜金属型铸造？请代为修改。

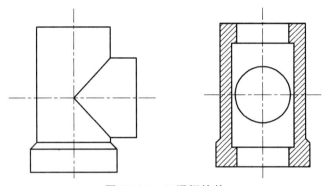

图 7.104   三通铜铸件

50. 图 7.105 所示的零件采用砂型铸造生产毛坯，材料为 HT200。请标注分型面；在不改变标定尺寸的前提下，修改结构上的不合理处，并简述理由。

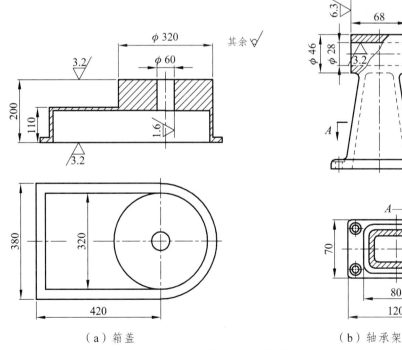

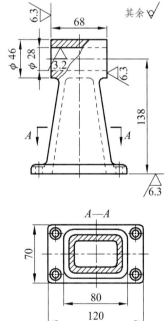

（a）箱盖   （b）轴承架

图 7.105   铸件

8 金属的塑性成形工艺

8.1 金属塑性成形工艺的理论基础

8.1.1 概 述

利用金属在外力作用下所产生的塑性变形来获得具有一定形状、尺寸和力学性能的原材料、毛坯或零件的成形工艺，称为金属塑性成形工艺，在工业生产中称为压力加工。

在压力加工过程中，作用在金属坯料上的外力主要有两种：冲击力和压力。锤类设备通过冲击力使金属变形，轧机与压力机通过压力使金属变形。

金属压力加工的基本生产方式有：自由锻、模锻、板料冲压、挤压、轧制、拉拔等。它们的成形方式如图 8.1 所示。

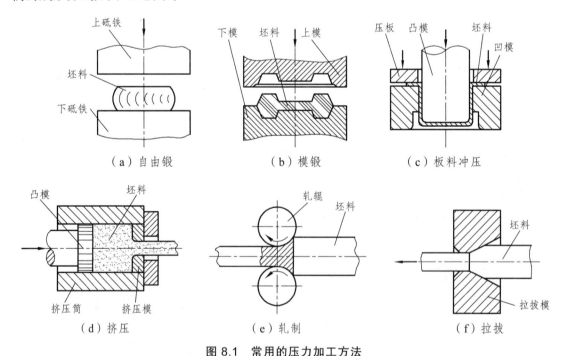

图 8.1 常用的压力加工方法

1. 压力加工的特点

（1）力学性能好。金属材料经压力加工后，其组织、性能都能得到改善和提高。这是因为塑性加工能消除金属铸锭内部的气孔、缩孔和树枝状晶等缺陷，使粗大晶粒细化，从而可得到致密的金属组织，使材料的综合力学性能明显提高。

（2）材料的利用率高。金属塑性成形主要是靠金属的体积重新分配，由于不需要切除材料，因而可以节省大量金属，提高了材料的利用率。

（3）生产效率高。压力加工一般是利用压力机和模具进行成形加工的，因而生产效率高。例如，利用多工位冷镦工艺加工内六角螺钉，比用棒料切削加工工效提高约 400 倍以上。

（4）尺寸精度高。应用先进的技术和设备，可实现少切削或无切削加工。例如，精密锻造的锥齿轮齿形部分可不经切削加工直接使用，复杂曲面形状的叶片精密锻造后只需磨削便可达到所需精度。

2. 压力加工所用的材料及压力加工的用途

各类钢和大多数非铁金属及其合金都具有一定的塑性，因此它们都可以在冷态或热态下进行压力加工。

对于承受冲击或交变应力的重要零件，如机床主轴、重要的齿轮、曲轴、连杆、炮管、枪管等，通常都采用锻件毛坯加工。一般常用的金属型材、板材、管材和线材等原材料，大都是通过扎制、挤压、拉拔等方法加工而成。所以压力加工在机械制造、军工、航空、轻工、家用电器等行业得到广泛应用。例如，飞机上的塑性成形零件的质量分数占 85%；汽车、拖拉机上的锻件质量分数占 60% ~ 80%。

压力加工的缺点是不能加工脆性材料（如铸铁），不宜加工形状特别复杂（特别是内腔形状复杂）或体积特别大的零件或毛坯，塑性成形设备的费用也比较高。

8.1.2 塑性变形对金属组织和性能的影响

8.1.2.1 金属塑性变形的类型

金属在不同温度下变形后的组织和性能不同，通常以再结晶温度为界，将塑性变形分为冷变形和热变形。

1. 冷变形

再结晶温度以下的塑性变形，称为冷变形。冷变形中有加工硬化而无再结晶现象产生，因此，冷变形需要很大的变形力，且变形程度也不宜过大，以免缩短模具寿命或使工件破裂。但冷变形加工的工件表面质量好、尺寸精度高、力学性能好，一般不需再切削加工。金属在冷镦、冷挤、冷扎及冷冲压中的变形都属于冷变形。

2. 热变形

再结晶温度以上的塑性变形，称为热变形。热变形时加工硬化与再结晶过程同时存在，而加工硬化又几乎同时被再结晶消除，因此，能在较小的变形功的作用下产生较大的变形，加工出尺寸较大和形状较复杂的塑件，同时，获得具有较高力学性能的再结晶组织。由于热变形是在高温下进行的，因而金属在加热过程中表面易产生氧化皮，影响产品尺寸精度和表面质量，且劳动条件较差，生产效率也较低。金属在自由锻、热模锻、热轧、热挤压中的变形都属于热变形。

8.1.2.2　金属冷变形后的组织和性能

金属在常温下经过塑性变形后，内部组织将发生如下变化：

① 晶粒沿最大变形的方向伸长；

② 晶格与晶粒均发生扭曲，产生内应力；

③ 晶粒间产生碎晶。

金属的力学性能随其内部组织的改变而发生明显变化。变形程度增大时，金属的强度及硬度升高，而塑性和韧性下降（见图 8.2）。其原因是由于滑移面上的碎晶块和附近晶格的强烈扭曲，增大了滑移阻力，使继续滑移难于进行所致。这种随变形程度增大，强度和硬度上升而塑性下降的现象称为冷变形强化，又称加工硬化。

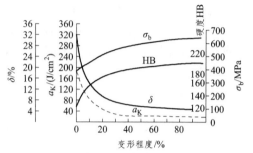

图 8.2　常温下塑性变形对低碳钢力学性能的影响

冷变形强化是一种不稳定现象，具有自发地回复到稳定状态的倾向。但在室温下不易实现。当升高温度时，原子因获得热能，热运动加剧，使原子得以恢复正常排列，消除了晶格扭曲，致使加工硬化得到部分消除，这一过程称为"回复"（见图 8.3）。这时的温度称为回复温度，即

$$T_{回} = (0.25 \sim 0.3)T_{熔}$$

式中　$T_{回}$——以绝对温度表示的金属回复温度；

　　　$T_{熔}$——以绝对温度表示的金属熔点温度。

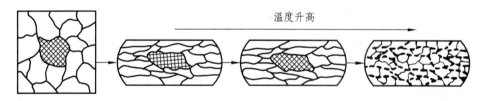

图 8.3　金属的回复和再结晶

当温度继续升高到该金属熔点绝对温度的 0.4 倍时，金属原子获得更多的热能，开始以某些碎晶或杂质为核心，按变形前的晶格结构结晶成新的晶粒，从而消除了全部冷变形强化现象，这个过程称为再结晶（见图 8.3）。这时的温度称为再结晶温度，即

$$T_{再} = 0.4T_{熔}$$

式中　$T_{再}$——以绝对温度表示的金属再结晶温度。

利用金属的冷变形强化可提高金属的强度和硬度，这是工业生产中强化金属材料的一种重要手段。但在压力加工生产中，冷变形强化给金属继续进行塑性变形带来困难，应加以消除。在实际生产中，常采用加热的方法使金属发生再结晶，从而再次获得良好塑性。这种工艺操作称为再结晶退火。

8.1.2.3 金属热变形后的组织和性能

金属压力加工生产采用的最初坯料是铸锭，其内部组织很不均匀，晶粒较粗大，并存在气孔、缩松、非金属夹杂等缺陷。通过热变形可消除铸态组织，获得细化的再结晶组织，同时可压合铸锭中的气孔、缩松等缺陷，使金属更加致密，力学性能得到很大提高。通过热变形还可将聚集在晶界处的碳化物、非金属夹杂物击碎，并经高温扩散和互相溶解作用，使其均匀分散到金属基体内，从而改善金属组织并提高使用性能。

锻造过程中，金属铸锭组织中有不溶于金属基体的夹杂物（如 FeS 等），随着金属晶粒的变形方向被拉长或压扁呈纤维形状保留下来，称为纤维组织。存在纤维组织的金属，具有各向异性的性质，平行纤维方向的塑性和韧性比垂直纤维方向的要高。金属的变形程度越大，纤维组织越明显，性能上的差别也就越明显。

纤维组织的化学稳定性很高，其分布一般不能用热处理方法消除，只能通过锻造方法使金属在不同方向变形，才能改变纤维的方向和分布状况。因此，为了获得具有最好力学性能的零件，在设计和制造零件时，应充分利用纤维组织的方向性，一般应遵循两项原则：

① 零件工作时的最大拉应力方向与纤维方向应一致，最大切应力方向与纤维方向垂直。
② 使纤维的分布与零件的外形轮廓相符合而不被切断。

如图 8.4（a）所示的曲轴零件，采用自由锻工艺直接锻出其拐颈部分，使纤维组织沿曲轴轮廓分布，提高了曲轴的使用寿命，并降低了材料消耗。而图 8.4（b）所示的曲轴由棒料切削加工出其拐颈，纤维组织被切断，使用时容易沿轴肩断裂。

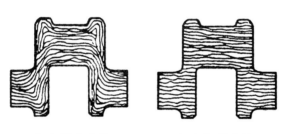

（a）锻造曲轴　　　　（b）切削曲轴

图 8.4　曲轴零件纤维组织的分布比较

8.1.3　塑性变形理论及假设

8.1.3.1　最小阻力定律

在塑性变形过程中，如果金属质点有向几个方向移动的可能时，则金属各质点将向阻力最小的方向移动，这就叫作最小阻力定律。

最小阻力定律符合力学的一般原则，它是塑性成形加工中最基本的规律之一。根据这一规律，可以通过调整某个方向的流动阻力，来改变某些方向上金属的流动量，以便合理成形，消除缺陷。例如，在模锻中增大金属流向分型面的阻力，或减小流向型腔某一部分的阻力，可以保证锻件充满型腔。在模锻制坯时，可以采用闭式滚挤和闭式拔长模膛来提高滚挤和拔长的效率。

利用最小阻力定律可以解释，为什么任何形状的物体只要有足够的塑性，都可以在平锤头下镦粗，使坯料截面形状逐渐接近于圆形。图 8.5 分别表示镦粗时圆形、方形、矩形坯料截面上各质点的流动方向。图 8.6 是方形截面坯料镦粗后的截面形状。镦粗时，金属流动的距离越短，摩擦阻力也越小。方形坯料镦粗时，沿四边垂直方向摩擦阻力最小，而沿对角线方向阻力最大，金属在流动时主要沿垂直于四边方向流动，很少向对角线方向流动，随着变形程度的增加，断面将趋于圆形。由于相同面积的任何形状总是圆形周边最短，因而最小阻力定律在镦粗中也称为最小周边法则。

（a）圆形　　（b）正方形　　（c）矩形

图 8.5　坯料镦粗时不同截面上质点的流动方向　　图 8.6　正方形截面坯料镦粗后的截面形状

8.1.3.2　塑性变形前后体积不变假设

金属在塑性变形时，由于金属材料连续而致密，其体积变化很小，与形状变化相比可以忽略不计。因此，可以假设金属材料在塑性变形前、后体积保持不变，称为体积不变规律。利用这个规律，在塑性成形过程中，有些问题可以根据几何关系直接利用体积不变规律来求解，再结合最小阻力定律，便可大体确定塑性成形时的金属流动模型。

8.1.3.3　金属塑性变形程度的计算

金属塑性变形程度的大小对金属组织和性能有较大的影响。变形程度过小，不能起到细化晶粒提高金属力学性能的目的；变形程度过大，不仅不能再增高力学性能，还会出现纤维组织，增加金属的各向异性，当超过金属允许的变形极限时，还将会出现开裂等缺陷。

对于不同的塑性成形加工工艺，可用不同的参数表示其变形程度。锻造加工工艺中，用锻造比 $Y_{锻}$ 来表示变形程度的大小，锻造比 $Y_{锻}$ 的计算公式与变形方式有关。

拔长时的锻造比为

$$Y_{拔} = S_0/S$$

式中　S_0、S——拔长前、后金属坯料的横截面面积。

镦粗时的锻造比为

$$Y_{镦} = H_0/H$$

式中　H_0、H——镦粗前、后金属坯料的高度。

碳素结构钢的锻造比在 2~3 选取，合金结构钢的锻造比在 3~4 选取，高合金工具钢（如高速钢）组织中有大块碳化物，需要较大锻造比（$Y_{镦}$ = 5~12），采用交叉锻才能使钢中的碳化物分散细化。以钢材为坯料锻造时，因材料轧制时组织和力学性能已经得到改善，锻造比一般取 1.1~1.3 即可。

根据锻造比可得出坯料的尺寸。如拔长时，坯料所用的截面 $S_{坯料}$ 的大小应满足技术要求规定的锻造比 $Y_{拔}$，则坯料截面面积应为

$$S_{坯料} = Y_{拔} S_{锻件}$$

式中　$S_{锻件}$——锻件的最大截面面积。

若坯料是用钢坯，则可求出其直径 D（圆钢）或边长 l（方钢），然后按照钢坯的标准选取钢坯的直径或边长。最后根据体积不变原则，并按照所选用钢坯的标准直径或边长，计算出钢坯的长度，即

$$L_{钢坯} = V_{坯料}/S_{钢坯}$$

式中　$L_{钢坯}$——钢坯的长度；

　　　$V_{坯料}$——坯料的体积；

　　　$S_{钢坯}$——按标准尺寸所得钢坯的截面面积。

此外，在其他塑性成形工艺中表示变形程度的技术参数有：相对弯曲半径（r/δ）、拉深系数（m）、翻边系数（k）等；挤压成形时则用挤压断面缩减率（ε_p）等参数来表示变形程度。

8.1.4　影响塑性变形的因素

金属材料经受压力加工而产生塑性变形的工艺性能，称为金属的锻造性能。金属的锻造性好，说明该金属适宜用压力加工的方法成形。锻造性的好坏，是以金属的塑性和变形抗力两个方面来综合评定的。

塑性是指金属材料在外力作用下产生永久变形而不破坏其完整性的能力。塑性反映了金属塑性变形的能力，塑性高，则金属在变形中不易开裂。变形抗力是金属对塑性变形的抵抗力。变形抗力反映了金属塑性变形的难易程度，变形抗力小，金属易变形，塑性变形的能耗小。材料的塑性越好，变形抗力越小，则材料的锻造性越好，越适合压力加工。金属的锻造性取决于金属材料的性质和加工条件的影响。

8.1.4.1　材料性质的影响

1. 化学成分的影响

金属的化学成分不同，其锻造性不同。一般纯金属的锻造性较合金的好。钢中合金元素含量越多，合金成分越复杂，其塑性越差，变形抗力越大，锻造性就越差。如纯铁、低碳钢和高合金钢相比，锻造性是依次下降的。

杂质元素磷会使钢出现冷脆性，硫使钢出现热脆性，降低钢的锻造性。

2. 金属组织的影响

金属内部组织结构不同，其锻造性也不同。纯金属及单相固溶体的合金锻造性能较好；钢中有碳化物和多相组织时，锻造性能变差；具有均匀细小等轴晶粒的金属，比粗大的柱状晶粒的金属的锻造性能好；网状二次渗碳体，使钢的塑性大大下降。

8.1.4.2 加工条件的影响

1. 变形温度的影响

在一定的变形温度范围内,随着温度的升高,原子动能增加,从而,金属的塑性提高,变形抗力减小,锻造性得到明显改善。变形温度升高到再结晶温度以上时,加工硬化不断被再结晶软化消除,金属的锻造性进一步提高。

但是,加热温度要控制在一定范围内,若加热温度过高,会使晶粒急剧长大,导致金属塑性减小,锻造性能下降,这种现象称为"过热"。若加热温度接近熔点,会使晶界氧化甚至熔化,导致金属的塑性变形能力完全消失,这种现象称为"过烧",坯料如果过烧将报废。金属锻造加热时允许的最高温度称为"始锻温度"。在锻造过程中,金属坯料温度不断降低,降低到一定程度时塑性变差,变形抗力增大,此时应停止锻造,否则引起加工硬化甚至开裂。停止锻造时的温度称为"终锻温度"。锻造温度范围指始锻温度和终锻温度之间的温度区间。锻造温度范围的确定,以合金状态图为依据。碳钢的锻造温度范围如图 8.7 所示,始锻温度比 *AE* 线低 200 ℃左右,终锻温度为 800 ℃左右。

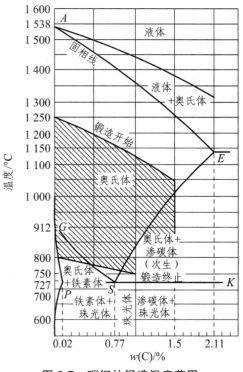

图 8.7 碳钢的锻造温度范围

2. 变形速度的影响

变形速度即单位时间内的变形程度。它对金属锻造性的影响如图 8.8 所示。一般情况,提高变形速度,将会因塑性变形产生的加工硬化现象来不及消除,而导致金属的塑性下降,变形抗力增大,锻造性变差。但当变形速度很大时,如高速锤锻造,由于消耗于塑性变形的能量有一部分转化为热能来不及散发,会使变形金属的温度升高,这种现象称为"热效应"。热效应使金属的塑性提高,变形抗力下降,锻造性能变好。但在锻压加工塑性较差的合金钢或大截面锻件时,都应采用较小的变形速度,若变形速度过快会出现变形不均匀,造成局部变形过大而产生裂纹。

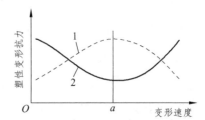

图 8.8 变形速度对塑性及变形抗力的影响

1—变形抗力曲线;2—塑性变化曲线

3. 应力状态的影响

金属在经受不同方法变形时,所产生的应力性质(压应力或拉应力)和大小是不同的,如挤压变形时坯料为三向受压状态(见图 8.9),而拉拔时则为两向受压、一向受拉的状态(见图 8.10)。

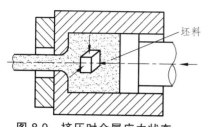

坯料

图 8.9　挤压时金属应力状态

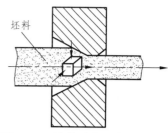

坯料

图 8.10　拉拔时金属应力状态

实践证明，在三向应力状态下，压应力的数目越多，则金属的塑性越好；拉应力的数目越多，则金属的塑性越差。同号应力状态下引起的变形抗力大于异号应力状态下引起的变形抗力。原因是拉应力易使金属内部微裂纹扩展而破坏，使金属塑性下降。而压应力则有利于减小金属原子间距，不易使缺陷扩展，故金属的塑性会增加。但压应力使金属内部摩擦阻力增大，变形抗力也随之增大，为实现变形加工，就要相应增加设备吨位来增加变形力。

选择具体加工方法时，应考虑应力状态对金属锻造性能的影响。对于塑性较低的金属，应尽量在三向压应力下变形，以免产生裂纹。对于本身塑性较好的金属，变形时出现拉应力是有利的，可以减少变形能量的消耗。

总之，在压力加工过程中，应力求创造最有利的变形条件，充分发挥金属的塑性，降低变形抗力，降低设备吨位，使变形充分进行，达到优质、低耗的目的。

8.2　锻造成形工艺

利用冲击力或压力使金属在砧铁或锻模中变形，从而获得所需形状和尺寸的锻件的工艺方法称为锻造。锻造成形工艺主要分为自由锻造成形（也称自由锻）和模腔锻造成形（也称模锻）。锻造是金属零件的重要成形方法之一，它能保证金属零件具有较好的力学性能，以满足使用要求。

8.2.1　自　由　锻

利用冲击力或压力，使金属在上、下砧块（或砧铁）之间产生塑性变形，从而获得所需形状、尺寸以及内部质量锻件的一种加工方法称为自由锻。自由锻造时，除与上、下砧块接触的金属部分受到约束外，金属坯料朝其他各个方向均能自由变形流动（故称之为自由锻），不受外部的限制，也因此无法精确控制变形的发展。

8.2.1.1　自由锻的分类及特点

自由锻可分为手工自由锻和机器自由锻两种。手工自由锻只能生产小型锻件，生产效率也较低，在工业化生产中很少采用。机器自由锻是自由锻的主要方法，根据锻造设备的不同，机器锻造可分为锻锤自由锻和水压机自由锻两种，前者用以锻造中、小型锻件，后者主要锻造大型锻件。

自由锻的优点是工具简单、通用性强、生产准备周期短、灵活性大，因此适合单件和小批量锻件的生产、修配以及大型锻件的生产和新产品的试制等。对于大型锻件，自由锻是唯一的加工方法，这使得自由锻在重型机械制造中具有特别重要的作用。如水轮机主轴、多拐曲轴、大型连杆、重要的齿轮等零件，在工作时都承受很大的载荷，要求具有较高的力学性能，常采用自由锻方法生产毛坯。

自由锻的缺点是锻件的精度较低、加工余量大、生产效率低、劳动强度大等。

8.2.1.2　自由锻的工序

自由锻的工序可分为3类：基本工序、辅助工序和修整工序。

1. 基本工序

改变坯料形状和尺寸以获得锻件的工序称为基本工序。它是锻件成形过程中必需的变形工序，如镦粗、拔长、冲孔、弯曲、切割、扭转和错移等（见图 8.11）。实际生产中最常用的是镦粗、拔长和冲孔 3 个工序。

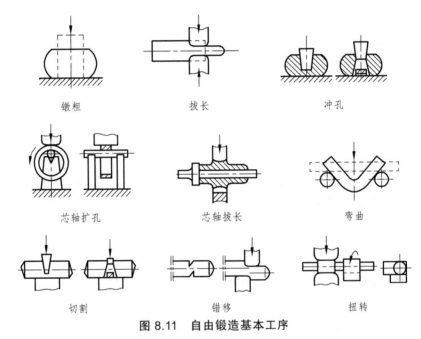

镦粗　　　　　　拔长　　　　　　冲孔

芯轴扩孔　　　　　芯轴拔长　　　　　弯曲

切割　　　　　　错移　　　　　　扭转

图 8.11　自由锻造基本工序

（1）镦粗。镦粗是沿工件轴向进行锻打，使其高度减小，横截面面积增大的工序。镦粗常用来锻造齿轮坯、凸缘、圆盘等零件，也可用来作为锻造环、套筒等空心锻件冲孔前的预备工序。镦粗方法一般分为 3 类：即平砧镦粗、垫环镦粗和局部镦粗。

① 平砧镦粗：坯料在上、下平砧间或镦粗平板间进行的镦粗称为平砧镦粗（见图 8.12）。镦粗的变形程度常用压下量 ΔH（$\Delta H = H_0 - H$）和镦粗比 K_H（$K_H = H_0/H$）来表示。

② 垫环镦粗：坯料放在单个垫环和平砧之间或两个垫环之间进行的镦粗称为垫环镦粗（见图 8.13），也称为镦挤。这种锻造方法，用于成形带有单边或双边凸肩的齿轮、带法兰的饼块类锻件。由于锻件凸肩直径和高度比较小，垫环直径较大，所用的坯料直径大于环孔直径。

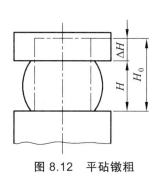

图 8.12 平砧镦粗

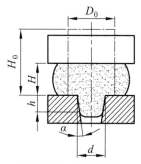

图 8.13 垫环镦粗

③ 局部镦粗：顾名思义，只对坯料局部（端部或中间）进行的镦粗称为局部镦粗。这种镦粗方法可以锻造凸肩直径和高度较大的饼类锻件，也可锻造端部带有较大法兰的轴杆类锻件。

（2）拔长。拔长是沿垂直于工件的轴向进行锻打，使其截面面积减小，而长度增加的工序（见图 8.14）。拔长常用于锻造轴类和杆类等零件。为达到规定的锻造比和改变金属内部组织结构，锻造以钢锭为坯料的锻件时，拔长经常与镦粗交替反复使用。

对于圆形坯料，一般先锻打成方形后再进行拔长，最后锻成所需形状，或使用 V 形砧铁进行拔长，如图 8.15 所示，在锻造过程中要将坯料绕轴线不断翻转。

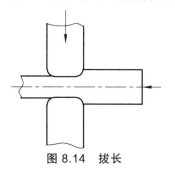

图 8.14 拔长

图 8.15 使用 V 形砧铁拔长圆坯料

（3）冲孔。冲孔指利用冲头在工件上冲出通孔或盲孔的工序（见图 8.16）。常用于锻造齿轮、套筒和圆环等空心锻件，对于直径小于 25 mm 的孔一般不锻出，而是采用钻削的方法进行加工。在薄坯料上冲通孔时，可用冲头一次冲出，如图 8.16（a）所示。若坯料较厚时，可先在坯料的一边冲到孔深的 2/3 深度后，拔出冲头，翻转工件，从反面冲通，以避免在孔的周围冲出毛刺，如图 8.16（b）所示。

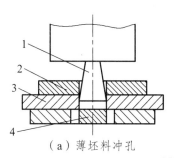

（a）薄坯料冲孔

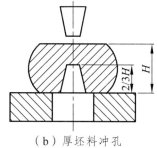

（b）厚坯料冲孔

图 8.16 冲孔

1—冲头；2—坯料；3—垫环；4—芯料

实心冲头双面冲孔时，圆柱形坯料会产生畸变。畸变程度与冲孔前坯料直径 D_0、高度 H_0 和孔径 d_1 等有关。D_0/d_1 越小，畸变越严重。另外，冲孔高度过大时，易将孔冲偏。因此，用于冲孔的坯料直径 D_0 与孔径 d_1 之比（D_0/d_1）应大于 2.5，坯料高度应小于坯料直径。

2. 辅助工序

为使基本工序操作方便而进行的预变形工序称为辅助工序（如压钳口、倒棱、切肩等），如图 8.17 所示。

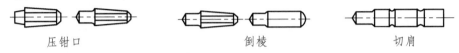

压钳口　　　　　　　倒棱　　　　　　　切肩

图 8.17　自由锻造的辅助工序

3. 修整工序

完成基本工序后用以提高锻件尺寸及位置精度的工序称为修正工序（如校正、滚圆、平整等），如图 8.18 所示。

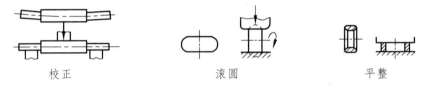

校正　　　　　　　滚圆　　　　　　　平整

图 8.18　自由锻造的修整工序

8.2.1.3　自由锻工艺规程的制订

自由锻工艺规程是指导、组织锻造生产，确保锻件品质的技术文件。制订工艺规程、编写工艺卡片是进行自由锻生产必不可少的技术准备工作，是组织生产、规范操作、控制和检查产品质量的依据。制订工艺规程，必须结合生产条件、设备能力和技术水平等实际情况，力求技术上先进、经济上合理、操作上安全，以达到正确指导生产的目的。

自由锻工艺规程的内容包括：根据零件图绘制锻件图、计算坯料的质量与尺寸、确定锻造工序、选择锻造设备、确定坯料加热规范和填写工艺卡片等。

1. 绘制自由锻件图

锻件图是以零件图为基础，结合自由锻工艺特点绘制而成的图形。它是工艺规程的核心内容，是制订锻造工艺过程和锻件检验的依据。锻件图必须准确而全面反映锻件的特殊内容，如圆角、斜度等，以及对产品的技术要求，如性能、组织等。绘制时主要考虑以下几个因素：

（1）敷料。

对键槽、齿槽、退刀槽以及小孔、盲孔、台阶等难以用自由锻方法锻出的结构，必须暂时添加一部分金属以简化锻件的形状。为了简化锻件形状以便于进行自由锻造而增加的这一部分金属称为敷料，如图 8.19 所示。

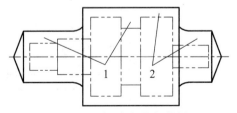

图 8.19　锻件余量及敷料

1—敷料；2—锻件余量

226

（2）锻件余量。

在零件的加工表面上增加供切削加工用的余量，称之为锻件余量，如图 8.19 所示。锻件余量的大小与零件的材料、形状、尺寸、批量大小、生产实际条件等因素有关。零件越大，形状越复杂，则余量越大。

（3）锻件公差。

锻件公差是锻件名义尺寸的允许变动量，其值的大小与锻件形状、尺寸有关，并受生产具体情况的影响。

自由锻件余量和锻件公差可查有关手册。钢轴自由锻件的余量和锻件公差，如表 8.1 所示。

表 8.1　钢轴自由锻件余量和锻件公差（双边） 单位：mm

零件长度	零件直径					
	<50	50～80	80～120	120～160	160～200	200～250
	锻件余量和锻件公差					
<315	5±2	6±2	7±2	8±3	—	—
315～630	6±2	7±2	8±3	9±3	10±3	11±4
630～1 000	7±2	8±3	9±3	10±3	11±4	12±4
1 000～1 600	8±3	9±3	10±3	11±4	12±4	13±4

（4）绘制锻件图。

在敷料、余量和公差确定后，便可绘制锻件图。在锻件图上，锻件的外形用粗实线，如图 8.20 所示。为了使操作者了解零件的形状和尺寸，在锻件图上用双点画线画出零件的主要轮廓形状，并在锻件尺寸线的上方标注锻件尺寸与公差，尺寸线下方用圆括弧标注出零件尺寸。对于大型锻件，还必须在同一个坯料上锻造出供性能检验用的试样来，该试样的形状与尺寸也要在锻件图上表示出来。在图形上无法表示的某些技术要求，以技术条件的方式加以说明。

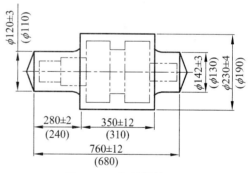

图 8.20　典型锻件图

2. 计算坯料质量与尺寸

（1）确定坯料质量。自由锻所用坯料的质量为锻件质量与锻造时各种金属消耗的质量之和，可由下式计算：

$$G_{坯料} = G_{锻件} + G_{烧损} + G_{料头}$$

式中　$G_{坯料}$——坯料质量，kg；

　　　$G_{锻件}$——锻件质量，kg；

　　　$G_{烧损}$——加热时坯料因表面氧化而烧损的质量（第一次加热取被加热金属质量分数的 2%～3%，以后各次加热取 1.5%～2.0%），kg；

227

$G_{料头}$——锻造过程中被冲掉或切掉的那部分金属的质量（如冲孔时坯料中部的料芯，修切端部产生的料头等），kg。

对于大型锻件，当采用钢锭作坯料进行锻造时，还要考虑切掉的钢锭头部和尾部的质量。

（2）确定坯料尺寸。根据塑性加工过程中体积不变原则和采用的基本工序类型（如拔长、镦粗等）的锻造比、高度与直径之比等计算出坯料横截面面积、直径或边长等尺寸。

典型锻件的锻造比如表 8.2 所示。

表 8.2　典型锻件的锻造比

锻件名称	计算部位	锻造比	锻件名称	计算部位	锻造比
碳素钢轴类锻件	最大截面	2.0～2.5	锤　头	最大截面	≥2.5
合金钢轴类锻件	最大截面	2.5～3.0	水轮机主轴	轴　身	≥2.5
热轧辊	辊　身	2.5～3.0	水轮机立柱	最大截面	≥3.0
冷轧辊	辊　身	3.5～5.0	模　块	最大截面	≥3.0
齿轮轴	最大截面	2.5～3.0	航空用大型锻件	最大截面	6.0～8.0

3. 选择锻造工序

自由锻锻造工序的选取应根据工序特点和锻件形状来确定。一般而言，盘类零件多采用镦粗（或拔长—镦粗）和冲孔等工序；轴类零件多采用拔长、切肩和锻台阶等工序。一般锻件的分类及采用的工序如表 8.3 所示。

表 8.3　一般锻件的分类及采用的工序

锻件类别	图　例	锻造工序
盘类零件		镦粗（或拔长—镦粗）、冲孔等
轴类零件		拔长（或镦粗—拔长）、切肩、锻台阶等
筒类零件		镦粗（或拔长—镦粗）、冲孔、在芯轴上拔长等
环类零件		镦粗（或拔长—镦粗）、冲孔、在芯轴上扩孔等
弯曲类零件		拔长、弯曲等

自由锻工序的选择与整个锻造工艺过程中的火次（即坯料加热次数）和变形程度有关。所需火次与每一火次中坯料成形所经历的工序都应明确规定出来，写在工艺卡片上。

4. 选择锻造设备

根据作用在坯料上力的性质，自由锻设备分为锻锤和液压机两大类。

锻锤产生冲击力使金属坯料变形。锻锤的吨位是以落下部分的质量来表示的。生产中常使用的锻锤是空气锤和蒸汽-空气锤。空气锤利用电动机带动活塞产生压缩空气，使锤头上下往复运动进行锤击。它的特点是结构简单、操作方便、维护容易，但吨位较小，只能用来锻造 100 kg 以下的小型锻件。蒸汽-空气锤采用蒸汽和压缩空气作为动力，其吨位稍大，可用来生产质量小于 1 500 kg 的锻件。

液压机产生静压力使金属坯料变形。目前，大型水压机可达万吨以上，能锻造 300 t 的锻件。由于静压力作用时间长，容易达到较大的锻透深度，故液压机锻造可获得整个断面为细晶粒组织的锻件。液压机是大型锻件的唯一成形设备，大型先进液压机的生产常标志着一个国家工业技术水平发达的程度。另外，液压机工作平稳，金属变形过程中无振动，噪声小，劳动条件较好。但液压机设备庞大、造价高。

自由锻设备的选择应根据锻件大小、质量、形状以及锻造基本工序等因素，并结合生产实际条件来确定。例如，用铸锭或大截面毛坯作为大型锻件的坯料，可能需要多次镦、拔操作，在锻锤上操作比较困难，并且心部不易锻透，而在水压机上因其行程较大，下砧可前后移动，镦粗时可换用镦粗平台，所以大多数大型锻件都在水压机上生产。

5. 确定锻造温度范围

锻造温度范围是指始锻温度和终锻温度之间的温度范围。

锻造温度范围应尽量选宽一些，以减少锻造火次，提高生产效率。加热的始锻温度一般取固相线以下 100 ~ 200 ℃，以保证金属不发生过热与过烧。终锻温度一般高于金属的再结晶温度 50 ~ 100 ℃，以保证锻后再结晶完全，锻件内部得到细晶粒组织。碳素钢和低合金结构钢的锻造温度范围，一般以铁碳平衡相图为基础，且其终锻温度选在高于 A_{r3} 点，以避免锻造时相变引起裂纹。高合金钢因合金元素的影响，始锻温度下降，终锻温度提高，锻造温度范围变窄。部分金属材料的锻造温度范围如表 8.4 所示。

表 8.4 部分金属材料的锻造温度范围

材料类型	锻造温度/ ℃		保温时间/min·mm^{-1}
	始锻	终锻	
10、15、20、25、30、35、40、45、50	1 200	800	0.25 ~ 0.7
15CrA、16Cr2MnTiA、38CrA、20MnA、20CrMnTiA	1 200	800	0.3 ~ 0.8
12CrNi3A、12CrNi4A、38CrMoAlA、25CrMnNiTiA、30CrMnSiA、50CrVA、18Cr2Ni4WA、20CrNi3A	1 180	850	0.3 ~ 0.8
40CrMnA	1 150	800	0.3 ~ 0.8
铜合金	800 ~ 900	650 ~ 700	—
铝合金	450 ~ 500	350 ~ 380	—

此外，锻件终锻温度还与变形程度有关，变形程度较小时，终锻温度可稍低于规定温度。

6. 填写工艺卡片

以半轴零件为例，其自由锻造工艺卡片如表 8.5 所示。

表 8.5 半轴自由锻工艺卡

锻件名称	半 轴	图 例
坯料质量	25 kg	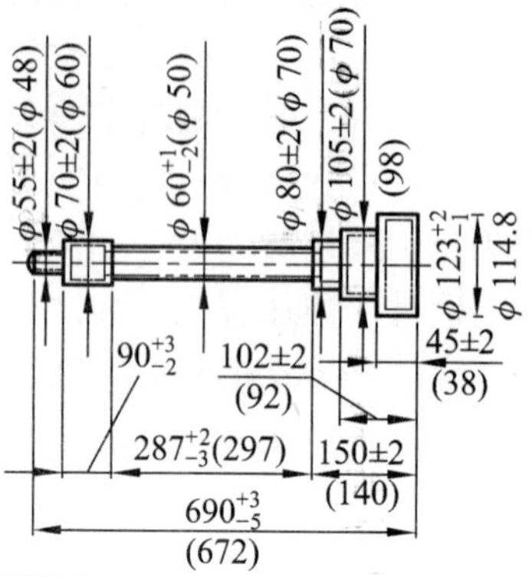
坯料尺寸	ϕ130 mm×240 mm	
材 料	18CrMnTi	

火 次	工 序	图 例
1	锻出头部	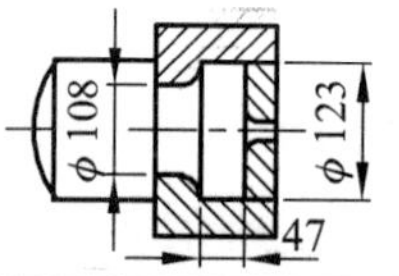
	拔长	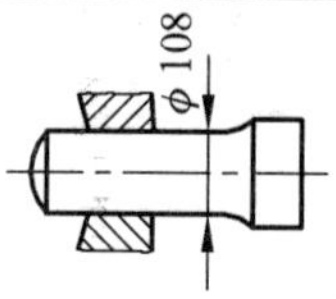
	拔长及修整台阶	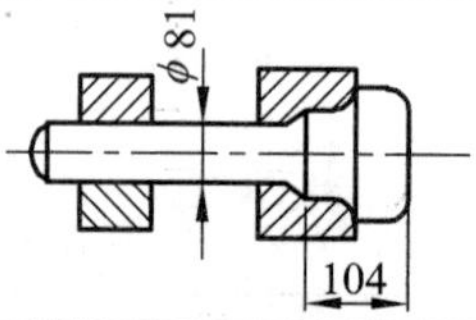
	拔长并留出台阶	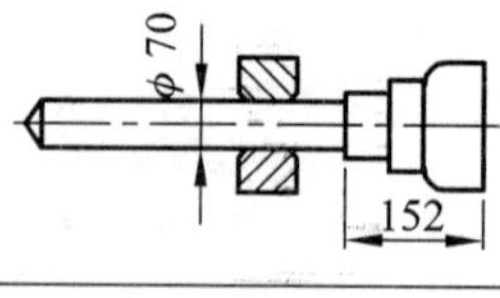
	锻出凹挡及拔长端部并修整	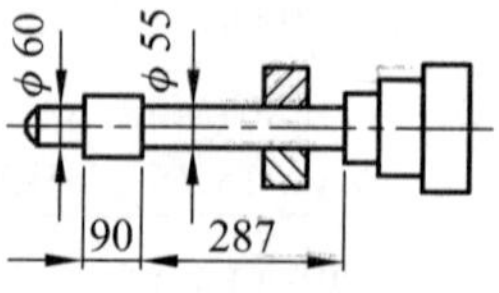

8.2.1.4 自由锻件的结构工艺性

自由锻件的设计原则是在满足使用性能的前提下，锻件的形状应尽量简单，易于锻造。

1. 尽量避免锥体或斜面结构

锻造具有锥体或斜面结构的锻件，需制造专用工具，锻件成形也比较困难，从而使工艺过程复杂，不便于操作，影响设备使用效率，应尽量避免，如图 8.21 所示。

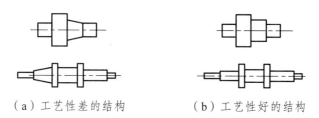

（a）工艺性差的结构　　　　　（b）工艺性好的结构

图 8.21　轴类锻件结构

2. 避免几何体的交接处形成空间曲线

如图 8.22（a）所示的圆柱面与圆柱面相交，锻件成形十分困难。改成图 8.22（b）所示的平面相交，消除了空间曲线，使锻造成形容易。

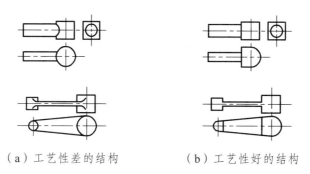

（a）工艺性差的结构　　　　　（b）工艺性好的结构

图 8.22　杆类锻件结构

3. 避免非规则截面及空间曲线形表面

锻件应避免加强肋、凸台、工字形或椭圆形等结构，如图 8.23（a）所示的锻件，难以用自由锻方法获得，若采用特殊工具或特殊工艺来生产，会降低生产效率，增加产品成本。改进后的结构如图 8.23（b）所示。

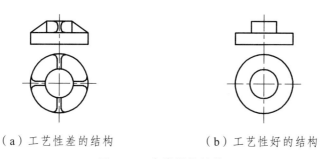

（a）工艺性差的结构　　　　　（b）工艺性好的结构

图 8.23　盘类锻件结构

4. 合理采用组合结构

锻件的横截面急剧变化或形状较复杂时[见图 8.24（a）]，可设计成由数个简单件构成的组合体。每个简单件锻造成形后，再用焊接方式或机械连接方式构成整体零件[见图 8.24（b）]。

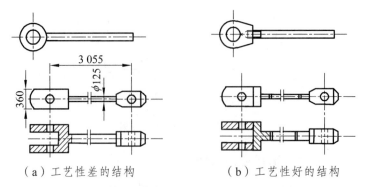

（a）工艺性差的结构　　　　　（b）工艺性好的结构

图 8.24　复杂件结构

8.2.2　模　锻

在模锻设备上，利用高强度锻模，使加热到锻造温度的金属坯料在模腔内一次或多次承受冲击力或压力，而被迫流动成形获得所需形状、尺寸以及内部质量锻件的加工方法称为模锻。在变形过程中由于模腔对金属坯料流动的限制，因而锻造终了时可获得与模腔形状相符的模锻件。

与自由锻相比，模锻具有如下优点：

（1）生产效率较高。模锻时，金属的变形在模腔内进行，故能较快获得所需形状。

（2）能锻造形状复杂的锻件，并可使金属流线分布更为合理，提高了零件的使用寿命。

（3）模锻件的尺寸较精确，表面质量较好，加工余量较小。

（4）节省金属材料，减少切削加工工作量。在批量足够的条件下，能降低零件成本。

（5）模锻操作简单，劳动强度低。

但模锻生产受模锻设备吨位限制，模锻件的质量一般在 150 kg 以下。模锻设备投资较大，模具费用较昂贵，工艺灵活性较差，生产准备周期较长。因此，模锻适合于小型锻件的大批量生产，不适合单件小批量生产以及中、大型锻件的生产。

根据模锻设备的不同，模锻工艺可分为：锤上模锻、压力机上模锻、胎模锻等。

8.2.2.1　锤上模锻的工艺特点

锤上模锻是将上模固定在锤头上，下模紧固在模垫上，通过随锤头做上下往复运动的上模，对置于下模中的金属坯料施以直接锻击，来获取锻件的锻造方法。

锤上模锻的工艺特点：

（1）金属在模腔中是在一定速度下，经过多次连续锤击而逐步成形的。

（2）锤头的行程、打击速度均可调节，能实现轻重缓急不同的打击，因而可进行制坯工作。

（3）由于惯性作用，金属在上模模腔中具有更好的充填效果。

（4）锤上模锻的适应性广，可生产多种类型的锻件，可以单腔模锻，也可以多腔模锻。

由于锤上模锻打击速度较快，对于变形速度较敏感的低塑性材料（如镁合金等），进行锤上模锻不如在压力机上模锻的效果好。

8.2.2.2 锤上模锻的锻模结构

如图 8.25 所示，锤上模锻用的锻模由带燕尾的上模 2 和下模 4 两部分组成，上下模通过燕尾和楔铁分别紧固在锤头和模垫上，上、下模合在一起在内部形成完整的模膛。锻模上还有分模面和飞边槽。

锻模模膛根据其功用可分为：制坯模膛和模锻模膛。

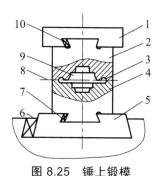

图 8.25　锤上锻模

1—锤头；2—上模；3—飞边槽；4—下模；5—模垫；
6，7，10—紧固楔铁；8—分模面；9—模膛

1. 制坯模膛

对于形状复杂的模锻件，为了使坯料基本接近模锻件的形状，以便模锻时金属能合理分布，并很好地充满模膛，必须预先在制坯模膛内制坯。制坯模膛有以下几种：

（1）拔长模膛：用来减小坯料某部分的横截面面积，以增加其长度，如图 8.26 所示。当模锻件沿轴向横截面面积相差较大时，采用这种模膛进行拔长。一般拔长模膛是变形工步的第一步，兼有清除氧化皮的作用，常将其设置在锻模的边缘。为了便于金属纵向流动，拔长过程中坯料要不断翻转，还要送进。拔长模膛分为开式[见图 8.26（a）]和闭式[见图 8.26（b）]两种，开式模膛结构简单，制造方便，应用广泛，但拔长效率低。闭式模膛拔长效率高，但操作困难，加工制造麻烦。

（2）滚压模膛：用来减小坯料某部分的横截面面积，以增大另一部分的横截面面积，如图 8.27 所示，主要是使金属坯料能够按模锻件的形状来分布。滚压模膛也分为开式[见图 8.27（a）]和闭式[见图 8.27（b）]两种。当模锻件的横截面面积相差不很大或对拔长后的坯料作修整时，采用开式滚压模膛，当模锻件的最大和最小横截面面积相差很大时，采用闭式滚压模膛。

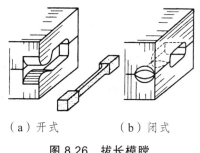

（a）开式　　　（b）闭式

图 8.26　拔长模膛

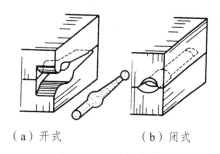

（a）开式　　　（b）闭式

图 8.27　滚压模膛

（3）弯曲模膛：使杆类坯料弯曲，如图 8.28 所示。坯料可直接或先经其他工步制坯后再放入弯曲模膛进行弯曲变形。弯曲后的坯料须翻转 90°再放入模锻模膛内成形。

（4）切断模膛：在上模与下模的角部组成一对刃口，用来切断金属，如图 8.29 所示。单件锻造时用于从坯料上切下锻件或从锻件上切下钳口；多件锻造时用来分离锻件。

233

图 8.28　弯曲模膛

图 8.29　切断模膛

此外，还有成形模膛、镦粗台及击扁面等制坯模膛。

2. 模锻模膛

模锻模膛包括预锻模膛和终锻模膛。所有模锻件都要使用终锻模膛，预锻模膛则要根据实际情况决定是否采用。

（1）终锻模膛。使金属坯料最终变形成为要求的形状与尺寸的锻件的模膛（见图 8.25）称为终锻模膛。因此，它的形状应和锻件的形状相同。由于模锻需要加热后进行，锻件冷却后尺寸会有所缩减，所以终锻模膛的尺寸应比实际锻件尺寸放大一个收缩量，对于钢锻件收缩量可取 1.5%。另外，模膛四周有飞边槽（见图 8.25），飞边槽用以增加金属从模膛中流出的阻力，促使金属充满整个模膛，同时容纳多余的金属。飞边在锻后利用压力机上的切边模去除。对于具有通孔的锻件，由于不可能靠上、下模的凸起部分把金属完全挤压掉，故终锻后在孔内留下一薄层金属，这层薄金属称为冲孔连皮（见图 8.30），锻后利用压力机上的冲孔模切除连皮，才能得到有通孔的模锻件。

（2）预锻模膛。使坯料变形到接近于所要求的形状和尺寸的锻件的模膛称为预锻模膛。对于外形较为复杂的锻件，经预锻后再进行终锻时，

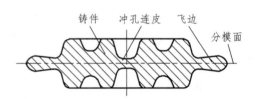

图 8.30　带有飞边槽与冲孔连皮的模锻件

金属易充满终锻模膛，同时可减小终锻模膛的磨损，延长锻模的寿命。预锻模膛和终锻模膛的主要区别是前者的模锻圆角和斜度较大，高度较大，一般不设飞边槽。形状简单或批量不大的模锻件不设置预锻模膛。

根据模锻件的复杂程度不同，所需的模膛数量不等，可将锻模设计成单膛锻模或多膛锻模。单膛锻模是在一副锻模上只有一个终锻模膛的锻模，如形状简单的齿轮坯模锻件就可以将截下的圆柱形坯料，直接放入单膛锻模中成形。多膛锻模是在一副锻模上具有两个以上模膛的锻模，如弯曲连杆模锻件所用的多膛锻模，如图 8.31 所示。坯料经过拔长、滚压、弯曲等 3 个工步后基本成形，再经过预锻和终锻，成为带有飞边的锻件。

8.2.2.3　锤上模锻工艺规程的制订

锤上模锻工艺规程的制订主要包括绘制模锻件图、计算坯料尺寸、确定模锻工步、选择锻造设备、确定锻造温度范围等。

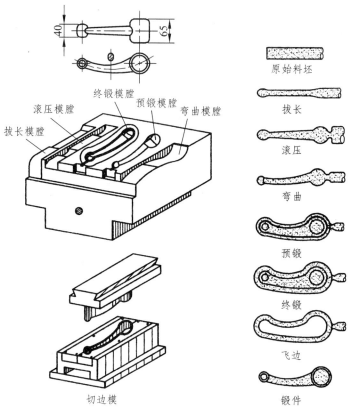

图 8.31 弯曲连杆锻模（下模）与模锻工序

1. 绘制模锻件图

模锻件图是设计和制造锻模、计算坯料以及检验模锻件的依据，对模锻件的品质也有很大关系。根据零件图绘制模锻件图时，应考虑以下几个问题：

（1）选择模锻件的分模面。

分模面就是上、下锻模在模锻件上的分界面。分模面位置的选择关系到锻件成形、锻件出模、材料利用率等一系列问题。绘制模锻件图时应按以下原则确定分模面的位置：

① 要保证模锻件能从模膛中顺利取出，并使锻件形状尽可能与零件形状相同，一般分模面应选在模锻件最大水平投影尺寸的截面上。如图 8.32 所示，若选 a—a 面为分模面，则无法从模膛中取出锻件。

② 按选定的分模面制成锻模后，应使上、下模沿分模面的模膛轮廓一致，以便在安装锻模和生产中容易发现错模现象。如图 8.32 所示，若选 c—c 面为分模面，就不符合此原则。

③ 最好使分模面为一个平面，并使上、下锻模的模膛深度大致相等，使尖角处易于充满，也便于锻模制造。

④ 选定的分模面应使零件上所加的敷料最少。如图 8.32 所示，若将 b—b 面选作分模面，零件中间的孔不能锻出，其敷料最多，既浪费金属，降低了材料的利用率，又增加了切削加工工作量，所以该面不宜选作分模面。

⑤ 最好把分模面选取在能使模膛深度最浅处，这样可使金属很容易充满模膛，便于取出锻件，如图 8.32 所示的 b—b 面就不适合作分模面。

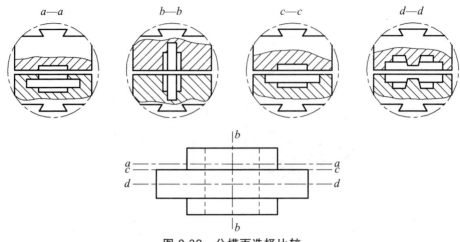

图 8.32　分模面选择比较

按上述原则综合分析，选用如图 8.32 所示的 $d—d$ 面为分模面最合理。

（2）加工余量和锻件公差。

为了达到零件尺寸精度及表面粗糙度的要求，锻件上需切削加工而去除的金属层称为锻件的加工余量。

模锻件内、外表面的加工余量如表 8.6 所示。

表 8.6　内、外表面的加工余量 Z_1（单面）　　　　单位：mm

加工表面最大宽度或直径		加工表面的最大长度或最大高度					
		≤63	>63～160	>160～250	>250～400	>400～1 000	>1 000～2 500
大于	至	加工余量 Z_1					
—	25	1.5	1.5	1.5	1.5	2.0	2.5
25	40	1.5	1.5	1.5	1.5	2.0	2.5
40	63	1.5	1.5	1.5	2.0	2.5	3.0
63	100	1.5	1.5	2.0	2.5	3.0	3.5

模锻件水平方向尺寸公差如表 8.7 所示。

表 8.7　锤上模锻水平方向尺寸公差　　　　单位：mm

模锻件长（宽）度	<50	50～120	120～260	260～500	500～800	800～1 200
公　差	＋1.0	＋1.5	＋2.0	＋2.5	＋3.0	＋3.5
	－0.5	－0.7	－1.0	－1.5	－2.0	－2.5

（3）模锻斜度。

为便于从模膛中取出锻件，模锻件上平行于锤击方向的表面必须具有斜度，称为模锻斜度。对于锤上模锻，模锻斜度一般为 5°～12°。模锻斜度与模膛深度 h 和宽度 b 有关，通常模腔深度与宽度的比值（h/b）越大时，模锻斜度也应越大。此外，模锻斜度还分为外壁斜度 α_1 与内壁斜度 α_2，如图 8.33 所示。外壁指锻件冷却时锻件与模壁离开的表面；内壁指当锻件冷却时锻件与模壁夹紧的表面。内壁斜度 α_2 一般比外壁斜度 α_1 大 2°～5°。生产中常用金属材料的模锻斜度范围如表 8.8 所示。

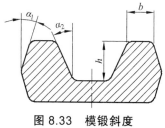

图 8.33　模锻斜度

表 8.8　各种金属锻件常用的模锻斜度

锻件材料	外壁斜度	内壁斜度
铝、镁合金	3°～5°	5°～7°
钢、钛、耐热合金	5°～7°	7°、10°、12°

（4）模锻圆角半径。

模锻件上所有两平面转接处均需圆弧过渡，此过渡处称为锻件的圆角，如图 8.34 所示。圆弧过渡有利于金属的变形流动，保持金属纤维的连续性，锻造时使金属易于充满模腔，提高锻件强度，避免应力集中，并且可以避免在锻模的内角处产生裂纹，减缓锻模外角处的磨损，提高锻模使用寿命。

钢的模锻件外圆角半径 r 一般取 1.5～12 mm，内圆角半径 R 比外圆角半径 r 大 2～3 倍。模腔深度越深，圆角半径值越大。

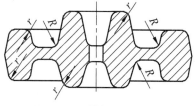

图 8.34　模锻圆角半径

（5）冲孔连皮。

模锻件上孔径 $d < 25$ mm 或冲孔深度大于冲头直径的 3 倍时，只在冲孔处压出球形凹穴。孔径 $d > 25$ mm 的通孔也不能直接模锻，而必须在孔内保留一层连皮，这层连皮以后需冲除。冲孔连皮的厚度与孔径有关，当 $d = 30 \sim 80$ mm 时，连皮的厚度 $s = 4 \sim 8$ mm。常用的连皮形式是平底连皮，如图 8.35 所示，连皮的厚度可按下式计算：

$$s = 0.45(d - 0.25h - 5)^{0.5} + 0.6h^{0.5}$$

式中　d——锻件内孔直径，mm；

　　　h——锻件内孔深度，mm。

连皮上的圆角半径 R_1，可按下式确定：

$$R_1 = R + 0.1h + 2$$

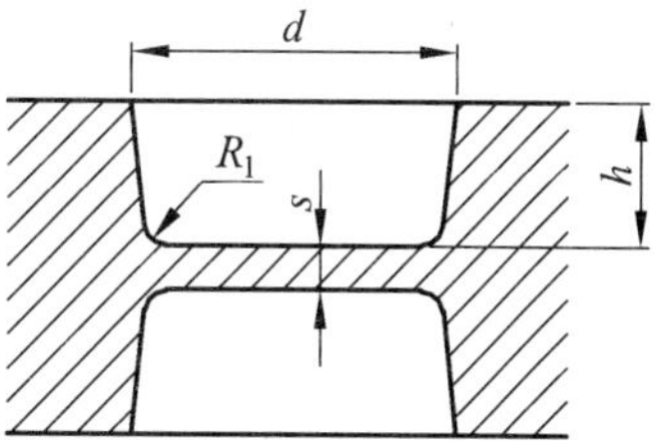

图 8.35　模锻件常用冲孔连皮

上述各参数确定后，便可绘制锻件图。图 8.36 为齿轮坯模锻件图。图中粗实线表示模锻件的形状，双点画线为零件轮廓外形，分模面选在锻件高度方向的中部。由于零件轮辐部分不加工，故无加工余量。图中内孔中部的两条直线为冲孔连皮切掉后的痕迹。

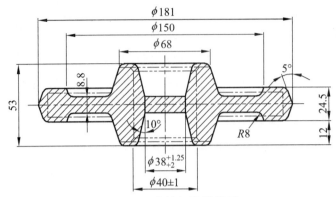

图 8.36　齿轮坯模锻件图

2. 计算坯料质量与尺寸

坯料质量包括锻件本体、飞边、连皮、锻钳夹头以及坯料加热氧化引起的烧损等质量。

通常，氧化皮占锻件和飞边总质量分数的 2.5% ~ 4%。根据模锻件形状、飞边尺寸、加热方法等计算锻造坯料体积，然后选择坯料规格，再计算下料长度。

3. 确定模锻变形工步

同一个锻模上的模锻工序称为模锻工步。模锻工步主要根据锻件的形状与尺寸来确定。模锻件按形状可分为两大类：一类是长轴类模锻件，长轴类零件的长度与宽度之比较大，如台阶轴、曲轴、连杆、弯曲摇臂等（见图 8.37）；另一类是盘类模锻件，盘类零件在分模面上的投影多为圆形或近于矩形，如齿轮、法兰盘等（见图 8.38）。

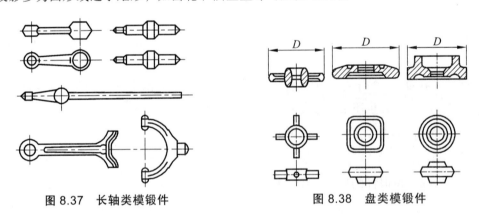

图 8.37　长轴类模锻件　　　　　　　图 8.38　盘类模锻件

（1）长轴类模锻件基本工步。

常用的工步有拔长、滚压、弯曲、预锻和终锻等。

拔长和滚压时，坯料沿轴线方向流动，金属体积重新分配，使坯料的各横截面面积与锻件相应的横截面面积近似相等。坯料的横截面面积大于锻件最大横截面面积时，可只选用拔长工步；当坯料的横截面面积小于锻件最大横截面面积时，应采用拔长和滚压工步。锻件的轴线为曲线时，还应选用弯曲工步。

对于小型长轴类锻件，为了减少钳口料和提高生产效率，常采用一根棒料上同时锻造数个锻件的锻造方法，因此应增设切断工步，将锻好的工件分离。

当大批量生产形状复杂、终锻成形困难的锻件时，还需选用预锻工步，最后在终锻模腔中模锻成形。

某些锻件选用周期轧制材料作为坯料（见图8.39）时，可省去拔长、滚压等工步，以简化锻模，提高生产效率。

（a）周期轧制材料

（b）模锻后形状

图 8.39 轧制坯料模锻

（2）盘类模锻件基本工步。

常选用镦粗、终锻等工步。

对于形状简单的盘类零件，可只选用终锻工步成形。对于形状复杂，有深孔或有高肋的锻件，则应增加镦粗、预锻等工步。

（3）修整工序。

终锻只是完成了锻件最主要的成形过程，还需经过一系列修整工步，以保证和提高锻件质量。修整工步包括以下内容：

① 切边与冲孔。模锻件一般都带有飞边及连皮，须在压力机上进行切除。

切边模如图 8.40（a）所示，由活动凸模和固定凹模组成。凹模的通孔形状与锻件在分模面上的轮廓一致，凸模工作面的形状与锻件上部外形相符。

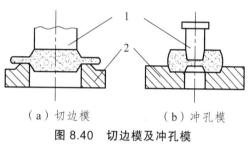

（a）切边模　　　（b）冲孔模

图 8.40 切边模及冲孔模

1—凸模；2—凹模

冲孔模如图 8.40（b）所示，凹模作为锻件的支座，冲孔连皮从凹模孔中落下。

② 校正。在切边及其他工步中都可能引起锻件的变形，许多锻件，特别是形状复杂的锻件在切边、冲孔后还应该进行校正。校正可在终锻模腔或专门的校正模内进行。

③ 精压。对于要求尺寸精度高和表面粗糙度小的模锻件，还应在压力机上进行精压。精压分为平面精压和体积精压两种。

平面精压如图 8.41（a）所示，用来获得模锻件某些平行平面间的精确尺寸。体积精压如图 8.41（b）所示，主要用来提高锻件所有尺寸的精度、减小模锻件的质量差别。精压模锻件的尺寸精度偏差可达 ±(0.1 ~ 0.25) mm，表面粗糙度 Ra 可达 0.8 ~ 0.4 μm。

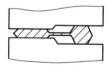

（a）平面精压

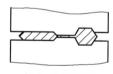

（b）体积精压

图 8.41 精压

根据已确定的工步即可设计出制坯模腔、预锻模腔及终锻模腔。

弯曲连杆模锻工步如图 8.31 所示。坯料经过拔长、滚压、弯曲 3 个工步后，形状接近于锻件，然后经预锻及终锻两个模腔制成有飞边的锻件，最后切边，得到弯曲连杆模锻件。

4. 选择锻造设备

锤上模锻的设备：蒸汽-空气锤、无砧座锤、高速锤等。

5. 确定锻造温度范围

模锻件的生产也在一定温度范围内进行，与自由锻生产相似。

8.2.2.4　锤上模锻件的结构工艺性

设计模锻零件时，应根据模锻特点和工艺要求，使其结构符合下列原则，以便于模锻生产和降低成本。

（1）模锻件应具有合理的分模面，以保证模锻件易于从锻模中取出，使金属易于充满模腔，且敷料最少，锻模容易制造。

（2）模锻件上，除与其他零件配合的表面外，均应设计为非加工表面。模锻件的非加工表面之间形成的角应设计模锻圆角，与分模面垂直的非加工表面，应设计出模锻斜度。

（3）零件的外形应力求简单、平直、对称，避免零件截面间差别过大，或具有薄壁、高肋、凸起等不良结构。一般来说，零件的最小截面与最大截面之比不要小于 0.5，如图 8.42（a）所示的零件的凸缘太薄、太高，中间下凹太深，金属不易充满模腔。如图 8.42（b）所示的零件过于扁薄，薄壁部分金属模锻时容易冷却，变形抗力剧增，易损坏锻模。如图 8.42（c）所示的零件有一个高而薄的凸缘，金属难以充满模腔，且使锻模的制造和锻件的取出都很困难，应进行改进。改成如图 8.42（d）所示的形状则较易锻造成形。

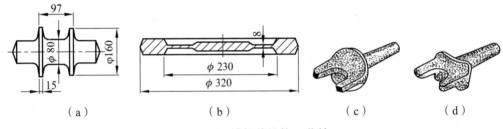

（a）　　　　　　（b）　　　　　　（c）　　　　　　（d）

图 8.42　模锻件结构工艺性

（4）在零件结构允许的条件下，应尽量避免有深孔或多孔结构。如图 8.43 所示的齿轮零件的轴孔（$\phi60$ mm）属深孔结构，轮辐处的 4 个 $\phi40$ mm 非加工孔不能锻出。故应将轮毂高度减小，$\phi40$ mm 的 4 个孔只能采用机加工成形。

（5）对于复杂锻件，为了减少敷料，简化模锻工艺，在可能条件下，应采用锻造—焊接或锻造—机械连接组合工艺，如图 8.44 所示。

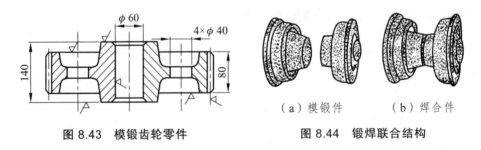

图 8.43　模锻齿轮零件　　　　　（a）模锻件　　（b）焊合件

　　　　　　　　　　　　　　　图 8.44　锻焊联合结构

8.2.2.5　其他模锻方法

除了锤上模锻外，压力机上模锻和胎模锻等模锻方法也有着较为广泛的应用。

1. 压力机上模锻

用于模锻生产的压力机有摩擦压力机、平锻机、水压机、曲柄压力机等，其工艺特点的比较如表 8.9 所示。

表 8.9　压力机上模锻方法的工艺特点比较

锻造方法	设备类型		工艺特点	应用
	结构	构造特点		
摩擦压力机上模锻	摩擦压力机	滑块行程可控，速度为(0.5～1.0) m/s，带有顶料装置，机架受力，形成封闭力系，每分钟行程次数少，传动效率低	特别适合锻造低塑性合金钢和非铁金属；简化了模具设计与制造，同时可锻造更复杂的锻件；承受偏心载荷能力差；可实现轻、重打，能进行多次锻打，还可进行弯曲、精压、切飞边、冲连皮、校正等工序	中、小型锻件的小批量和中批量生产
曲柄压力机上模锻	曲柄压力机	工作时，滑块行程固定，无振动，噪声小，合模准确，有顶杆装置，设备刚度好	金属在模膛中一次成形，氧化皮不易除掉，终锻前常采用预成形及预锻工步，不宜拔长、滚挤，可进行局部镦粗，锻件精度较高，模锻斜度小，生产效率高，适合短轴类锻件	大批量生产
平锻机上模锻	平锻机	滑块水平运动，行程固定，具有互相垂直的两组分模面，无顶出装置，合模准确，设备刚度好	扩大了模锻适用范围，金属在模膛中一次成形，锻件精度较高，生产效率高，材料利用率高，适合锻造带头的杆类和有孔的各种合金锻件，对非回转体及中心不对称的锻件较难锻造	大批量生产
水压机上模锻	水压机	行程不固定，工作速度为(0.1～0.3) m/s，无振动，有顶杆装置	模锻时一次压成，不宜多膛模锻，适合锻造镁铝合金大锻件、深孔锻件，不太适合锻造小尺寸锻件	大批量生产

2. 胎模锻

在自由锻设备上采用胎模生产模锻件的工艺方法称为胎模锻。胎模是一种不固定在锻造设备上的模具，结构较简单，制造容易，使用时放上去，不用时取下来。因此，胎模锻兼有自由锻和模锻的特点。胎模锻适合于中、小批量生产小型多品种的锻件，特别适合于没有模锻设备的工厂。

图 8.45 为常见胎模结构，分为扣模和套模两类。扣模用于锻造侧面平直的非回转体锻件，套模则适用于锻造端面有凸台或凹坑的回转体锻件。

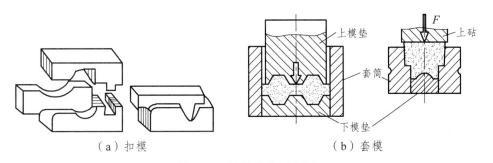

（a）扣模　　　　　　　（b）套模

图 8.45　胎模结构示意图

胎模锻工艺过程包括制订工艺规程、制造胎模、备料、加热、胎模锻及后续加工工序等。在工艺规程制订中，分模面的选取可灵活一些，分模面的数量不限于一个，而且在不同工序中可选取不同的分模面，以便于制造胎模和使锻件成形。

8.3 板料冲压成形工艺

利用冲模在压力机上使板料分离或变形，从而获得冲压件的加工方法称为板料冲压。板料冲压的坯料厚度一般小于4 mm，通常在常温下冲压，故又称为冷冲压。

板料冲压的特点主要有：

（1）冲压生产过程的主要特征是依靠冲模和冲压设备来完成加工，所以操作简单，生产效率高，易于实现机械化和自动化。

（2）由于冲压件的尺寸公差由冲模来保证，所以产品尺寸稳定，互换性好，可以成形形状复杂的零件；一般不再进行机械加工，即可作为零件使用，因而节省原材料，节省能源。

（3）板料冲压常用原材料多为表面品质好的板料或带料，经过冲压塑性变形获得一定几何形状，并产生冷变形强化，使冲压件具有质量轻、强度高和刚性好的优点。

（4）冲模是冲压生产的主要工艺装备，其结构复杂，精度要求高，制造费用相对较高，故冲压适合在大批量生产条件下采用。

板料冲压所用的原材料，必须具有足够的塑性，从形状上分，有板料、带料及条料等。常用的金属材料如低碳钢、奥氏体不锈钢、铜或铝及其合金、镁合金及塑性好的合金钢等，也可以是非金属材料，如胶木、云母、纤维板、皮革等。

冲压生产常用的设备主要有剪床和冲床两大类。剪床是用来把板料剪切成一定宽度的条料，为冲压生产准备原料的主要设备。冲床是进行冲压加工的主要设备，按其床身结构不同，有开式和闭式两类冲床。按其传动方式不同，有机械式冲床与液压压力机两大类。图 8.46 为开式机械式冲床的工作原理及传动示意图。冲床的主要技术参数是以公称压力来表示的，公称压力（kN）以冲床滑块在下止点前工作位置所能承受的最大工作压力来表示。我国常用开式冲床的规格为 63~2 000 kN，闭式冲床的规格为 1 000~5 000 kN。

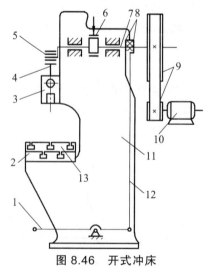

图 8.46 开式冲床

1—脚踏板；2—工作台；3—滑块；4—连杆；5—偏心套；6—制动器；7—偏心轴；8—离合器；
9—皮带轮；10—电动机；11—床身；12—操作机构；13—垫板

冲压生产的基本工序有分离工序和变形工序两大类。

8.3.1 分离工序

分离工序是使坯料的一部分相对于另一部分相互分离的工序，如落料、冲孔、切断等。

8.3.1.1 落料及冲孔

落料及冲孔（统称冲裁）是使坯料按封闭轮廓分离的加工工序。在落料和冲孔中，坯料变形过程和模具结构均相似，只是材料的取舍不同。落料是被分离的部分为成品，而留下部分是废料；冲孔是被分离的部分为废料，而留下的部分是成品。例如，冲制平面垫圈（见图 8.47），制取外形的冲裁工序称为落料，而制取内孔的工序称为冲孔。

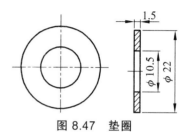

图 8.47　垫圈

1. 冲裁变形过程

（1）冲裁变形过程的 3 个阶段。

冲裁可分为普通冲裁和精密冲裁。普通冲裁的刃口必须锋利，凸模和凹模之间留有间隙，板料的冲裁过程可分为 3 个阶段，如图 8.48 所示。

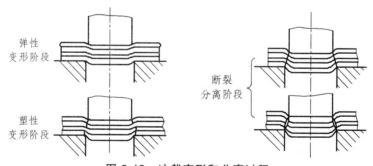

图 8.48　冲裁变形和分离过程

① 弹性变形阶段。在凸模压力下，板料产生弹性压缩、拉伸和弯曲变形并向上翘曲，凸、凹模的间隙越大，板料弯曲和上翘越严重。同时，凸模挤入板料上部，板料的下部则略挤入凹模孔口，但板料的内应力未超过材料的弹性极限。

② 塑性变形阶段。凸模继续压入，材料内的应力达到屈服点时，便开始产生塑性变形。随着凸模挤入板料深度的增大，塑性变形程度增大，变形区材料硬化加剧，冲裁变形力不断增大，直到刃口附近侧面的材料由于拉应力的作用而出现微裂纹时，塑性变形阶段结束。

③ 剪裂分离阶段。随着凸模继续压入，已形成的上、下微裂纹沿最大剪应力方向不断向材料内部扩展，当上、下裂纹重合时，板料便被剪断分离。

（2）冲裁件切断面上的区域特征。

板料冲裁时的应力应变十分复杂，除剪切应力应变外，还有拉伸、弯曲和挤压等应力应变。当模具间隙正常时，冲裁件的切断面不很光滑，并有一定锥度。它可分成 3 个较明显的区域：圆角带、光亮带、断裂带，如图 8.49 所示。

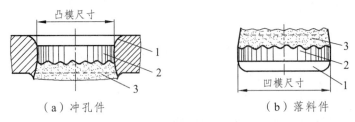

（a）冲孔件　　　　　　　　（b）落料件

图 8.49　冲裁件切断面

1—圆角带；2—光亮带；3—断裂带

① 圆角带是在冲裁过程中刃口附近的材料被弯曲和拉伸变形的结果。

② 光亮带是在塑性变形过程中凸模（冲孔时）或凹模（落料时）挤压切入材料，使其受到剪切和挤压应力的作用而形成的。因此，冲孔件的光亮带尺寸等于凸模尺寸，落料件的光亮带尺寸等于凹模尺寸。

③ 断裂带是由于刃口处的微裂纹在拉应力作用下不断扩展断裂而形成的。

2. 凸、凹模间隙

凸、凹模的间隙不仅严重影响冲裁件的断面品质，而且影响模具寿命、卸料力、推件力、冲裁力和冲裁件的尺寸精度。

（1）间隙过小。

当间隙过小时，如图 8.50（a）所示，凸模刃口处裂纹相对于凹模刃口裂纹向外错开。两裂纹之间的材料随着冲裁的进行将被第二次剪切，在断面上形成第二光亮带。因间隙太小，凸、凹模受到金属的挤压作用增大，从而增加了材料与凸、凹模之间的摩擦力。这不仅增大了冲裁力、卸料力和推件力，还加剧了凸、凹模的磨损，缩短了模具寿命（冲硬质材料时更为突出）。因材料在过小间隙冲裁时受到挤压而产生压缩变形，所以冲裁件的尺寸略有变化，即落料件的外形尺寸略有增大；而冲孔件孔腔尺寸略有缩小，这是由于塑性变形中材料的弹性回复所引起的，但是间隙小，光亮带增加，圆角带、断裂带和斜度都有所减小。只要中间撕裂不是很严重，冲裁件仍然可以使用。

（2）间隙过大。

当间隙过大时，如图 8.50（c）所示，凸模刃口裂纹相对于凹模刃口裂纹向内错开。板料的弯曲与拉伸增大，拉应力增大，易产生剪裂纹，塑性变形阶段较早结束，致使切断面光亮带减小，圆角带与锥度增大，形成厚而大的拉长毛刺，且难以去除，同时冲裁件的翘曲现象严重。由于板料在冲裁时的拉伸变形较大，所以，零件从材料中分离出来后，因弹性回复而使外形尺寸缩小，冲孔件的内腔尺寸增大，品质较差。另一方面，推件力与卸料力却大为减小，甚至为零，材料对凸、凹模的摩擦作用大大减弱，所以模具寿命较长。因此，对于批量较大而公差又无特殊要求的冲裁件，可适当采用"大间隙"冲裁。

（3）间隙合理。

当间隙合理时，如图 8.50（b）所示，上、下裂纹重合一线，冲裁力、卸料力和推件力适中，模具有足够长的寿命。这时光亮带占板厚的 1/2 ~ 1/3，圆角带、断裂带和锥度均很小。

零件的尺寸几乎与模具一致，完全可以满足使用要求。

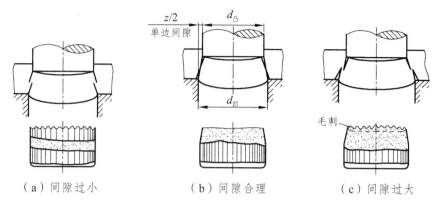

（a）间隙过小　　　　　（b）间隙合理　　　　　（c）间隙过大

图 8.50　间隙对断面质量的影响

设计冲裁模时，合理的间隙可按表 8.10 选取。对冲裁件要求较高时，可将表中数据减小 1/3。

表 8.10　冲裁模合理的间隙值（双边）

材料种类	板　厚 δ/mm				
	0.1 ~ 0.4	0.4 ~ 1.2	1.2 ~ 2.5	2.5 ~ 4	4 ~ 6
软黄铜	0.01 ~ 0.02	$(0.07 \sim 0.10)\delta$	$(0.09 \sim 0.12)\delta$	$(0.12 \sim 0.14)\delta$	$(0.15 \sim 0.18)\delta$
硬　铜	0.01 ~ 0.05	$(0.10 \sim 0.17)\delta$	$(0.18 \sim 0.25)\delta$	$(0.25 \sim 0.27)\delta$	$(0.27 \sim 0.29)\delta$
磷青铜	0.01 ~ 0.04	$(0.08 \sim 0.12)\delta$	$(0.11 \sim 0.14)\delta$	$(0.14 \sim 0.17)\delta$	$(0.18 \sim 0.20)\delta$
铝及铝合金（软）	0.01 ~ 0.03	$(0.08 \sim 0.12)\delta$	$(0.11 \sim 0.12)\delta$	$(0.11 \sim 0.12)\delta$	$(0.11 \sim 0.12)\delta$
铝及铝合金（硬）	0.01 ~ 0.03	$(0.10 \sim 0.14)\delta$	$(0.13 \sim 0.14)\delta$	$(0.13 \sim 0.14)\delta$	$(0.13 \sim 0.14)\delta$

也可以利用下列经验公式选择合理的间隙值：

$$z = 2C\delta$$

式中　z——凸模与凹模间的双面间隙，mm；

　　　C——与材料厚度、性能有关的系数，如表 8.11 所示。

表 8.11　冲裁间隙系数 C 值

材　料	板　厚 δ/mm	
	$\delta \leqslant 3$	$\delta > 3$
软钢、纯铁	0.06 ~ 0.09	
铜、铝合金	0.06 ~ 0.10	当断面质量无特别要求时，将 $\delta \leqslant 3$ 的相应 C 值放大 1.5 倍
硬　钢	0.08 ~ 0.12	

3. 凸、凹模刃口尺寸的确定

在冲裁件尺寸的测量和使用中，都是以光亮带的尺寸为基准的。落料件的光亮带是因凹模刃口挤切板料而产生的，而冲孔件孔的光亮带是因凸模刃口挤切板料而产生的。故计算刃口尺寸时，应按落料和冲孔两种情况分别进行。

设计落料模时，应先按落料件确定凹模刃口尺寸，以凹模作为设计基准，然后根据间隙确定凸模尺寸（即用缩小凸模刃口尺寸来保证间隙值）。

设计冲孔模时，应先按冲孔件确定凸模刃口尺寸，以凸模刃口作为设计基准，然后根据间隙确定凹模尺寸（即用扩大凹模刃口尺寸来保证间隙值）。

冲模在工作过程中必然有磨损，凹模磨损后会增大落料件的尺寸，而凸模刃口的磨损会减小冲孔件尺寸。为了保证零件的尺寸，并延长模具的使用寿命，落料凹模基本尺寸应取工件尺寸公差范围内的最小尺寸，而冲孔凸模基本尺寸应取工件尺寸公差范围内的最大尺寸。

4. 冲裁力的计算

冲裁力是板料冲裁时作用在凸模上的最大抗力，是选用冲床吨位和检验模具强度的一个重要依据。冲裁力计算准确，有利于设备潜能的发挥；冲裁力计算不准确，有可能使设备超载而损坏，造成严重事故。

平刃冲模的冲裁力计算公式为

$$F = KL\delta\tau$$

或

$$F = L\delta\sigma_b$$

式中　F——冲裁力，N；

　　　L——冲切刃口周长，mm；

　　　δ——板料厚度，mm；

　　　τ——板料的抗剪强度，MPa，可查有关手册确定或取 $\tau = 0.8\sigma_b$；

　　　σ_b——板料的抗拉强度，MPa；

　　　K——安全系数，常取 1.3。

5. 冲裁件的排样

落料件在条料、带料或板料上合理布置的方法称为排样。排样合理可使废料最少，板料利用率最大。按照图 8.51 所示的同一种落料件的 4 种排样方式，每一件所需的板料分别为 182.75 mm²、117 mm²、225.25 mm²、97.5 mm²。

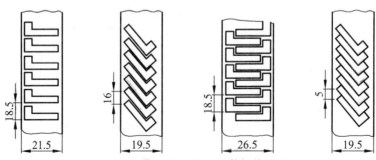

图 8.51　同一落料件的 4 种排样方式

排样设计包括选择排样方法、确定搭边值、计算送料步距、计算条料宽度、画排样图等。

（1）排样方法。

落料件的排样有两种类型。

① 有搭边排样。如图 8.51 中前 3 种排样方式所示，沿落料件周边都有工艺余料（称为搭边），冲裁沿落料件轮廓进行，其优点是毛刺小，且在同一个平面上，落料件尺寸精度和模具寿命较高，但材料利用率较低。

② 无搭边排样。如图 8.51 中第 4 种排样方式所示，是用落料件的一个边作为另一个落料件的边，沿落料件周边没有工艺余料，采用这种排样法时，材料的利用率高，但毛刺不在同一个平面上，落料件精度低，模具寿命不高，只有在对落料件品质要求不高时才采用。

（2）搭边值的确定。

搭边是指冲裁件与冲裁件之间，冲裁件与条料两侧边之间留下的工艺余料，其作用是保证冲裁时刃口受力均匀和条料正常送进。搭边值通常由经验确定，一般为 0.5 ~ 5 mm，材料越厚、越软以及冲裁件的尺寸越大，形状越复杂，搭边值应越大。

（3）画排样图。

排样图是排样设计的最终表达形式，是编制冲压工艺与设计模具的主要依据。一般在模具装配图的右上角画出冲裁件图与排样图。在排样图上应标注条料宽度 B 及其公差、条料长度 L、板料厚度 δ、端距 l、送料步距 s、工件搭边值 a_1 和侧搭边 a 等，如图 8.52 所示。

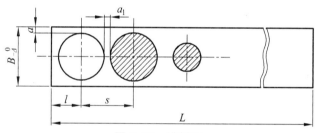

图 8.52　排样图

6. 冲裁件结构工艺性

冲裁件结构工艺性指冲裁件结构、形状、尺寸对冲裁工艺的适应性，主要包括以下几方面：

（1）冲裁件的形状应力求简单、对称，有利于排样时合理利用材料，应尽可能提高材料的利用率。

（2）冲裁件转角处应以圆角过渡，尽量避免尖角。一般在转角处应有半径 $R \geqslant 0.25\delta$（δ 为板厚）的圆角，以减小角部模具的磨损。

（3）冲裁件应避免长槽和细长悬臂结构，对孔的最小尺寸及孔距间的最小距离等，也都有一定限制。对冲裁件的有关尺寸要求如图 8.53 所示。

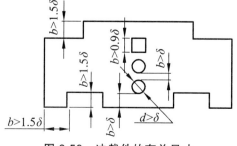

图 8.53　冲裁件的有关尺寸

（4）冲裁件的尺寸精度要求应与冲压工艺相适应，其合理经济精度为 IT9～IT12，较高精度冲裁件可达到 IT8～IT10。采用整修或精密冲裁等工艺，可使冲裁件精度达到 IT6～IT7，但成本也相应提高。

8.3.1.2　修　整

利用修整模沿冲裁件外缘或内孔刮削一薄层金属，以切掉冲裁件切断面上存留的剪裂带和毛刺，从而提高冲裁件的尺寸精度和降低表面粗糙度的一种工艺方法称为修整，如图 8.54 所示。

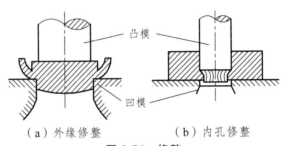

（a）外缘修整　　　　（b）内孔修整

图 8.54　修整

修整时应合理确定修整余量及修整次数。对于大间隙落料件，单边修整量一般为板料厚度的 10%；对于小间隙落料件，单边修整量为板料厚度的 8%以下。当冲裁件的修整总量大于一次修整量，或板料厚度大于 3 mm 时，需多次修整，但修整次数越少越好。外缘修整模的凸、凹模间隙，单边取 0.001～0.01 mm。修整后冲裁件公差等级达 IT6～IT7，表面粗糙度为 Ra 0.8～1.6 μm。

8.3.1.3　精密冲裁

精密冲裁又称为无间隙或负间隙冲裁，如图 8.55（a）所示。普通冲裁获得的冲裁件，由于公差大，切断面品质较差，只能满足一般产品的使用要求。利用修整工艺可以提高冲裁件的品质，但生产效率低，不能适应大量生产的要求。在生产中采用精密冲裁工艺，可以直接获得公差等级高（IT6～IT8 级）、表面粗糙度小（Ra 0.8～0.4 μm）的精密零件，可以提高生产效率，满足精密零件批量生产的要求。精密冲裁法的基本出发点是改变冲裁条件，增大变形区的压应力作用，抑制材料的断裂，使塑性剪切变形延续到剪切的全过程，在板料不出现剪裂纹的条件下实现板料的分离，从而得到断面光滑而垂直的精密零件。

如图 8.55（a）所示的是带齿压料板精冲落料模的工作结构，它由普通凸模、凹模、带齿压料板和顶杆组成。它与普通冲裁的弹性落料模[见图 8.55（b）]之间的差别在于精冲模压料板上有与刃口平面形状近似的齿形凸梗（称为齿圈），凹模刃口带圆角，凸、凹模之间的间隙极小，带齿压料板的压力和顶杆的反压力较大。所以，它能使板料的冲裁区处于三向压应力状态，形成精冲的必要条件。但是，精冲需要专用的精冲压力机，对模具的加工要求高，同时对精冲件板料和精冲件的结构工艺性有一定要求。

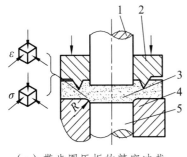

（a）带齿圈压板的精密冲裁

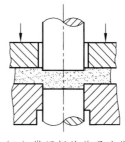

（b）带压板的普通冲裁

图 8.55　精密冲裁与普通冲裁

1—凸模；2—齿圈压板；3—坯料；4—凹模；5—顶杆

8.3.2　成形工序

成形工序是使坯料的一部分相对于另一部分产生位移而不破裂的工序，如拉深、弯曲、翻边、胀形、缩口等。

8.3.2.1　拉　深

拉深是利用拉深模使平面板料成形为开口空心件的冲压工序。拉深可以制成筒形、阶梯形、盒形、球形、锥形及其他复杂形状的薄壁零件。与冲裁模不同，拉深凸模、凹模都具有一定的圆角而不具有锋利的刃口，凸、凹模单边间隙一般稍大于板料厚度。

1. 拉深变形过程与特点

拉深变形过程如图 8.56（a）所示，原始直径为 D 的板料，经过凸模压入到凹模孔口中，拉深后变成直径为 d、高度为 h 的筒形零件。

如果不使用模具来实现这一变形过程，则只需去掉图 8.56（b）中的阴影部分，再将剩余部分沿直径为 d 的圆周弯折起来，并加以焊接就可以得到直径为 d，高度为 $h = (D-d)/2$，口部呈波浪的圆筒形零件。这说明平面圆形毛坯在成为筒形零件的过程中必须去除多余材料。但圆形平面毛坯在拉深过程中并没有去除多余材料，因此可以肯定"多余的材料"[图 8.56（b）中的阴影部分]在模具的作用下产生了塑性流动。

通过坐标网格试验可以直观地说明拉深变形过程，即"多余的材料"的塑性流动过程。拉深前在圆形板料上画一些间隔相等的同心圆和等角度的辐射线组成网格[见图 8.56（c）]，拉深后的网格变化情况如图 8.56（d）所示。通过比较拉深前后网格的变化可见：筒形件底部的网格基本保持原来的形状，但筒壁部分的网格则发生了很大的变化。原来直径不等的同心圆变为筒壁上的水平圆筒线，且其间距从底部向上逐渐增大，越靠上部增大越多；原来分度相等的辐射线变成筒壁上的垂直平行线，其间距完全相等。

249

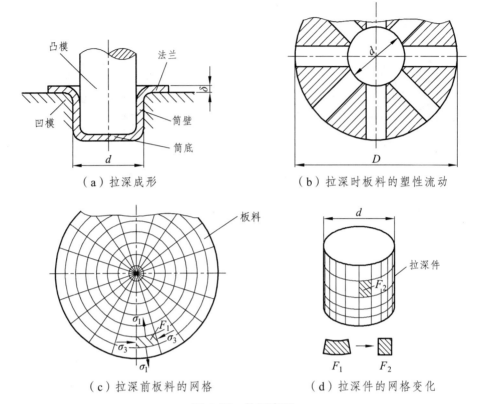

（a）拉深成形　　　　　　　　　　（b）拉深时板料的塑性流动

（c）拉深前板料的网格　　　　　　（d）拉深件的网格变化

图 8.56　拉深变形

如果拿一个小单元来看，在拉深前是扇形 F_1[见图 8.56（c）]，拉深后变成为矩形 F_2。由于拉深前后板料厚度变化很小，因此可以近似认为拉深前后小单元的面积不变。

测量此时工件高度，发现筒壁高度大于环形部分半径差$(D-d)/2$。这说明材料沿高度方向发生了塑性流动伸长。

这是由于变形过程中，"多余的材料"受到材料间的相互挤压而产生了切向压应力 σ_3[见图 8.56（c）]，受到凸模的拉深作用产生了径向拉应力 σ_1。在这两种应力的共同作用下使凹模顶上的凸缘部分发生塑性变形和转移，不断被拉入凹模内，径向伸长，切向缩短，扇形网格变成矩形网格，"多余的材料"转移到工件口部，成为圆筒形零件。当凸模继续下压时，筒底部分基本不变，凸缘部分继续转变为筒壁，使筒壁高度逐渐增大，凸缘部分逐渐减小，直至全部变为筒壁（当拉深无凸缘的直壁圆筒件时）。由此可见，板料在拉深过程中，变形主要集中在凸缘部分，可以说拉深过程就是凸缘部分逐步转变为筒壁的过程。

从以上分析可以看出，拉深变形具有以下特点：

（1）变形区是板料的凸缘部分，其他部分是传力区。

（2）板料在切向压应力和径向拉应力的作用下，产生切向压缩和径向伸长的变形。

（3）拉深时，金属材料产生很大的塑性流动，板料直径越大，拉深后筒形直径越小，变形程度就越大。

2. 拉深中的主要缺陷及其防止措施

（1）拉裂。

从拉深过程可知，拉深件最危险的部位是直壁与底部的过渡圆角处，当拉应力超过材料的抗拉强度时，此处将被拉裂，如图 8.57 所示。

图 8.57　拉裂

为防止拉裂，应采取如下工艺措施：

① 限制拉深系数。这是防止拉裂的主要工艺措施。拉深件直径 d 与毛坯直径 D 的比值称为拉深系数，用 m 表示，即 $m = d/D$。它是衡量拉深变形程度大小的主要工艺参数，拉深系数越小，表明变形程度越大，拉深应力越大，容易产生拉裂废品。能保证拉深正常进行的最小拉深系数称为极限拉深系数。一般情况下，拉深系数为 0.5 ~ 0.8，塑性差的板料取上限值，塑性好的板料取下限值。

② 合理设计拉深凸、凹模的圆角半径。拉深凸、凹模的工作部分不能是锋利的刃口，必须设计成圆角。对于钢的拉深件，取凹模圆角半径为 $R_凹 = 10\delta$，凸模圆角半径为 $R_凸 = (0.6 ~ 1)\delta$。

③ 合理设计凸、凹模的间隙。间隙过小，模具与拉深件的摩擦力增大，容易拉裂工件，擦伤工作表面，缩短模具寿命；间隙过大，又容易起皱，影响拉深件精度。一般凸、凹模之间的单边间隙 $z = (1.1 ~ 1.2)\delta$。

④ 减小拉深时的阻力。例如，压边力要合理不应过大；凸、凹模工作表面要有较小的表面粗糙度；在凹模表面涂润滑剂来减小摩擦。

（2）起皱。

拉深过程中另一种常见的缺陷是起皱（见图 8.58）。拉深时，法兰处受压应力作用而增厚，当拉深变形程度较大、压应力较大、板料又比较薄时，法兰部分板料会因失稳拱起而产生起皱现象。轻微起皱，法兰部分勉强通过凸、凹模间隙，但也会在产品侧壁留下起皱痕迹，影响产品品质；起皱严重时，拉深过程中，起皱部分不可能通过凸、凹模间隙而造成拉应力过大，导致板料被拉断而成为废品。因此，拉深过程中不允许出现起皱现象。生产中常采用加压边圈的方法来防止（见图 8.59），也可通过增加毛坯的相对厚度（δ/D）或拉深系数的途径来防止。

图 8.58　起皱

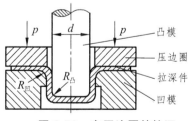

图 8.59　有压边圈的拉深

3. 筒形件的拉深工艺设计

筒形件的拉深工艺设计内容有：拉深件毛坯尺寸的计算，拉深系数和拉深次数的确定，拉深力的计算和拉深件结构工艺性分析等。

（1）拉深件毛坯尺寸的计算。

对于不变薄拉深，毛坯的尺寸是按变形前后表面积相同，且形状相似的原则确定的。筒形件的毛坯为圆，直径 D 可按下式计算：

$$D = \sqrt{d^2 + 4dh - 1.72dr - 0.56r^2}$$

式中　D——毛坯直径，mm；

　　　　d——工件直径，mm；

　　　　h——工件高度，mm；

　　　　r——工件底部的内圆角半径，mm。

当板厚 $\delta \geqslant 1$ mm 时，工件直径 d 应按拉深件的中线尺寸计算，工件高度 h 应包括修边余量 Δh（见图 8.60）。

（2）拉深次数的确定。

当拉深系数小于板料的许用极限拉深系数时，不能一次拉深成形时，可采用多次拉深工艺（见图 8.61）。

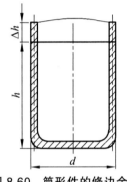

图 8.60　筒形件的修边余量

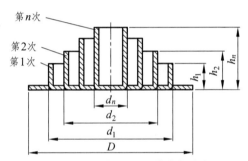

图 8.61　多次拉深圆筒直径变化

多次拉深时，若板料各道次的拉深系数分别用 m_1、$m_2 \cdots m_n$ 表示，则

$$m_1 = d_1 / D$$

$$m_2 = d_2 / d_1$$

$$\cdots\cdots$$

$$m_n = d_n / d_{n-1}$$

工件的总拉深系数 m 为

$$m = m_1 \cdot m_2 \cdots m_n = d_n / D$$

式中　D——毛坯直径，mm；

　　　　d——工件直径，mm，$\delta \geqslant 1$ mm 时取中径，d_1、$d_2 \cdots d_{n-1}$ 为中间各道次拉深坯的直径，最后一次拉深直径 $d_n = d$；

　　　　$m_1 \sim m_n$——第 1 次至第 n 次的拉深系数。

低碳钢筒形件带压边圈的极限拉深系数如表 8.12 所示。

拉深次数可根据表 8.12 数据推算，即 $d_1 = m_1 D$、$d_2 = m_2 d_1$、$\cdots$、$d_n = m_n d_{n-1}$，当 $d_n \leqslant d$ 时，n 为所求拉深次数。

表 8.12 低碳钢筒形件带压边圈的许用极限拉深系数

拉深次数	毛坯相对厚度（δ/D）/%					
	2.0 ~ 1.5	1.5 ~ 1.0	1.0 ~ 0.6	0.6 ~ 0.3	0.3 ~ 0.15	0.15 ~ 0.08
1	0.48 ~ 0.50	0.50 ~ 0.53	0.53 ~ 0.55	0.55 ~ 0.58	0.58 ~ 0.60	0.60 ~ 0.63
2	0.73 ~ 0.75	0.75 ~ 0.76	0.76 ~ 0.78	0.78 ~ 0.79	0.79 ~ 080.	0.80 ~ 0.82
3	0.76 ~ 0.78	0.78 ~ 0.79	0.79 ~ 0.80	0.80 ~ 0.81	0.81 ~ 0.82	0.82 ~ 0.84
4	0.78 ~ 0.80	0.80 ~ 0.81	0.81 ~ 0.82	0.82 ~ 0.83	0.83 ~ 0.85	0.85 ~ 0.86
5	0.80 ~ 0.82	0.82 ~ 0.84	0.84 ~ 0.85	0.85 ~ 0.86	0.86 ~ 0.87	0.87 ~ 0.88

在多次拉深过程中，必然产生加工硬化现象。为了保证坯料具有足够的塑性，坯料经过一两次拉深后，应安排工序间的退火处理。其次，在多次拉深中，拉深系数应一次比一次略大，确保拉深件品质和生产顺利进行。

（3）拉深力的确定。

拉深力的大小主要与材料性能、零件和毛坯尺寸、凹模圆角半径及润滑条件等有关，生产中经常采用以下经验公式进行计算：

第 1 次拉深力：$F_1 = \pi d_1 \delta \sigma_b K_1$

第 2 次及以后各次拉深力：$F_i = \pi d_i \delta \sigma_b K_2$（$i = 2$，$3 \cdots n$）

式中　σ_b——材料的抗拉强度，MPa；

　　　F_i——第 i 次拉深力；

　　　K_1、K_2——系数，如表 8.13、表 8.14 所示。

表 8.13 系数 K_1 的值

毛坯相对厚度（δ/D）/%	拉深系数									
	0.45	0.48	0.50	0.52	0.55	0.60	0.65	0.70	0.75	0.80
5	0.95	0.85	0.75	0.65	0.60	0.50	0.43	0.35	0.28	0.20
2	1.1	1.0	0.90	0.80	0.75	0.60	0.50	0.42	0.35	0.25
1.2		1.1	1.0	0.90	0.80	0.68	0.56	0.47	0.37	0.30
0.8			1.1	1.0	0.90	0.75	0.60	0.50	0.40	0.33
0.5				1.1	1.0	0.82	0.67	0.55	0.45	0.36
0.2					1.1	0.90	0.75	0.60	0.50	0.40
0.1						1.1	0.90	0.75	0.60	0.50

表 8.14　系数 K_2 的值

毛坯相对厚度 (δ/D) /%	拉深系数									
	0.70	0.72	0.75	0.78	0.80	0.82	0.85	0.88	0.90	0.92
5	0.85	0.70	0.60	0.50	0.42	0.32	0.28	0.20	0.15	0.12
2	1.10	0.90	0.75	0.60	0.52	0.42	0.32	0.25	0.20	0.14
1.2		1.10	0.90	0.75	0.62	0.52	0.42	0.30	0.25	0.16
0.8			1.0	0.82	0.70	0.57	0.46	0.35	0.27	0.18
0.5			1.10	0.90	0.76	0.63	0.50	0.40	0.30	0.20
0.2				1.00	0.85	0.70	0.56	0.44	0.33	0.23
0.1				1.10	1.00	0.82	0.68	0.55	0.40	0.30

（4）拉深件的结构工艺性。

拉深件的有关尺寸要求如图 8.62 所示，设计拉深件时主要考虑以下几个方面：

① 拉深件的形状应力求简单、对称。拉深件的形状有回转体形、非回转体对称形和非对称空间形 3 类。其中以回转体形，尤其是直径不变的杯形件最易拉深，模具制造也方便。

② 尽量避免直径小而深度大，否则不仅需要多副模具进行多次拉深，而且容易出现废品。

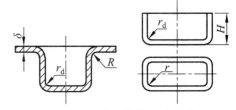

图 8.62　拉深件的尺寸要求

③ 拉深件的底部与侧壁、凸缘与侧壁应有足够的圆角，一般应满足 $R > r_\text{d}$，$r_\text{d} \geq 2\delta$，$R \geq (2 \sim 4)\delta$，方形件 $r \geq 3\delta$。拉深件底部或凸缘上的孔边到侧壁的距离，应满足 $B \geq r_\text{d} + 0.5\delta$ 或 $B \geq R + 0.5\delta$（δ 为板厚）。另外，带凸缘拉深件的凸缘尺寸要合理，不宜过大或过小；否则会造成拉深困难或导致压边圈失去作用。

④ 不要对拉深件提出过高的精度或表面质量要求。拉深件直径方向的经济精度一般为 IT9 ~ IT10，经整形后精度可达 IT6 ~ IT7，拉深件的表面质量一般不超过原材料的表面质量。

8.3.2.2　弯　曲

弯曲是将金属材料弯成一定角度、一定曲率而形成一定形状零件的工序（见图 8.63）。弯曲方法可分为压弯、拉弯、折弯、滚弯等，最常见的是在压力机上压弯。

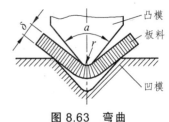

图 8.63　弯曲

1. 弯曲变形的特点

弯曲变形的主要特点：

（1）弯曲变形区。如图 8.64 所示，弯曲变形主要发生在弯曲中心角 φ 对应的范围内，中心角以外区域基本不发生变形。变形前 aa 段与 bb 段长度相等，弯曲变形后，aa 弧长小于 bb 弧长，在 ab 以外两侧的直边段没有变形。

（2）最小弯曲半径。对于一定厚度的板料，弯曲半径越小，外层材料的伸长率就越大，当外层材料的伸长率达到或超过材料的许用伸长率时，会产生弯裂，因此存在一个不会产生弯裂的最小相对弯曲半径 r_{min}/δ（δ 为板厚）。弯曲件的实际相对弯曲半径 r/δ 应大于最小相对弯曲半径。

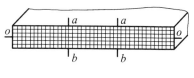

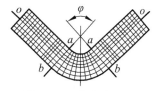

图 8.64　弯曲变形区

最小相对弯曲半径 r_{min}/δ 通常在 0.1 ~ 2 选取。弯曲件的尺寸公差等级一般不高于 IT13，角度公差最好大于 15′；否则应增加整形工序。

（3）中性层。在变形区的厚度方向，缩短和伸长的两个变形区之间，有一层金属在变形前后没有变化，这层金属称为中性层。中性层是计算弯曲件展开长度的依据。

（4）回弹。由于材料的弹性恢复，会使弯曲件的角度和弯曲半径较凸模大，这种现象称为回弹。回弹会影响弯曲件的精度，通常在设计弯曲模时，应使模具的弯曲角 α 减小一个回弹量 $\Delta\alpha$。

2. 弯曲工艺设计

弯曲工艺设计包括弯曲件的毛坯展开尺寸计算、弯曲力的计算、弯曲件的工序安排和弯曲件的结构工艺性分析等。

（1）毛坯展开尺寸计算。

弯曲毛坯尺寸通常按应变中性层的长度计算，计算中性层的尺寸公式为

$$L = \sum l_{直} + \sum l_0$$

式中　L——弯曲件毛坯尺寸，mm；

　　　$\sum l_{直}$——直线部分各段长度和，mm；

　　　$\sum l_0$——圆弧部分各段中性层长度和，mm。

对于每一个圆弧的中性层长度为

$$l_0 = \frac{\pi\varphi}{180}(r + K\delta)$$

式中　l_0——弯曲部分圆弧长度，mm；

　　　φ——弯曲区中心角，(°)；

　　　r——弯曲半径，mm；

　　　K——中性层内移系数，其值如表 8.15 所示。

表 8.15　中性层内移系数 K 值

r/δ	0 ~ 0.5	0.5 ~ 0.8	0.8 ~ 2	2 ~ 3	3 ~ 4	4 ~ 5	>5
K	0.16 ~ 0.25	0.25 ~ 0.30	0.30 ~ 0.35	0.35 ~ 0.40	0.40 ~ 0.45	0.45 ~ 0.50	0.5

（2）弯曲力的计算。

生产中常采用经验公式进行弯曲力的计算，公式如下：

$$F_{\text{校}} = Sp$$

式中 $F_{\text{校}}$——校正弯曲时的弯曲力，N；

   S——校正部分的投影面面积，mm^2；

   p——单位面积上的校正力，MPa，其值如表 8.16 所示。

单位：MPa

表 8.16   单位面积上的校正力

板厚 材料	$\delta \leq 3$ mm	$\delta > 3 \sim 10$ mm	板厚 材料	$\delta \leq 3$ mm	$\delta > 3 \sim 10$ mm
铝	30～40	50～60	25～35 钢	100～120	120～150
黄铜	60～80	50～100	钛合金 BT1	160～180	180～210
10～20 钢	80～100	100～120	钛合金 BT3	160～200	200～260

（3）弯曲件的工序安排。形状简单的弯曲件，如 V 形、U 形、Z 形等，只需一次弯曲就可以成形。形状复杂的弯曲件，要两次或多次弯曲成形。多次弯曲成形时，一般先弯两端的形状，后弯中间部分的形状，如图 8.65 所示。对于精度较高或特别小的弯曲件，尽可能在一幅模具上完成多次弯曲成形。

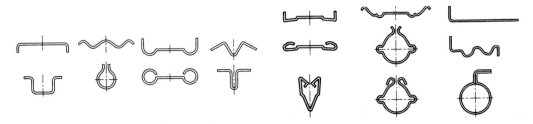

（a）两道工序弯曲成形   （b）三道工序弯曲成形

图 8.65   多次弯曲成形

3. 弯曲件的结构工艺性

（1）弯曲件形状应尽量对称，弯曲半径不应小于最小弯曲半径，否则会造成回弹量过大，使弯曲件精度不易保证。弯曲方向应垂直于板料纤维方向（见图 8.66），以免成形过程中弯裂。

（2）直边过短不易弯曲成形，应使弯曲件的直边高度 $H > 2\delta$；若 $H < 2\delta$，则必须压槽，或增加直边高度，弯曲后再切除多余的部分[见图 8.67（a）]。

（3）弯曲带孔件时，为避免孔的变形，孔的位置应在变形区以外，孔与弯曲变形区的距离 $L \geq (1 \sim 2)\delta$ [见图 8.67（b）]。当 L 过小时，可在弯曲线上冲工艺孔[见图 8.67（c）]，或开工艺槽[见图 8.67（d）]。若孔的精度要求高时，应弯曲后再冲孔。

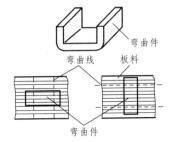

（a）垂直于弯曲线 （b）平行于弯曲线

图 8.66   弯曲时的纤维方向

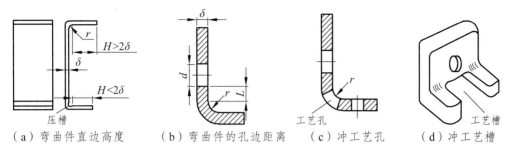

（a）弯曲件直边高度　　（b）弯曲件的孔边距离　　（c）冲工艺孔　　（d）冲工艺槽

图 8.67　弯曲件的结构工艺性

8.3.2.3　其他成形工序

除弯曲和拉深以外，变形工序还有翻边、胀形、缩口等，如图 8.68 所示。这些工序是通过局部变形来实现工件成形的。

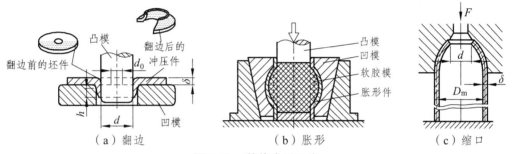

（a）翻边　　　　　　　　（b）胀形　　　　　　（c）缩口

图 8.68　其他成形工序

翻边：将工件上的孔或边缘翻出竖立或有一定角度的直边。

胀形：利用模具使空心件或管状件由内向外扩张的成形方法。

缩口：利用模具使空心件或管状件的口部直径缩小的局部成形工艺。

8.3.3　冷冲压模具

冲模在冲压生产中是必不可少的。冲模的结构合理与否对冲压件品质、冲压生产的效率及模具寿命都有很大的影响。常用的冷冲模按工序组合可分为简单冲模、连续冲模和复合冲模 3 类。

在一个冲压行程中只完成一道工序的冲模称为简单冲模，如图 8.69 所示。

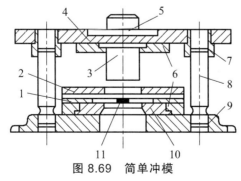

图 8.69　简单冲模

1—导料板；2—固定卸料板；3—凸模；4—上模座；5—模柄；6—压板；7—导套；
8—导柱；9—下模座；10—凹模；11—挡料销

257

冲床的一次冲程在模具不同部位上同时完成多道冲压工序的冲模称为连续冲模，也称级进模或跳步模，如图 8.70 所示。

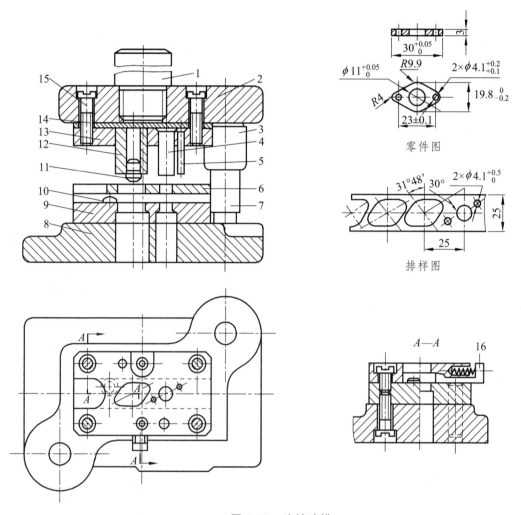

图 8.70　连续冲模

1—模柄；2—上模座；3—导套；4，5—冲孔凸模；6—固定卸料板；7—导柱；8—下模座；9—凹模；
10—固定挡料销；11—导正销；12—落料凸模；13—凸模固定板；
14—垫板；15—螺钉；16—始用挡料销

在一副模具上只有一个工位，在一个冲压行程中同时完成多道冲压工序的冲模称为复合冲模，如图 8.71 所示。

冲压模具的组成：

（1）工作零件。使板料成形的零件，有凸模、凹模、凸凹模等。

（2）定位、送料零件。使条料或半成品在模具上定位、沿工作方向送进的零部件。主要有挡料销、导正销、导料销、导料板等。

（3）卸料及压料零件。防止工件变形，压住模具上的板料及将工件或废料从模具上卸下或推出的零件。主要有卸料板、顶件器、压边圈、推板、推杆等。

（4）结构零件。在模具的制造和使用中起装配、固定作用的零件，以及在使用中起导向作用的零件。主要有上、下模座，模柄，凸、凹模固定板，垫板，导柱，导套，导筒，导板螺钉，销钉等。

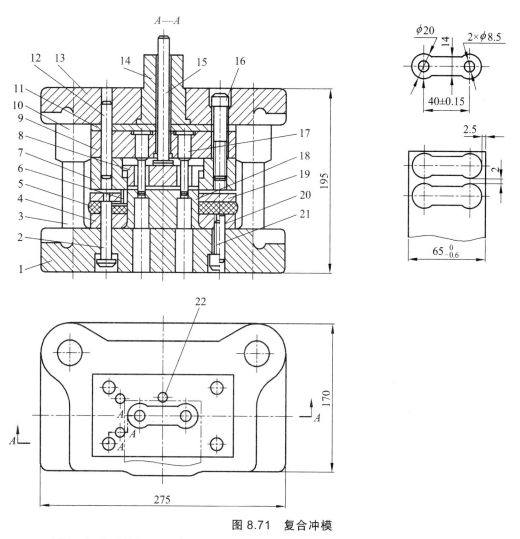

图 8.71　复合冲模

1—下模板；2—卸料螺钉；3—导柱；4—固定板；5—橡胶；6—导料销；7—落料凹模；8—推件块；9—固定板；
10—导套；11—垫板；12、20—销钉；13—上模板；14—模柄；15—顶杆；16、21—螺钉；
17—冲孔凸模；18—凸凹模；19—卸料板；22—挡料销

为了规范模具设计与生产，我国制定了冷冲模模具标准组合结构的国家标准（GB 2871.1—81～GB 2874.4—81）。各种典型组合结构还细分为不同的形式，标准组合结构的各种零件也已标准化。

8.3.4　冲压工艺过程实例分析

冲压件的生产工艺过程就是根据冲压件的特点、生产批量、现有设备和生产能力等制订一种技术上可行、经济上合理的工艺方案，主要内容有：

① 分析冲压件的结构工艺性；

② 拟订冲压件的总体工艺方案；

③ 确定毛坯形状、尺寸和下料方式；

④ 拟定冲压工序性质、数目和顺序；

⑤ 确定冲模类型和结构形式；

⑥ 选择冲压设备；

⑦ 编写冲压工艺文件。

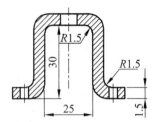

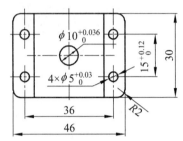

图 8.72　托架零件

如图 8.72 所示的冲压件是托架零件，以下以此零件为例说明工艺过程的制订过程。

已知该零件材料为 08F 钢，年产量为两万件，要求表面无划伤，孔不能有变形。

（1）结构工艺性分析。该件 $\phi10$ 孔内装有心轴，4 个 $\phi5$ 孔与机身连接，为保证良好的装配条件，5 个孔的公差均为 IT9，精度要求不高。选用 08F 冷轧板塑性好，各弯曲半径大于最小弯曲半径，不需要整形，各孔都可以冲出。因此，该件可以用冲压加工成形。

（2）拟订工艺方案。从零件结构分析，该件所需基本工序为落料、冲孔、弯曲 3 种。其中，弯曲工艺方案有 3 种，如图 8.73 所示。

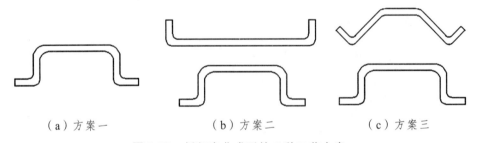

（a）方案一　　　　　（b）方案二　　　　　（c）方案三

图 8.73　托架弯曲成形的 3 种工艺方案

该件总的冲压工艺方案有：

方案一：复合冲 $\phi10$ 孔与落料；弯两边外角和中间两 45°角[见图 8.73（c）]；弯中间两角；冲 4 个 $\phi5$ 孔，如图 8.74 所示。其优点是：模具结构简单，寿命长，制造周期短，投产快；弯曲回弹容易控制，尺寸和形状准确，表面质量高；除工序一外，后面工序都以 $\phi10$ 孔和一个侧边定位，定位基准一致且与设计基准重合；操作比较方便。缺点是：工序较分散，需要模具、压力机和操作人员较多，劳动量较大。

方案二：复合冲 $\phi10$ 孔与落料（同方案一）；弯两外角[见图 8.73（b）]；弯中间两角，如图 8.75 所示；冲 4 个 $\phi5$ 孔（同方案一）。与方案一相比，该方案弯中间两角时零件的回弹难以控制，尺寸和形状不精确，且同样具有工序分散的缺点。

260

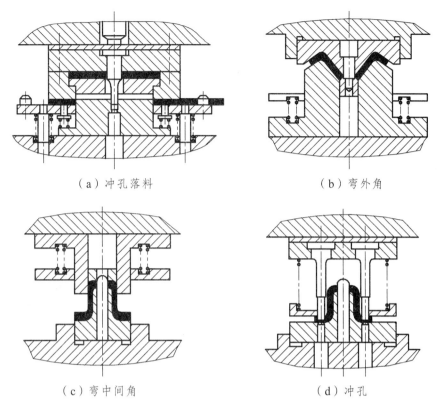

（a）冲孔落料

（b）弯外角

（c）弯中间角

（d）冲孔

图 8.74　托架冲压工艺方案一

方案三：复合冲ϕ10孔与落料；弯四角[见图 8.73（a）]；冲 4 个ϕ5 孔，如图 8.76 所示。该方案工序比较集中，占用设备和人员少，但模具寿命低，零件表面有划伤，工件厚度有变薄，回弹不易控制，尺寸和形状不够精确。

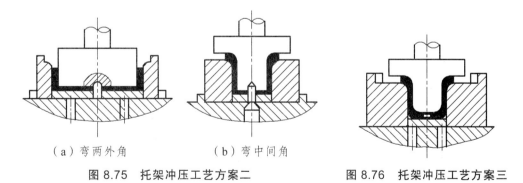

（a）弯两外角

（b）弯中间角

图 8.75　托架冲压工艺方案二

图 8.76　托架冲压工艺方案三

综上所述，考虑零件精度要求较高，生产批量不大的特点，故采用工艺方案一。

第③~⑥项可参考前述有关介绍，按要求逐一进行，此处从略。

（3）填写冲压工艺卡。各厂所用的冲压工艺卡片不尽相同，可参照原机械工业部指导性技术文件（JB/Z 187.3—82）的格式和要求填写，如表 8.17 所示。

表 8.17 冷冲压工艺卡片

（厂名）	冷冲压工艺卡片	产品型号		零件名称		托架	共 页
		产品名称		零件型号			第 页
材料牌号 及规格	材料技术要求		毛坯尺寸		每条料制件数	毛坯重	辅助 材料
08F	1 800 mm×900 mm 横裁		900 mm×108 mm×1.5 mm				
工序号	工序名称	工序草图		工序内容	设备	检验要求	备注
1	冲孔落料			冲孔落料 连续模	250 kN		
2	首次弯曲 （带预弯）			弯曲模	160 kN		
3	二次弯曲			弯曲模	160 kN		
4	冲孔 4×φ5			冲孔模	160 kN		
原底图 总号	日期	更改标记			编制	校对	核对
		文件号			姓名		
底图 总号	签字	签字			签字		
		日期			日期		

262

8.4 其他塑性成形方法

随着工业的不断发展，人们对金属塑性成形加工生产提出了越来越高的要求，不仅要求生产各种毛坯，而且要求能直接生产出更多的具有较高精度与质量的成品零件。其他塑性成形方法在生产实践中也得到了迅速发展和广泛的应用，如挤压、拉拔、辊轧、精密模锻、精密冲裁等。

8.4.1 挤 压

挤压是指对挤压模具中的金属锭坯施加强大的压力作用，使其发生塑性变形从挤压模具的模口中流出，或充满凸、凹模型腔，从而获得所需形状与尺寸制品的塑性成形方法。

8.4.1.1 挤压法的特点

（1）挤压中形成的三向压应力状态能充分提高金属坯料的塑性。适合挤压成形的材料不仅有铜、铝等塑性很好的非铁金属，而且也可以是碳钢、合金结构钢、不锈钢及工业纯铁等。在一定变形量下，某些高碳钢、轴承钢，甚至高速钢等也可以进行挤压成形。对于要进行轧制或锻造的塑性较差的材料，如钨和钼等，为了改善其组织和性能，也可采用挤压法对锭坯进行开坯。

（2）挤压法可以生产出断面极其复杂或具有深孔、薄壁以及变断面的零件。

（3）一般尺寸精度可达 IT8 ~ IT9，表面粗糙度可达 $Ra3.2 ~ 0.4\ \mu m$，从而可以实现少、无屑加工。

（4）挤压变形后零件内部的纤维组织连续，基本沿零件外形分布而不被切断，从而提高了金属的力学性能。

（5）材料利用率、生产效率高；生产方便灵活，易于实现生产过程的自动化。

8.4.1.2 挤压方法的分类

1. 根据金属流动方向和凸模运动方向的不同分类

可分为以下 4 种方式：

（1）正挤压：金属流动方向与凸模运动方向相同，如图 8.77 所示。

（2）反挤压：金属流动方向与凸模运动方向相反，如图 8.78 所示。

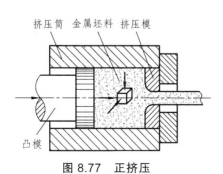

图 8.77 正挤压

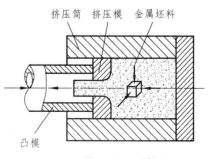

图 8.78 反挤压

（3）复合挤压：金属坯料的一部分流动方向与凸模运动方向相同，另一部分流动方向与凸模运动方向相反，如图 8.79 所示。

（4）径向挤压：金属流动方向与凸模运动方向成 90°角，如图 8.80 所示。

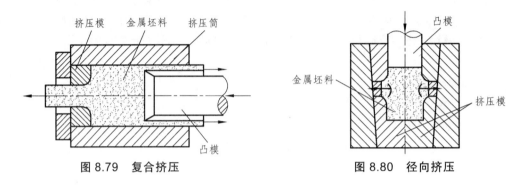

图 8.79　复合挤压　　　　　　　　　　图 8.80　径向挤压

2. 按照挤压时金属坯料所处的温度不同分类

可分为热挤压、温挤压和冷挤压 3 种方式。

（1）热挤压：变形温度高于金属材料的再结晶温度。热挤压时，金属变形抗力较小，塑性较好，允许每次变形程度较大，但产品的尺寸精度较低，表面较粗糙，应用于生产铜、铝、镁及其合金的型材和管材等，也可挤压强度较高和尺寸较大的中碳钢、高碳钢、合金结构钢、不锈钢等零件。目前，热挤压越来越多地用于机器零件和毛坯的生产。

（2）冷挤压：变形温度低于材料再结晶温度（通常是室温）的挤压工艺。冷挤压时金属的变形抗力比热挤压大得多，但产品尺寸精度较高，可达 IT8～IT9，表面粗糙度为 $Ra3.2$～$0.4\ \mu m$，而且产品内部组织为加工硬化组织，提高了产品的强度。目前，可以对非铁金属及中、低碳钢的小型零件进行冷挤压成形，为了降低变形抗力，在冷挤压前要对坯料进行退火处理。

冷挤压时，为了降低挤压力，防止模具损坏，提高零件表面质量，必须采取润滑措施。由于冷挤压时单位压力大，润滑剂易被挤掉失去润滑效果，所以对钢质零件必须采用磷化处理，使坯料表面呈多孔结构，以存储润滑剂，在高压下起到润滑作用。常用的润滑剂有矿物油、豆油、皂液等。

冷挤压生产效率高，材料消耗少，在汽车、拖拉机、仪表、轻工、军工等部门广为应用。

（3）温挤压：将坯料加热到再结晶温度以下高于室温的某个合适温度下进行挤压的方法，是介于热挤压和冷挤压之间的挤压方法。与热挤压相比，坯料氧化脱碳少，表面粗糙度较小，产品尺寸精度较高；与冷挤压相比，降低了变形抗力，增加了每个工序的变形程度，提高了模具的使用寿命。温挤压材料一般不需要进行预先软化退火、表面处理和工序间退火。温挤压零件的精度和力学性能略低于冷挤压零件。表面粗糙度为 $Ra6.5$～$3.2\ \mu m$。温挤压不仅适用于挤压中碳钢，而且也适用于挤压合金钢零件。

挤压在专用挤压机上进行，也可在油压机及经过适当改进后的通用曲柄压力机或摩擦压力机上进行。

8.4.2 拉 拔

在拉力作用下，迫使金属坯料通过拉拔模孔，以获得相应形状与尺寸制品的塑性加工方法称为拉拔，如图 8.81 所示。拉拔是管材、棒材、异型材以及线材的主要生产方法之一。

拉拔方法按制品截面形状可分为实心材拉拔与空心材拉拔。实心材拉拔主要包括棒材、异型材及线材的拉拔。空心材拉拔主要包括管材及空心异型材的拉拔。

拉拔的特点主要有：

（1）制品的尺寸精确，表面粗糙度小。

（2）设备简单、维护方便。

（3）受拉应力的影响，金属的塑性不能充分发挥。拉拔道次变形量和两次退火间的总变形量受到拉拔应力的限制，一般道次伸长率为 20% ~ 60%，过大的道次伸长率将导致拉拔制品形状、尺寸、质量不合格，过小的道次伸长率将降低生产效率。

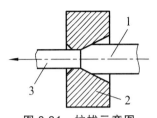

图 8.81　拉拔示意图

1—坯料；2—拉拔模；3—制品

（4）最适合于连续高速生产断面较小的长制品，如丝材、线材等。

拉拔一般在冷态下进行，但是对于一些在常温下塑性较差的金属材料则可以采用加热后温拔。采用拉拔技术可以生产直径大于 500 mm 的管材，也可以拉制出直径仅 0.002 mm 的细丝，而且性能符合要求，表面质量好。拉拔制品被广泛应用在国民经济各个领域。

8.4.3 辊 轧

金属坯料在旋转轧辊的作用下产生连续塑性变形，从而获得所要求截面形状并改变其性能的加工方法称为辊轧。常采用的辊轧工艺有辊锻、横轧及斜轧等。

8.4.3.1 辊 锻

辊锻是使坯料通过装有圆弧形模块的一对相对旋转的轧辊，受压产生塑性变形，从而获得所需形状的锻件或锻坯的锻造工艺方法，如图 8.82 所示。它既可以作为模锻前的制坯工序，也可以直接辊锻锻件。目前，成形辊锻适用于生产以下 3 种类型的锻件：

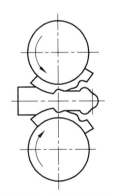

图 8.82　辊锻示意图

（1）扁断面的长杆件，如扳手、链环等。

（2）带有头部，且沿长度方向横截面面积递减的锻件，如叶片等。叶片辊锻工艺和铣削工艺相比，材料利用率可提高 4 倍，生产效率提高 2.5 倍，而且叶片质量大为提高。

（3）连杆，采用辊锻方法锻制连杆，生产效率高，简化了工艺过程。但锻件还需用其他锻压设备进行精整。

8.4.3.2　横　轧

　　横轧是指轧辊轴线与轧件轴线互相平行，且轧辊与轧件做相对转动的轧制方法，如齿轮轧制等。

　　齿轮轧制是一种少、无切屑加工齿轮的新工艺。直齿轮和斜齿轮均可用横轧方法制造，齿轮的横轧如图 8.83 所示。在轧制前，齿轮坯料外缘被高频感应加热，然后将带有齿形的轧辊作径向进给，迫使轧辊与齿轮坯料对辗。在对辗过程中，毛坯上一部分金属受轧辊齿顶挤压形成齿谷，相邻的部分被轧辊齿部"反挤"而上升，形成齿顶。

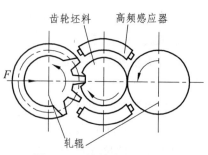

图 8.83　热轧齿轮示意图

8.4.3.3　斜　轧

　　斜轧又称螺旋斜轧。斜轧时，两个带有螺旋槽的轧辊相互倾斜配置，轧辊轴线与坯料轴线相交成一定角度，以相同方向旋转。坯料在轧辊的作用下绕自身轴线反向旋转，同时还做轴向向前运动，即螺旋运动，坯料受压后产生塑性变形，最终得到所需制品。例如，周期轧制、钢球轧制均采用了斜轧方法，如图 8.84 所示。斜轧还可直接热轧出带有螺旋线的高速钢滚刀、麻花钻、自行车后闸壳以及冷轧丝杠等。

　　如图 8.84（b）所示的钢球斜轧，棒料在轧辊间螺旋形槽里受到轧制，并被分离成单个球，轧辊每转一圈，即可轧制出一个钢球，轧制过程是连续的。

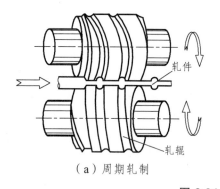

（a）周期轧制

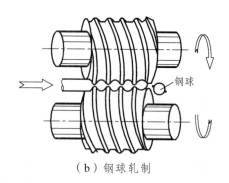

（b）钢球轧制

图 8.84　斜轧示意图

8.4.4　旋　压

　　旋压是指利用旋压机使毛坯和模具以一定的速度共同旋转，并在滚轮的作用下，使毛坯在与滚轮接触的部位产生局部塑性变形，由于滚轮的进给运动和毛坯的旋转运动，使局部的塑性变形逐步扩展到毛坯的全部所需表面，从而获得所需形状与尺寸零件的加工方法。图 8.85 表示旋压空心零件的过程。旋压基本上是靠弯曲成形的，不像冲压那样有明显的拉深作用，故壁厚的减薄量小。

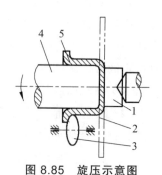

图 8.85　旋压示意图

1—顶杆；2—毛坯；3—滚轮；
4—模具；5—加工中的毛坯

旋压的工艺特点主要有：

（1）局部连续成形，变形区很小，所需要的成形力小。旋压是一种既省力，效果又明显的压力加工方法，可以用功率和吨位都非常小的旋压机加工大型的工件。

（2）工具简单、费用低，而且旋压设备的调整、控制简便灵活，具有很大的柔性，非常适合于多品种小批量生产。

（3）能冲压难以成形的复杂零件，如头部很尖的火箭弹药锥形罩、薄壁收口容器、带内螺旋线的猎枪管等。

（4）旋压件尺寸精度高，甚至可与切削加工相媲美。

（5）旋压零件表面粗糙度容易保证。此外，经旋压成形的零件，抗疲劳强度高，屈服点、抗拉强度、硬度都大幅度提高。

旋压的不足是只适用于轴对称的回转体零件；对于大量生产的零件，它不如冲压方法高效、经济；材料经旋压后塑性指标下降，并存在残余应力。

8.4.5 塑性成形新工艺、新技术简介

近年来，压力加工生产中出现了许多新工艺、新技术，如超塑性成形、精密模锻、高能率成形、电镦成形、粉末锻造、液态模锻等。这些塑性成形新工艺的特点是：

（1）尽量使成形件的形状接近零件的形状，以便达到少、无切屑加工的目的，同时得到合理分布的纤维组织，提高了零件的力学性能。

（2）具有更高的生产效率。

（3）减小了变形力，可以在较小的压力设备上制造出大型零件。

（4）广泛采用电加热和少氧化、无氧化加热，提高了零件表面质量，改善了劳动条件。

8.4.5.1 精密模锻

精密模锻是指在模锻设备上锻造出形状复杂、高精度锻件的模锻工艺。如精密模锻伞齿轮，其齿形部分可直接锻出而不必再经过切削加工。精密模锻件尺寸精度可达 IT12～IT15，表面粗糙度为 $Ra3.2～1.6\ \mu m$。

精密模锻工艺的特点是：

（1）精确计算原始坯料的尺寸，严格按坯料质量下料。

（2）精细清理坯料表面，除净坯料表面的氧化皮、脱碳层及其他缺陷等。

（3）采用无氧化或少氧化加热方法，尽量减少坯料表面形成的氧化皮。

（4）精锻模膛的精度必须很高，一般要比锻件的精度高两级。精密锻模一定有导柱、导套结构，以保证合模准确。为排除模膛中的气体，减小金属流动阻力，使金属更好地充满模膛，在凹模上应开有排气小孔。

（5）模锻时要很好地进行润滑和冷却锻模。

（6）精密模锻一般都在刚度大且精度高的曲柄压力机、摩擦压力机或高速锤上进行。

8.4.5.2　超塑性成形

金属或合金在低的变形速率（$\varepsilon = 10^{-2} \sim 10^{-4}/s$）、一定的变形温度（约为熔点绝对温度的一半）和均匀的细晶粒度（晶粒平均直径为 $0.2 \sim 5\ \mu m$）条件下，其相对伸长率 δ 超过 100%以上的变形称为超塑性成形。例如，钢可超过 500%，纯钛可超过 300%，锌铝合金可超过1 000%。

超塑性状态下的金属在拉伸变形过程中不产生缩颈现象，变形应力可比常态下金属的变形应力降低几倍至几十倍，因此极易变形，可采用多种工艺方法制出复杂零件。

常用的超塑性成形材料主要是锌铝合金、铝基合金、钛合金及高温合金。

超塑性成形主要应用在以下方面：

（1）板料超塑性冲压成形。

采用锌铝合金等超塑性材料，可以一次拉深较大变形量的杯形件，而且质量很好，无制耳产生。

（2）板料超塑性气压成形。

将具有超塑性性能的金属板料放于模具之中，把板料与模具一起加热到规定温度，向模具内吹入压缩空气或抽出模具内空气形成负压，使板料沿凸模或凹模变形，从而获得所需形状，如图 8.86 所示。气压成形能加工的板料厚度为 $0.4 \sim 4$ mm。

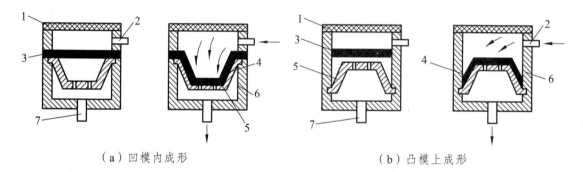

（a）凹模内成形　　　　　　　　（b）凸模上成形

图 8.86　板料气压成形

1—电热元件；2—进气孔；3—板料；4—工件；5—凹（凸）模；6—模框；7—抽气孔

（3）超塑性模锻或挤压。

高温合金及钛合金在常态下塑性很差，变形抗力大，不均匀变形引起各向异性的敏感性强，常规方法难以成形，材料损耗大。如采用普通热模锻毛坯，再进行机械加工，金属消耗达 80%左右，导致产品成本升高。在超塑性状态下进行模锻或挤压，就可克服上述缺点，节约材料，降低成本。

超塑性模锻利用金属及合金的超塑性，扩大了可锻金属材料的类型。如过去只能采用铸造成形的镍基合金，也可以进行超塑性模锻成形。超塑性模锻时，金属填充模腔的性能好，可锻出尺寸精度高、机械加工余量很小，甚至不用加工的零件，并且金属的变形抗力小，可充分发挥中、小设备的作用。锻后可获得均匀、细小的晶粒组织，零件力学性能均匀一致。

8.4.5.3 高能率成形

高能率成形是一种在极短时间内释放高能量而使金属变形的成形方法。它包括：

（1）爆炸成形加工。

金属板材被置于凹模上，在板料上布放炸药，利用炸药在爆炸时释放出的瞬间巨大能量使板料快速成形。爆炸成形加工用于小批量或单件的大型工件生产，也可用于多层复合材料的制造。

（2）电磁冲压成形。

金属毛坯被置于凹模和电磁线圈之间，借瞬间产生的电磁冲击力使坯料靠向凹模而成形，也可用于管材扩口成形。

8.4.6 计算机在塑性成形加工中的应用

计算机技术在塑性成形加工中的应用：

（1）制订金属塑性成形生产工艺和工艺制度（CAPP）。CAPP 可以根据给定条件，通过引入优化技术制订出最优化工艺和工艺制度，这对塑性成形加工生产特别重要。因为塑性成形生产往往是多阶段、多工序和多因素交互影响的过程，通过手工优化设计计算无法完成。

（2）帮助设计人员进行金属塑性成形产品、工具、机器、车间或企业等的设计工作（CAD）。在塑性成形中，工具设计的 CAD 系统已广泛应用，如轧辊孔型的 CAD 系统，冷弯型钢生产的辊型设计 CAD 系统，冲压、挤压和拉拔等模具设计 CAD 系统，以及塑性成形生产车间或工厂设计的 CAD 系统等。

（3）可以由计算机辅助完成金属塑性成形生产中从产品设计、工艺计划制订，到工艺过程的控制和产品检验，以及生产的计划管理的过程。这种综合系统称为计算机集成制造系统（CIMS），构成了整个生产系统的计算机化。

（4）借助于数值计算方法，可进行塑性成形加工过程的计算机数值模拟，以替代真实的塑性成形过程或其中的物理现象，这样可节省经费和消耗，灵活控制和调节影响因素及其变化，准确测量实验数据。

8.4.7 常用塑性成形方法的选择

每种金属塑性成形方法都有其工艺特点和使用范围，生产中应根据零件所承受的载荷情况和工作条件、材料的塑性成形性能、零件结构的复杂程度、轮廓尺寸大小、制造精度和各种塑性成形方法的生产总费用等，进行综合比较，合理选择加工方法。

选择塑性成形方法时应注意：

（1）塑性成形方法应保证零件或毛坯的使用性能。

（2）要依据生产批量大小和工厂设备能力、模具装备条件。

（3）在保证零件技术要求的前提下，尽量选用工艺简便、生产效率高、质量稳定的塑性成形方法，并应力求使生产成本低廉。

几种常用的塑性成形方法对比如表 8.18 所示。

表 8.18　几种常用的塑性成形方法对比

加工方法		使用设备	适用范围	生产效率	加工精度	表面粗糙度	模具特点	机械化与自动化	劳动条件
自由锻		空气锤	小型锻件,单件小批量生产	低	低	大	不用模具	难以实现	差
		蒸汽-空气锤	中型锻件,单件小批量生产						
		水压机	大型锻件,单件小批量生产						
模锻	胎模锻	空气锤蒸汽-空气锤	中、小型锻件,中、小批量生产	较高	中	中	模具简单,不固定在设备上,换取方便	较易	差
	锤上模锻	蒸汽-空气锤无砧座锤	中、小型锻件,大批量生产	高	中	中	模具固定在锤头和砧铁上,模膛复杂,造价高	较难	差
	曲柄压力机模锻	曲柄压力机	中、小型锻件,大批量生产,不易进行拔长和滚挤工序,可用于挤压	很高	高	小	组合模具,有导柱、导套和顶出装置	易	好
	平锻机模锻	平锻机	中、小型锻件,大批量生产,适合锻造带法兰的盘类零件和带孔的零件	高	较高	较小	3块模组成,有两个分型面,可锻出侧面和有凹槽的锻件	较易	较好
	摩擦压力机上模锻	摩擦压力机	中、小型锻件,中批量生产,可进行精密模锻	较高	较高	较小	一般为单膛锻模多次锻造成形,不宜多膛模锻	较易	好
挤压	热挤压	机械压力机液压挤压机	适合各种等截面型材的大批量生产	高	较高	较小	由于变形力较大,要求凸、凹模要有很高的强度、硬度,粗糙度小	较易	好
	冷挤压	机械压力机	适合塑性好的金属小型零件,大批量生产	高	高	小	变形力很大,凸、凹模强度和硬度很高,粗糙度小	较易	好
轧制	纵轧	辊锻机	适合大批量加工连杆、扳手、叶片类零件,也可为曲柄压力机模锻制坯	高	高	小	在轧辊上固定有两个半圆形的模块(扇形模块)	易	好
		扩孔机	适合大批量生产环套类零件,如滚动轴承圈	高	高	小	金属在具有一定孔形的碾压辊和芯辊间变形	易	好
	横轧	齿轮轧机	适合各种模数较小齿轮的大批量生产	高	高	小	模具为与零件相啮合的同模数齿形轧轮	易	好
	斜轧	斜轧机	适合钢球、丝杠等零件的大批量生产,也可为曲柄压力机制坯	高	高	小	两个轧辊为模具,轧辊带有螺旋形槽	易	好
板料冲压		冲床	各种板类零件的大批量生产	高	高	小	模具较复杂,凸、凹模固定在有导向的模架上,模具精度高	易	好

思考与练习

1. 什么是最小阻力定律？

2. 轧材中的纤维组织是怎样形成的？它的存在对制作零件有何利弊？

3. 如何提高金属的塑性？最常用的措施是什么？

4. "趁热打铁"的含义何在？

5. 判断以下说法是否正确？为什么？

① 金属的塑性越好，变形抗力越大，金属可锻性也越好。

② 为了提高钢材的塑性变形能力，可采用降低变形速度或在三向压应力下变形等工艺。

③ 为了消除锻件中的纤维组织，可以用热处理的方法达到。

6. 原始坯料长 150 mm，若拔长到 450 mm，锻造比是多少？

7. 要制造一件直径为 90 mm、高为 40 mm 的碳钢齿轮锻件，试确定其坯料的尺寸 D_0 和 H_0。

8. 许多重要的工件为什么要在锻造过程中安排有镦粗工序？

9. 锻造为什么要进行加热？如何选择锻造温度范围？

10. 模锻时，如何合理确定分模面的位置？

11. 模锻与自由锻有何区别？

12. 预锻模膛与制坯模膛有何不同？

13. 绘制模锻件图应考虑哪些问题？选择分模面与铸件的分型面有何异同？为什么要考虑模锻斜度和圆角半径？锤上模锻带孔的锻件时，为什么不能锻出通孔？

14. 板料冲压有哪些特点？主要的冲压工序有哪些？

15. 间隙对冲裁件断面质量和尺寸精度有何影响？间隙过小会对冲裁产生什么影响？

16. 分析冲裁模与拉深模的凸、凹模结构及间隙有何不同？为什么会有这些不同？

17. 表示弯曲与拉深变形程度大小的物理量是什么？生产中如何控制？

18. 精密冲裁对成形工艺及设备提出了哪些主要要求？发展精冲有何意义？

19. 拉深圆筒件时易出现什么缺陷？试从板料受力的角度分析缺陷产生的原因，并提出解决问题的措施。

20. 用 ϕ50 mm 冲孔模具来生产 ϕ50 mm 落料件能否保证冲压件的尺寸精度？为什么？

21. 挤压零件生产的特点是什么？

22. 扎制零件的方法有哪几种？各有什么特点？

23. 什么是金属材料的超塑性？超塑性成形有何特点？

24. 塑性成形先进技术有何特点？

25. 在如图 8.87 所示的两种砧铁上拔长时，效果有何不同？

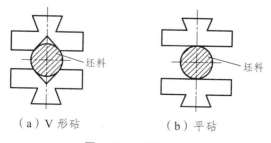

（a）V 形砧　　　　　　　（b）平砧

图 8.87　两种砧铁

26. 如图 8.88 所示的零件的模锻工艺性如何？为什么？应如何修改才能便于模锻？

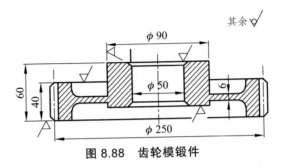

图 8.88　齿轮模锻件

27. 如图 8.89 所示的（a）、（b）、（c）3 种零件，在单件小批量生产时，其结构是否适于自由锻的工艺要求？请修改不当之处。

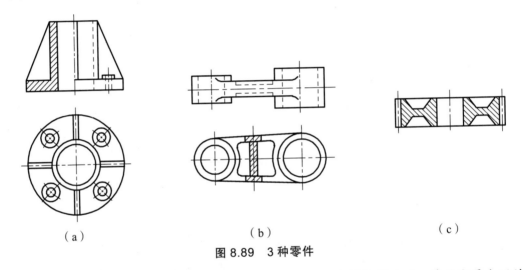

（a）　　　　　　　　　（b）　　　　　　　　　（c）

图 8.89　3 种零件

28. 如图 8.90 所示的两种不同结构的连杆，当采用锤上模锻制造时，请确定最合理的分模面位置，并画出模锻件图。

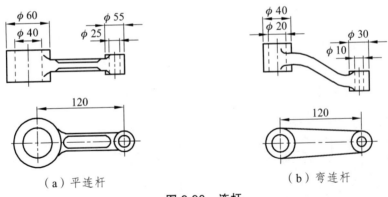

（a）平连杆　　　　　　　　　　　（b）弯连杆

图 8.90　连杆

29. 如图 8.91 所示的 08 钢圆筒形拉深件，壁厚 1.5 mm，能否一次拉深？若不能一次拉深，确定拉深次数，并画出相应的工序图。

30. 生产如图 8.92 所示的座架冲压件，采用 1.5 mm 厚的低碳钢板，大批量加工，试确定冲压基本工序，并绘出工序简图。

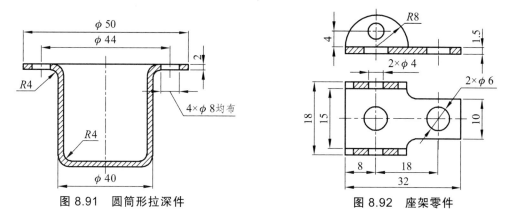

图 8.91　圆筒形拉深件

图 8.92　座架零件

31. 如图 8.93 所示的两个形状相似的罩壳冲压件，材料为 08 钢，板厚为 0.8 mm，试分别制订其冲压工艺方案，并绘制工艺简图。

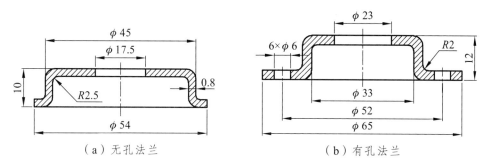

（a）无孔法兰　　　　　　　　　（b）有孔法兰

图 8.93　罩壳

9 金属的焊接成形工艺

9.1 金属焊接成形工艺的理论基础

9.1.1 概　述

焊接是将两个分离的金属工件，通过局部加热、加压或两者并用等手段，使其达到原子间扩散与结合而连接成为一个不可拆卸整体的加工方法。

焊接在现代工业生产中具有十分重要的作用，它是现代工业生产中用来制造各种金属结构和机械零件的主要工艺方法之一，在许多领域得到了广泛的应用。

9.1.1.1 焊接成形工艺的分类

实现焊接的方法很多，通常可根据焊接接头的形成特点不同，把焊接方法分为 3 类，即熔焊、压焊和钎焊。

到目前为止，焊接方法已发展到数十多种，图 9.1 为常用的焊接方法分类。

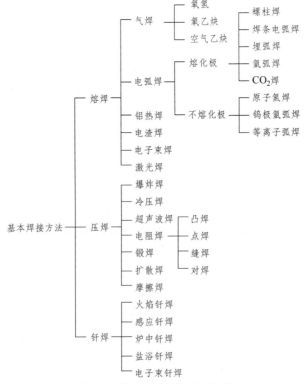

图 9.1　常用的焊接方法分类

274

9.1.1.2　焊接成形工艺的特点

焊接方法之所以得到广泛的应用及迅速的发展，是因其有着其他加工方法不可替代的特点。焊接方法的主要特点有：

（1）节省材料与减轻质量。焊接的金属结构件可比铆接节省材料 10%～25%，如采用点焊的飞行器结构质量明显减轻、运载能力提高、油耗降低。

（2）可简化复杂零件和大型零件的制造。焊接方法灵活，可化大为小，以简拼繁，许多结构可以实现铸焊结合、铸锻结合，简化了工艺过程。

（3）具有良好的适应性和广泛的应用性。多样的焊接方法几乎可焊接所有的金属材料和部分非金属材料，可焊范围较广，可在各种环境下操作，而且连接性能较好，焊接接头可达到与工件金属等强度或相应的特殊性能。

（4）可实现异种材料的焊接，满足特殊的连接要求。不同材料焊接到一起，能使零件的不同部分或不同位置具备不同的性能，以满足使用要求。如防腐容器的双金属筒体的焊接、钻头工作部分与柄的焊接等。

虽然焊接有很多优点，但在加工应用中仍存在某些不足。例如，不同焊接方法的焊接性有较大差别，焊接接头的组织存在不均匀性，焊接热过程造成的结构应力与变形以及各种裂纹问题，都有待进一步研究和完善。

9.1.1.3　焊接成形工艺的应用

1. 制造金属结构件

焊接方法广泛用于各种金属结构的制造，如桥梁、船舶、压力容器、化工设备、机动车辆、矿山机械、发电设备及飞行器等。

2. 制造机器零件和工具

焊接件具有刚性好、改型快、周期短、成本低的优点，适合于单件或小批量生产加工各类机器零件和工具，如机床机架和床身、大型齿轮和飞轮、各种切削刀具等。

3. 修　复

采用焊接方法修复某些有缺陷、失去精度或有特殊要求的工件，可延长其使用寿命，提高使用性能。目前，修复工程已成为机械制造领域不可或缺的重要组成部分。

近年来焊接技术发展迅速，新的焊接方法不断出现，而许多常用的焊接方法也由于应用了计算机等新技术，使其功能增强。焊接方法的精密化和智能化必将在未来的焊接生产中发挥强大的效力。

9.1.2　焊接冶金与质量控制

9.1.2.1　焊接冶金过程

焊接过程中金属母材和填充材料加热熔化，产生熔滴、熔池、停留和结晶现象，如图 9.2 所示。过程中产生的熔化金属、熔渣和气体三者之间同冶金过程类似，将发生分解、氧化、还原和渗合金等一系列物理化学反应，并将直接影响焊缝成分和性能。

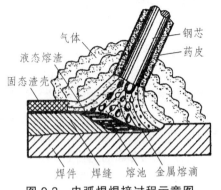

图 9.2　电弧焊焊接过程示意图

1. 分解氧化反应

空气中的氧气和氮气，将会发生分解，成为氧原子和氮原子而侵入电弧和熔滴，形成氧化物、氮化物、气孔及夹杂等缺陷，使焊缝金属的塑性、韧性显著下降。

同时，空气中的水汽，特别是工件表面的锈、油和水，在电弧高温作用下也会发生分解，成为氢原子大量溶于熔池金属，待熔池结晶时氢的溶解度急剧下降而成为气孔，甚至引起氢脆和冷裂纹。

2. 冶金还原反应

在电弧高温作用下，形成的焊接熔池金属温度高达 1 800 ℃ 以上，金属元素强烈氧化、烧损，电弧区气体活性大大增强，更促使金属烧损或形成氧化物与有害杂质。

同时，氧化形成的 FeO 进入熔池还可将钢中的 C、Mn、Si 等元素大量烧损形成 CO 气孔和 $FeO \cdot SiO_2$、$MnO \cdot SiO_2$ 等熔渣。

由于熔池体积小，液态金属停留时间短，冶金过程进行的不充分。当熔池迅速冷却后，焊缝中化学成分不均匀，气体和杂质来不及浮出熔池，部分氧化物、熔渣残存于焊缝金属中，致使焊缝产生气孔和夹渣等缺陷，从而降低其力学性能。

9.1.2.2　冶金质量控制

熔焊冶金过程中若无任何质量控制措施，将会使焊缝的合金元素含量和力学性能均低于母材，而导致工件性能降低或在工作中断裂。因此，为了保证焊缝质量，必须采取有效措施来改善焊接质量。

1. 造成气渣保护

由于电弧和熔池均暴露于空气中，为了减少有害元素进入熔池，必须采用机械保护措施。如采用焊条药皮、埋弧焊粒状焊剂、CO_2 及氩气保护气体等，使电弧空间的熔滴和熔池与空气隔绝，防止空气进入熔池。

此外，焊前还需清除工件坡口表面及其两侧附近的锈皮、油污、水等，并同时烘干焊条、去除水分或清理干净焊丝表面等。

2. 渗入合金元素

在熔池结晶时渗入合金元素以保证焊缝的化学成分，如在焊条药皮或粒状焊剂中加入锰铁、硅铁、钛铁、氧化铝等合金剂，或在焊丝内加入硅、锰等合金元素。

焊缝结晶时合金元素可直接过渡到熔池中，以弥补熔池中有用合金元素的蒸发和烧损，甚至会增加焊缝中某些合金元素的含量，以提高焊缝的力学性能或获得某些特殊的性能。

3. 脱除有害杂质

黑色金属焊接时，在药皮或焊剂中加入锰铁、硅铁、钛铁、氧化铝等脱氧剂，脱硫、脱磷剂（锰铁、碳酸钙）和脱氢剂（氟化钙），最大限度地除去有害杂质 O、S、P、H，从而保证和调整焊缝化学成分。

9.1.3 焊接接头的组织和性能

9.1.3.1 焊接热循环

焊接热循环是指在焊接加热和冷却过程中，焊接接头上某点温度随时间变化的过程。焊接热源沿焊缝逐渐移动，接头局部加热、冷却，使接头上各位置点经历的最高加热温度、加热时间和冷却速度均不同，如图 9.3 所示。各点距焊缝中心越远，最高加热温度越低，到达最高温度所需的时间越长，故各点金属经受不同规范的热处理而产生的组织和性能不同。

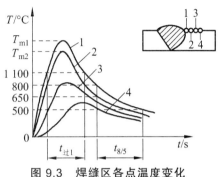

图 9.3 焊缝区各点温度变化

9.1.3.2 焊接接头的组成

焊接热源移去后，熔池液体金属迅速冷却结晶，形成焊缝。受焊接热循环的影响，焊缝附近的母材因焊接热循环的作用而发生组织或性能变化，该区域称为焊接热影响区，也叫近缝区。熔焊焊缝和母材的交界线叫作熔合线，焊缝与热影响区之间很窄的过渡区叫作熔合区。因此，熔焊焊接接头由焊缝区、熔合区和热影响区组成。低碳钢熔焊焊接接头组织如图 9.4 所示。

9.1.3.3 焊接接头的组织和性能

1. 焊缝的组织和性能

焊缝是由熔池金属结晶形成的焊件结合部分。结晶时由于熔池底壁垂直方向散热较快，因而常以熔池底壁上许多未熔化的半个晶粒为晶核，并垂直于底壁熔合线向熔池中心生长而形成柱状树枝晶，而熔池金属中低熔点物将被推向焊缝最后结晶部位，形成成分偏析区（见图 9.5）。宏观偏析的分布与焊缝成形系数 B/H 有关，当 B/H 很小时，形成中心线偏析，易产生热裂纹。

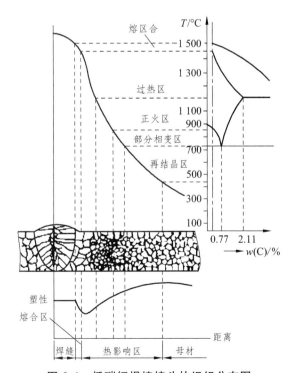

图 9.4 低碳钢焊接接头的组织分布图

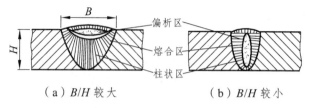

（a）B/H 较大　　　　　（b）B/H 较小

图 9.5　焊缝结晶过程

焊缝组织是由液态金属结晶的铸态柱状树枝晶，组织疏松、成分偏析严重。但是由于熔池小、冷却速度快、形成的柱状晶粒细小，再加上焊接相当于小熔池炼钢，化学成分控制严格，碳、硫、磷等含量低。此外，由于焊接材料的渗合金作用，焊缝金属中锰、硅等合金元素的含量高于母材，所以焊缝金属力学性能不低于母材。

2. 熔合区的组织和性能

熔合区是焊缝与热影响区之间的过渡区，加热温度处于液、固相线之间，最高可达到 $1\,400 \sim 1\,539\,°C$，部分金属被加热熔化，所以又称为半熔化区。低碳钢焊接接头中，熔合区很窄（仅 $0.1 \sim 1$ mm）。结晶后的组织中既有未熔化仅受热长大的粗晶粒，还有少部分新结晶的铸态组织，因而塑性差、强度低、脆性大，易产生焊接裂纹和脆断，是焊接接头最薄弱的环节之一。

3. 焊接热影响区的组织和性能

焊接热影响区是焊缝两侧因焊接热作用没有熔化但发生金相组织和力学性能变化的区域。根据热影响区内各点受热情况不同，热影响区可分为过热区、正火区和部分相变区。

（1）过热区。过热区紧靠熔合区。加热温度在 A_{c3} 以上 $100 \sim 200\,°C$ 至固相线之间，母材金属经历全部转变成为奥氏体→奥氏体急剧长大→冷却后得到过热粗晶组织的过程。因而，过热区的塑性和韧性很差。焊接刚度大的结构或易淬火钢时，易在此区产生裂纹。电弧焊过热区宽度通常为 $1 \sim 4$ mm。

（2）正火区。该区紧靠过热区，是焊接热影响区内相当于受到正火热处理的区域。低碳钢在此区的加热温度为 $A_{c3} \sim 1\,100\,°C$。在此温度下金属完全发生重结晶，冷却后成为均匀而细小的正火组织，力学性能明显改善，是焊接接头中组织和性能最好的区域。电弧焊正火区宽度通常为 $1 \sim 2$ mm。

（3）部分相变区。该区紧靠正火区，是热影响区组织发生部分转变的区域，宽度为 $0.5 \sim 1$ mm。加热温度在 $A_{c1} \sim A_{c3}$，该区的珠光体和部分铁素体发生相变重结晶，从而形成细小的珠光体和铁素体；而另一部分铁素体来不及发生重结晶成为过热的铁素体，其晶粒较为粗大。因此，该区的组织特征是：晶粒大小不一，而且分布不均，使得该区的力学性能变差，低于母材金属。

9.1.3.4　改善焊接热影响区性能的措施

在焊接过程中，不可避免地要产生热影响区。对于低碳钢，以熔合区和过热区的力学性能最差。因此，需要采取必要的措施来改善焊接热影响区的组织及分布，从而提高焊接质量。

1. 尽量缩小焊接热影响区的尺寸

焊接接头各区域的大小决定于焊接方法、焊接规范、接头形式、焊后冷却速度等因素。为了提高焊接质量，在设计和工艺条件允许的前提下，要合理选择焊接方法和焊接工艺，尽量使焊接热影响区宽度减至最小。由表 9.1 可以看出手工电弧焊、气体保护焊、氩弧焊和埋弧自动焊的热影响区都较气焊、电渣焊小，宜优先选用。工艺上采用小直径的焊条（或焊丝）、小电流快速焊、多层焊，都可减小对工件的热量输入，有利于减小热影响区的宽度。

表 9.1　不同焊接方法焊接低碳钢时热影响区的平均尺寸数值　　　单位：mm

焊接方法	各区平均尺寸			热影响区总宽度
	过热区	正火区	部分相变区	
手工电弧焊	2.2 ~ 3.0	1.5 ~ 2.5	2.2 ~ 3.0	5.9 ~ 8.5
埋弧焊	0.8 ~ 1.2	0.8 ~ 1.7	0.7 ~ 1.0	2.3 ~ 3.9
电渣焊	18 ~ 20	5.0 ~ 7.0	2.0 ~ 3.0	25 ~ 30
气　焊	21	4.0	2.0	27
电子束焊	—	—	—	0.05 ~ 0.75

2. 焊后热处理

焊后对工件进行热处理是改善和消除焊接热影响区常用且有效的工艺措施。焊后热处理可以细化晶粒，消除硬化组织。对于低碳钢和低合金钢的重要结构、电渣焊的结构，焊后要进行正火处理；对调质钢或淬透性大的钢，除根据工件的工作性能要求外，有时还要按被焊金属焊前的热处理工艺对工件进行焊后处理，以消除焊接热影响区。

3. 焊前预热

焊前预热可减慢工件焊后的冷却速度，防止产生淬硬组织，这对降低工件的裂纹倾向十分有利。

9.1.4　焊接应力与变形

熔焊中焊件内会产生残余应力，应力严重时，会使焊件产生变形或开裂。若变形量过大，焊件则因无法矫正而报废。因此，在设计和制造焊接结构时必须设法减小焊接应力和防止过大的变形。

9.1.4.1　焊接应力与变形的产生

焊接过程中，焊件局部受到不均匀的加热和冷却，是产生焊接应力与变形的根本原因。图 9.6 为平板对接焊时焊接应力与变形的形成过程。

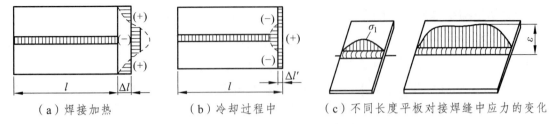

|（a）焊接加热|（b）冷却过程中|（c）不同长度平板对接焊缝中应力的变化|

图 9.6　平板对接焊时的应力与变形

焊接加热时，焊缝和近缝区金属被加热到很高温度，离焊缝越远则温度越低。因此，焊件各个区域因温度不同，将产生大小不等的纵向膨胀。若各区域内金属能自由伸长，则伸长量分布如图 9.6（a）中虚线所示。但焊缝中心部分的高温金属的纵向伸长由于受到两侧低温金属的牵制而不能自由伸长，产生压应力，两侧低温金属产生拉应力。当应力超过金属屈服极限时，高温金属将产生压缩塑性变形，两侧低温金属将产生伸长塑性变形；当压应力和拉应力趋于平衡时，则使整块钢板的实际伸长量为 Δl。

焊件冷却过程中，由于焊缝中心已产生的压缩变形无法恢复，处于高温的焊缝区在冷却过程中要不断收缩，冷却到室温时若能自由收缩，收缩量如图 9.6（b）中虚线所示。但实际钢板各部位收缩相互牵制，只能如图中实线所示整体缩短 $\Delta l'$，焊缝中心金属收缩受阻产生拉应力、两侧金属产生压应力，这些应力焊后残留在金属内部称为焊接应力。

在焊接过程中，若焊件厚度较薄并能较自由伸缩时，则焊后焊件的变形较大而焊接应力较小。反之，若焊件厚度、长度或刚度均较大，各部分不能自由伸缩，则焊后焊件的变形较小而焊接应力较大，如图 9.6（c）所示。

9.1.4.2　焊接变形的分类

在焊接过程中，由于接头形式、焊件厚薄、焊缝长短、工件形状及焊缝位置等差异，均会使焊件出现不同形式的变形，对结构造成不同程度的影响。焊接变形的基本形式有 5 种，如图 9.7 所示。

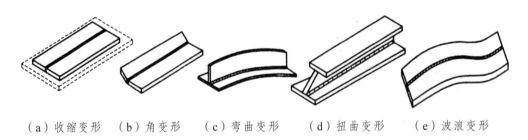

|（a）收缩变形|（b）角变形|（c）弯曲变形|（d）扭曲变形|（e）波浪变形|

图 9.7　焊接变形的基本形式

（1）收缩变形：是指工件整体尺寸的减小，包括焊缝的纵向及横向收缩变形，如图 9.7（a）所示。

（2）角变形：当焊缝截面上下不对称或受热不均匀时，焊缝因横向收缩上下不均匀引起的变形，如图 9.7（b）所示。V 形坡口的对接接头和交接接头易出现角变形。

（3）弯曲变形：由于焊缝在工件上不对称分布，焊缝的纵向收缩不对称，引起工件向焊缝或刚度大的一侧弯曲，形成弯曲变形，如图 9.7（c）所示。

（4）扭曲变形：对多焊缝或长焊缝结构，因焊缝在横截面上的分布不对称或焊接工艺不合理，沿工件纵向所产生的扭曲变形，如图 9.7（d）所示。

（5）波浪变形：当焊接薄板结构件时，在焊接应力（主要是焊缝区的压应力）的作用下，薄板工件因丧失稳定性而引起的变形，如图 9.7（e）所示。

实际焊接件的真实变形往往很复杂，可同时存在几种基本变形形式。

9.1.4.3　焊接应力的防止及消除

焊接后产生的残余应力不仅会增加工件工作时的内应力，降低承载能力，还会诱发应力腐蚀裂纹，甚至造成脆断。另外，残余应力处于不稳定状态，在一定条件下应力会逐步衰减而增大变形，使构件尺寸不稳定。因此，焊接应力是十分有害的，在焊接工艺上常采用如下措施来减小焊接应力：

（1）焊缝不要有密集交叉截面，长度尽可能短，以减少焊接局部加热，减小焊接应力。

（2）采取合理的焊接顺序，尽可能使焊缝自由收缩，以减小应力。如图 9.8（a）所示的工件先焊焊缝 1 后焊焊缝 2，焊接顺序正确，因而焊接应力小；而如图 9.8（b）所示的工件因先焊焊缝 1 而导致对焊缝 2 的约束增加，从而增大了残余应力。

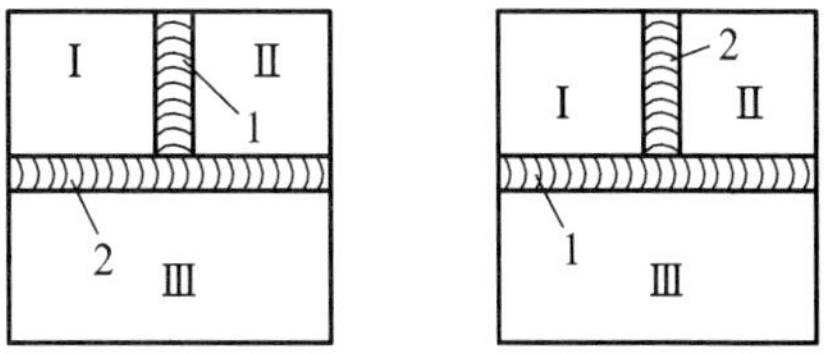

（a）焊接应力小　　　（b）焊接应力大

图 9.8　焊接顺序对焊接应力的影响

（3）采用小的线能量，多层焊，也可减小焊接应力。

（4）当焊缝还处在较高温度时，锤击焊缝使金属伸长，也能减少焊接应力。

（5）焊后进行去应力退火，即将工件均匀加热到 600～650 ℃，保温 2～3 h，再随炉冷至 200 ℃ 出炉空冷。这种办法一般可消除焊接残余应力 80% 左右，大多用于重要件或精密构件的消应力处理。

此外，还可以用机械法来消除应力，如加压和振动等，利用外力使焊接接头残余应力区产生塑性变形，达到松弛残余应力的目的。

9.1.4.4　焊接变形的防止及消除

焊接变形可能使结构件尺寸不合要求，组装困难，间隙大小不一致等，从而影响焊件品质；同时使工件形状发生变化，产生附加应力，降低承载能力；矫正焊接变形费工时、增加成本，还会降低塑性和接头性能。因此，在焊接工艺上常采用如下措施来减小焊接变形：

（1）焊缝不要有密集交叉截面，长度尽可能短，以减少焊接局部加热，减小焊接应力，从而减小焊接变形。对长直焊缝选用如图 9.9（a）所示的板条拼焊，可将横焊缝在连续的纵焊缝之间作交错布置，而且应先焊错开的短焊缝，后焊直通的长焊缝。此外，还可以采用切口来避免交错焊缝，如图 9.9（b）所示。有对称轴的焊接结构，焊缝宜对称地布置并尽可能接近中心轴，这有利于控制焊接变形，如图 9.10（c）相对于图 9.10（a）、（b），其焊缝位置更合理。

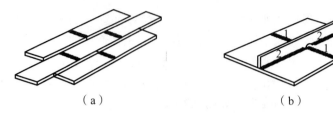

（a）   （b）

图 9.9　避免焊缝密集交叉的措施

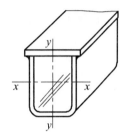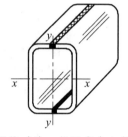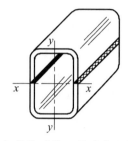

（a）焊缝不对称　　　（b）焊缝对称，但远离中心轴　　　（c）焊缝对称，且离中心轴较近

图 9.10　焊缝的对称布置

（2）采用反变形法。按测定的检验数据估计焊接变形方向和变形量，在装配时对构件反方向组装或施加一个大小相等方向相反的变形与焊接变形相抵消，使构件焊后保持设计要求。图 9.11 给出了两种典型的反变形措施。

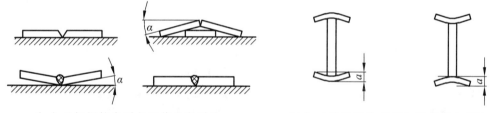

（a）平板焊接变形与反装反变形法　　　　（b）工字梁焊接变形与预弯反变形法

图 9.11　反变形法防止焊接变形示例

（3）刚性固定法。焊前对自身刚性不足的构件，采用强制措施或借助于刚性强的夹紧装置将焊件强行固定后施焊，起到限制和减小焊后变形程度的作用。如图 9.12 所示，用压铁压住焊缝两侧，防止薄板焊后出现波浪变形。在焊接法兰时，采用刚性固定可以有效减小法兰的角变形，使法兰保持平直（见图 9.13）。该方法增加了结构在焊接时的刚度，从而减小了焊接变形，但会产生较大的焊接应力，故只适用于塑性较好的低碳钢薄板结构，对淬硬性较大的钢材不能使用，以免焊后断裂。

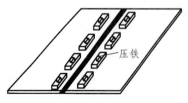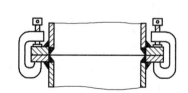

图 9.12　采用压铁固定焊薄板　　　　　　　图 9.13　刚性固定法焊接法兰

（4）合理安排焊接顺序。如果是对称焊缝或工件对称两侧都有焊缝，在选择焊接顺序时应设法使两侧焊缝的收缩能相互抵消或减弱，常采用对称焊（见图 9.14）、分段倒退焊（见图 9.15）或多层多道焊都能减小焊接变形。图 9.16 为厚大件 X 形坡口的多层焊接工艺，图中数字表示焊层顺序。为减少大件的翻转，常采用焊两层翻转一次的方法。操作中要注意须等前一层焊缝金属冷却到 60 ℃ 左右时才能焊后一层。

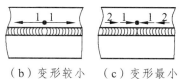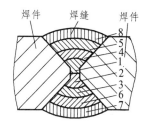

（a）变形最大　（b）变形较小　（c）变形最小

图 9.14　对称焊　　　图 9.15　长直焊缝的分段倒退焊方法示意图　　　图 9.16　厚大件 X 形坡口的
方法示意图　　　　　　　　　　　　　　　　　　　　　　　　　　　　　多层焊方法示意图

（5）焊前预热，焊后缓冷。焊前预热可减小各处的温度差，并使工件均匀地缓慢冷却，以减小焊接应力和变形。

（6）锤击焊缝法。在焊缝凝固后还处于高温时，锤击焊缝使金属伸长，能有效减小焊接应力和变形。

此外，在焊接的过程中也可以用预拉伸法、温差拉伸法、随焊激冷法、随焊碾压法等，使焊件在承载的状态下焊接，起到减小残余应力和变形的作用。

（7）焊后矫形处理。焊接完成之后，如果出现较大的焊接变形则需要进行变形校正处理。常用的矫形方法有机械矫形法和火焰加热矫形法。

① 机械矫形法：是利用压力机、碾压机或手工等方法，在机械外力的作用下，使构件产生与焊接变形方向相反的塑性变形来抵消焊接变形，使变形构件恢复到原形状和尺寸的方法（见图 9.17）。对塑性差的材料不宜采用机械矫形法。

② 火焰加热矫形法：是采用氧乙炔火焰在焊接件的适当部位加热，利用冷却收缩产生的新应力造成的新变形，来克服和抵消原变形的方法（见图 9.18）。火焰矫形可使工件的形状恢复，但应力并未消失。对易淬硬材料和脆性材料不宜采用火焰加热矫形法。

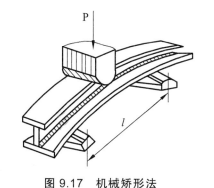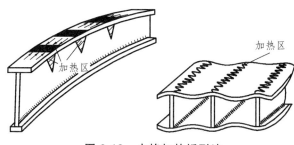

图 9.17　机械矫形法　　　　　　图 9.18　火焰加热矫形法

9.1.5 焊接缺陷及检验

9.1.5.1 焊接缺陷

焊接接头的不完整性称为焊接缺陷。焊接缺陷既可由工艺因素引起，也可由冶金因素引起。焊接缺陷主要有焊接裂纹、未焊透、未熔合、夹渣、气孔、咬边、烧穿和焊瘤等。焊接缺陷的存在减小了焊缝截面，产生应力集中，使构件承载能力和疲劳强度降低，易产生破裂甚至脆断，其中危害最大的是焊接裂纹和气孔。

1. 焊接裂纹

在焊接应力及其他致脆因素共同作用下，焊接接头中局部地区的金属原子结合力遭到破坏而形成新的界面，从而产生缝隙，该缝隙称为焊接裂纹。在使用过程中，裂纹会扩大，甚至使结构突然断裂，因而，裂纹是焊接接头中最危险的缺陷。

焊接裂纹按产生的温度不同分为热裂纹和冷裂纹两大类。

（1）热裂纹。热裂纹是高温（固相线附近）下在焊缝和热影响区中产生的一种裂纹，如图 9.19（a）所示。

热裂纹的微观特征是沿晶界开裂，表面有氧化色泽，裂口宽度为 0.05 ~ 0.5 mm，裂纹末端略呈圆形。当钢中杂质（如硫、磷等）较多时，易形成低熔点共晶体，在拉应力作用下易形成热裂纹。最常见的热裂纹是沿焊缝中心分布的纵向裂纹。防止热裂纹常采取下列措施：① 限制钢材成分和焊接材料中低熔点杂质，如硫和磷。防止产生低熔点共晶物，导致热裂纹的产生。一般认为，碳含量控制在 0.1%以下，热裂纹敏感性就会大大降低。② 调整焊缝化学成分，细化晶粒，提高塑性，减少偏析。采用向焊缝中加入 Mo、V、Ti、Nb、Zr、Al 及稀土元素等合金元素，以改变结晶组织的形态，细化晶粒，从而提高焊缝的抗裂性能。③ 限制熔合比。对于一些易于向焊缝转移某些有害杂质的母材，焊接时必须尽量减小熔合比，如开大坡口、减小熔深或堆焊隔离层等来减少母材的熔入量。④ 采用减小焊接应力的工艺措施。如采用小线能量、焊前预热、合理的焊缝布置、施焊时填满弧坑等。

（2）冷裂纹。对钢来说，冷裂纹一般是在 M_s 点以下较低温度区间产生的裂纹，主要发生在易淬硬钢的热影响区，个别情况下也出现在焊缝中，如图 9.19（b）所示。

冷裂纹的特征是无分支，通常为穿晶型，其表面无氧化色，裂口宽度为 0.001 ~ 0.01 mm。冷裂纹通常是由焊接应力和氢共同作用于淬硬组织而产生的。最主要、最常见的冷裂纹是延迟裂纹，即在焊后延迟一段时间才发生的裂纹。防止冷裂纹常采取下列措施：① 改进母材

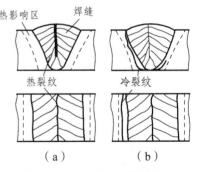

图 9.19　焊接接头的裂纹

的化学成分。如降低碳含量，加入合金元素提高材料的强度和韧性；严格控制硫、磷、氧和氮等元素的含量。② 严格控制氢的来源。焊前认真清理焊丝、钢板焊口附近的铁锈和油污。仔细烘干焊条、焊剂。③ 适当提高焊缝韧性。如在焊缝金属中适当加入 Ti、Nb、Mo、V 及稀土等微量元素可以提高焊缝韧性，降低焊接接头的延迟裂纹敏感性。此外，采用奥氏体钢焊条

焊接某些淬硬倾向较大的中、低合金高强度钢，也能很好地避免延迟裂纹的产生。④ 采用合理的工艺措施，如正确选择预热温度、严格控制焊接热输入、进行焊后热处理、采用多层焊接、合理安排焊缝及焊接次序等。

2. 气 孔

焊接时，熔池中的气泡在结晶时未能逸出而残留下来所形成的孔洞类缺陷称为气孔。焊缝中常见的气孔有氢气孔、CO 气孔及氮气孔，其形状有球形、条虫形等。气孔的存在，不仅减小了焊缝的有效承载面积，而且会形成应力集中，使得焊缝的强度、韧性、疲劳强度下降，有时气孔还会成为裂纹源。因此，气孔的防止是焊接中一个十分重要的问题。防止气孔的措施主要有：焊条、焊剂要烘干；焊丝和坡口及两侧母材要清除锈、油和水；焊接时采用短弧焊接（尤其是碱性焊条），控制焊接速度、使熔池中气体逸出等。

3. 焊缝的其他缺陷

由于焊接操作不当，焊缝中还会出现夹渣、咬边、焊瘤和未焊透等缺陷，其特征及产生的原因如表 9.2 所示。无论是哪一种焊接缺陷，都会对焊缝的性能造成不利影响，因此，应该在分析其产生的具体原因后，尽量避免。

表 9.2　焊缝的其他缺陷及产生原因

缺陷名称	示意图	特　征	产生原因
夹　渣		焊后残留在焊缝中的非金属夹杂物	焊道间的熔渣未清理干净；焊接电流太小、焊接速度太快；操作不当
咬　边		在焊缝和母材的交界处产生的沟槽和凹陷	焊条角度和摆动不正确；焊接电流太大、电弧过长
焊　瘤		焊接时,熔化金属流淌到焊缝区之外的母材上所形成的金属瘤	焊接电流太大、电弧过长、焊接速度太慢；焊接位置和运条不当
未焊透		焊接接头的根部未完全熔透	焊接电流太小、焊接速度太快；坡口角度太小、间隙过窄、钝边太厚

9.1.5.2　焊接检验

焊接检验是焊接结构生产中必不可少的环节。通过对焊接质量的检验和分析缺陷产生的原因，以便采取有效措施，防止焊接缺陷，保证焊接质量。通常焊接质量检验包括焊前检验、焊接过程中的检验、焊后成品的检验 3 部分。

焊前和焊接过程中，对影响质量的因素进行检查，以便防止和减少缺陷。

成品检验是在全部焊接工作完毕后进行。常用的方法有外观检验和焊缝内部检验。

外观检验是用肉眼或低倍（小于 20 倍）放大镜及标准焊板、量规等工具，检查焊缝尺寸的偏差和表面是否有缺陷，如咬边、烧穿、气孔、未焊透和裂纹等。

焊缝内部检验是用专门的仪器检查焊缝内部是否有气孔、夹渣、裂纹、未焊透等缺陷。

常用的方法有 X 射线、γ 射线、超声波、渗透探伤等。对于要求密封和承受压力的容器或管道，还应进行焊缝的致密检验。

9.2 常用的焊接方法

9.2.1 熔 焊

熔焊是在不施加压力的情况下，将待焊处的母材加热熔化以形成焊缝的焊接方法。根据使用焊接热源的不同又可分为电弧焊、气焊、电渣焊、等离子弧焊、电子束焊和激光焊等，其中主要以电弧熔焊应用最为广泛。

9.2.1.1 焊条电弧焊

焊条电弧焊又称手工电弧焊，是利用手工操纵电焊条进行焊接的电弧焊方法，是熔化焊中最基本的焊接方法。焊条电弧焊的设备简单，制造容易，成本低。它可在室内、室外、高空和各种位置施焊，操纵灵活，且焊接质量较好，能焊接各种金属材料，因而应用广泛。

焊条电弧焊的焊接过程如图 9.2 所示。电弧在焊条与工件（母材）之间燃烧，在电弧的高温作用下工件与焊条同时熔化成为熔池。电弧热还使焊条的药皮熔化及燃烧。药皮熔化后和熔池金属发生物理化学反应，所形成的熔渣不断从熔池中向上浮起覆盖在熔池表面；药皮燃烧产生大量的 CO_2 气流围绕在电弧周围，熔渣和气流可阻止空气中氧、氮的侵入，起保护熔池的作用。当电弧向前移动时，熔池前方的金属和焊条不断熔化形成新的熔池，熔池尾部金属不断地冷却结晶形成连续焊缝。覆盖在表面的熔渣也逐渐凝固成为固态渣壳，起到保护焊缝和减缓焊缝冷却速度的作用。焊后用清渣锤敲去渣壳，即可露出表面呈鱼鳞纹状的焊缝金属。

1. 焊接电弧

焊接电弧是在具有一定电压的电极与工件之间的气体介质中产生强烈而持久的放电现象，即在局部气体介质中有大量电子（或离子）流通的导电现象。焊条电弧焊的一个电极是焊条，另一个电极是工件。焊接电弧由阴极区、阳极区、弧柱区 3 部分组成，如图 9.20 所示。当电弧引燃后，弧柱中充满了高温电离气体，并放出大量的热能和强烈的弧光。电流越大，电弧产生的总热量越多。在焊接电弧中，电弧热量在阳极区产生的较多，约占总热量的 42%；阴极区因放出大量电子需消耗一定能量，所以产生的热量就较少，约占 38%；其余的 20%左右是在弧柱中产生的。焊条电弧焊只有 65% ~ 80%的热量用于加热和熔化金属，其余热量则散失在电弧周围和飞溅的金属液滴中。当电弧两极均为低碳钢时，阳极区温度约为 2 600 K；阴极区温度约为 2 400 K；弧柱区中心温度最高，可达 6 000 ~ 8 000 K。

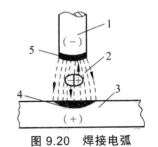

图 9.20 焊接电弧

1—焊条；2—弧柱；3—焊件；
4—阳极区；5—阴极区

2. 焊条电弧焊的方法

（1）直流手弧焊。

由于电弧产生的热量在阳极和阴极上有一定的差异，因此在使用直流电焊机焊接时，有正接和反接两种方法，如图 9.21 所示。

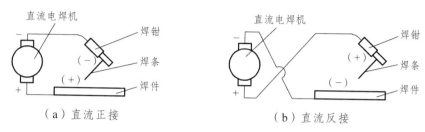

图 9.21　焊接电极连接方法

① 直流正接法。如图 9.21（a）所示，焊件接电源的正极，焊条接负极。这种接法阳极区在焊件上，焊件获得较高温度，故可获得较大的熔深，适用于较厚板的焊接。

② 直流反接法。如图 9.21（b）所示，焊件接电源的负极，焊条接正极。这种方法阳极区在焊条上，焊条熔化速度快，故适用于薄板的快速焊接及碱性焊条的焊接。

（2）交流手弧焊。

当采用交流电焊机焊接时，因为电流的极性通常每秒变换 100 次，所以两极加热温度基本一样，都在 2 500 K 左右。交流电焊机主要用于酸性焊条的焊接。

3. 焊　条

（1）焊条的组成及作用。

焊条是指由一定长度的金属丝（称为焊芯）和外表涂有特殊作用的涂层（称为药皮）所构成的焊接材料，主要用于焊条电弧焊，其结构如图 9.22 所示。

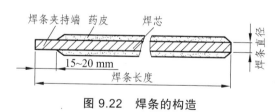

图 9.22　焊条的构造

① 焊芯。焊芯是由专门冶炼的焊条钢经扎制和拉拔而成的实心金属棒，其主要作用是作为电极和填充金属。常用结构钢焊条的含碳量较低。表 9.3 给出了常用的几种焊芯的牌号及成分。牌号中字母"H"表示焊芯；"H"之后的两位数字表示含碳的质量分数为万分之几，元素符号后面的数字表示含该元素质量分数为百分之几，最后的字母 A 表示高级优质钢，E 表示特级优质钢。如"H08"表示含碳的平均质量分数为 0.08% 的优质钢焊芯。焊芯的直径和长度分别为焊条的直径和长度。常用的焊条直径有 $\phi 2.0$ mm、$\phi 2.5$ mm、$\phi 3.2$ mm、$\phi 4.0$ mm、$\phi 5.0$ mm 等，焊条长度为 250 ~ 450 mm。

表 9.3　低碳钢焊芯的牌号及化学成分

牌号	化学成分的质量分数/%							用途
	C	Mn	Si	Cr	Ni	S	P	
H08	≤0.10	0.35~0.55	≤0.03	≤0.20	≤0.30	≤0.04	≤0.04	一般焊接结构
H08	≤0.10	0.35~0.55	≤0.03	≤0.20	≤0.30	≤0.03	≤0.03	重要焊接结构
H08MnA	≤0.10	0.80~1.10	≤0.07	≤0.20	≤0.30	≤0.025	≤0.03	埋弧自动焊焊丝

② 焊条药皮。焊条药皮是由氧化物、碳酸盐、硅酸盐、有机物、氟化物、金属和铁合金等多种材料混合而成的涂层。各组成材料按其功能可分为稳弧剂、造气剂、造渣剂、脱氧剂、合金剂、黏结剂等。各种原材料粉末按一定比例配成涂料，压涂在焊芯上即成为药皮。表 9.4为结构钢焊条药皮配方示例。

表 9.4　结构钢焊条药皮配方示例

焊条型号	人造金刚石	钛白粉	大理石	萤石	长石	菱苦土	白泥	钛铁	45硅铁	硅锰合金	纯碱	云母
E4303	30%	8%	12.4%	—	8.6%	7%	14%	12%	—	—	—	7%
E5015	5%	—	45%	25%	—	—	—	13%	3%	7.5%	1%	2%

焊条药皮的作用主要表现在 3 个方面：

a. 提高电弧燃烧的稳定性，改善焊接工艺。药皮中的稳弧剂具有易于引弧和稳定电弧燃烧的作用，减少金属飞溅，便于保证焊接质量，并使焊缝成形美观。

b. 机械保护作用。药皮熔化后产生气体和熔渣，隔绝空气，保护熔滴和熔池金属。

c. 冶金处理作用。药皮里有铁合金等，能脱氧、去硫、渗合金。碱性焊条的药皮中含有较多的萤石（CaF_2），氟能与氢结合成稳定气体 HF，防止氢进入熔池，产生氢脆现象。

（2）焊条的分类、型号和牌号。

① 焊条分类。我国的焊条按用途分为 10 类，按化学成分分为 7 类，表 9.5 列出了两种分类的对应关系。其中，应用最多的是碳钢焊条和低合金钢焊条。

表 9.5　两种焊条分类的对应关系

焊条按用途分类（行业标准）			焊条按成分分类（国家标准）		
类别	名　称	代号	国家标准编号	名　称	代号
一	结构钢焊条	J（结）	GB/T 5117—95	碳钢焊条	E
二	钼和铬钼耐热钢焊条	R（热）	GB/T 5118—95	低合金钢焊条	
三	低温钢焊条	W（温）			
四	不锈钢焊条	G（铬）、A（奥）	GB 984—95	不锈钢焊条	
五	堆焊焊条	D（堆）	GB 984—95	堆焊焊条	ED
六	铸铁焊条	Z（铸）	GB 10044—88	铸铁焊条	EZ
七	镍及镍合金焊条	Ni（镍）	—	—	—
八	铜及铜合金焊条	T（铜）	GB 3670—95	铜及铜合金焊条	TCu
九	铝及铝合金焊条	L（铝）	GB 3669—83	铝及铝合金焊条	TAl
十	特殊用途焊条	TS（特）	—	—	—

焊条按药皮熔渣性质可分为酸性焊条与碱性焊条两大类。药皮熔渣中酸性氧化物（如 SiO_2、TiO_2、Fe_2O_3 等）比碱性氧化物（如 CaO、$CaCO_3$、CaF_2、K_2O 等）多的焊条为酸性焊条。而碱性氧化物比酸性氧化物多的焊条为碱性焊条。酸性焊条和碱性焊条的焊接工艺特性对比如表 9.6 所示。

表 9.6　酸性焊条和碱性焊条的焊接工艺特性对比

酸性焊条	碱性焊条
① 对水、铁锈的敏感性不大，使用前经 $100\sim150$ ℃烘焙 1 h	① 对水、铁锈的敏感性较大，使用前经 $300\sim350$ ℃烘焙 $1\sim2$ h
② 电弧稳定，可用交流或直流施焊	② 须直流反接施焊
③ 焊接电流较大	③ 同规格酸性焊条约小 10%
④ 可长弧操作	④ 须短弧操作，否则易起气孔
⑤ 合金元素过渡效果差	⑤ 合金元素过渡效果好
⑥ 熔深较浅，焊缝成形较好	⑥ 熔深稍深，焊缝成形一般
⑦ 熔渣呈玻璃状，脱渣较方便	⑦ 熔渣呈结晶状，脱渣不及酸性焊条
⑧ 焊缝的常、低温冲击韧度一般	⑧ 焊缝的常、低温冲击韧度较高
⑨ 焊缝的抗裂性较差	⑨ 焊缝的抗裂性好
⑩ 焊缝的含氢量较高，影响塑性	⑩ 焊缝的含氢量低
⑪ 焊接时烟尘较少	⑪ 焊接时烟尘稍多

由表中内容可以看出酸性焊条的焊接工艺性好，因而应用较为广泛。碱性焊条虽然焊接工艺性不好，但焊缝的力学性能好，尤其是抗裂性能好。所以碱性焊条多用于重要结构的焊接，如压力容器、锅炉及重要的合金结构钢的焊接。

② 焊条型号。焊条型号是由国家标准规定的焊条代号。碳钢焊条的型号通式为"E×××"。首位字母"E"表示焊条；E 后的前两位数字"××"表示熔敷金属的最低抗拉强度值（$\times 10$ MPa）；第 3 位数字表示焊条适用的焊接位置（其中 0 或 1 表示全位置焊接，2 表示平焊和平角焊，4 表示向下立焊）；第 3 位数字与第 4 位数字组合时表示药皮类型和焊接电源的种类，如"03"表示药皮为钛钙型，电源用交流或直流；"15"表示药皮为低氢钠型，电源用直流反接；"16"表示药皮为低氢钾型，电源用交流或直流反接。

③ 焊条牌号。焊条牌号是指我国焊条行业统一的焊条代号。焊条牌号一般用一个大写拼音字母和 3 个数字×××表示。拼音字母表示焊条的大类，如"J"代表结构钢焊条，"A"代表奥氏体钢焊条，"Z"代表铸铁焊条；字母后的前两位数字表示熔敷金属的最小抗拉强度值（$\times 10$ MPa），如 J422 中的 42 表示熔敷金属的最低抗拉强度为 420 MPa，相应还有 50、55、60、70、75、85 等；最后一位数字表示药皮类型和适用的电流种类，如表 9.7 所示。焊条牌号与相应的焊条型号相对应，如 J422 与 E4303 对应，J507 与 E5015 对应，J506 与 E5016 对应。

表 9.7　结构钢焊条药皮类型及电源种类编号

编号	药皮类型	备注	电源种类	编号	药皮类型	备注	电源种类
0	不规定		—	5	纤维素型	酸性	交直流
1	氧化钛型	酸性	交直流	6	低氢钾型	碱性	交流/直流反接
2	氧化钛钙型		交直流	7	低氢钠型		直流反接
3	钛铁矿型		交直流	8	石墨型		交直流
4	氧化铁型		交直流	9	盐基型		直流反接

（3）焊条的选用原则。

各种类型的焊条均有一定的特性和用途，即使同一类别的焊条也会因药皮类型不同而在使用特性方面表现出差异。因此，从实际工程条件出发，正确选用焊条是完成焊接加工的重要环节。焊条的选择应考虑下列原则：

① 考虑母材的力学性能和化学成分。焊接低碳钢和低合金结构钢时，应根据焊接件的抗拉强度选择相应强度等级的焊条，即等强度原则；焊接耐热钢、不锈钢等材料时，则应选择与焊接件化学成分相同或相近的焊条，即等成分原则。

② 考虑结构的使用条件和特点。承受冲击力较大或在低温条件下工作的结构件、复杂结构件、厚大或刚性大的结构件多选用抗裂性好的碱性焊条；如果构件受冲击力较小，构件结构简单，母材质量较好，应尽量选用工艺性能好、较经济的酸性焊条。

③ 考虑焊条的工艺性。对于狭小、不通风的场合，以及焊前清理困难且容易产生气孔的焊接件，应当选择酸性焊条；如果母材中含碳、硫、磷量较高，则应选择抗裂性较好的碱性焊条。

④ 选用与施焊现场条件相适应的焊条。如对无直流焊机的地方，应选用交直流电源的焊条。

（4）焊条电弧焊的焊接参数。

焊条电弧焊的焊接参数主要包括焊条直径、焊接电流、电弧电压、焊接速度等物理量。在手工电弧焊的过程中，首先要确定焊条的种类和直径，然后确定电流范围。焊接速度和电弧电压都是由焊工控制的。

焊条直径是根据焊件厚度、焊接位置、接头形式、焊接层数等进行选择的。根据工件厚度选择时，可参考表 9.8。对于重要结构应根据规定的焊接电流范围（根据热输入确定）参照表 9.9 来决定焊条直径。

表 9.8　焊条直径与焊件厚度的关系

焊件厚度/mm	2	3	4～5	6～12	>13
焊条直径/mm	2	3.2	3.2～4	4～5	4～6

表 9.9　各种直径焊条使用的电流参考值

焊条直径/mm	1.6	2.0	2.5	3.2	4.0	5.0	5.8
焊接电流/A	25～40	40～60	50～80	100～130	160～210	200～270	260～300

厚度较大的焊件，搭接和 T 形接头的焊缝应选用直径较大的焊条。对于小坡口焊件，为了保证根部的熔透，宜采用较小直径的焊条，如打底焊时一般选用 $\phi2.5$ mm 或 $\phi3.2$ mm 的焊条。不同的焊接位置，选用的焊条直径也不同，通常平焊时选用较粗的 $\phi4.0 \sim 6.0$ mm 的焊条，立焊和仰焊时选用 $\phi3.2 \sim 4.0$ mm 的焊条；横焊时选用 $\phi3.2 \sim 5.0$ mm 的焊条。对于特殊钢材，需要小工艺参数焊接时可选用小直径焊条。

9.2.1.2 气体保护焊

气体保护焊是利用外加气体对电弧区进行保护的一种电弧焊工艺。按操作方法可分为手工、半自动（自动送进焊丝，手工焊接）和自动（自动送进焊丝，自动焊接）气体保护焊。常用的保护气体有惰性气体（氩气）、活性气体（二氧化碳）等。

1. 氩弧焊

氩弧焊是以氩气作为保护气体的电弧焊工艺。焊接时利用从喷嘴流出的氩气在电弧和熔池的周围形成连续封闭的气流，保护电极、熔滴和熔池不被氧化，避免空气对液态金属的有害影响。

氩气是惰性气体，可保护电极和熔化金属不受空气的侵害，甚至在高温下，氩气也不同金属发生化学反应，也不溶于液态金属，因此，氩气是一种比较理想的保护气体。

（1）氩弧焊的分类。

氩弧焊按照电极材料的不同分为熔化极氩弧焊和不熔化极氩弧焊两种。

① 熔化极氩弧焊，又称 MIG 焊，是采用连续送进的焊丝作为电极，在气流的保护下，依靠焊丝与工件之间产生的电弧熔化工件及焊丝进行焊接，如图 9.23（a）所示。可采用较大的电流，熔深大，生产效率高，适用于焊接 $8 \sim 25$ mm 的中、厚板。焊接过程可采用自动或半自动方式，为了使电弧稳定，通常采用直流反接，这对于焊铝合金工件有"阴极破碎"的作用，可清除表面致密氧化皮。

② 不熔化极氩弧焊，又称钨极氩弧焊或 TIG 焊，是采用高熔点的钍钨或铈钨合金棒作为电极，在氩气流的保护下，依靠不熔化的钨棒与工件之间产生的电弧熔化工件及填充焊丝进行焊接，如图 9.23（b）所示。焊接时钨极不熔化，只起导电和产生电弧的作用，如果钨极作为阳极，发热量大，易烧损钨极，因此钨极氩弧焊一般只采用直流正接。因钨电极所能通过的电流有限，所以只适用于焊接厚度 6 mm 以下的工件。

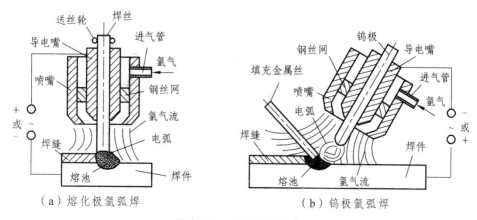

（a）熔化极氩弧焊　　　　　　（b）钨极氩弧焊

图 9.23　氩弧焊示意图

（2）氩弧焊的特点及其应用。

氩弧焊的特点：① 氩气的保护效果好，电弧稳定，飞溅小，焊缝致密，表面没有熔渣，所以氩弧焊焊缝品质好，成形美观；② 电弧热量集中，熔池较小，所以焊接速度快，热影响区较窄，工件焊后变形小；③ 明弧可见，便于观察、操作，可进行全位置焊接，并且有利于焊接过程自动化；④ 氩气没有脱氧和去氧作用，所以对焊前必须对焊件彻底进行除油、去锈等准备工作；⑤ 氩弧焊设备较复杂，氩气价格高，焊接成本较高。

氩弧焊主要用于焊接易氧化的非铁金属（如铝、镁、铜、钛及合金）和稀有金属，以及高强度合金钢、不锈钢、耐热钢等。

2. CO_2 气体保护焊

CO_2 气体保护焊是以 CO_2 为保护气体，以焊丝为电极的电弧焊工艺，如图 9.24 所示。利用工件与电极（焊丝）之间产生的电弧熔化工件与焊丝实现自动或半自动方式焊接。

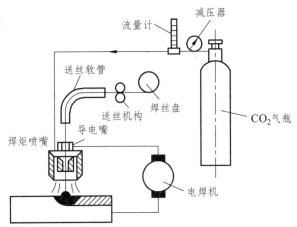

图 9.24　二氧化碳气体保护焊示意图

CO_2 气体在电弧的高温作用下易分解为 CO 和 O_2，导致合金元素的氧化、熔池金属的飞溅和 CO 气孔。CO_2 气体保护焊常采用含硅、锰、钛、铝的焊丝，如 H08Mn2SiA 焊丝进行脱氧和合金化；为了稳定电弧，减少飞溅，CO_2 气体保护焊通常采用直流反接。

CO_2 气体保护焊的特点：

① 生产效率高。CO_2 气体保护焊的电流密度大、熔深大，具有焊丝自动送进、焊接速度快、焊后没有熔渣等优点，CO_2 气体保护焊的生产效率高（比手工电弧焊提高 1～3 倍）。

② 焊缝质量较好。CO_2 气体密度大，能很好地隔离焊接区域的空气，焊丝中锰含量高，所以焊缝氢含量低，脱硫、脱氧作用好，接头抗裂性好。电弧在气流压缩下燃烧，热量集中，焊接热影响区及变形都较小。

③ 生产成本低。CO_2 气体价格低廉，来源广，因此 CO_2 气体保护焊的成本较低（仅为手工电弧焊和埋弧焊的 40% 左右）。

④ 可操作性好。CO_2 气体保护焊是明弧操作，易于实现全位置自动和半自动焊接。

⑤ 飞溅大，焊缝成形不美观。由于 CO_2 的氧化性，易使合金元素氧化烧损，并且导致熔滴飞溅严重，焊缝成形不光滑。另外，焊接烟雾较大，弧光强烈，操作不当易产生气孔。

CO_2 气体保护焊广泛应用于造船、机车车辆、汽车、工程机械等工业部门，主要用于厚度在 30 mm 以下的黑色金属（低碳钢和部分低合金结构钢）构件的焊接。

9.2.1.3 埋弧焊

埋弧焊是一种电弧在焊剂层下燃烧并进行焊接的电弧焊工艺。焊接时，电弧的引燃、焊丝的送进和电弧的移动，都是由设备自动完成的，因此也叫埋弧自动焊，简称埋弧焊。

1. 埋弧焊焊接过程

埋弧焊设备主要由弧焊电源、控制箱和焊接小车 3 部分组成，图 9.25 为焊接工作情况示意图，图 9.26 为焊缝纵截面图。焊接时，焊接电源两极分别接在导电嘴和焊件上。颗粒状焊剂由漏斗流出后均匀覆盖在被焊部位上，厚度为 30 ~ 50 mm。由送丝电机驱动的送丝滚轮把焊丝盘上的焊丝经导电嘴向下送进。当焊丝末端与焊件之间引燃电弧并保持一定的弧长后，电弧热使焊丝、焊件和焊剂都熔化，形成金属熔池和熔渣。液态熔渣覆盖在熔池表面，有效阻止了空气对熔池和熔滴的入侵，同时防止金属熔滴向外飞溅，减少热量损失，加大熔深。随着焊接小车自动向前均匀移动，焊丝连续不断送进，新的熔池和熔渣不断形成，原先的熔池及覆盖其上的熔渣冷凝成焊缝及渣壳。熔渣除了对熔池和焊缝金属起到机械保护作用外，焊接过程中还与熔化金属发生冶金反应，从而影响焊缝金属的化学成分和力学性能。焊后未熔化的大部分焊剂则回收后重新使用。

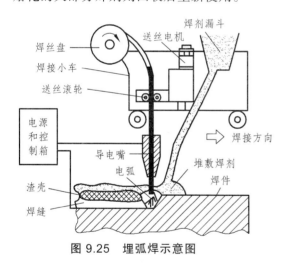

图 9.25　埋弧焊示意图

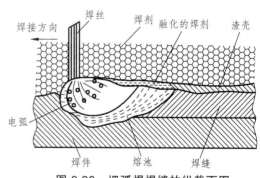

图 9.26　埋弧焊焊缝的纵截面图

2. 埋弧焊的特点及应用

① 生产效率高。埋弧焊所用焊接电流大（可达 1 000 A 以上），因此熔深大，焊接速度快，焊丝连续进给，节省了焊接辅助时间。焊剂和熔渣具有隔热作用，电弧的熔透能力和焊丝的熔敷速度都大大提高。

② 焊接质量好。熔渣的保护效果好，同时焊剂还可向焊缝过渡合金元素，提高焊缝金属的力学性能；尤其自动焊焊缝成形好，焊缝质量高。

③ 节省焊接材料。对中、厚板埋弧焊可不开坡口，一次焊透，这样既降低了焊接材料的消耗，同时多余焊剂可回收使用。

④ 劳动条件好。埋弧焊的非明弧操作和机械控制方式减轻了体力劳动,避免了弧光辐射,减少了烟尘。

⑤ 埋弧焊采用颗粒状焊剂进行保护,一般只适用于平焊和角焊、长直焊缝和大直径环缝,不适于薄板和曲线焊缝的焊接。

埋弧焊是焊接生产中应用较普遍的工艺方法。由于埋弧焊具有上述特点,因而适用于中、厚板长焊缝的焊接。在造船、锅炉与压力容器、化工、桥梁、起重机械、铁道车辆、工程机械、冶金机械、海洋结构、核电设备等制造中有着广泛的应用。

3. 埋弧焊的焊接工艺要点

（1）焊前准备。

板厚小于 14 mm 时,可以不开坡口；板厚为 14～22 mm 时,为了能焊透,应开 Y 形坡口；板厚为 22～50 mm 时,可开双 Y 形或双 U 形坡口,采用双面焊。埋弧焊的接头形式主要是平板对接和环焊缝对接,如图 9.27、图 9.28 所示。

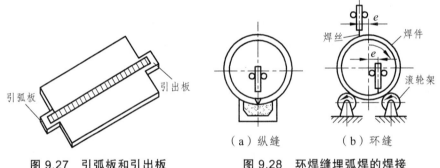

图 9.27　引弧板和引出板　　　　图 9.28　环焊缝埋弧焊的焊接

焊直焊缝时,焊缝间隙要均匀平直,而且应安装引弧板和引出板,以防止起弧和熄弧时在焊缝中产生的气孔、夹杂、缩孔、缩松等缺陷。

焊接环焊缝时,焊丝起弧点应与环的中心线偏离一距离 e（一般取 $e = 20～40$ mm）,以防止熔池金属的流淌。同时要配备滚轮架,使工件在焊接的过程中匀速旋转。直径小于 250 mm 的环缝一般不采用埋弧自动焊。

焊接 T 形接头或搭接接头的角焊缝时,需采用船形焊和平角焊两种方法,如图 9.29、图 9.30 所示。平角焊时焊丝的倾角 $\alpha = 20°～30°$。

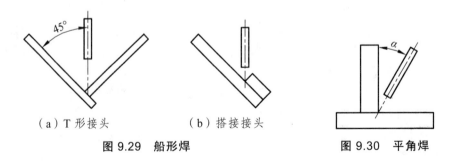

（a）T 形接头　　　（b）搭接接头　　　　　　　　　　　

图 9.29　船形焊　　　　　　　　　图 9.30　平角焊

294

（2）平板对接焊。

平板对接焊一般采用双面焊，可不留间隙直接进行双面焊接。为了防止焊件烧穿和保证焊缝成形，常采用焊剂垫、垫板，或手弧焊封底。为了提高生产效率，也可采用水冷铜成形底板进行单面焊双面成形，如图 9.31 所示。

    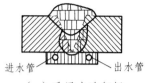

（a）双面焊　　　（b）打底焊　　　（c）采用钢垫板　　　（d）采用锁底坡口　　　（e）采用水冷铜板

图 9.31　焊剂垫和垫板

（3）焊丝和焊剂的选择。

焊丝的作用相当于电焊条的焊芯，焊剂的作用相当于焊条药皮。埋弧焊时，焊剂能隔离空气，使焊缝金属不受空气的侵害，同时对焊缝金属起类似于焊条药皮的一系列冶金作用。焊剂按制造方法可分为熔炼焊剂与陶质焊剂两大类。各种焊剂应与一定的焊丝配合使用才能获得优质焊缝。常用焊剂的牌号、配用焊丝及用途如表 9.10 所示。

表 9.10　常用焊剂的牌号、配用焊丝及用途

焊剂牌号	焊剂类型	配用焊丝	用　途
焊剂 130（HJ130）	无锰高硅低氟	H10Mn2	低碳钢及低合金结构钢，如 Q345（即 16Mn）等
焊剂 230（HJ230）	低锰高硅低氟	H08MnA、H10Mn2	低碳钢及低合金结构钢
焊剂 250（HJ250）	低锰中硅中氟	H08MnMoA、H08Mn2MoA	焊接 15MnV、14MnMoV、18MnMoNb 等
焊剂 260（HJ260）	低锰高硅中氟	Cr19Ni9	焊接不锈钢及轧辊堆焊
焊剂 330（HJ330）	中锰高硅低氟	H08MnA、H08Mn2	重要低碳钢及低合金钢，如 Q245R、16Mn 等
焊剂 350（H350）	中锰中硅中氟	H08MnMoA、H08MnSi	焊接含 Mn、Mo 及 Mn、Si 的低合金高强度钢
焊剂 431（HJ431）	高锰高硅低氟	H08A、H08MnA	低碳钢及低合金结构钢

9.2.1.4　电渣焊

电渣焊是利用电流通过液态熔渣所产生的电阻热进行焊接的一种熔焊方法。

1. 电渣焊的焊接过程

如图 9.32 所示，电渣焊焊接接头处于垂直位置，两侧装有冷却成形装置，在焊接的起始端和结束端装有引弧板和引出板。焊接时，先将颗粒状焊剂装入接头空间至一定高度，然后焊丝在引弧板上引燃电弧，将焊剂熔化形成渣池。当渣池达到一定深度时，电弧被淹没而熄灭，电流通过渣池产生电阻热，进入电渣焊过程，渣池温度可达 1 700～2 000 ℃，可将焊丝和焊件边缘迅速熔化形成熔池。随着熔池液面的升高，冷却滑块也向上移动，渣池则始终浮在熔池

上面作为加热的前导，熔池底部结晶，形成焊缝。

2. 电渣焊的特点

在电渣焊的焊接过程中，除开始阶段有一电弧过程外，其余均为稳定的电渣过程，与埋弧焊有本质区别。

（1）任何厚度的焊件都能一次焊成，因而在焊接厚大工件时，生产效率高，成本低。

（2）熔池保护严密，冷却缓慢，因此冶金过程完善，气体和熔渣能充分浮出，不易产生气孔、夹渣等缺陷，焊缝质量好。

（3）由于焊接熔池大，加热和冷却缓慢，在焊缝及热影响区容易过热形成粗大晶粒，因此焊后要采用正火处理消除接头中的粗晶组织。

（4）电渣焊只适于厚板和立焊（或近似立焊）位置焊接，焊缝也不宜过长。

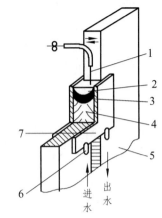

图 9.32　电渣焊示意图

1—焊丝；2—渣池；3—熔池；4—焊缝；
5—焊件；6—冷却水管；7—冷却滑块

3. 电渣焊的分类及应用

根据使用电极形状的不同电渣焊可分为丝极电渣焊、板极电渣焊、熔嘴电渣焊和管极电渣焊等。

丝极电渣焊是最常用的电渣焊方法，它采用焊丝作为电极，根据焊件厚度的不同，可采用一根或多根焊丝。丝极电渣焊主要用于焊接厚度为 40~450 mm 的焊件及较长焊缝的焊件，也可用于大型焊件的环焊缝。

板极电渣焊如图 9.33 所示，它是用一条或数条金属板（可利用焊件的边角余料）作为熔化电极，成本低，生产效率高，送进机构简单，但要求电源功率大；焊缝长度一般不能超过 1.5 m，否则过长的板极会给操作带来困难。这种方法适用于焊接大断面短焊缝。板极电渣焊主要用于重型机械制造业，制造锻-焊结构和铸-焊结构件，如重型机床的机座、高压锅炉等，焊件厚度一般为 40~450 mm，材料为碳钢、低合金钢、不锈钢等。

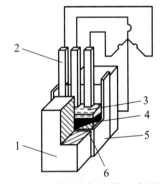

图 9.33　板极电渣焊示意图

1—焊件；2—板极；3—渣池；4—熔池；
5—冷却滑块；6—焊缝

9.2.1.5　等离子弧焊

利用等离子弧作为热源进行焊接的方法称为等离子弧焊。

1. 等离子弧

焊接电弧可分为两类：自由电弧和等离子弧。自由电弧是未受到外界约束的电弧，如前所述的几种电弧都属于自由电弧。等离子弧是由普通电弧经过压缩、集中而获得的温度更高（15 000~30 000 K）、能量更集中　（能量密度可达 10^5~10^6 W/cm^2）的热源，因此又称压缩电弧。它可以将工件迅速加热到高温，热能利用率高于普通电弧。

2. 等离子弧焊的分类及应用

按电流大小，等离子弧焊可分为两类：

（1）大电流等离子弧焊，即通常所说的等离子弧焊，用于焊接厚度在 2.5 mm 以上的焊件。

（2）微束等离子弧焊，用小电流（通常小于 30 A）焊接厚度小于 2.5 mm 的薄板。

3. 等离子弧焊的特点

与电弧焊相比，等离子弧焊具有如下特点：

① 等离子弧焊能量密度大，弧柱温度高，穿透能力强，10～12 mm 厚的钢材可不开坡口，能一次焊透双面成形，焊接速度快，生产效率高，焊接变形小。

② 稳定性好，即可用大电流焊厚板，也可用小电流焊薄板，微束等离子弧焊特别适合焊接箔材和薄板。

③ 等离子弧焊设备比较复杂，气体耗量大，只宜于室内焊接。

9.2.1.6 气 焊

气焊是利用可燃气体在氧气中燃烧火焰作为热源，将母材熔化而实现连接的一种熔焊方法。常用可燃气乙炔（C_2H_2）和氧气（O_2）混合形成的氧-乙炔焰，燃烧温度可达 3 150 ℃。氧-乙炔焰燃烧时产生大量的 CO_2 和 CO 气体，包围着熔化的金属熔池，排开空气并使熔融的金属与空气中的氧气隔离，起到保护金属的作用。气焊如图 9.34 所示。

氧-乙炔火焰有 3 种，依次为：

① 中性焰。氧气与乙炔体积混合比为 1～1.2，乙炔充分燃烧，适合焊接碳钢和非铁合金。

② 碳性焰。氧气和乙炔体积混合比小于 1，乙炔过剩，适用于焊接高碳钢、铸铁和高速钢。

③ 氧化焰。氧气与乙炔体积混合比大于 1.2，氧气过剩，适用于黄铜和青铜的钎焊。

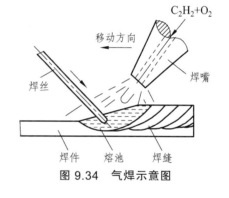

图 9.34 气焊示意图

与电弧焊相比，气焊设备简单轻便，不需要电源；火焰温度低，发热量小，火焰热量不集中，加热速度慢，致使受热区域宽，焊接热影响区宽，焊接变形大；保护效果差，焊接质量不易保证。目前，主要用于 0.5～3 mm 薄钢板、管道、铜及铜合金的焊接和铸铁的补焊。

9.2.1.7 激光焊

1. 激光焊的原理

激光焊是利用光学系统将激光聚焦成微小光斑，使其能量密度达 10^{13} W/cm²，从而使材料熔化焊接的工艺。图 9.35 为用于焊接和切割（大功率激光器）的激光焊接与切割机。工件安装在工作台上，激光器发出的连续激光束，经反射镜及聚焦系统聚焦后，射向焊缝完成焊接。

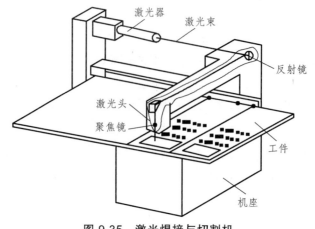

图 9.35 激光焊接与切割机

2. 激光焊的特点及应用

① 高能、高速,焊接热影响区小,无焊接变形。

② 灵活性大,光束可偏转、反射到其他焊接方法不能到达的焊接位置。

③ 生产效率高,材料不易氧化。

④ 设备复杂,应用不广泛。

激光焊分为脉冲激光焊和连续激光焊。脉冲激光焊主要用于微电子工业中的薄膜、丝、集成电路内引线和异材焊接。连续激光焊可焊接中等厚度的板材,焊缝很小。

9.2.1.8 真空电子束焊

1. 真空电子束焊的原理

真空电子束焊是利用在真空室内高速、聚焦的电子束轰击工件表面时由动能转变成热能作为焊接热源进行焊接的一种熔化焊方法。图 9.36 为真空电子束焊示意图。电子枪(包括灯丝、阴极、阳极等)、工件及夹具等全部装在真空室内焊接时,电子枪的阴极通电加热到高温,发射电子,在阴极表面形成一团密集的电子云,这些电子在强电场的作用下被加速,经电磁透镜聚焦成电子流束,电子流束以极大的速度轰击工件表面,使工件熔化而形成焊缝。

2. 真空电子束焊的特点及应用

① 在真空中焊接,因此焊缝金属纯度高。可以焊接化学性质活泼、纯度高和极易被大气污染的金属。

② 电子束能量密度大,熔深大,焊接热影响区小,因此焊接变形小,精度高。

③ 真空电子束焊的设备复杂,造价高,工件尺寸受真空室的限制。

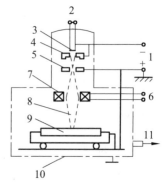

图 9.36 真空电子束焊接示意图

1—直流高压电源;2—交流电源;3—灯丝;4—阴极;
5—阳极;6—直流电源;7—电磁透镜;8—电子束;
9—工件;10—真空室;11—排气装置

④ 焊接时不需添加金属。但工件装配质量要求高，要求焊前接头要平整清洁，装配紧密不留间隙。

目前，真空电子束焊在原子能、航空航天技术等工业部门得到了广泛的应用，并已用于机械制造工业，如汽车双联齿轮中内齿圈和外齿圈的焊接。

9.2.2 压 焊

压焊是通过对焊件施加一定压力来实现焊接的方法。

施焊时，焊接区金属一般处于固相状态，依靠压力的作用（或伴随加热）产生塑性变形、再结晶和原子扩散而结合，压力对焊接接头的形成起主要作用。加热可以提高金属的塑性，显著降低压焊所需压力，同时增加原子的活动能力和扩散速度，促进焊接过程的进行。少数压焊方法在焊接过程中出现局部熔化现象。

9.2.2.1 电阻焊

电阻焊是将焊件组装好通过电极施加压力，并利用电流流经工件接触面及邻近区域产生的电阻热进行焊接的方法。

当电流从两电极流过焊件时（见图 9.37），焊件因具有较大的接触电阻而集中产生电阻热，根据焦耳定律，电阻放出的热量为

$$Q = I^2 R t$$

$$R = 2R_W + R_C + 2R_{CW};$$

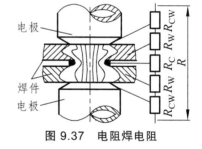

图 9.37 电阻焊电阻

式中　Q——产生的热量，J；
　　　I——焊接电流，A；
　　　R——电极间电阻，Ω；
　　　t——焊接时间，s；
　　　R_C——焊件接触电阻，Ω；
　　　R_{CW}——电极与焊件间的接触电阻，Ω；
　　　R_W——焊件电阻，Ω。

由于工件之间的接触电阻很小，要在很短通电的时间内产生高热量只有采用大电流。从焦耳定律的计算公式可知，电阻产生的热量与电流的平方成正比，因此提高电流值加热效果明显增强。电阻焊设备具有大电流（几千到几万安）、低电压（几伏到十几伏）、通电时间短而且控制精确的特征。

电阻焊的主要特点是焊接速度快、焊接生产效率高、焊件表面平整、变形小、劳动条件好、易于实现机械化及自动化生产、不需填充金属等；但电阻焊设备较复杂、耗电量大，对可焊厚度和接头形式有一定限制。

按焊件的接头形式、工艺方法和所采用电源的种类不同，电阻焊可分为点焊、缝焊、对焊，如图 9.38 所示。而对焊又根据其焊接过程的不同，分为电阻对焊和闪光对焊。

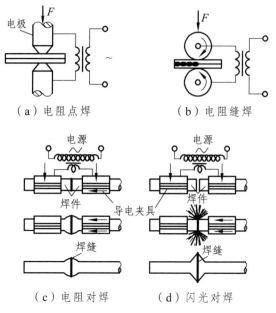

（a）电阻点焊　　　　　　　（b）电阻缝焊

（c）电阻对焊　　　　（d）闪光对焊

图 9.38　电阻焊示意图

1. 点　焊

点焊是将焊件装配成搭接接头，并压紧在两电极之间，利用电阻热熔化母材金属以形成焊点的电阻焊方法。

点焊时由于工件接触面处电阻较大，因此产生的热量较多，通电后迅速加热并局部熔化形成熔核，熔核周围为塑性状态，封闭熔核，然后断电，使熔核金属在电极压力作用下冷却和结晶，从而获得组织致密的焊点。点焊接头形式如图 9.39 所示。

点焊是一种高速、经济的重要连接方法，可焊材料多为低碳钢、不锈钢、铜、铝合金等，广泛用于制造可以采用搭接接头、不要求气密、厚度小于3 mm 的冲压、轧制的薄板构件，如车辆、飞行器、各种罩壳、电子仪表及日常生活用品。

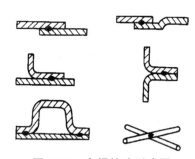

图 9.39　点焊接头形式图

2. 缝　焊

缝焊是将焊件装配成搭接或对接接头并置于两滚轮电极之间，滚轮电极加压焊件并连续转动，连续或断续送电，形成一条连续焊缝的电阻焊方法，如图 9.38（b）所示。由此可知，缝焊的原理和焊接过程与点焊极为相似，两者的不同之处仅在于用滚轮电极和连续滚动代替了点焊电极。缝焊的焊缝可视为点焊焊点的连续叠加。

缝焊主要用于低压容器的制造，如油箱、气体净化器、管道等。有时也用来连接普通非密封性的钣金件，被焊金属材料的厚度通常在 0.1 ~ 2.5 mm。

3. 对　焊

对焊是将杆状焊件端面相对放置，利用焊接电流通过焊件的电阻热加热，并施加压力完成焊接的电阻焊方法。根据工艺过程的不同，对焊可分为电阻对焊和闪光对焊两类。

（1）电阻对焊。

电阻对焊过程分为预压、加热、顶锻、维持和休止等程序。将清理后的焊件端部对正，用预压力压紧工件，然后通电，当接触处被加热到塑性温度（950~1 000 ℃）时，加压顶锻并维持一段时间，接触面金属产生塑性变形和再结晶，形成对焊焊缝，如图9.38（c）所示。

顶锻时，接触处的塑性金属会被部分挤出间隙形成凸起状毛刺，接触面上的氧化物等杂质也被挤出间隙，但难免有残留，所以电阻对焊前必须将焊件的对接处进行严格的焊前清理。电阻对焊接头质量一般，所焊截面面积较小，一般用于钢筋的对接。

（2）闪光对焊。

闪光对焊焊接过程由闪光、顶锻、保持、休止等程序组成。将焊件端部对正装夹好后，轻触、通电、再拉开。此时，接触面上凸出部位首先被加热，且电流密度极大，出现金属的熔化和气化。在电磁力的作用下，熔化金属向外喷出，形成短时间连续不断的火花。待整个断面上加热均匀后，加压顶锻并维持一段时间，产生塑性变形和再结晶，形成对焊焊缝，如图9.38（d）所示。

闪光对焊过程中，工件端面氧化物与杂质会被闪光火花带出或随液体金属挤出，因此不需要严格的清理。

闪光对焊主要用于钢轨、锚链、管子等的焊接，也可用于异种金属的焊接。接头中无过热区和铸态组织，因此焊件性能好。

9.2.2.2　摩擦焊

摩擦焊是利用焊件接触面相对旋转运动中相互摩擦所产生的热，使端面达到热塑性状态，然后迅速顶锻，完成焊接的一种压焊方法。

摩擦焊原理如图9.40所示，工件1夹持在可旋转的夹头上，工件2夹持在可沿轴向往复移动并能加压的夹头上。焊接开始时，工件1高速旋转，工件2向工件1移动并开始接触，接触界面通过相对运动进行摩擦，使摩擦机械能转变为热能，接头温度升高，达到热塑性状态。此时工件1停止转动，同时在工件2的一端施加压紧力，接头部位出现塑性变形，在压力下冷却后，形成可靠接头。

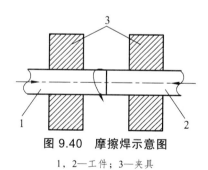

图9.40　摩擦焊示意图

1，2—工件；3—夹具

摩擦焊的特点：

（1）接头质量好且稳定。焊接接头强度远大于熔焊、钎焊的强度。

（2）焊接性好。特别适合异种材料的焊接，如钢-紫铜、铜-铝、钢-黄铜等。

（3）焊接成本低。电能消耗少，只为闪光焊的1/10~1/15；不需要填充材料等。

（4）生产效率高，且容易实现机械化、自动化，操作简单。

（5）环保，无污染。焊接过程不产生烟尘或有害气体，不产生飞溅等。

摩擦焊作为一种快速有效的压焊方法，已经广泛应用于刀具生产以及汽车、拖拉机、石油钻杆、电站和纺织机械等部门。

9.2.3　钎　焊

钎焊是采用比母材熔点低的钎料，将焊件和钎料加热到高于钎料熔点，但低于母材熔点的温度，利用液态钎料润湿母材，填充接头间隙，并与母材相互扩散而实现连接的方法。钎焊的接头形式多为搭接，如图 9.41 所示。

钎焊可分为 3 个基本过程：① 钎剂的熔化及填缝过程；② 钎料的熔化及填满焊缝的过程；③ 钎料同母材的相互作用过程。当钎料填满间隙并保温一定时间后，开始冷却凝固形成钎焊接头。图 9.42 为钎料的填充过程。

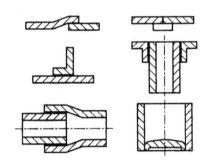

图 9.41　钎焊接头形式

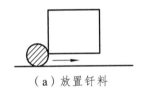 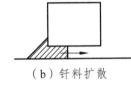

（a）放置钎料　　　　　（b）钎料扩散　　　　　（c）填满间隙

图 9.42　钎料填充过程

9.2.3.1　钎焊的分类及应用

通常按照钎料的熔点不同，将钎焊分为软钎焊和硬钎焊。

1. 软钎焊

钎料的熔点低于 450 ℃ 的钎焊为软钎焊。软钎焊的接头强度低，只适用于受力很小且工作温度低的工件，如电器产品、电子导线、导电接头、低温热交换器等。软钎焊最常用的加热方法为烙铁加热。

2. 硬钎焊

钎料熔点在 450 ℃ 以上的钎焊为硬钎焊。硬钎焊的接头强度较高，工作温度也较高，可用于受力部件的连接，如天线、雷达、自行车架等。硬钎焊最常用的加热方法为火焰加热、炉内加热、盐浴加热、高频加热和电阻加热等。

9.2.3.2　钎料和钎剂

1. 钎　料

钎料一般按熔点的高低分为两大类，即软钎料和硬钎料。

（1）软钎料。熔点低于 450 ℃ 的钎料是软钎料。金属锡具有较低的熔点和良好的导电性能，因此常被用作软钎料。工程上常用的软钎料有焊锡条、焊锡线、焊锡膏及焊锡球等。

（2）硬钎料。熔点高于 450 ℃ 的钎料是硬钎料。铜、银及镍等金属具有较高的强度、较好的导电性能和耐腐蚀性，而且熔点也相对较低，因此常被用作硬钎料。工程上常用的硬钎料有铜基钎料、银基钎料、磷铜钎料等，广泛用于低碳钢、结构钢、不锈钢、高温合金、铜合金、难熔金属等的钎焊。

2. 钎剂

钎焊过程中，为了更好地清除焊件表面的氧化膜及杂质，提高钎料流入间隙的性能，以及保护钎料和焊件不被氧化，经常需要使用助溶剂，称之为钎剂。钎剂在钎焊的过程中起着重要的作用：① 清除母材和钎料表面的氧化物；② 以液体薄层覆盖母材和钎料表面，隔绝空气而起到保护作用；③ 改善液态钎料对母材的润湿。

为了达到上述作用，必须根据母材和钎料的特性，配置或选用相应的钎剂。常用于软钎焊的钎剂为松香或氯化锌溶液。而硬钎焊常用的钎剂为硼砂、硼酸、氟化物及氯化物等。

9.2.3.3　钎焊的特点

和熔焊相比，钎焊的特点有：

（1）钎焊接头的组织和力学性能变化很小，变形也小，接头光滑平整，焊件尺寸精确。

（2）可以焊接性能差异很大的异种金属，对焊件厚度差也没有严格限制。

（3）对焊件整体加热钎焊时，可同时焊接由多条、甚至上千条接头组成的形状复杂的构件，生产效率很高。

（4）钎焊设备简单，生产投资费用少；但焊前清理要求严格，而且钎料价格较高。

（5）钎焊的接头强度较低，尤其是动载强度低。

目前，钎焊主要用于无线电、仪表、机电、原子能和航空航天技术等领域。

9.3　常用金属材料的焊接

随着焊接技术的发展，机械制造、造船、化工设备、车辆、锅炉、航空航天等领域，采用焊接结构的产品日益增多。为了保证焊接结构安全可靠，必须掌握金属材料的基本性能及其焊接性，以便采取适当的工艺方法、工艺措施和工艺参数来获得优质的焊接接头。

9.3.1　金属的焊接性及其评定方法

9.3.1.1　焊接性的概念

金属材料的焊接性是指金属材料对焊接加工的适应性，即在一定的焊接工艺条件（焊接方法、焊接材料、焊接工艺参数和结构形式等）下，获得优质焊接接头的难易程度。焊接性可分为工艺焊接性和使用焊接性。工艺焊接性是指焊接接头产生工艺缺陷的倾向，尤其是出现各种裂纹的可能性。使用焊接性是指焊接接头满足某种使用性能的能力，通常包括力学性能及其他特殊性能（如耐热、耐磨、耐腐蚀等性能）。

影响焊接性的因素很多，如被焊金属的化学成分、工件厚度、接头形式、焊接方法、焊接材料、焊接规范（如焊接电流、电压、速度等）及其他工艺条件等，其中最基本的是被焊金属的化学成分。各种常用金属材料的焊接性如表 9.11 所示。

表 9.11　几种常用金属材料的焊接性

金属材料	焊 接 方 法											
	熔　焊							压　焊				钎焊
	气焊	手弧焊	埋弧焊	二氧化碳焊	氩弧焊	电子束焊	电渣焊	点焊、缝焊	对焊	超声波焊	摩擦焊	爆炸焊	
铸钢	A	A	A	A	A	A	A	D	B	C	B	D	B
低碳钢	A	A	A	A	A	A	A	A	A	B	A	A	A
低合金钢	B	A	A	A	A	A	A	A	A	B	A	A	A
不锈钢	A	A	B	B	A	A	B	A	A	B	A	A	A
耐热合金	B	A	B	C	A	A	D	B	C	C	D	D	A
高镍合金	A	A	B	C	A	A	D	A	C	C	C	A	A
铜合金	B	A	C	C	A	B	D	C	A	A	A	A	A
铝	B	C	C	D	A	A	D	A	A	A	A	A	B
镁	D	D	D	D	A	B	D	A	B	A	A	A	C
钛及钛合金	D	D	D	D	A	A	D	B	C	A	D	A	B
锆	D	D	D	D	A	A	D	C	C	A	D	A	C

注：A—焊接性良好；B—焊接性较好；C—焊接性较差；D—焊接性不好。

由表 9.11 可以看出，金属材料的焊接性不是一成不变的，同一种材料，采用不同的焊接方法或焊接材料（焊条、焊剂），其焊接性可能有很大的差别。如硬铝合金用气焊、焊条电弧焊，质量就差，但采用氩弧焊、点焊、电子束焊，质量就好；又如铸铁用低碳钢焊条焊接，质量就差，而改用镍合金焊条焊接，质量就好得多。

9.3.1.2　金属焊接性的评定

各种钢是焊接加工的重要材料。钢的焊接性可通过各种试验或者估算方法来确定。

1. 试验法

试验法是将被焊金属材料做成一定形状和尺寸的试样，在规定工艺条件下施焊，然后鉴定产生缺陷（如裂纹）倾向的程度；或者鉴定接头是否满足使用性能（如力学性能）的要求。常用的试验方法有刚性固定焊接试验法、斜 U 形坡口试验法（小铁研法）、十字接头试验法等。

2. 估算法

估算法对钢材而言，常用的是碳当量法，也有用冷裂纹敏感系数法等来估算。

（1）碳当量法。碳当量法就是依据钢材中化学成分对焊接热影响区淬硬性的影响程度，来评估钢材焊接时可能产生裂纹和硬化倾向的计算方法。在钢材的化学成分中，影响最大的是碳，其次是锰、铬、钼、钒等。把钢中合金元素（包括碳）的含量按其对焊接性的影响程度换算成碳的相对含量，其总和称为碳当量，用 $w(CE)$ 来表示，可作为评定钢材焊接性的一种参考指标。

国际焊接学会推荐的碳钢和低合金结构钢用的计算碳当量的经验公式为：

$$w(CE) = \left[w(C) + \frac{w(Mn)}{6} + \frac{w(Cr) + w(Mo) + w(V)}{5} + \frac{w(Ni) + w(Cu)}{15} \right] \times 100\%$$

式中，各元素的含量都取其成分范围的上限。经验证明，碳当量值越高，钢材焊接性就越差。

当 $w(CE) < 0.4\%$ 时，钢材热影响区淬硬和冷裂的倾向不明显，焊接性优良，焊接时一般不需预热，但对于厚大件或在低温下的焊接，应考虑预热。

当 $w(CE) = 0.4\% \sim 0.6\%$ 时，钢材的淬硬和冷裂倾向逐渐增大，焊接性较差，焊接时需要采取适当的预热、缓冷等工艺措施，焊后需要进行热处理。

当 $w(CE) > 0.6\%$ 时，钢材淬硬和冷裂的倾向很大，焊接性很差，需采用较高的预热温度和严格的工艺措施才能保证焊接质量。

（2）冷裂纹敏感系数法。碳当量法只考虑了钢材化学成分对焊接性的影响，而没有考虑板厚、焊缝含氢量等重要因素的影响。通过对 200 多种钢的大量实际试验，得出钢材焊接时冷裂纹敏感系数 P_c，计算公式如下：

$$P_c = \left[w(C) + \frac{w(Si)}{30} + \frac{w(Mn)}{20} + \frac{w(Cu)}{20} + \frac{w(Ni)}{60} + \frac{w(Cr)}{20} + \frac{w(Mo)}{15} + \frac{w(V)}{10} + 5w(B) + \frac{h}{600} + \frac{H}{60} \right] \times 100\%$$

式中　h——板厚，mm；

H——焊缝金属中扩散氢含量，$cm^3/100\ g$。

当冷裂纹敏感系数较高时，可以用提高预热温度的方法降低冷裂纹敏感性。通过 Y 形坡口对接裂纹试验得出防止裂纹要求的最低预热温度 t_p 的公式为

$$t_p = 1\ 440 P_c - 392 \quad （℃）$$

所求出的防止裂纹的预热温度，在多数情况下是比较安全的。

9.3.2　碳钢的焊接

碳钢按含碳量分为：① 低碳钢 $w(C) < 0.25\%$；② 中碳钢 $w(C) = 0.25\% \sim 0.60\%$；③ 高碳钢 $w(C) > 0.60\%$。碳钢焊接性的好坏，主要表现在产生裂纹和气孔的难易程度上。碳钢的焊接性随着钢中含碳量的增大，焊接性逐渐变差。

9.3.2.1 低碳钢的焊接

低碳钢的碳当量 $w(CE)<0.4\%$。由于碳当量低，淬硬倾向小，塑性好，所以焊接性良好。低碳钢焊接时即使用最普通的焊接工艺都可以获得优质的焊接接头，填充金属可根据等强度原则选用。只在下列情况下需采取相应措施：

（1）在低温（环境温度低于 $-10\,^{\circ}\text{C}$）环境中焊接厚板时，焊前需将焊件预热到 $100\sim150\,^{\circ}\text{C}$ 后再施焊。

（2）板厚大于 50 mm 时，应进行焊后热处理。

（3）电渣焊件焊后应进行正火处理以细化热影响区晶粒。

焊接低碳钢常采用的焊接方法是焊条电弧焊、埋弧焊、电渣焊、气体保护焊及电阻焊等。焊条电弧焊一般适用板厚为 2～50 mm 的任意位置的焊接，但由于生产效率较低，故常用于单件小批量或短焊缝的焊接；埋弧焊一般适用板厚在 3～150 mm 的长直焊缝和较大直径的环焊缝的自动化焊接；气体保护焊生产效率高，变形小，适用于薄板的全位置焊接。其中，细丝 CO_2 气体保护焊常适用板厚为 0.5～5 mm，粗丝 CO_2 气体保护常适用板厚为 5～30 mm。

低碳钢焊接用焊条电弧焊时，一般常采用 E43×× 系列的酸性焊条（如 E4303）。埋弧焊时，一般采用 H08A 或 H08MnA 焊丝，配合 HJ430、HJ431 焊剂。CO_2 气体保护焊时，常采用 H08Mn2SiA 焊丝。钎焊时可用锡铅、黄铜、银基钎料等，适用于所用钎焊方法。

9.3.2.2 中碳钢的焊接

中碳钢的焊接主要是在铸、锻毛坯的组合件以及补焊中应用。碳当量 $w(CE)$ 在 0.4%～0.6%。当 $w(CE)$ 接近 0.4% 时，焊接性良好。随着含碳量的增加，淬硬倾向愈发明显，焊接性逐渐变差。焊缝中易产生热裂纹，热影响区易产生淬硬组织甚至导致冷裂。焊接方法应选用焊接热输入较小且易控制的焊接方法，如焊条电弧焊、CO_2 气体保护焊、氩弧焊等。焊接时应设法减小焊件各部分之间的温差以降低焊后冷却速度，还应尽量减少母材在焊缝中的熔化量以降低焊缝中的含碳量。为此，应采取以下措施：

（1）焊前预热及焊后热处理。

平均含碳量低于 0.45% 的钢预热至 150～250 ℃；碳含量高于 0.45% 或厚度、刚性较大时，可预热到 250～400 ℃。对于厚度大或刚性大的构件，或苛刻工况条件（动载荷或冲击载荷）下使用的构件，焊后应立即进行消除应力热处理，热处理的温度一般在 600～650 ℃。

（2）开坡口进行多层焊。

采用小电流、细焊条、多层焊，以减少母材的熔化深度。在操作上还应力求减慢热影响区冷却。

（3）采用焊条电弧焊焊接时尽量选用低氢型焊条。

如允许焊缝不与母材等强度，可采用强度等级低的焊条。若焊件不允许预热，可以采用奥氏体不锈钢焊条焊接，因其塑性好可避免裂纹。

9.3.2.3　高碳钢的焊接

高碳钢的碳当量 $w(CE)>0.60\%$，含碳量高，导热性差，塑性差，热影响区淬硬倾向以及焊缝产生裂纹、气孔的倾向严重，焊接性很差。一般不用于焊接结构，只用于修补。焊接措施大致与中碳钢相似，但预热温度更高。焊接过程中还需要保持与预热一样的道间温度。工件刚度、厚度较大时，应采取减少焊接内应力的措施，如合理排列焊道、分段倒退焊法、焊后锤击等。高碳钢的焊接方法主要是焊条电弧焊，焊条应选用低氢型焊条，如 J707、J607 焊条。焊后工件立即送入炉中，在 650 ℃ 保温，进行消除应力热处理。

9.3.3　低合金高强度结构钢的焊接

低合金高强度钢是在碳素钢的基础上添加一定量的合金化元素而成，其合金元素的质量分数一般不超过 5%，用以提高钢的强度并保证其具有一定的塑性和韧性。在焊接结构中，应用最普遍的是屈服点在 500 MPa 以下的各种低合金高强度结构钢，简称低合金高强钢。

低合金高强度钢被广泛用于压力容器、锅炉、车辆、桥梁、建筑、机械、海洋结构、船舶等制造中，已成为大型焊接结构中最主要的结构材料之一。

低合金高强度钢一般采用焊条电弧焊、埋弧焊、气体保护焊，厚板可用电渣焊等。

对于 $\sigma_s \leqslant 295 \sim 345$ MPa 的低合金结构钢，由于它们的 $w(CE) \leqslant 0.4\%$，塑性和韧性良好，所以焊接性良好，一般不需预热。当厚板或环境温度较低时，焊件应该预热。板厚大于 30 mm 的锅炉、压力容器等重要结构，焊后应进行消除应力热处理。

对于 $\sigma_s \geqslant 390$ MPa 的低合金结构钢，由于这类钢淬硬和冷裂倾向增加，使焊接性变差，因此，焊前一般都要预热。如 15MnVN，焊前要进行高于 150 ℃ 的预热，选用抗裂性好的焊条或焊丝焊接，焊后要进行 600 ~ 650 ℃ 热处理。

9.3.4　不锈钢的焊接

9.3.4.1　不锈钢的分类及应用

不锈钢是指主加元素铬含量 $w(Cr)>12\%$，能使钢处于钝化状态，又具有不锈特性的钢。不锈钢按照组织类型，可分为奥氏体不锈钢、马氏体不锈钢、铁素体不锈钢。不锈钢广泛应用于建筑装饰、食品工业、医疗器械、纺织印染设备以及石油、化工、原子能等工业领域。

9.3.4.2　奥氏体不锈钢的焊接

奥氏体不锈钢以高 Cr-Ni 型不锈钢应用最为普遍。这类钢的焊接性良好，不过当焊接材料选用不正确或焊接工艺不合理时，会产生晶间腐蚀、应力腐蚀和热裂纹，这是奥氏体不锈钢焊接的主要问题。

几乎所有的焊接方法都可用于奥氏体不锈钢的焊接。目前，氩弧焊是较为经济的焊接方法。如果选用焊条电弧焊，选用与母材成分相同或相近的焊条。如焊条 A102 对应 0Cr19Ni9；焊条 A137 对应 1Cr18Ni9Ti。

为了防止焊接热烈纹的发生和热影响区的晶粒长大以及碳化物析出，保证焊接接头的塑韧性与耐蚀性，应控制较低的层间温度。

奥氏体不锈钢一般不需要焊前预热及后热，要采用小电流及快速施焊；如没有应力腐蚀或结构尺寸稳定性等特别要求时，也不需要焊后热处理。

9.3.4.3 马氏体不锈钢的焊接

Cr13 型马氏体不锈钢的焊接性能较差，主要问题是焊接接头易出现冷裂纹及脆化现象。随着产品结构厚度或接头拘束度越大，同时钢中含碳量越高，则产生冷裂纹的倾向就越大。

马氏体不锈钢常用的焊接方法主要有焊条电弧焊、埋弧焊及熔化极气体保护焊。

焊接马氏体不锈钢时，为了保证使用性能要求，选用与母材同材质的焊条或焊丝。但普通 Cr13 焊缝会出现硬而脆的粗大马氏体和铁素体的混合物，易产生裂纹。因此，除了限制 S、P（不大于 0.015%）外，还要限制 Si 的含量不大于 0.3%。为了防止冷裂，也可采用奥氏体钢填充金属。如焊接 1Cr13、2Cr13 钢时，可以采用全奥氏体（如 A102、A107、A402、A407 等）焊条，也可用 HCr25Ni20 等焊丝。此时，焊缝组织为奥氏体组织，焊缝强度与母材不匹配，再有某些物理化学特性（如膨胀系数）不同，所以选用奥氏体焊材时要慎重考虑。

通常焊接过程中应该采用小的热输入，如多层多道焊，尤其要注意控制层间温度。

马氏体不锈钢焊前必须预热，预热温度一般为 100～400 ℃。为防止延迟裂纹，通常应在焊后立即进行高温回火。

9.3.4.4 铁素体不锈钢的焊接

铁素体不锈钢是含 Cr 为 17%～28%的高铬钢，主要用作热稳定钢，也可作耐蚀钢用。铁素体不锈钢在焊接过程中的主要问题是过热区晶粒长大导致焊接接头脆化和冷裂纹，因此在焊接工艺上应采取必要的防裂措施。

铁素体不锈钢通常采用焊条电弧焊、钨极氩弧焊、熔化极惰性气体保护焊、埋弧焊等焊接方法。

焊接铁素体不锈钢时，焊材的选用与马氏体焊接时完全相似。但焊接材料选用与母材同材质的焊条或焊丝，会使焊缝金属粗化严重，韧性变差。因此，应尽量限制杂质的含量，提高纯度，同时可选合理的合金化焊接材料。

焊接过程中采用小能量焊接工艺可以减少晶粒长大倾向。

铁素体不锈钢焊前也必须预热，但预热温度不超过 150 ℃，主要为了防止过热脆化。焊后常在 750～850 ℃进行退火处理，以消除晶间腐蚀倾向，同时改善钢的韧性。

9.3.5 铸铁的补焊

铸铁是机械制造业中应用很广泛的金属材料。在生产中常会碰到由于铸造缺陷或在使用时已损坏而不能使用的铸铁件，如将它们进行补焊后再使用，在经济上有很重要的意义。

铸铁在化学成分上的特点是 C 与 S、P 杂质高，其力学性能的特点是强度低，基本无塑性。这两方面的特点，决定了灰铸铁焊接性不良。其主要问题有：第一，焊接接头易形成白口铸铁与高碳马氏体组织；第二，焊接接头易形成裂纹；第三，易产生气孔。

铸铁件的补焊常采用气焊和焊条电弧焊方法，按焊前是否预热可分为热焊法与冷焊法两大类。

热焊法是将铸件整体或局部缓慢预热到 600～700 ℃，焊接中保持 400 ℃ 以上，焊后缓慢冷却的方法。电弧热焊主要适用于厚度较大（>10 mm 以上）工件缺陷的焊补。电弧热焊时采用大直径铸铁铁芯焊条（ϕ>6 mm），配合采用大电流可加快焊补速度。焊条采用铸铁芯加石墨型药皮（如 Z248）或低碳钢芯加石墨型药皮（如 Z208）。气焊热焊时使用氧-乙炔火焰温度（<3 400 ℃）比电弧温度（6 000～8 000 ℃）低很多，很适于薄壁铸件的补焊。气焊灰铸铁，焊丝常用含硅高的铸铁焊条 RZC-1，RZC-2 或合金铸铁焊条 RZCH 作填充材料，并要用气焊熔剂去除氧化物，常用的气焊熔剂为 CJ201 或硼砂。热焊法应力小，不易产生裂纹，可防止出现白口组织和产生气孔；但成本较高，生产效率低，劳动条件差，因此应尽量少用。

冷焊法是指补焊前对铸铁件不预热或在低于 400 ℃ 的温度下预热的补焊方法。常用电弧焊进行铸铁件的冷焊，焊接时依靠焊条来调整焊缝的化学成分，以防止白口组织和裂纹。焊接时应尽量采用小电流、短电弧、窄焊缝、分段焊等工艺，焊后立即用锤轻击焊缝，以松弛焊接应力，待冷却后再继续焊接。常采用的铸铁焊条有 Z208、Z208DF、Z248 等，其焊缝石墨化性能与抗裂纹性能差别较大，选用时应注意调查研究。冷焊缝生产效率高，成本低，劳动条件好，尤其是不受焊缝位置的限制，故应用广泛。

9.3.6 有色金属的焊接

9.3.6.1 铝及铝合金的焊接

铝及铝合金具有优异的物理特性和力学性能，其密度低、比强度高、热导率高、电导率高、耐蚀能力强，已广泛应用于机械、电力、化工、轻工、航空、航天、铁道、舰船、车辆等工业内的焊接结构产品上。根据化学成分和制造工艺，可将铝合金分为铸造铝合金和变形铝合金两大类。其中焊接结构主要应用变形铝合金。

1. 铝及其合金的焊接特点

（1）氧化和夹渣。铝极易氧化生成 Al_2O_3 膜（厚度为 0.1～0.2 mm），其熔点为 2 050 ℃，组织致密，在 700 ℃ 左右仍覆盖于金属表面，严重阻碍母材的熔化与熔合，而且 Al_2O_3 密度大，不易浮出熔池而形成焊缝夹渣。

（2）变形和裂纹。因铝的线膨胀系数和热导率大，焊接时产生的应力也较大，易产生变形，若有低熔点共晶物存在，则会产生裂纹。

（3）气孔。铝在液体时极易吸收大量的氢气，而固态时几乎不溶解氢。因此，绝大多数溶于液态铝中的氢在熔池结晶时要排出，如来不及排出则形成气孔。

（4）塌陷和烧穿。铝在高温时的强度和塑性都很低，焊接时会引起焊缝塌陷甚至造成烧穿。

另外，铝及铝合金由固态变液态时无颜色变化，故难掌握加热温度。

2. 铝及铝合金的焊接方法

工业纯铝及大部分防锈铝焊接性较好，能热处理强化的铝合金的焊接性较差。焊接铝及铝合金的方法有氩弧焊、电阻焊、钎焊、气焊及焊条电弧焊。

（1）氩弧焊是焊接铝及铝合金较为理想的焊接方法。由于氩气保护效果好，能去除氧化膜，因此焊接质量优良、焊接变形小、成形美观、耐腐蚀性能好，可用于焊接质量要求高的焊件。厚度小于 8 mm 的铝及铝合金焊件采用钨极氩弧焊；厚度在 8 mm 以上的铝及铝合金焊件采用熔化极氩弧焊。所用焊丝成分应与焊件成分相同或相近。焊前焊件和焊丝必须严格清洗和干燥。

（2）电阻焊焊接铝及铝合金时常用电阻焊和缝焊，焊接时应采用大电流、短时间通电。

（3）气焊可焊接质量要求不高的纯铝和不能热处理强化的铝合金。一般采用中性焰，同时必须采用气焊熔剂 CJ401 以去除氧化物与杂质，通常用于薄板（厚度为 0.5 ~ 2 mm）焊件及补焊铝铸件。母材为纯铝、Al-Mn、Al-Mg、Al-Cu-Mg 和 Al-Zn-Mg 合金时，可采用成分相同的铝合金焊丝，甚至从母材上切下的窄条作为填充金属；对于热处理强化的铝合金，为防止热裂纹，可采用铝硅合金焊丝 HS311。

（4）钎焊时最好在 400 ℃ 以上或 300 ℃ 以下进行焊接，以防焊件在 300 ~ 400 ℃ 发生退火软化现象。

无论哪种焊接方法焊接铝及其合金，焊前必须清理焊件接头处和焊丝表面的氧化膜及油污等；焊后也要对焊件进行清理，以防止熔剂、焊渣对焊件的腐蚀。

9.3.6.2 铜及铜合金的焊接

铜具有优良的导电性、导热性、耐蚀性、延展性及一定的强度等特性，使得它在电气、电子、化工、食品、动力、交通、航天、航空等工业中得到了广泛应用。工业生产的铜及铜合金的种类繁多，常用的有纯铜、黄铜（铜-锌合金）、青铜（铜-铝、铜-锡、铜-硅合金）和白铜（铜-镍合金）等。

1. 铜及其合金的焊接特点

（1）难熔合。铜及某些铜合金的热导率大，焊接时热很易传导出去，致使母材和填充金属难于熔合。

（2）易变形。铜及多数铜合金的线膨胀系数大，凝固时易产生较大的收缩应力，同时因铜的导热性强而造成热影响区宽，使焊接应力和变形严重。

（3）热裂倾向大。铜在高温时极易氧化而形成 Cu_2O，它与铜又形成脆性、低熔点共晶体（$Cu_2O + Cu$）分布于晶界上，易产生热裂纹。

（4）易形成气孔。熔焊铜及铜合金时，气孔出现的倾向比低碳钢要严重得多。所形成的气孔几乎分布在焊缝的各个部位。气孔成了铜熔焊中的主要缺陷之一。

（5）强度、耐蚀性下降。铜合金中的合金元素（如锌、锡、铅、铝等）易氧化和蒸发。使焊缝的强度和耐蚀性下降。

焊接铜及铜合金需要大功率、高能束的熔焊热源，热效率越高，能量越集中越有利。不同厚度的材料对不同焊接方法有其适应性。如薄板焊接以钨极氩弧焊、焊条电弧焊和气焊为好，中厚板以熔化极气体保护焊和电子束焊较合理，厚板则建议使用埋弧焊、MIG 焊和电渣焊。焊接材料可用特制含硅、锰等脱氧元素的纯铜焊丝，如 HS201、HS202 直接进行焊接。另外，除铝青铜外都较容易钎焊，常用铜基、银基、锡基钎料。

9.4　焊接结构的工艺设计

9.4.1　焊接结构的特点及常用材料

9.4.1.1　焊接结构的特点

1. 焊接结构的优点

焊接结构优于铆接结构和铸造结构，主要表现在以下几个方面：

（1）焊接接头的强度高。现代的焊接技术已经能做到焊接接头的强度等于甚至高于母材的强度。而铆接达到母材强度的 70% 已很困难。

（2）焊接接头的密封性好。焊缝处的气密性和液密性是其他连接方法无法比拟的。特别在高温、高压容器的结构上，只有焊接才是最理想的连接形式。

（3）焊接结构设计的灵活性大。焊接结构的几何形状不受限制；结构的壁厚不受限制；结构的外形尺寸不受限制。

（4）焊接结构用料少，比铸造结构轻 30% 左右。

（5）基本建设投资少，生产工艺简单，成品率高。

2. 焊接结构的缺点

（1）产生焊接变形和焊接残余应力，在一定的条件下会影响结构的承载能力、加工精度和尺寸的稳定性。

（2）焊接接头的性能不均匀性。由于填充金属和基体金属的成分组织不同，这种不均匀性对结构的力学行为，尤其对断裂行为有影响。

（3）止裂性差，裂纹一旦扩展就不容易制止。

（4）焊接缺陷如气孔、裂纹、夹渣等影响接头致密性及承载能力。

9.4.1.2　常用焊接结构材料

1. 常用焊接结构材料

常用于焊接结构的金属材料有黑色金属和有色金属两大类。黑色金属如碳素结构钢、各种低合金高强度结构钢、微合金高韧高强度结构钢、耐候钢、低温钢、耐热钢、不锈钢等。有色金属如铝及其合金、钛及其合金和铜及其合金等。在前面章节中已经叙述了这些常用材料的焊接性及焊接工艺。本章主要叙述选材应遵循的原则。

2. 焊接结构选材的基本原则

选材是结构设计中重要的一环。焊接结构材料的选择应注意下列问题：

（1）在满足使用性能要求的前提下，尽量选用焊接性能好的材料，尽可能避免选用异种材料或不同成分的材料。

（2）要注重材料的冶金质量。重要的焊接结构应选用镇静钢。

（3）异种钢材或异种金属的焊接，须特别注意它们的焊接性能，要尽量选择化学成分、物理性能相近的材料。

（4）优先选择型材，以减少焊缝数量，简化焊接工艺，增加焊件强度和刚度。

（5）合理选择焊接结构材料供应时的尺寸、形状规格，以便下料、套料，减少边角余料的损失和减少拼料时的焊缝数量。

9.4.2　焊接接头及其设计

9.4.2.1　熔焊接头设计

1. 熔焊接头的基本形式

根据 GB/T 3375—94 规定，手工电弧焊焊接碳钢和低合金钢的基本焊接接头形式有对接接头、角接接头、搭接接头和 T 形接头 4 种，如图 9.43 所示。

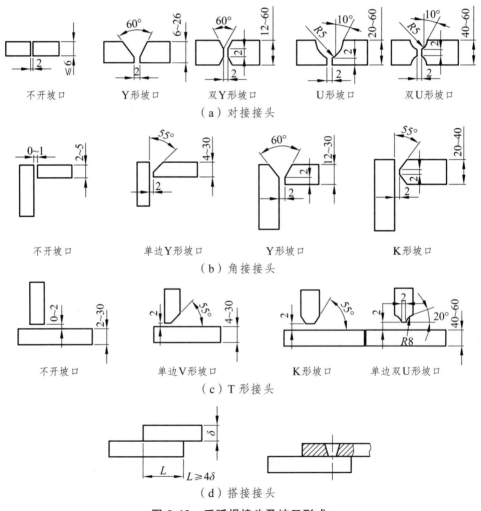

图 9.43　手弧焊接头及坡口形式

（1）对接接头。如图 9.43（a）所示，对接接头的应力分布比较均匀，是焊接结构中使用最多的一种形式。

（2）角接接头。如图 9.43（b）所示，角接接头便于组装，但其承载能力较差。角接接头多用于箱形构件上。

（3）T 形接头。如图 9.43（c）所示，T 形接头也是一种应用非常广泛的接头形式，在船体结构中约有 70%的焊缝采用 T 形接头，在机床焊接结构中的应用也十分广泛。

（4）搭接接头。如图 9.43（d）所示，搭接接头便于组装，但应力分布不均匀，疲劳强度较低。

2. 熔焊接头的坡口形状及尺寸

为保证厚度较大的焊件能够焊透，常将焊件接头边缘加工成一定形状的坡口。坡口除保证焊透外，还能起到调节母材金属和填充金属比例的作用，由此可以调整焊缝的性能。

根据 GB 985—88 规定，焊条电弧焊常采用的坡口形式有不开坡口（I 形坡口）、Y 形坡口、双 Y 形坡口、U 形坡口等，其具体形状及尺寸如图 9.43 所示。手工电弧焊板厚 6 mm 以上对接时，一般要开设坡口。对于重要结构，板厚超过 3 mm 就要开设坡口。厚度相同的工件常有几种坡口形式可供选择。Y 形和 U 形坡口只需一面焊，可焊性较好，但焊后角变形大，焊条消耗量也大。双 Y 形和双 U 形坡口两面施焊，受热均匀，变形较小，焊条消耗量较小，但必须两面都可焊到，所以有时受到结构形状限制。U 形和双 U 形坡口根部较宽，容易焊透，且焊条消耗量也较小，但坡口制备成本较高，一般只在重要的受动载的厚板结构中采用。

3. 不同厚度钢板的对接

如果采用两块厚度相差较大的金属材料进行焊接，则接头处会造成应力集中，且接头两边受热不均易产生焊不透等缺陷。对于不同厚度钢板对接的承载接头，允许的厚度差$(\delta - \delta_1)$如表 9.12 所示。如果允许厚度差超过表 9.12 中规定值，或者双面超过 $2(\delta - \delta_1)$ 时，应在厚板上加工出单面或双面斜边的过渡形式，有斜边部分的长度 $L \geqslant 5(\delta - \delta_1)$，如图 9.44 所示。

表 9.12　不同厚度钢板对接时允许的厚度差

较薄板的厚度 δ_1/mm	≥2～5	≥5～9	≥9～12	≥12
允许厚度差$(\delta - \delta_1)$/mm	1	2	3	4

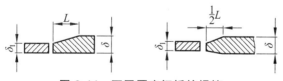

图 9.44　不同厚度钢板的焊接

9.4.2.2　点焊接头的设计

1. 点焊接头的基本形式

最常用的点焊接头如图 9.45 所示，分为单排点焊接头、多排点焊接头和加盖板点焊接头等形式。这些点焊接头上的焊点主要承受切应力。

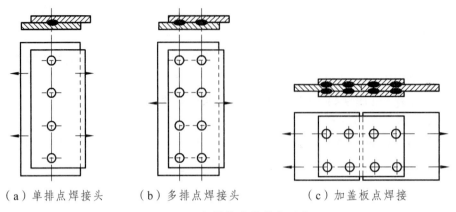

（a）单排点焊接头   （b）多排点焊接头   （c）加盖板点焊接

图 9.45   点焊接头的基本形式

2. 点焊接头的设计

焊点的尺寸及布置的相关尺寸可参照表 9.13 中的经验公式确定。

表 9.13   点焊接头尺寸的大致确定

序号	经验公式	简 图	备 注
1	$d = 2\delta + 3$ 或 $d = 5\sqrt{\delta}$		d——熔核直径； A——焊透率，%； c'——压痕深度； e——点距； s——边距； δ——焊件厚度； o——点焊缝符号； $don \times (e)$——点焊缝标注
2	$A = 30 \sim 70$		
3	$c' \le 0.2\delta$		
4	$e > 8\delta$		
5	$s > 6\delta$		

注：① 焊透率 $A = (h/\delta) \times 100\%$；

    ② 搭边量 $b = 2s$。

9.4.2.3 钎焊接头的设计

用钎焊连接时，由于钎料及钎缝的强度一般比母材低，若采用对接的钎焊接头，则接头强度比母材差，因而对接接头不能保证接头具有与母材相等的承载能力，钎焊接头大多采用搭接形式（见图 9.41），可以通过改变搭接长度达到钎焊接头与母材等强度。为了保证搭接接头与母材具有相等的承载能力，搭接长度可按下式计算：

$$L = a\frac{\sigma_\mathrm{b}}{\sigma_\tau}\delta$$

式中 σ_b——母材的抗拉强度，MPa；

        σ_τ——钎焊接头的抗剪强度，MPa；

δ——母材厚度，mm；

a——安全系数。

在生产实践中，对于采用银基、铜基、镍基等强度较高的钎料钎焊接头，搭接长度通常取薄件厚度的 2～3 倍；对用锡铅等软钎料钎焊的接头，可取薄件厚度的 4～5 倍，但不希望搭接长度大于 15 mm。除了设计搭接长度外，还要设计合理的钎焊接头间隙。

9.4.2.4 合理布置焊缝的位置

焊缝的位置对焊接接头的可达性和可检测性、焊接接头的质量、焊接应力和变形以及焊接生产效率均有较大影响。布置焊缝时，应考虑以下几个方面。

1. 焊缝位置应便于施焊

（1）焊缝的空间位置。

焊缝根据空间位置可分为平焊缝、横焊缝、立焊缝和仰焊缝 4 种形式，如图 9.46 所示。其中施焊操作最方便、焊接质量最容易保证的是平焊缝，因此在布置焊缝时应尽量使焊缝能在水平位置进行焊接。

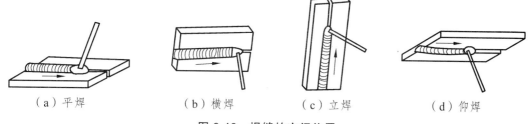

（a）平焊　　　（b）横焊　　　（c）立焊　　　（d）仰焊

图 9.46　焊缝的空间位置

（2）施焊操作空间对焊缝的布置要求。

各种焊接方法都需要一定的施焊操作空间。图 9.47 为手工电弧焊的施焊空间对焊缝的布置要求；图 9.48 为点焊或缝焊施焊空间（电极位置）对焊缝的布置要求。

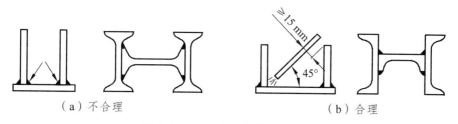

（a）不合理　　　　　　　　　　（b）合理

图 9.47　手工电弧焊的焊缝布置

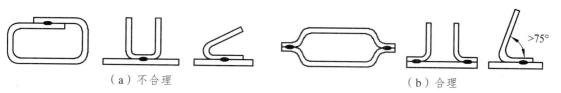

（a）不合理　　　　　　　　　　（b）合理

图 9.48　电阻点焊和缝焊时的焊缝布置

（3）焊接保护对焊缝位置的要求。

气体保护焊时，如图 9.49（a）所示的焊缝布置就比图 9.49(b)的保护效果好。但要注意图 9.49(a)焊缝处的尺寸必须保证施焊操作空间。

2. 焊缝布置应有利于减少焊接应力和变形

通过合理布置焊缝，可以有效地减小焊接应力和变形。

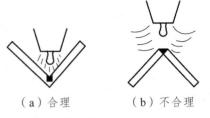

图 9.49　气体保护电弧焊时的焊缝布置

3. 焊缝应尽量避开最大应力和应力集中部位

为防止焊接残余应力与外加应力相互叠加，造成总应力过大而开裂，必须将焊缝布置在远离最大应力处或应力集中的部位，如图 9.50 所示。

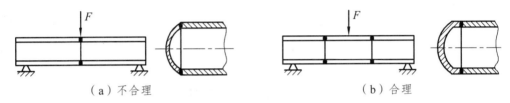

图 9.50　焊缝避开最大应力集中部位

4. 焊缝应尽量避开机械加工面

要保证焊接件的机械加工精度，一般先对构件焊接，随后进行消除残余应力的处理，最后才进行机械加工。此时，焊缝的布置应尽量避开需要加工的表面。因为焊缝很容易存在焊接缺陷（如气孔、夹杂等），机械加工会使缺陷外露，从而降低机械加工精度。

如果焊接结构上某一部位的加工精度要求较高，又必须在机械加工完成之后进行焊接工序时，应将焊缝布置在远离加工面处，以避免焊接应力和变形对已加工表面精度的影响，如图 9.51 所示。

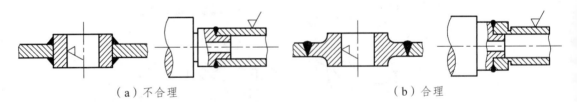

图 9.51　焊缝远离机械加工表面

9.4.3　焊接件结构工艺设计示例

以液化石油气瓶体的生产为例分析其焊接结构工艺设计过程。

结构名称：液化石油气瓶体（见图 9.52）。

主要组成：瓶体、瓶嘴。

材料：20 钢（或 16Mn）。

壁厚：3 mm。

生产类型：大量生产。

1. 确定瓶体的焊缝位置

瓶体焊缝位置有两个方案可供选择，如图 9.53 所示。方案（a）共有 3 条焊缝，其中包括两条环形焊缝和一条轴向焊缝。方案（b）只有一条环形焊缝。方案（a）的优点是上下封头的拉深变形小，容易成形；缺点是焊缝多，焊接工作量大。同时，因为筒体上的轴向焊缝处于拉应力最大的位置，结构被破坏的可能性很大。方案（b）只在中部有一环焊缝，完全避免了方案（a）的缺点，由于母材的塑性较好，同时筒体的尺寸也不大，因此选用方案（b）。

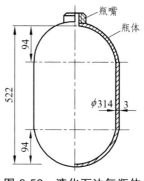

图 9.52　液化石油气瓶体

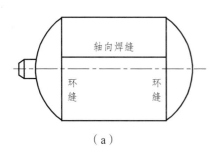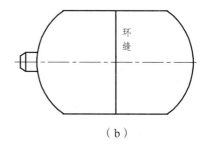

（a）　　　　　　　　　　　　　　　　（b）

图 9.53　瓶体焊接结构的设计方案

2. 焊接接头的设计

连接瓶体与瓶嘴的焊缝，采用不开坡口的角焊缝。瓶体主环焊缝的接头形式，宜采用衬环对接或缩口对接，如图 9.54 所示。为确保焊透，要开 V 形坡口。

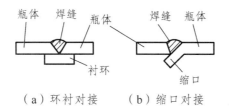

（a）环衬对接　　　（b）缩口对接

图 9.54　瓶体环缝的接头形式

3. 选择焊接方法和焊接材料

瓶体的焊接采用生产效率高、焊接质量稳定的埋弧自动焊。焊接材料可用焊丝 H08A 或 H08MnA，配合 HJ431。

瓶嘴的焊接因焊缝直径小，用手工电弧焊焊接。构件材料为 20 钢时，选用 E4303（J422）焊条；构件材料为 16Mn 时，选用 E5015（J507）焊条。

4. 主要生产工艺过程

液化石油气瓶体生产的工艺流程如图 9.55 所示。

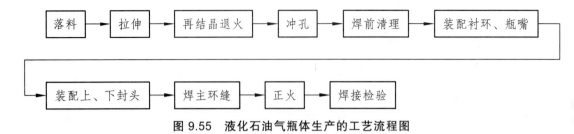

图 9.55 液化石油气瓶体生产的工艺流程图

为了确保焊接质量，必须注意以下工艺措施：

（1）上、下封头拉伸成形后，因变形较大，加工硬化严重，加上板材拉伸后的纤维组织的存在，在焊后残余应力的作用下很容易产生裂纹。因此，拉伸后应进行再结晶退火。

（2）焊前焊缝及其两侧 20 mm 区域必须严格清理，不得有铁锈、油污等。

（3）焊后应及时进行正火处理。

（4）进行水压及气密性试验，具体操作规程应符合相关的国家标准。

思考与练习

1. 什么是焊接？焊接方法分哪几类？各具有什么特点？

2. 为什么要对焊接区进行保护？可采用的保护方式有哪些？其效果怎样？

3. 焊接区内有哪些气体？它们的存在对焊缝质量有何影响？如何防控？

4. 焊缝中的硫、磷对焊缝质量有何影响？如何降低焊缝中硫、磷的含量？

5. 焊接接头分哪几个区？各部分的组织和性能怎样？

6. 什么叫焊接热影响区？低碳钢的焊接热影响区的组织和性能如何变化？

7. 试分析改善焊接热影响区性能的措施。

8. 说明焊接裂纹的种类及其基本特征，并分析防止措施。

9. 焊缝中气孔的危害是什么？它是怎样形成的？如何防止？

10. 什么是焊接电弧？电弧的 3 个区是哪 3 个区？各区温度分布有何特点？

11. 什么叫直流正接？什么叫直流反接？各应用于什么场合？

12. 采用酸性焊条和碱性焊条有什么不同？各应用于什么场合？

13. 焊条电弧焊的焊接参数有哪些？如何确定？

14. 采用氩弧焊时，为什么对焊前清理要求特别严格？

15. CO_2 气体保护焊有哪些特点？焊接低碳钢和低合金钢时常用什么焊接材料？

16. 埋弧焊与气体保护焊相比较有何特点？用埋弧焊焊接低碳钢和低合金钢时常用的焊接材料有哪些？

17. 简述电子束焊和激光焊的特点和适用范围。

18. 说明埋弧焊、电渣焊和气焊方法所用热源，并分析加热特点。

19. 和手工电弧焊相比，埋弧自动焊有何特点？应用范围如何？

20. 电渣焊的焊缝组织有何特点？焊后需要热处理吗？怎样处理？

21. 什么是压焊？压焊与熔焊相比有何异同？

22. 电阻对焊和闪光对焊焊接过程有何区别？各有何特点？应用情况如何？

23. 试述摩擦焊的过程、特点及适用范围。

24. 什么叫扩散焊？扩散焊有何特点？扩散焊的应用场合如何？

25. 什么叫超声波焊？超声波焊有何特点？适用于什么场合？

26. 钎焊与熔焊有何根本区别？钎焊的焊接过程分为哪几个阶段？

27. 试述钎焊的特点及适用范围。

28. 钎料的类别有哪些？钎剂的作用是什么？钎剂有哪些类别？

29. 试简述下列焊接方法的焊接工艺要点：

点焊、对焊、缝焊、摩擦焊、扩散焊、超声波焊、钎焊。

30. 什么是金属的焊接性？钢材的焊接性主要决定于什么因素？

31. 铸铁焊接性差主要表现在哪些方面？试比较热焊法、冷焊法的特点及应用。

32. 分别用下列板材制作圆筒形焊接构件，试分析焊接性如何。选择适当的焊接方法与焊接材料，并采取必要的工艺措施。

① Q235 钢板，厚 2 mm，批量生产。

② 16Mn 钢板，厚 12 mm，批量生产。

③ 45 钢板，厚 10 mm，单件生产。

④ 1Cr18Ni9Ti 钢板，厚 5 mm，单件生产。

33. 下列金属材料焊接时的主要问题是什么？常用什么焊接方法和焊接材料？

中碳钢、高碳钢、低合金高强度钢、奥氏体不锈钢、马氏体不锈钢、铁素体不锈钢、铁素体-奥氏体双相钢、铝及铝合金、铜及铜合金、钛及钛合金。

34. 焊接结构有哪些特点？焊接结构选材的基本原则是什么？

35. 熔焊接头的基本形式有哪些？各有何特点？

36. 为了合理布置焊缝的位置，应考虑哪些问题？

37. 如图 9.56 所示的焊缝，其焊缝布置是否合理？若不合理，请加以改正。

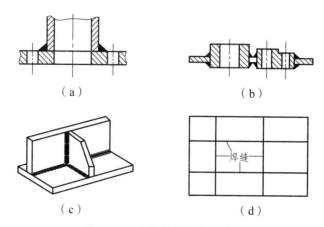

（a）　　　　　　　（b）

（c）　　　　　　　（d）

图 9.56　几种焊接构件示意图

38. 产生焊接应力和变形的原因是什么？防止焊接应力和变形的措施有哪些？

39. 焊接梁（见图 9.57）材料为 15 钢，成批生产，现有钢板最大长度为 2 500 mm。要求：① 决定腹板、翼板接缝位置；

② 选择各条焊缝的焊接方法；

③ 画出各条焊缝的接头形式；

④ 制订各条焊缝的焊接次序。

40. 如图 9.58 所示的构件为铸造支架，材料为 HT150，单件生产。拟改为焊接结构，请设计结构图，选择原材料、焊接方法，画简图表示焊缝及接头形式。试拟订该支架的焊接生产过程和防止变形的措施。

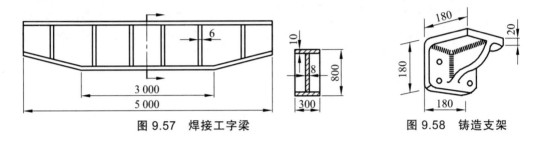

图 9.57　焊接工字梁　　　　　　　　　　图 9.58　铸造支架

10 机械零件用材及成形工艺选择

在机械产品的设计及制造过程中，零件材料的选用以及成形工艺方法的选择都是工程上的重要课题。在实际工程中，因选材或选择成形工艺不当，造成机械零件在使用过程中提前失效，会给用户带来直接或间接的重大损失。因此，在机械制造工业中，正确选择机械零件材料和成形工艺方法，对保证零件的使用性能要求、降低成本、提高生产效率和经济效益有着重要的意义。

10.1 机械零件的失效

10.1.1 机械零件失效的类型和原因

各种机械零件都具有一定的功能，当它不能按要求的效率完成预定的功能时，则称该零件已失效。零件失效具体表现如下：① 零件完全破坏，不能继续工作；② 严重损伤，继续工作很不安全；③ 虽能安全工作，但已不能起到预定的作用。只要发生上述 3 种情况中的任何一种，都认为零件已经失效。零件的失效，特别是那些事先没有明显征兆的失效，往往会带来巨大的损失，甚至导致重大的事故。例如，1986 年美国"挑战者号"航天飞机就是因为密封胶圈失效引起燃油泄漏造成了空中爆炸的灾难性事故，7 名宇航员丧生；1989 年 6 月，苏联拉乌尔山隧道附近由于对天然气管道维护不当，造成天然气泄漏，随后引起大爆炸，烧毁了两列铁路列车，死伤 800 多人，成为 1989 年震惊世界的灾难性事故。在机械制造中，由于零部件失效造成事故和损失的事例不胜枚举。

失效会使机床失去加工精度、输气管道发生泄漏、飞机出现故障等，严重威胁人身生命和生产安全，造成巨大的经济损失。因此，对零件的失效进行分析，找出失效的原因，提出防止或推迟失效的措施非常重要。

根据零件损坏的特点、所受载荷的类型及外在条件，零件的失效可归纳为下列 3 种类型：① 变形失效（如弹性变形失效、塑性变形失效等）；② 断裂失效（如塑性断裂、低应力脆性断裂、疲劳断裂、蠕变断裂等）；③ 表面损伤失效（如磨损、表面疲劳、腐蚀等）。

引起失效的具体原因大体可分为 4 个方面：① 设计（如工况条件估计不确切、结构外形不合理、计算错误等）；② 材料（如选材不当或材质低劣等）；③ 加工（如毛坯有缺陷、冷加工缺陷、热加工缺陷等）；④ 安装使用（如安装不良、维护不善、过载使用、操作失误等）。

10.1.2 机械零件失效分析方法与步骤

10.1.2.1 零件失效分析方法

零件失效的原因往往是相当复杂的。如一根轴断裂，就要分析是属于哪一种断裂，原因是什么，是设计有误还是材料选用或加工工艺不当等。又如一个零件磨损，应分析属于哪一种磨损，是材料问题还是使用问题。因为失效分析是一个涉及面很广的交叉学科，掌握了正确的失效分析方法，才能找到真正合乎实际的失效原因，提出补救和预防措施。零件失效分析方法大体有：

1. 无损检测

无损检测是针对材料在冶金、加工、使用过程中产生的缺陷和裂纹用无损探伤法进行检查，以查清其状态及分布。最常见的无损检验有磁粉检验、液体渗透性检验、超声波检验、涡流检验、放射性检验、超声波检验等。

2. 断口分析

断口分析是对断口进行全面的宏观及微观观察分析，确定裂纹的发源地、扩展区和最终断裂区，判断出现断裂的性质和机理。

3. 金相分析

通过观察分析零件，特别是失效源周围显微组织的构成情况，如组织组成物的形态、粗细、数量、分布及其均匀性等，辨析各种组织缺陷及失效源周围组织的变化，对组织是否正常作出判断。

4. 化学分析

检验材料整体或局部区域的成分是否符合设计要求。如可采用剥层分析查明零件的化学成分沿截面的变化情况；或采用电子探针了解局部区域的化学成分是否异常。

5. 力学分析

采用实验分析方法，检查分析失效零件的应力分布、承载能力以及脆断倾向等。

10.1.2.2 零件失效分析工作步骤

零件失效分析工作步骤如下：

（1）尽可能仔细收集失效零件的残体，拍照留据，确定重点分析的对象和部位，并在零件失效的发源部位切取样品。

（2）详细整理失效零件的有关资料（如设计资料、加工工艺文件及使用记录等）。

（3）对所选样品进行宏观及微观的断口分析以及必要的金相剖面分析，确定失效的发源地及失效的方式。

（4）测定样品的必要数据，包括设计所依据的性能指标及与失效有关的性能数据，材料的组织及化学成分是否符合要求，分析在失效零件上收集到的腐蚀产物的成分、磨屑的成分等。必要时还要进行无损探伤、断裂力学分析等，考查有无裂纹或其他缺陷。

综合多方面的分析资料作出判断，确定失效的原因，提出改进措施，并写出分析报告。

零件失效的原因是多方面的。就材料而言，通过对零件工作条件和失效形式的分析，确定零件对使用性能的要求，将使用性能具体转化为相应的力学性能指标，根据这些指标来合理选用材料。表 10.1 为一些零件的工作条件、主要损坏形式及主要力学性能指标。

表 10.1   一些零件的工作条件、主要损坏形式及主要力学性能指标

零件名称	工作条件	失效形式	主要性能指标
钢丝绳	静拉应力，偶有冲击	脆性断裂，磨损	抗拉强度，硬度
连杆螺栓	交变拉应力	塑性变形，疲劳断裂	屈服强度，疲劳强度
传动轴	交变弯、扭应力，轴颈摩擦	疲劳断裂，磨损	疲劳强度，硬度
齿轮	交变弯曲应力，交变接触应力，冲击载荷，齿面摩擦	轮齿折断，接触疲劳，齿面磨损，塑性变形	抗弯强度，疲劳强度，硬度
弹簧	交变应力，振动	塑性变形，疲劳断裂	弹性模量，疲劳强度，屈强比
滚动轴承	交变压应力，滚动摩擦	磨损，接触疲劳	抗压强度，疲劳强度，硬度
机座	压应力，复杂应力，振动	过量弹性变形，疲劳断裂	弹性模量，疲劳强度

10.2   机械零件选材的基本原则及方法

机械零件的选材是一项十分重要的工作。选材是否恰当，特别是一台机器中关键零件的选材是否恰当，将直接影响到产品的使用性能、使用寿命及制造成本。选材不当，严重的可能导致零件的完全失效。

判断零件选材是否合理的基本标志是：能否满足必需的使用性能；能否具有良好的工艺性能；能否实现最低成本。选材的任务就是求得三者之间的统一。

10.2.1   机械零件选材的基本原则

1. 使用性能与选材

材料在使用过程中的表现，即使用性能，是选材时考虑的最主要根据。不同零件所要求的使用性能是很不一样的，有的零件主要要求高强度，有的则要求高的耐磨性，而另外一些甚至无严格的性能要求，仅仅要求有美丽的外观。因此，在选材时，首要的任务就是准确地判断零件所要求的主要使用性能。

对所选材料使用性能的要求，是在对零件的工作条件及零件的失效分析的基础上提出的。零件的工作条件是复杂的，要从受力状态、载荷性质、工作温度、环境介质等几个方面全面分析。受力状态有拉、压、弯、扭等；载荷性质有静载、冲击载荷、交变载荷等；工作温度可分为低温、室温、高温、交变温度；环境介质为与零件接触的介质，如润滑剂、海水、酸、

碱、盐等。为了更准确地了解零件的使用性能，还必须分析零件的失效方式，从而找出对零件失效起主要作用的性能指标。

2. 工艺性能与选材

任何零件都是由不同的工程材料通过一定的加工工艺制造出来的。因此，材料的工艺性能，即加工成零件的难易程度，自然应是选材时必须考虑的重要问题。所以，熟悉材料的加工工艺过程及材料的工艺性能，对于正确选材是相当重要的。材料的工艺性能包括铸造性能、压力加工性能、焊接性能、切削加工性能、热处理性能等。

与使用性能的要求相比，工艺性能处于次要地位；但在某些情况下，工艺性能也可成为主要考虑的因素。当工艺性能和机械性能相矛盾时，有时正是工艺性能的考虑使得某些机械性能显然合格的材料不得不加以舍弃，此点对于大批量生产的零件特别重要。因为在大量生产时，工艺周期的长短和加工费用的高低，常常是生产的关键。例如，为了提高生产效率，而采用自动机床实行大量生产时，零件的切削性能可成为选材时考虑的主要问题。此时，应选用易切削钢之类的材料，尽管它的某些性能并不是最好的。

有时，通过改进强化方式或方法，可以将廉价材料制成性能更好的零件。所以选材时，要把材料成分和强化手段紧密结合起来综合考虑。另外，当材料进行预选后，还应当进行实验室试验、台架试验、装机试验、小批生产等，进一步验证材料机械性能选择的可靠性。

3. 经济性与选材

用最低的成本生产出所需的产品，是指导生产的基本法则。而影响总成本的因素有材料的价格、零件的自重、零件的寿命、零件的加工费用、试验研究费及维修费等。因此，除了使用性能与工艺性能外，经济性也是选材必须考虑的重要问题。选材的经济性不单是指选用的材料本身价格应便宜，更重要的是采用所选材料来制造零件时，可使产品的总成本降至最低，同时所选材料应符合国家的资源情况和供应情况，等等。

不同材料的价格差异很大，而且在不断变化，因此设计人员应对材料的市场价格有所了解，以便于核算产品的制造成本；随着工业的发展，资源和能源的问题日益突出，选用材料时必须对此有所考虑，特别是对于大批量生产的零件，所用的材料应该是来源丰富并符合我国的资源状况。如采用我国资源丰富的合金钢系列的钢种，用含 Mn、Si、B、Mo、V 等元素的合金钢代替含 Cr、Ni 等元素的合金钢，所选材料的牌号应按照国家新标准，尽量压缩材料规格和品种，以便于采购和管理。选材应有利于推广新材料、新工艺，能满足组织现代化生产的需要。

10.2.2 机械零件选材的一般程序

每种零件都有多种材料可供选择，应根据选材的基本原则全面衡量，从中选择最佳材料，这不仅需要材料科学和工程技术知识，还需要有经济观点和实践经验。选择的材料要适应加工要求，而加工过程又会改变材料的性质，从而使选材过程变得更加复杂。选材的任务贯穿于产品开发、设计、制造等各个阶段，在使用过程中还要及时采用新材料、新工艺，对产品不断进行改进。所以选材是一个不断反复、完善的连续过程，选材的一般程序如图 10.1 所示。

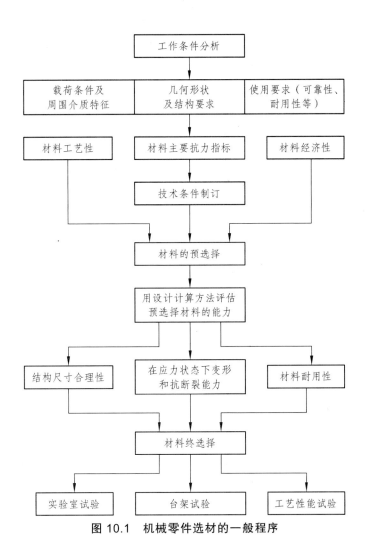

图 10.1 机械零件选材的一般程序

10.3 典型零件的选材及工艺示例

10.3.1 齿轮类零件的选材

齿轮是机械、汽车、拖拉机中应用最广的零件之一，主要用于功率的传递和速度的调节。

1. 齿轮的工作条件

① 由于传递扭矩，齿根承受较大的交变弯曲应力。

② 齿面相互滑动和滚动，承受较大的接触应力，并发生强烈的摩擦。

③ 由于换挡、启动或啮合不良，齿部承受一定的冲击。

2. 主要失效形式

① 轮齿折断。有两类断裂形式：一类为疲劳断裂，主要发生在齿根，常常一齿断裂引起数齿甚至更多的齿断裂；另一类是过载断裂，主要是冲击载荷过大造成断齿。

② 齿面磨损。由于齿面接触区摩擦，使齿厚变小，齿隙增大。

③ 齿面的剥落。在交变接触应力的作用下，齿面产生微裂纹并逐渐发展，引起点状剥落。

3. 齿轮材料的性能要求

根据工况及失效形式的分析，可以对齿轮材料提出如下性能要求：高的弯曲疲劳强度；高的接触疲劳强度和耐磨性；较高的强度和冲击韧性；此外，还要求有较好的热处理工艺性能，如热处理变形小等。

4. 齿轮类零件的选材

根据工作条件，表 10.2 列出了一般齿轮的选材（典型钢号）和热处理方法。

表 10.2　齿轮的选材和热处理方法

序号	工作条件	选用材料	热处理方法	硬　度
1	尺寸较小，主要传递运动，低速，润滑条件差，要求有一定的耐磨性，如仪表齿轮	尼龙或铜合金	—	—
2	中等尺寸，低速，主要传递运动，润滑条件差，工作平稳，如机床中的挂轮	HT200	正火	170～230 HBW
		45 钢		170～200 HBW
3	中等尺寸，中速，中等载荷，要求有一定的耐磨性，如机床变速箱中的次要齿轮	45 钢	调质＋表面淬火＋低温回火	心部：200～250 HBW 齿面：45～50 HRC
4	齿轮截面较大，中速，中等载荷，耐磨性好，如机床变速箱、走刀箱中的齿轮	40Cr 钢	调质＋表面淬火＋低温回火	心部：230～280 HBW 齿面：48～53 HRC
5	中等尺寸，高速，受冲击，中等载荷，耐磨性高，如机床变速箱齿轮或汽车、拖拉机的传动齿轮	20Cr 钢	渗碳＋淬火＋低温回火	齿面：56～62 HRC
6	中等或较大尺寸，高速，重载，受冲击，要求高耐磨性，如汽车中的驱动齿轮和变速箱齿轮	20CrMnTi 钢	渗碳＋淬火＋低温回火	齿面：58～63 HRC

5. 典型齿轮选材举例

（1）机床齿轮。

机床变速箱齿轮担负传递动力、改变运动速度和方向的任务。工作条件较好，转速中等，载荷不大，工作平稳无强烈冲击。因此，一般可选中碳钢（45 钢）制造，调质处理后心部有足够的强韧性，能承受较大的弯曲应力和冲击载荷。表面采用高频淬火强化，一方面提高了耐磨性，硬度可达 52 HRC 左右；另一方面在表面造成一定的压应力，也提高了抗疲劳破坏的能力。为了提高淬透性，也可选用中碳合金钢（40Cr 钢）。

工艺路线为：下料→锻造→正火→粗加工→调质→精加工→轮齿高频淬火及低温回火→精磨。

机床齿轮除选用金属齿轮外，有的还可改用塑料齿轮，如聚甲醛齿轮、单体浇铸尼龙齿轮，工作时传动平稳，噪声减少，长期使用磨损很小。

（2）汽车齿轮。

汽车齿轮主要分装在变速箱和差速器中。汽车齿轮受力较大，受冲击频繁，其耐磨性、疲劳强度、心部强度以及冲击韧性等，均要求比机床齿轮高，因此对材料要求较高。一般用合金渗碳钢 20Cr 或 20CrMnTi 制造。20CrMnTi 钢在渗碳、淬火、低温回火后，具有较好的力学性能，表面硬度可达 58～62 HRC，心部硬度达 30～45 HRC。正火态切削加工工艺性和热处理工艺性均较好。为了进一步提高齿轮的耐用性，渗碳、淬火、回火后，还可采用喷丸处理，以增大表面压应力。

渗碳齿轮的工艺路线为：下料→锻造→正火→切削加工→渗碳、淬火及低温回火→喷丸→磨削加工。

10.3.2 轴类零件选材

1. 轴类零件的工作条件及失效形式

机床主轴、花键轴、变速轴、丝杠以及内燃机曲轴、连杆和汽车传动轴、半轴都属于轴类零件，它们在机械制造中占有相当重要的地位。

轴类零件工作时主要受交变弯曲和扭转应力的复合作用以及一定的冲击载荷。其失效形式主要有：长期交变载荷下的疲劳断裂（包括扭转疲劳和弯曲疲劳断裂）；大载荷或冲击载荷作用引起的过量变形、断裂；与其他零件相对运动时产生的表面过度磨损。

2. 轴类零件的性能要求

根据工况及失效形式的分析，可以对轴用材料提出如下性能要求：良好的综合力学性能（为减少应力集中效应和缺口敏感性，防止轴在工作中突然断裂，需要轴的强度、塑性和韧性有良好配合）；疲劳强度高，以防疲劳断裂；良好的耐磨性，以防轴颈磨损。

3. 轴类零件的选材

为了兼顾强度和韧度，同时考虑疲劳抗力，轴一般用中碳合金调质钢（主要有 45、40Cr、40MnB、30CrMnSi、35CrMo 和 40CrNiMo）制造。具体的选材原则是：① 受力较小，不重要的轴选用普通碳素钢。② 受弯扭交变载荷的一般轴广泛使用中碳钢，经调质或正火处理。要求轴颈等处耐磨时，可局部表面淬火。③ 同时承受轴向和弯扭交变荷载，又承受一定冲击的较重要的轴，可选用合金调质钢，如 40Cr、40MnB、40CrNiMo 等，经调质和表面淬火。④ 承受较重交变载荷、冲击载荷和强烈摩擦的轴，可选用低碳合金渗碳钢，如 20Cr、20CrMnTi、20MnVB 钢等，经渗碳淬火、回火。⑤ 承受较重交变载荷和强烈摩擦，转速高、精度要求高的重要轴，可选用渗氮钢（如 38CrMoAl 钢）调质后渗氮处理。⑥ 对主要经受交变扭转载荷、冲击较小、要求耐磨而又结构复杂的轴，可选用球墨铸铁，对大型低速轴可采用铸钢。

4. 典型轴的选材

（1）机床主轴选材。

图 10.2 是 C620 车床主轴的结构简图。机床主轴是典型的受扭转-弯曲复合作用的轴件，它受的应力不大（中等载荷），承受的冲击载荷也不大，如果使用滑动轴承，轴颈处要求耐磨。

因此大多采用 45 钢制造，并进行调质处理，轴颈处由表面淬火来强化。载荷较大时则用 40Cr 等低合金结构钢来制造。

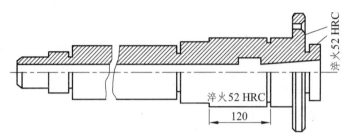

图 10.2　C620 车床主轴及热处理技术条件

可以确定 45 钢 C620 车床主轴的热处理工艺为调质处理，硬度要求为 220～250 HBS；轴颈及锥孔进行表面淬火，硬度要求为 52 HRC。其具体的加工工艺路线为：下料→锻造→正火→粗加工→调质→精加工→轴颈及锥孔表面淬火和低温回火→磨削加工→成品。

（2）内燃机曲轴选材。

曲轴是内燃机中把往复运动变为旋转运动的关键部件，承受周期变化的惯性力、扭转和弯曲应力，在主轴颈与连杆颈处产生摩擦，在高速内燃机中还要承受扭振的作用。曲轴的失效形式主要是疲劳断裂和轴颈严重磨损。因此材料要有高强度，一定的冲击韧性，足够的弯曲、扭转疲劳强度和刚度，轴颈表面有高硬度和耐磨性。下面简述锻钢曲轴和球墨铸铁曲轴这两类曲轴的工艺过程及性能特点。

东风型内燃机车曲轴由于断面大，采用球墨铸铁时球化困难，易产生畸变石墨使性能降低，所以采用合金钢锻造工艺制造。如 12V180 型曲轴选用 42CrMoA 钢，其生产工艺过程为：下料→锻造→退火（消除白点及锻造内应力）→粗车→调质→细车→低温退火（消除内应力）→精车→探伤→表面淬火 + 低温回火→热校直→低温去应力→探伤→镗孔→粗磨→精磨→探伤。

130 型汽车球墨铸铁曲轴选用 QT600-2 球墨铸铁，其加工工艺路线为：熔铸（含球化处理）→正火→切削加工→表面处理（表面淬火、软渗氮或圆角滚压强化）→成品。

（3）汽车半轴。

汽车半轴是典型的受扭矩的轴件，但工作应力较大，且受相当大的冲击载荷，其结构如图 10.3 所示。最大直径达 50 mm 左右，用 45 钢制造时，即使水淬也只能使表面淬透深度为半径的 10%。为了提高淬透性，并在油中淬火防止变形和开裂，中、小型汽车的半轴一般用 40Cr 制造，重型车用 40CrMnMo 等淬透性很高的钢制造。

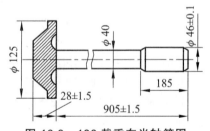

图 10.3　130 载重车半轴简图

130 载重车半轴选用 40Cr 合金钢，其热处理工艺为调质处理，性能要求为杆部硬度 37～44 HRC；盘部外圆硬度 24～34 HRC。加工工艺路线为：下料→锻造→正火→机械加工→调质→盘部钻孔→磨花键。

10.3.3 弹簧选材

1. 弹簧的工作条件及失效形式

弹簧是一种重要的机械零件。它的基本作用是利用材料的弹性和弹簧本身的结构特点，在载荷作用下变形时，把机械能或动能转变为形变能；在恢复变形时，把形变能转变为动能或机械能。

弹簧在外力作用下压缩、拉伸、扭转时，材料将承受弯曲应力或扭转应力。缓冲、减振或复原用的弹簧承受交变应力和冲击载荷的作用。某些弹簧受到腐蚀介质和高温的作用。其失效形式主要有：塑性变形、疲劳断裂、快速脆性断裂和腐蚀断裂及永久变形。

2. 弹簧零件的性能要求

根据工况及失效形式的分析，可以对弹簧用材料提出如下性能要求：① 高的弹性极限 σ_e 和高的屈强比 σ_s/σ_b；② 高的疲劳强度；③ 好的材质和表面质量；④ 某些弹簧需要材料有良好的耐蚀性和耐热性，保证在腐蚀性介质和高温条件下的使用性能。

3. 弹簧的选材

弹簧种类很多，载荷大小相差悬殊，使用条件和环境各不相同。制造弹簧的材料很多，金属材料、非金属材料（如塑料、橡胶）都可用来制造弹簧。由于金属材料的成形好、容易制造、工作可靠，在实际生产，多选用弹性极高的金属材料来制造弹簧，如碳素钢、合金弹簧钢、铜合金等。

根据生产特点的不同，弹簧钢通常分为热轧弹簧用材和冷轧（拔）弹簧用材两大类。

热轧弹簧用材是将弹簧钢通过热轧方法加工成圆钢、方钢、盘条和扁钢，制造尺寸较大、承载较重的螺旋弹簧或板簧。弹簧热成形后要进行淬火及回火处理。冷轧（拔）弹簧用材以盘条、钢丝或薄钢带（片）供应，用来制造小型螺旋弹簧、片簧、蜗卷弹簧等。不锈钢（如 0Cr18Ni9、1Cr18Ni9、1Cr18Ni9Ti 等）也可用来制造弹簧，一般通过冷轧（拔）加工成带或丝材，制造在腐蚀性介质中使用的弹簧。黄铜、锡青铜、铝青铜、铍青铜具有良好的导电性、非磁性、耐蚀性、耐低温性及弹性，用于制造电器、仪表弹簧及在腐蚀性介质中工作的弹性元件。

4. 典型弹簧的选材

（1）汽车板簧。

汽车板簧用于缓冲和吸振，承受很大的交变应力和冲击载荷的作用，需要高的屈服强度和疲劳强度，一般选用 65Mn、60Si2Mn 钢制造；中型或重型汽车板簧用 50CrMn、55SiMnVB 钢制造；重型载重汽车大截面板簧用 55SiMnMoV、55SiMnMoVNb 钢制造。其加工工艺路线为：热轧钢带（板）冲裁下料→压力成形→淬火→中温回火→喷丸强化。

淬火温度为 850~860 ℃（60Si2Mn 钢为 870 ℃），采用油冷，淬火后组织为马氏体。回火温度为 420~500 ℃，组织为回火屈氏体。$\sigma_{0.2}$ 不低于 1 100 MPa，硬度为 42~47 HRC，冲击韧性 a_K 为 250~300 kJ/m^2。

（2）火车螺旋弹簧。

火车螺旋弹簧用于机车和车体的缓冲和吸振，其使用条件和性能要求与汽车板簧相近。

使用 50CrMn、55SiMnMoV 钢等制造。其工艺路线为：热轧钢棒下料→两头制扁→热卷成形→淬火→中温回火→喷丸强化→端面磨平。淬火与回火工艺同汽车板簧。

（3）气门弹簧。

内燃机气门弹簧是一种压缩螺旋弹簧。其用途是在凸轮、摇臂或挺杆的联合作用下，使气门打开和关闭，承受应力不是很大，可采用淬透性比较好、晶粒细小、有一定耐热性的 50CrVA 钢制造。其加工工艺路线为：冷卷成形→淬火→中温回火→喷丸强化→两端磨平。

将冷拔退火后的盘条校直后用自动卷簧机卷制成螺旋状，切断后两端并紧，经 850～860 ℃ 加热后油淬，再经 520 ℃ 回火，组织为回火屈氏体，喷丸后两端磨平。气门弹簧也可用冷拔后经油淬及回火后的钢丝制造，绕制后经 300～350 ℃ 加热消除冷卷簧时产生的内应力。

10.3.4　刃具选材

切削加工使用的车刀、铣刀、钻头、锯条、丝锥、板牙等工具统称为刃具。

1. 刃具的工作条件及失效形式

刃具切削材料时，受到被切削材料的强烈挤压，刃部受到很大的弯曲应力。某些刃具（如钻头、铰刀）还会受到较大的扭转应力作用；刃具刃部与被切削材料强烈摩擦，刃部温度可升到 500～600 ℃；机用刃具往往承受较大的冲击与振动。其失效形式主要有：磨损、断裂和刃部软化。

2. 刃具材料的性能要求

根据工况及失效形式的分析，可以对刃具用材料提出如下性能要求：① 高硬度、高耐磨性，硬度一般要大于 62 HRC；② 高的红硬性；③ 强韧性好；④ 高的淬透性。

3. 刃具的选材

制造刃具的材料有碳素工具钢（如 T8、T10、T12 钢等）、低合金刃具钢（如 9SiCr、CrWMn 等）、高速钢（如 W18Cr4V、W6Mo5Cr4V2 等）、硬质合金（如 YG6、YG8、YT6、YT15 等）和陶瓷（如 Si_3N_4）等，根据刃具的使用条件和性能要求进行选用。

4. 典型刃具选材

（1）板锉。

板锉（见图 10.4）是钳工常用的工具，用于锉削其他金属。其表面刃部要求有高的硬度（64～67 HRC），柄部要求硬度 <35 HRC。锉刀可用 T12 钢制造，其加工工艺路线为：热轧钢板（带）下料→锻（轧）柄部→球化退火→机加工→淬火→低温回火。

（2）齿轮滚刀。

齿轮滚刀的形状如图 10.5 所示。齿轮滚刀是生产齿轮的常用刃具，用于加工外啮合的直齿和斜齿渐开线圆柱齿轮。其形状复杂，精度要求高。齿轮滚刀可用高速钢 W18Cr4V 制造。其加工工艺路线为：热轧棒材下料→锻造→退火→机加工→淬火→回火→精加工→表面处理。

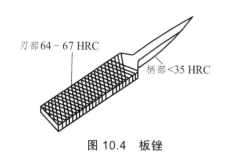

图 10.4 板锉

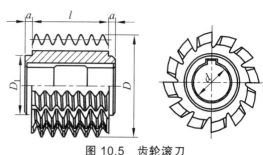

图 10.5 齿轮滚刀

10.4 毛坯成形工艺的选择

在机械零件的制造中,绝大多数零件是由原材料通过铸造、锻造、冲压或焊接等成形方法先制成毛坯,再经过切削加工制成的。而毛坯的成形方法选择正确与否,对零件的制造质量、使用性能和生产成本等都有很大的影响。因此,正确选择毛坯的种类及成形方法是机械设计与制造中的重要任务。

10.4.1 毛坯的种类

1. 铸 件

用铸造方法获得的零件或毛坯称为铸件。几乎所有的金属材料都可进行铸造,其中铸铁应用最广,而且铸铁件也只能用铸造的方法来生产。常用于铸造的碳钢为低、中碳钢。铸造既可生产几克到二百余吨的铸件,也可生产形状简单到复杂的各种铸件,特别是内腔复杂的毛坯常用铸造方法生产,铸件形状和尺寸与零件较接近,可节省金属材料和切削加工工时,一些特种铸造方法成为少、无切削加工的重要方法之一。同时,铸造所用的设备简单,原材料来源广泛,价格低廉。因此,在一般情况下铸造的生产成本较低,是优先选用的方法。

但是铸件的组织较粗大,内部易产生气孔、缩松、偏析等缺陷,这些都使铸件的力学性能比相同材料的锻件低,特别是冲击韧度低,所以一些重要零件和承受冲击载荷的零件不宜用铸件作零件的毛坯。可是,随着科学技术的不断发展,一些传统锻造毛坯(如曲轴、连杆、齿轮等)也逐渐被球墨铸铁件等所取代。

2. 锻 件

锻件是固态金属材料在外力作用下通过塑性变形而获得的。由于塑性变形,锻件内部的组织较致密,没有铸造组织中的缺陷,所以锻件比相同材料铸件的力学性能高。尤其是塑性变形后型材中纤维组织重新分布,符合零件受力的要求,更能发挥材料的潜力。锻件常用于强度高、耐冲击、抗疲劳等重要零件的毛坯。与铸造相比,锻造方法难以获得形状较复杂(特别内腔)的毛坯,且锻件成本一般比铸件要高,金属材料的利用率也较低。

自由锻造适用于单件、小批量生产,形状简单的大型零件的毛坯,其缺点是精度不高,表面不光洁，加工余量大，消耗金属多。模锻件的形状可比自由锻件复杂，且尺寸较准确，表面较光洁，可减少切削加工成本，但模锻锤和锻模价格高，所以模锻适用于中、小型件的成批、大量生产。

3. 冲压件

冲压可制造形状复杂的薄壁零件，冲压件的表面质量好，形状和尺寸精度高（取决于冲模质量），一般可满足互换性的要求，故一般不必再经切削加工便可直接使用。冲压生产易于实现机械化与自动化，所以生产效率较高，产品的合格率和材料利用率高，故冲压件的制造成本低。但冲压件只适合大量生产，因为模具制造的工艺复杂、成本高、周期较长，只有在大量生产中才能显示其优越性。

4. 焊接件

焊接件是借助于金属原子间的扩散和结合的作用，把分离的金属制成永久性的结构件。焊接件的尺寸、形状一般不受限制，可以小拼大、结构轻便、材料利用率高、生产周期短，主要用来制造各种金属结构件，也用来制造零件的毛坯和修复零件，特别适合用来制造单件、大型、形状复杂的零件或毛坯，不需要重型与专用设备，产品改型方便。焊接件接头的力学性能与母材接近，可以采用钢板或型钢焊接，也可采用铸-焊、锻-焊或冲-焊联合工艺制成。但是焊接过程是一个不均匀加热和冷却的过程，焊接构件内易产生内应力和变形，接头的热影响区力学性能有所下降。

5. 型　材

用各种炼钢炉冶炼成的钢在浇注成钢锭后，除少量用来制造大型锻件外，85%～95%的铸钢锭通过轧制等压力加工方法制成各种型材。型材具有流线（或纤维）组织，其力学性能具有方向性，即顺着流线方向的抗拉强度高、塑性好，而垂直于流线方向的抗拉强度低、塑性差，但抗剪强度高。型材是大量生产的产品，可直接从市场上购得，价格便宜，可简化制造工艺和降低制造成本。普通机械零件毛坯多采用热轧型材，尽管其尺寸精度与表面质量稍差，在不影响零件性能的情况下，一般还是优先选用型材。

型材的截面形状和尺寸有多种，常见的型材有型钢、钢板、钢管、钢丝、钢带等。可根据零件的尺寸及形状选用，使切去的金属最少。

10.4.2　毛坯成形工艺选择的原则与依据

10.4.2.1　毛坯成形工艺选择的原则

零件设计时，应根据零件的工作条件、所需功能、使用要求及其经济指标（如经济性、生产条件、生产批量等）等方面进行零件结构设计（如确定形状、尺寸、精度、表面粗糙度等）、材料选用（如选定材料、强化改性方法等）、工艺设计（如选择成形方法、确定工艺路线等）等。正确选择毛坯成形方法具有重要的技术经济意义，选择时必须考虑以下主要原则与依据：

1. 适用性原则

适用性原则是指要满足零件的使用要求及对成形加工工艺性的适应。

（1）满足使用要求。零件的使用要求包括对零件形状、尺寸、精度、表面质量、材料成分和组织的要求，以及工作条件对零件材料性能的要求。不同零件，功能不同，其使用要求也不同，即使是同一类零件，其选用的材料与成形方法也会有很大差异。例如，机床的主轴和手柄，同属杆类零件，但其使用要求不同，主轴是机床的关键零件，尺寸、形状和加工精度要求很高，受力复杂，在长期使用中不允许发生过量变形，应选用 45 钢或 40Cr 钢等具有良好综合力学性能的材料，经锻造成形及严格切削加工和热处理制成；而机床手柄则采用低碳钢圆棒料或普通灰铸铁件为毛坯，经简单的切削加工即可制成。又如燃气轮机叶片与风扇叶片，虽然同样具有空间几何曲面形状，但前者应采用优质合金钢经精密锻造成形，而后者则可采用低碳钢薄板冲压成形。另外，在根据使用要求选择成形方法时，还必须注意各种成形方法能够经济获得的制品尺寸形状精度、结构形状复杂程度、尺寸质量大小等。

（2）适应成形加工工艺性。成形加工工艺性的好坏对零件加工的难易程度、生产效率、生产成本等起着十分重要的作用。因此，选择成形方法时，必须注意零件结构与材料所能适应的成形加工工艺性。例如，当零件形状比较复杂、尺寸较大时，用锻造成形往往难以实现，如果采用铸造或焊接，则其材料必须具有良好的铸造性能或焊接性能，在零件结构上也要适应铸造或焊接的要求。

2. 经济性合理原则

经济性合理原则是指在满足使用性能要求的前提下以最少的投入，生产出最多的产品，或按时完成预期的某项生产任务，最终取得最大的经济效益。在选择毛坯类型及其具体的成形方法时，应在保证零件使用要求的前提下，对可供选择的方案应从经济上进行分析比较，从中选择成本低廉的成形方法。如生产一个小齿轮，可以从圆棒料切削而成，也可以采用小余量锻造齿坯，还可用粉末冶金制造，至于最终选择何种成形方法，应该在比较全部成本的基础上确定。

（1）将满足使用要求与降低成本统一起来。不顾使用要求，片面强调降低成形加工成本，则会导致零件达不到工作要求、提前失效，甚至造成重大事故；反之，脱离使用要求，对成形加工提出过高要求，会造成无谓的浪费。因此，为能有效降低成本，应合理选择零件材料与成形方法。例如，汽车、拖拉机发动机曲轴，承受交变、弯曲与冲击载荷，设计时主要是考虑强度和韧性的要求，曲轴形状复杂，具有空间弯曲轴线，多年来选用调质钢（如 40、45、40Cr、35CrMo 等）模锻成形。现在普遍改用疲劳强度与耐磨性较高的球墨铸铁（如 QT600-3、QT700-2 等），用砂型铸造成形，不仅可满足使用要求，而且成本降低了 50%～80%，加工工时减少了 30%～50%，还提高了耐磨性。

（2）应从降低零件总成本考虑。为获得最大的经济效益，不能仅从成形工艺角度考虑经济性，应从所用材料价格、零件成品率、整个制造过程加工费、材料利用率与回收率、零件寿命成本、废弃物处理费用等方面进行综合考虑。例如，手工造型的铸件和自由锻造的锻件，虽然毛坯的制造费用一般较低（生产准备时间短、工艺装备的设计制造费用低），但原材料消耗和切削加工费用都比机器造型的铸件和模锻的锻件高，因此在大批量生产时，零件的整体制造成本反而高。而某些单件或小批量生产的零件，采用焊接件代替铸件或锻件，可使成本较低。再如螺钉，在单件小批量生产时，可选用自由锻件或圆钢切削而成。但在大批量制造标准螺钉时，考虑加工费用在零件总成本中占很大比例，应采用冷镦、搓丝方法制造，使总成本大大下降。

又如，某工厂制造直柄麻花钻，年产量200万件，所用材料为高速钢，其材料成本占制造成本的78%。该厂采用轧制成形麻花钻坯，并设法提高其轧制毛坯精度后，磨削余量由原来的0.4 mm减为0.2 mm，每年从中可节约高速钢47.8 t，另外还可节约磨削工时与砂轮消耗。由此可见大批量生产时，毛坯精度及相应成形工艺的重要性。

3. 与环境相宜原则

与环境相宜原则是指生产中要转变高消耗、重污染的传统生产模式，走可持续发展的道路，使加强工业生产与环境保护协调统一，力求做到与环境相宜，对环境友好。目前，随着全球工业化的发展，环境已成为全球关注的大问题。能源枯竭、大气污染和水污染加剧、臭氧层破坏、地球温暖化、酸雨、固体垃圾增加、森林面积减小、生物物种不断减少等，环境恶化不仅阻碍生产发展，甚至危及人类的生存。因此，人们在发展工业生产的同时，必须考虑环境保护问题。下面简述几个有关问题：

（1）对环境友好的含义。对环境友好就是要使环境负载小，即能量耗费少，碳排放量少（大量排出CO_2气体，会导致地球温度升高）；贵重资源用量少；废弃物少，再生处理容易，能够实现再循环；不使用、不产生对环境有害的物质。

（2）环境负载性的评价。环境负载性评价是指考虑从原料到制成毛坯，然后经成形加工成制品，再经使用至损坏而废弃，或回收、再生循环利用，在整个过程中所消耗的全部能量（即全寿命消耗能量）、碳排放量，以及在各阶段产生的废弃物、有毒气体、废水等。这就是说，评价环境负载性，谋求对环境友好，不能仅考虑制品的生产工程，而应全面考虑生产、还原两个工程。还原工程就是指制品制造时的废弃物及其使用后的废弃物的再循环、再资源化工程。这一点将会对材料与成形方法的选择产生根本性的影响。例如，汽车在使用时需要燃料并排出废气，人们就希望出现尽可能节能的汽车，故首先要求汽车轻，发动机效率高，这必然要通过更新汽车用材与成形方法才可能实现。

10.4.2.2　毛坯成形工艺选择的依据

1. 零件类别、用途、功能、使用性能要求、结构形状与复杂程度、尺寸大小、技术要求等

根据零件类别、用途、功能、使用性能要求、结构形状与复杂程度、尺寸大小、技术要求等，可基本确定零件应选用的材料与成形方法。而且，通常是根据材料来选择成形方法。例如，机床床身这类零件是各类机床的主体，且为非运动零件，它主要的功能是支承和连接机床的各个部件，以承受压力和弯曲应力为主，同时为了保证工作的稳定性，应有较好的刚度和减振性，机床床身一般又都是形状复杂，并带有内腔的零件。故在大多数情况下，机床床身选用灰铸铁件为毛坯，其成形工艺一般采用砂型铸造。

除力学性能外，零件图上还常提出尺寸、位置精度和表面质量要求。对于加工表面，大多选择切削加工方法实现上述要求；对于非加工表面的尺寸精度和表面质量，则必须由选择的毛坯生产方法来实现。例如，熔模铸件及压铸件的尺寸精度、表面质量等比砂型铸造高，

用于生产汽车、拖拉机、机床、仪器仪表及日用五金小铸件，能取得很好的使用效果和经济效益。CA6140 车床的 74 个零件采用熔模铸件后，材料利用率为 81.2%，而这些零件用圆钢和锻件进行切削加工时，材料利用率仅为 31.5%。每吨熔模铸件可替代 2.5 t 钢材所锻的锻件，同时还可大大减少切削加工工时。实践表明，每吨熔模铸件可节省切削加工工时 3 600 h，从而大大提高了经济效益。

2. 零件的生产批量

选定成形方法应考虑零件的生产批量。一般单件小批量生产时，选用通用设备和工具、低精度低生产率的成形方法，这样，毛坯生产周期短，能节省生产准备时间和工艺装备的设计制造费用，虽然单件产品消耗的材料及工时多，但总成本较低。如铸件选用手工砂型铸造方法，锻件采用自由锻或胎模锻方法，焊接件以手工焊接为主，薄板零件则采用钣金钳工成形方法等；大批量生产时，应选用专用设备和工具，以及高精度、高生产率的成形方法，这样，毛坯生产效率高、精度高，虽然专用工艺装置增加了费用，但材料的总消耗量和切削加工工时会大幅降低，总的成本也降低。如采用机器造型、模锻、埋弧自动焊或自动、半自动气体保护焊以及板料冲压、注塑成形等成形方法。特别是大批量生产材料成本所占比例较大的制品时，采用高精度、近净成形新工艺生产的优越性就显得尤为显著。例如，中、小齿轮生产，在生产批量较小时，从棒材切削制造的总成本应是有利的；当生产批量较大时，使用锻造齿坯，能获得显著的经济效益。对于大齿轮，如仅需要 500 个，则使用盘状毛坯和钻孔是比较经济的，若数量增加至 5 000 个，利用毂筒状锻件最为有利，因为随着齿轮数量的增加，最初模锻的成本会逐渐降低，并可节约金属和切削成本。

在一定条件下，生产批量还会影响毛坯材料和成形工艺的选择，如机床床身，大多情况下采用灰铸铁件为毛坯，但在单件生产条件下，由于其形状复杂，制造模样、造型、造芯等工序耗费材料和工时较多，经济上往往不合算，若采用焊接件，则可以大大缩短生产周期，降低生产成本（但焊接件的减振、减摩性不如灰铸铁件）。

3. 实际生产条件

在选择成形方法时，必须考虑企业的实际生产条件，如设备条件、技术水平、管理水平等。一般情况下，应在满足零件使用要求的前提下，充分利用现有生产条件。当采用现有条件不能满足产品生产要求时，可考虑调整毛坯种类、成形方法，对设备进行适当的技术改造；或扩建厂房，更新设备，提高技术水平；或通过厂间协作解决。

如单件生产大、重型零件时，一般工厂往往不具备重型与专用设备，此时可采用板、型材焊接，或将大件分成几小块铸造、锻造、冲压，再采用铸-焊、锻-焊、冲-焊联合成形工艺拼成大件，这样不仅成本较低，而且一般工厂也可以生产。再如，有一规模不大的机械工厂，承接了机车配件的生产任务，该产品由一些小型锻件、铸件和标准件组成，这些锻件若能采用锤上模锻成形的方法生产最为理想，但该厂无模锻锤，经过技术、经济分析，认为采用胎模锻成形比较切实可行和经济合理，然后把有限的资金用于对铸造生产进行技术改造，增置了造型机使铸件生产全部采用机器造型，不仅提高了铸件质量，也提高了该厂的铸造生产能力。

4. 新工艺、新技术、新材料的利用

随着工业的发展、市场的繁荣，人们已不再满足规格化的粗制制品，消费需求日益多样

化和复杂化，这就要求产品的生产方式由少品种、大批量向多品种、小批量转变；要求产品类型更新快，生产周期短；要求产品质量更优，而价格更低。在这种激烈的市场竞争形势下，选择成形方法就不应只着眼于一些常用的传统工艺，而应扩大对新工艺、新技术、新材料的应用，如精密铸造、精密锻造、精密冲裁、冷挤压、液态模锻、特种轧制、超塑性成形、粉末冶金、注塑成形、等静压成形、复合材料成形以及快速成形等，采用少、无余量成形方法，以显著提高产品质量、经济效益与生产效率。

使用新材料往往从根本上改变了成形方法，并显著提高了制品的使用性能。例如，在酸、碱介质下工作的各种阀、泵体、叶轮、轴承等零件，均有抗蚀、耐磨的要求，最早采用铸铁制造，性能差，寿命很短；随后改用不锈钢铸造成形制造；自塑料工业发展后就改用塑料注射成形制造，但塑料的耐磨性不够理想；随着陶瓷工业的发展，又改用陶瓷注射成形或等静压成形制造。

要根据用户的要求不断提高产品质量，改进成形方法。如图 10.6 所示的炒菜铸铁锅的铸造成形，传统工艺是采用砂型铸造成形，因锅底部残存浇口痕疤，既不美观，又影响使用，甚至产生渗漏，且铸锅的壁厚不能太薄，故较粗笨。而改用挤压铸造新工艺生产，定量浇入铁水，不用浇口，直接由上型向下挤压铸造成形，铸出的铁锅外形美观、壁薄、精致轻便、不渗漏、质量好、使用寿命长，并可节约铁水，便于组织机械化流水线生产。

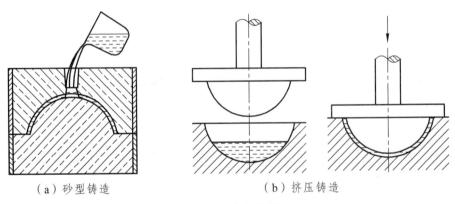

（a）砂型铸造　　　　　　　　（b）挤压铸造

图 10.6　铸造铁锅

总之，在具体选择材料成形方法时，应具体问题具体分析，在保证使用要求的前提下，力求做到质量好、成本低和制造周期短。

10.5　典型机械零件毛坯成形工艺选用示例

例 1：承压油缸。

（1）技术分析。

承压油缸的形状及尺寸如图 10.7 所示，材料为 45 钢，年产量 200 件。技术要求工作压力 15 MPa，进行水压试验的压力 3 MPa。图纸规定内孔及两端法兰接合面要加工，不允许有任何缺陷，其余外圆部分不加工。

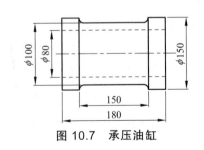

图 10.7　承压油缸

（2）成形工艺方案选择与比较。

对承压油缸的 6 类成形方案进行分析比较，如表 10.3 所示。

表 10.3 承压油缸成形方案分析比较

方案	成形方案		优　点	缺　点
1	用 $\phi150$ mm 圆钢直接切削加工		全部通过水压试验	切削加工费高，材料利用率低
2	砂型铸造	平浇：两法兰顶部安置冒口	工艺简单，内孔铸出，加工量小	法兰与缸壁交接处补缩不好，水压试验合格率低，内孔质量不好，冒口费钢水
		立浇：上法兰用冒口，下法兰用冷铁	缩松问题有改善，内孔质量较好	仍不能全部通过水压试验
3	平锻机模锻		全部通过水压试验，锻件精度高，加工余量小	设备、模具昂贵，工艺准备时间长
4	锤上模锻	工件立放	能通过水压试验，内孔锻出	设备昂贵、模具费用高，不能锻出法兰，外圆加工量大
		工件卧放	能通过水压试验，法兰锻出	设备昂贵、模具费用高，锻不出内孔，内孔加工量大
5	自由锻镦粗、冲孔、带心轴拔长，再在胎模内锻出法兰		全部通过水压试验，加工余量小，设备与模具成本不高	生产效率不够高
6	用无缝钢管，两端焊上法兰		通过水压试验，材料最省，工艺准备时间短，无需特殊设备	无缝钢管不易获得
结论	考虑批量与现实条件，第 5 方案不需特殊设备，胎模成本低，产品质量好，且原材料供应有保证，最为合理			

例 2：单级齿轮减速器。

如图 10.8 所示单级齿轮减速器，外形尺寸 430 mm × 410 mm × 320 mm，传递功率 5 kW，传动比 3.95，主要构成零件有：窥视孔盖、箱盖、螺栓、螺母、弹簧垫圈、箱体、端盖、调整环、齿轮轴、挡油盘、滚动轴承、轴、齿轮等。齿轮减速器主要零件的毛坯成形方法分析如下：

（1）窥视孔盖。

窥视孔盖用于观察箱内情况及加油，力学性能要求不高。单件小批量生产时，采用碳素结构钢（Q235A）钢板下料，或手工造型铸铁（HT150）件毛坯。大批量生产时，采用优质碳素结构钢（08 钢）冲压而成，或采用机器造型铸铁件毛坯。

（2）箱盖、箱体。

箱盖、箱体是传动零件的支承件和包容件，结构复杂，其中的箱体承受压力，要求有良好的刚度、减振性和密封性。因此，在选择箱体、箱盖的毛坯时，主要考虑的不是受力要求，而是成形要求。对于这种受力不大而形状复杂的零件，显然应该优先选用灰铸铁件。灰铸铁件除能满足箱体和箱盖的成形和受力要求外，还具有价格便宜、减振性好的优点。在实际生产中，各类齿轮或蜗轮减速器的箱体、箱盖，大都用 HT200 制造。灰铸铁件的主要缺点是致密性较差，薄壁箱体件要注意进行致密性检查。箱盖、箱体在单件小批量生产时，采用手工造型的铸铁（HT150 或 HT200）件毛坯，或采用碳素结构钢（Q235A）手工电弧焊焊接而成。大批量生产时，采用机器造型铸铁件毛坯。

337

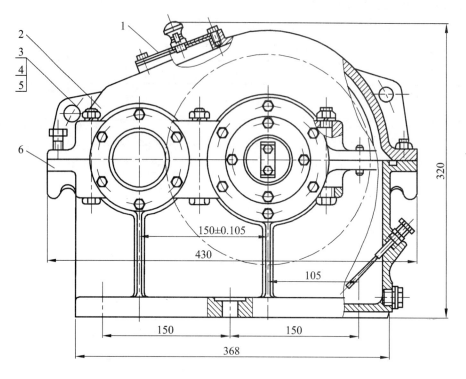

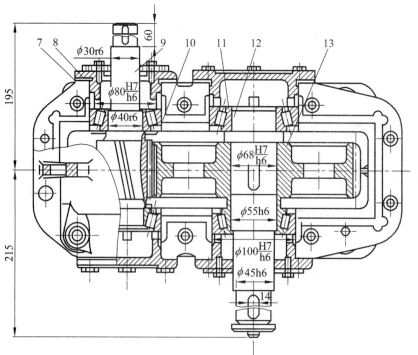

图 10.8 单级齿轮减速器

1—窥视孔盖；2—箱盖；3—螺栓；4—螺母；5—弹簧垫圈；6—箱体；7—端盖；
8—调整环；9—齿轮轴；10—挡油盘；11—滚动轴承；12—轴；13—齿轮

（3）螺栓、螺母。

螺栓、螺母起固定箱盖和箱体的作用，受纵向（轴向）拉应力和横向切应力。采用碳素结构钢（Q235A）镦、挤而成，为标准件。

（4）弹簧垫圈。

弹簧垫圈的作用是防止螺栓松动，要求有良好的弹性和较高的屈服强度。由碳素弹簧钢（65Mn）冲压而成，为标准件。

（5）调整环。

调整环的作用是调整轴和齿轮轴的轴向位置。单件小批量生产采用碳素结构钢（Q235）圆钢下料车削而成。大批量生产采用优质碳素结构钢（08钢）冲压件。

（6）端盖。

端盖用于防止轴承窜动，单件小批量生产时，采用手工造型铸铁（HT150）件或采用碳素结构钢（Q235）圆钢下料车削而成。大批量生产时，采用机器造型铸铁件。

（7）齿轮轴、轴和齿轮。

齿轮轴、轴和齿轮均为重要的传动零件，轴和齿轮轴的轴杆部分受弯矩和扭矩的联合作用，要求具有较好的综合力学性能；齿轮轴与齿轮的轮齿部分受较大的接触应力和弯曲应力，应具有良好的耐磨性和较高的强度。单件生产时，采用中碳优质碳素结构钢（45钢）自由锻件或胎模锻件毛坯，也可采用相应钢的圆钢棒切削而成。大批量生产时，采用相应钢的模锻件毛坯。

（8）挡油盘。

挡油盘的用途是防止箱内机油进入轴承。单件小批量生产时，采用碳素结构钢（Q235）圆钢棒下料切削而成。大批量生产时，采用优质碳素结构钢（08钢）冲压件。

（9）滚动轴承。

滚动轴承受径向和轴向压应力，要求有较高的强度和耐磨性。内外环采用滚动轴承钢（GCr15钢）扩孔锻造，滚珠采用滚动轴承钢（GCr15钢）螺旋斜轧，保持架采用优质碳素结构钢（08钢）冲压件。滚动轴承为标准件。

思考与练习

1. 机械零件有哪些失效形式？失效的基本原因有哪些？它们要求材料的主要性能指标分别是什么？

2. 选材应遵循哪些原则？分析说明如何根据机械零件的服役条件选择零件用钢的碳质量分数及组织状态。

3. 简述钢件的材料与热处理选用方法。

4. 坐标镗床主轴要求表面硬度为900 HV以上，其余硬度为28~32 HRC，且精度极高，试选择材料与热处理工艺。

5. 简述钢件最终热处理工序位置的安排。

6. 零件毛坯选择有哪些基本原则？零件毛坯选择的依据有哪些？

7. 某工厂用 T10 钢制造的钻头对一批铸件进行钻 $\phi 10$ mm 深孔加工，在正常切削条件下，钻几个孔后钻头很快磨损。据检验钻头材料、热处理工艺、金相组织及硬度均合格。试问失效原因和解决办法有哪些？

8. 确定下列工具的材料及最终热处理：

① M6 手用丝锥；   ② $\phi 10$ mm 麻花钻头。

9. 下列工件各应采用所给材料中哪一种材料？并选定其热处理方法。

工件：车辆缓冲弹簧、发动机排气阀门弹簧、自来水管弯头、机床床身、发动机连杆螺栓、机用大钻头、车床尾架顶针、镗床镗杆、自行车车架、车床丝杠螺母、电风扇机壳、普通机床地脚螺栓、粗车铸铁的车刀。

材料：38CrMoAl、40Cr、45、Q235、T7、T10、50CrVA、16Mn、W18Cr4V、KTH300-06、60Si2Mn、2L102、ZCuSn10P1、YG15、HT200。

10. 为什么齿轮多用锻件，而带轮和飞轮多用铸件？

11. 试确定齿轮减速器箱体的材料及其毛坯成形方法，并说明基本理由。

12. 选择你见过或用过的机械设备，试分析其主要零件材料的成形方法。

13. 试为下列齿轮选择材料与毛坯生产方法：

① 承受冲击的高速重载齿轮（$\phi 200$ mm），批量 2 万件；

② 不承受冲击的低速中载齿轮（$\phi 250$ mm），批量 50 件；

③ 小模数仪表用无润滑小齿轮（$\phi 30$ mm），批量 3 000 件；

④ 卷扬机用大型人字齿轮（$\phi 1 500$ mm），批量 5 件；

⑤ 钟表用小模数精密传动齿轮（$\phi 15$ mm），批量 10 万件。

14. 某厂大批量生产（5 万件/年）如图 10.9 所示的接插件，要求材料具有良好的导电性、足够的抗拉强度与塑性、成本低，请选择材料成形方法。

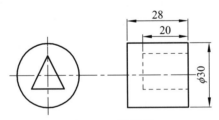

图 10.9　接插件

15. 某厂扩建锻工车间，该车间的上部钢结构上要行驶 10 t 吊车，请从经济与安全两方面考虑，应该选用焊接结构还是铆接结构？并说明理由。

16. 焊接 500 mm×700 mm×1 200 mm 矩形容器，所用材料为 1Cr18Ni9Ti，板厚 2 mm，批量 200 件，请从手弧焊、气焊、埋弧焊、氩弧焊、电阻焊、等离子弧焊等方法中，选择一种最合理的焊接方法。若只生产工件，又该如何选择？

17. 试为家用电风扇的扇叶、热水瓶壳选择材料及其成形方法。

18. 成批生产（2 000 件/年）如图 10.10 所示的榨油机螺杆，要求材料具有良好的耐磨性与疲劳强度，请选择材料成形方法。

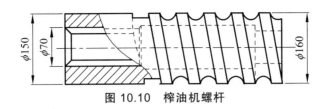

图 10.10　榨油机螺杆

19. 某厂要生产如图 10.11 所示的伞齿轮，要求耐冲击、耐疲劳、耐磨损，对力学性能要求较高，当生产 10 件、200 件与 10 000 件时，各应如何选择材料成形方法？

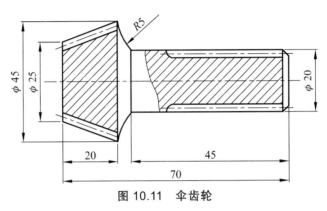

图 10.11　伞齿轮

参考文献

[1] 邓文英. 金属工艺学[M]. 上册. 4 版. 北京：高等教育出版社，2001.

[2] 夏巨谌，张启勋. 材料成形工艺[M]. 北京：机械工业出版社，2005.

[3] 沈其文. 材料成型工艺基础[M]. 3 版. 武汉：华中理工大学出版社，2003.

[4] 邢建东，陈金德. 材料成形技术基础[M]. 北京：机械工业出版社，2007.

[5] 陈金德. 材料成形技术基础[M]. 北京：机械工业出版社，2000.

[6] 陆文华. 铸造合金及其熔炼[M]. 北京：机械工业出版社，1996.

[7] 曹文. 铸造工艺学[M]. 北京：机械工业出版社，1993.

[8] 张彦华. 工程材料与成型技术[M]. 北京：北京航空航天大学出版社，2005.

[9] 侯旭明. 工程材料及成型工艺[M]. 北京：化学工业出版社，2003.

[10] 曲卫涛. 铸造工艺学[M]. 西安：西北工业大学出版社，1996.

[11] 陆文华. 铸铁及其熔炼[M]. 北京：机械工业出版社，1981.

[12] 何红媛. 材料成形技术基础[M]. 南京：东南大学出版社，2000.

[13] 童幸生. 材料成形及机械制造工艺基础[M]. 武汉：华中科技大学出版社，2002.

[14] 胡城立，朱敏. 材料成型基础[M]. 武汉：武汉理工大学出版社，2001.

[15] 黄天佑. 材料加工工艺[M]. 北京：清华大学出版社，2004.

[16] 沈莲. 机械工程材料与设计选材[M]. 西安：西安交通大学出版社，1996.

[17] 齐乐华. 工程材料及成型工艺基础[M]. 西安：西北工业大学出版社，2002.

[18] 王爱珍. 热加工工艺基础[M]. 北京：北京航空航天大学出版社，2009.

[19] 迟剑锋. 材料成形工艺基础[M]. 北京：国防工业出版社，2007.

[20] 柳百成，沈厚发. 21 世纪的材料成形加工技术与科学[M]. 北京：机械工业出版社，2004.

[21] 中国机械工程学会铸造专业学会. 铸造手册：第 1 卷，铸铁[M]. 3 版. 北京：机械工业出版社，2008.

[22] 中国机械工程学会铸造专业学会. 铸造手册：第 2 卷，铸钢[M]. 3 版. 北京：机械工业出版社，2008.

[23] 中国机械工程学会铸造专业学会. 铸造手册：第 4 卷，铸造工艺[M]. 3 版. 北京：机械工业出版社，2008.

[24] 中国机械工程学会铸造专业学会. 铸造手册：第 5 卷，特种铸造[M]. 3 版. 北京：机械工业出版社，2008.

[25] 罗子建. 金属塑性加工理论与工艺[M]. 西安：西北工业大学出版社，1994.

[26] 李德群. 塑性成形工艺及模具设计[M]. 西安：机械工业出版社，1995.

[27] 胡亚民，华林. 锻造工艺过程及模具设计[M]. 北京：中国林业出版社，2006.

[28] 夏巨湛. 金属塑性成型工艺及模具设计[M]. 北京：机械工业出版社，2007.

[29] 李奇涵. 冲压成型工艺与模具设计[M]. 北京：科学出版社，2007.

[30] 刘会杰. 焊接冶金与焊接性[M]. 北京：机械工业出版社，2007.

[31] 周振丰. 焊接冶金（金属焊接性）[M]. 北京：机械工业出版社，2000.

[32] 中国机械工程学会焊接学会. 焊接手册：第 1 卷，焊接方法设备[M]. 3 版. 北京：机械工业出版社，2008.

[33] 中国机械工程学会焊接学会. 焊接手册：第 2 卷，材料的焊接[M]. 3 版. 北京：机械工业出版社，2008.

[34] 中国机械工程学会焊接学会. 焊接手册：第 3 卷，焊接结构[M]. 3 版. 北京：机械工业出版社，2008.

[35] 王宗杰. 熔焊方法及设备[M]. 沈阳：机械工业出版社，2006.

[36] 赵熹华，冯吉才. 压焊方法及设备[M]. 北京：机械工业出版社，2005.

[37] 赵越等. 钎焊技术及应用[M]. 北京：化学工业出版社，2004.

[38] 李亚江，王娟，夏春智. 特种焊接技术及应用[M]. 北京：化学工业出版社，2008.

[39] 方洪渊. 焊接结构学[M]. 北京：机械工业出版社，2008.

[40] 邓洪军. 金属熔焊原理[M]. 北京：机械工业出版社，2008.

[41] 滕明胜. 金属熔化焊基础与常用金属材料焊接[M]. 北京：高等教育出版社，2008.

[42] 徐立新，材料成形技术基础[M]. 成都：西南交通大学出版社，2010.

[43] 骆莉，陈仪先，王晓琴. 工程材料及机械制造基础[M]. 武汉：华中科技大学出版社，2012.

[44] 于文强，陈宗民. 金属材料及工艺[M]. 北京：北京大学出版社，2011.

[45] 王彦平，强小虎，冯利邦. 工程材料及其应用[M]. 成都：西南交通大学出版社，2011.

[46] 孙玉福，张春香. 金属材料成形工艺及控制[M]. 北京：北京大学出版社，2010.

[47] 徐萃萍，赵树国. 工程材料与成型工艺[M]. 北京：冶金工业出版社，2010.

[48] 申荣华，丁旭. 工程材料及其成形技术基础[M]. 北京：北京大学出版社，2008.

[49] 王宏宇. 工程材料及成形基础学习指导[M]. 北京：化学工业出版社，2012.

[50] 米国发. 金属加工工艺基础[M]. 北京：冶金工业出版社，2011.